二论石油的无机成因

张景廉　著

石油工业出版社

内 容 提 要

本书是《论石油的无机成因》一书的续篇。第一篇对油气成因研究的进展进行了评述。第二篇论述了石油可以是多种成因的。第三篇讨论了克拉2气田、威远气田、普光气田、鄂尔多斯古生界天然气与中生界原油、松辽盆地火山岩天然气等的成因,并对煤成气、天然气水合物、生物成因气等提出了质疑。第四篇论述了森林大火、地震、地球气候变暖可能与无机油气有关,并认为油气是可以再生的。

本书可作为油气地质、地球化学专业的科研人员及大专院校的高年级学生、研究生学习参考,对环境科学工作者也有参考价值。

图书在版编目（CIP）数据

二论石油的无机成因/张景廉著.

北京：石油工业出版社，2014.8

ISBN 978–7–5183–0253–6

Ⅰ. 二…
Ⅱ. 张…
Ⅲ. 无机生油–研究
Ⅳ. P618.130.1

中国版本图书馆 CIP 数据核字（2014）第 148343 号

出版发行：石油工业出版社

（北京安定门外安华里2区1号　100011）

网　　址：www.petropub.com.cn

发行部：（010）64523620

经　销：全国新华书店

印　刷：保定彩虹印刷有限公司

2014年8月第1版　2014年8月第1次印刷

787×1092 毫米　开本：1/16　印张：16.25

字数：416 千字

定价：60.00 元

（如出现印装质量问题，我社发行部负责调换）

版权所有，翻印必究

《二论石油的无机成因》
主要研究人员

杜乐天　朱炳泉　张虎权　卫平生　方乐华

吕锡敏　陈启林　李相博　倪祥龙　马新民

张平中　吴五同　崔永强　张　宁　范天来

前　言

《论石油的无机成因》（石油工业出版社，2001）一书出版至今已 10 年，在此期间，国内油气地质界召开了几次很重要的关于油气成因讨论的学术会议。

（1）根据温家宝总理的批示精神，2004 年 1 月 16 日在北京塔里木宾馆，中国工程院翟光明院士主持了一个无机成因油气学术讨论会，专门听取了张景廉所作的"油气无机成因的理论与实践"的报告，国内 20 位知名石油地质专家、学者参加了讨论会。

（2）2005 年 10 月在北京召开的第 265 次香山科学会议，会议的主题是：非生物（无机）油气的形成与资源前景。戴金星、王先彬、吕功煊被聘请担任本次会议执行主席，并分别作了主题评述报告；张景廉、郭占谦、杜乐天、妥进才等分别作了中心议题报告。他们的报告收录于《天然气地球科学》杂志 2006 年 17 卷 1 期中。会议认为，这是一次拓展油气资源勘探领域的前瞻性科学会议：①我国无机油气资源具有良好的勘探前景，有重要的实践意义；②油气无机成因的现代概念已经形成，近年来油气无机成因理论已开始应用于油气勘探实践；③会议上传统、经典的地学研究与化学物理、理论物理、宇宙化学、实验地球化学等现代科学的交叉与融合，有力地推动了油气无机成因理论的发展。

（3）2007 年 8 月在青岛召开的由牟书令、金之钧主持的"中国石化无机成因天然气学术研讨会"。牟书令、金之钧邀请了杜乐天、王先彬、张景廉等作专题报告。

（4）2008 年 10 月在北京召开了由中国石油勘探开发研究院主办的"深部地质过程、地球排气与油气资源"学术研讨会，这次研讨会由中国地球物理学会、中国石油学会、中国地震学会、中国矿物岩石地球化学学会四单位联合发起。

（5）2008 年，北京石油学会发起并组织了在北京高校的 4 场幔源油气学术报告会。李扬鉴教授、崔永强博士作了专题报告。

在国外也召开了几次重要的关于无机油气的学术会议。

（1）2002 年 5 月在莫斯科召开的"地球排气作用：地球动力学、地球流体、石油和天然气"学术报告会。俄罗斯科学院应用地球物理学科学研究院 A. H. 德米特里耶夫斯基和 S. M. 瓦里亚耶夫编辑、出版了《地球排气作用：地球动力学、地球流体、石油和天然气》论文集。该论文集于 2008 年出版了中译本。论文集收录了 389 名学者的 202 篇论文摘要。需要指出的是，在 2000 年以前，T. H. 克鲁泡特金院士曾在 1976 年、1985 年、1991 年先后主持了 3 次全俄"地球排气与大地构造"学术会议，其中第二届、第三届"地球排气与大地构造"的论文集（摘要）的中译本也于 2003 年出版。该中译本收录了 476 人的 312 篇论文摘要。俄罗斯等独联体的学者认为石油天然气的成因与地球排气作用有关。

（2）2005 年 6 月在加拿大卡尔加里召开了一个以油气成因为主题的 Hedberg 研讨会，与每年一次的 AAPG 大会合并成一个研讨会。这次会议是由 M. Malbauty 提议召开的。在这次研讨会上，有 8 份报告论述了油气无机成因的资料和证据，另有 6 份报告论述了石油的有机论。会议集中讨论了最常被引证的无机成因机理是：①地幔的脱气和低相对分子质量烃类的聚合作用；②超基性岩石的蛇纹石化作用与费—托反应生成油气。会议认为，石油的生成模式很重要，因为它涉及勘探的重点（位置和深度）以及油气资源的规模。

Katz 等在 2008 年的《AAPG》第 92 卷第 5 期对这次会议作了评述。Katz 等认为，石油形成的无机成因论学派与有机成因论学派也存在某些相同点（尽管相同点很少），但也使与会者改变了他们各自的观点，不管怎样，这次会议交流了信息，是一次有意义的学术活动。

参加这次研讨会的主要是来自欧美的一些公司、大学、研究单位及独立咨询公司，也有来自俄罗斯及其他独联体的代表，如俄罗斯科学院油气问题研究所、鲁克石油公司、乌克兰国家科学院等，这些代表均支持无机论。这次会议没有中国的代表参加。

总之，无机成因油气已引起了国内外越来越多的学者的关注。笔者在这 10 年期间也陆续写了 60 多篇论文深入讨论了油气的无机成因。本书收录的是关于油气成因讨论、争论的论文。从中可以看出笔者对一些传统观念与思想的反思，并可以看到无机成因油气研究正向纵深发展。关于无机油气成因论用于指导勘探实践的论文将另外编辑出版。

时任北京中国科学技术大学校长的郭沫若在为《中国科学技术大学学报》写的发刊词（1965 年第 1 卷第 1 期）中说："独创的理论，起初总是占少数的，不然何以成为'独创'呢？但尽管少数，甚至于只是'独'——只此一家，它都能够说服众人而压倒多数。"

另据凤凰网（2010 年 9 月 14 日）报道，1965 年 6 月 20 日毛泽东主席在上海约见刘大杰和周谷城说："摩尔根学派可以研究，米丘林、李森科学派也可以研究，为什么只许搞一派？"（原定约见生物学家谈家桢，未到），还说："做学问一定要找对立面……有对立有斗争才有发展。"

本书第一篇"无机油气成因研究进展与争论"收录了 7 篇论文。

第二篇"石油是可以多种成因的"，收录了笔者与朱炳泉等合作撰写的、在《Geochemica et Cosmochimica Acta》发表的论文，该文根据 Pb、Sr 和 Nd 同位素资料论述了壳幔相互作用特别是地幔流体对油气生成的影响。

第三篇"油气有机成因论质疑"收录了 13 篇论文。

第四篇"森林大火、地震、地球气候变暖与无机油气关系"共收录了 9 篇论文。

这些文章大多为《论石油的无机成因》一书出版后笔者所撰写的。它们分别被发表于《新疆石油地质》、《海洋石油》、《天然气工业》、《石油科技论坛》、《石油学报》、《石油勘探与开发》、《Geochimica et Cosmochimica Acta》、《海相油气地质》、《岩性油气藏》、《地球科学进展》、《石油实验地质》、《天然气地球科学》、《中国矿业报》、《地学前缘》、《西北地震学报》、《中国科学院院刊》等刊物。

在此，笔者要特别感谢原中国石油天然气总公司西北地质所刘全新所长，对我撰写、出版《辽河断陷原油生成环境与演化》、《论石油的无机成因》和《二论石油的无机成因》所提供的支持与帮助。作为一名勘探地球物理学家，刘所长对油气无机成因学说表现了极大的宽容、理解与支持。

在本书整理、编纂过程中，中国石油勘探开发研究院西北分院的易定红高级工程师、兰州大学资源环境学院范天来硕士给予了很大帮助，在此一并表示感谢。

张景廉
2013 年 12 月 23 日

目　　录

第一篇　无机油气成因研究进展与争论

油气无机成因学说的新进展 …………………………………………………（3）
关于无机生油理论的思考 ……………………………………………………（10）
关于石油成因理论的争鸣 ……………………………………………………（15）
非生物（无机）成因油气基础科学问题 ……………………………………（23）
再谈油气成因和拓宽勘探领域问题 …………………………………………（30）
关于油气成因的辩论——与王兰生先生商榷 ………………………………（37）
天体演化与地球的无机烃——卡西尼号飞船带给我们的启示 ……………（44）

第二篇　石油是可以多种成因的

Pb，Sr and Nd Isotopic Features in Organic Matter from China and their Implications for Petroleum Generation and Migration …………………………………（55）

第三篇　油气有机成因论质疑

克拉2大气田成因讨论 ………………………………………………………（85）
天然气水合物成因探讨及中国海域勘探前景 ………………………………（91）
也谈威远气田的气源——与戴金星院士商榷 ………………………………（98）
实话实说我国油气资源现状 …………………………………………………（103）
煤层气成因研究 ………………………………………………………………（110）
柴达木盆地第四系生物成因气质疑 …………………………………………（116）
普光气田的天然气可能是无机成因的 ………………………………………（127）
海相、陆相油气及其成因概述 ………………………………………………（135）
鄂尔多斯盆地深部地壳构造特征与油气成藏 ………………………………（143）
松辽盆地天然气成因探讨 ……………………………………………………（153）
油气"倒灌"论质疑 …………………………………………………………（162）
汝箕沟煤矿的热液活动与煤炭成因 …………………………………………（172）
关于沉积盆地分类与油气成因的新观点 ……………………………………（178）

第四篇　森林大火、地震、地球气候变暖与无机油气关系

阿尔山森林大火兴许天然气作怪 ……………………………………………（187）
森林大火后的思考 ……………………………………………………………（189）
瓦斯爆炸、森林大火、地震及其他 …………………………………………（191）
人类活动与地球排气作用孰主孰次 …………………………………………（193）

松潘—甘孜褶皱带的深部地壳构造特征及油气前景 …………………………（195）
汶川大地震与中地壳低速、高导层的成因关系初探 …………………………（202）
再论汶川大地震与深部气体的关系——汶川地震2周年祭 …………………（212）
地球温室气体（CO_2 和 CH_4）来源别解 …………………………………（220）
油气是可以再生的（代后记） …………………………………………………（235）

附　　录

附录1　张景廉论文、论著目录 ………………………………………………（243）
附录2　《论石油的无机成因》勘误表 …………………………………………（251）

第一篇　无机油气成因研究进展与争论

油气无机成因学说的新进展

张景廉[1]　张平中[1,2]　吕锡敏[1]
关银录[1]　廖天纯[1]　张正刚[1]　王爱勤[3]

（1. 中国石油天然气总公司西北地质研究所，甘肃兰州 730020；
2. 中国科学院兰州地质研究所气体地球化学国家重点实验室，甘肃兰州 730000；
3. 中国科学院兰州化学物理研究所，甘肃兰州 730000）

摘　要：介绍了油气无机成因学说的新发展，主要是目前在西方、俄罗斯等影响较大的关于无机生油气的几个学派以及在中国的一些学派。其中之一是 Gold 的地幔脱气理论，之二是费—托地质合成理论。

关键词：油气；形成机理；干酪根；幔源非生物成因；费—托合成

近一二十年来，非生物（无机）生油气学说得到了发展。随着石油勘探的深入与发展，干酪根热降解理论面临越来越大的挑战；而宇宙化学与地球形成的新学说，板块构造学说的发展及应用，地壳超深钻探的不断实践，同位素地球化学（特别是 Pb、Sr、Nd 固体同位素）研究的深入，均为油气形成机理提供了许多新的信息和思路。

笔者从非生物（无机）生油气的观点出发，阐述目前影响较大的非生物（无机）生油气的几个学派。其中之一是 Gold[1—3]的地幔脱气理论；其中之二是费—托（Fischer-Tropsch）地质合成理论，这中间又有两个学派，一是以俄罗斯学者萨尔基索夫、沃里沃夫斯基为代表的"超基性岩底辟说"[4]，二是 Szatmari[5,6]的板块构造地质背景下的费—托合成说。

1　地幔脱气说

1.1　Gold 理论

Gold 等[1—3]依据太阳系、地球形成演化的模型，认为地球深部存在着大量的甲烷及其他非烃资源，这些甲烷在地球形成时就已存在，大量还原状态的碳是在地壳深部被加热而释放出来的。经过地质历史时期的种种变化，这些甲烷向上运移，并大量聚集在地壳深度 15km 左右的地带，形成无机成因的油气藏。根据地球演化理论，大约在距今 3500Ma，由地幔物质脱气作用形成的大气圈是还原性的，当时没有游离氧，但有甲烷等。当地球开始凝聚时，原始大气中的甲烷等气体作为"化石"保留在上地幔和地壳深部。当存在地幔柱（super-plumes）并有深大断裂（裂谷）时，这些甲烷气便可通过断裂、火山活动或在地壳运动

（加里东运动、海西运动）中释放。显然，这种释放过程贯穿整个地质时期，但它有几个主要释放期。由地幔脱气作用释放出来的气体，大部分被逸散到大气中，仅有部分形成了天然气藏。就目前来说，这种气藏多与沉积岩层有关；但是，火山岩气藏正越来越多地被发现。还有一个问题，这些深源气也可能与有机成因气相混合。东太平洋海隆、红海、冰岛，中国五大连池、云南腾冲等火山区均有这类成因的天然气。

Gold 认为，大陆板块边缘褶皱带、大型地壳裂谷、地震活动带、活火山或死火山附近，以及已查明富集油气的线性带的外延部位均是油气概率极高的地区。

如前所述，来自地幔的烃，可以进入到大气圈中，也可运移到沉积储层，也可运移到火成岩、变质岩中，更可以进入水圈。北极地区大量气水合物的发现正是甲烷等烃类气体向上运移而形成的类冰态化合物。Gold 还探讨了深部甲烷气体向上运移的力学过程。

著名天体学家 Ahrens（1994）在论述地球起源时明确指出：地球是吸积形成的，被吸积的物质是冷却的，因此，它们保留了相当一部分挥发分（水、甲烷、氨和稀有气体等）。

1.2 幔汁说

幔汁说由杜乐天所倡导。杜乐天通过对地幔流体及软流层地球化学的多年系统的深入研究，在 1987 年提出幔汁说的基础上，于 1993 年提出了地球有 5 个气圈的新假设[7]。该假设认为：地球是一个充气的球，它内部存在压力极大、而且温度和密度都很高的气体，这些气体构成了从地球表面一直到地核的至少 5 个气圈。其中地壳气圈（即气圈，位于地壳 8～10km 以下）对于人类具有重大的意义，它蕴藏着可供人类大规模开发利用的巨大天然气资源[8]。

1.3 幔源油气

苏联科学院地质研究所极重视地球深源气的研究，根据他们的理论以及实验模拟，并从大量的地球化学资料，论证了在强还原条件下形成的深源气是氢气、各种烃类气及硫化氢。他们认为，在上地幔这种特有的温度和压力条件下，液—气相是氢和烃的巨大储气库。地球深源气向地壳表层运移的氢和甲烷的脱气过程受构造控制：深断裂带、裂谷、地堑、坳拉谷挠折—断层带等均是深源气垂直运移的通道，即"脱气作用管"。根据热力学计算，在压力为 65MPa，温度为 1700℃ 的条件下模拟表明，高压一方面可使烃类热分解得以抑制，另一方面则促使烃类的环化、聚合作用和凝析作用，从而向高分子的烃类演化，这为深源气合成油提供了实验依据。

事实上，这种深源气理论已用于指导超深井的勘探。苏联制定了 11 个地区的超深井规划，来验证地球深源气。目前已有 5 口超深井在开钻，其中波罗的海地盾科拉半岛上的 SG-3 井，自 1975 年 5 月开工以后，到 1983 年 12 月，钻至 12066m，成为世界上最深的井，该井在 7000m 深处的太古宇科拉群的片麻岩和角闪岩中，发现了沥青包裹体和高浓度 H_2、CH_4、He、N_2 及卤水，确实证明了地壳深处有非生物成因的甲烷等。

1.4 陨石和行星中的烃类

陨石中普遍发现了很多有机化合物。这里只引录我国宁强碳质球粒陨石中的有机化合物。色质分析表明，其中有正构烷烃、烯烃、异构烷烃、芳香烃、酮等，尤其发现了被称为典型的生物成因的姥鲛烷和植烷。这些有机化合物，特别是正烷烃，极像生油岩干酪根热解后的产物；反复的实验表明，这不是污染的[9]。

最富有生物特征的姥鲛烷和植烷，不仅在碳质球粒陨石中被发现，而且也出现在瑞典锡利延地区的 Stenborg 1 号超深井的原油中。

我们知道，木星、土星、天王星、海王星的大气圈中有大量甲烷和其他烃类气体；土星的大卫星 Titan 在其大气圈中也有甲烷和乙烷。海王星的卫星 Tritan 在其表面有烃和水冰的混合物；冥王星表面的反射为焦油（tar）；近年来根据宇宙飞船观察，哈雷彗星核的表面也可解释成焦油；与天然石油中相似的、复杂的 Polycyclic 烃类分子是星际尘埃颗粒的主要组分，银河系的分子云中所确认的气体中，烃是最主要的。以前人们相信，地球初始时是热的熔融体。今天，地球演化史表明，当初它是冷的。因此，当如碳质球粒陨石这样的物质在吸积过程中所固有的 CO、H_2、CO_2、CH_4、H_2O 等，可经过费—托反应或 Urey–Muller 反应合成有机化合物，这种烃类化合物可以保持下来。

安藤直行[10]早在1971年就曾提到，阿波罗11号、12号带回的月岩样品中检测到氨基酸、脱氧核糖核酸之类的有机物存在，并预言石油的有机成因与无机成因说的争论将再次活跃起来，还认为有可能会建立石油成因的宇宙论。

2 费—托地质合成说

2.1 俄罗斯学者的"超基性岩底辟说"

俄罗斯学者卡罗斯、萨尔基索夫等（1986）根据大量折射波、反射波、转换波的研究和分析，提出地壳结晶基底非层状特征的新概念模型。尔后，沃里沃夫斯基提出了陆壳岩浆潜入式增长的超基性蛇纹岩底辟说。他们认为，陆壳的结晶部分不全是由高变质的层状结晶岩所构成，即在花岗岩（花岗片麻岩）与玄武岩中间夹有可塑性的超基性蛇纹岩。在地壳发展早期是双层结构，后来由于可塑性的超基性岩的挤入使上下层分离，并发生破裂，即所谓的"超基性蛇纹岩底辟说"。这种超基性岩在地球物理上的显著特点是低速、高导性。根据上述机理，上层的花岗岩（花岗片麻岩）呈不连续的断块似乎飘浮在这层超基性岩上。地幔脱气生成的 CO_2、CO、H_2 沿玄武岩的破裂带上升到超基性的蛇纹岩带，发生了著名的费—托合成反应：

$$CO_2 + H_2 \xrightarrow[300 \sim 400^{\circ}C]{\substack{(\text{催化}) \\ Fe, Co, Ni, V}} C_aH_m + H_2O + Q$$

费—托合成的烃类伴随着岩浆活动（如火山喷发）沿花岗岩缺失的"通道"上升，并运移到储层形成油气藏。

这样一来，我们可以形象地称：(1) 蛇纹石化超基性岩是油气生成的"发生器"，油气的费—托合成反应便在此带发生；(2) 沉积盆地由于有孔隙好的砂岩、白云岩等，成为油气的"存储器"；(3) 上地幔是油气生成的"原料库"。这三者缺一不可，但必须有"通道"相互连通。这是目前对地壳结构的新的认识，从而为油气非生物（无机）生成理论注入了新的活力，使非生物（无机）成因论摆脱了"烃类无法存在于上地幔的高温条件"的困境。

沃里沃夫斯基[4]研究了上述陆壳结构与含油气盆地的关系，特别是研究了世界9个大型、超大型含油气盆地的结构、地球物理参数，发现这些大型、超大型含油气盆地的沉积层均直接与蛇纹石化超基性岩或玄武岩接触而缺失花岗岩，他把这种盆地称为"缺花岗岩型盆地"，并认为凡底部缺失花岗岩的盆地，均蕴藏着巨大的油气资源。

2.2 板块构造与费—托地质合成

费—托地质合成反应能否在地质条件下实现，困难主要在于催化剂、H_2 和 CO_2 的来源问题。

事实上，早在1963年，伦敦皇家学会主席、著名化学家 Robinson[11,12]就注意到原油中正构烷烃的分布与费—托合成"临氢重整"油中的相同。据此，他认为，地球上原始石油可能是在20亿年前通过费—托合成反应而生成，只是以后反复经受了"临氢重整"作用，同时加入了数量日益增加的生物物质。

Friedel 等[13,14]也发现，费—托合成反应的两个参数（链增长概率和链分支概率）能准确预测沙特阿拉伯一种原油中间分异物体的丰度。这表明，这种原油是费—托合成而生成，而不是化石有机质热解的产物。

Studier 等[15-17]证实了在实验室进行费—托合成，然后重新加热，使合成油发生链烷烃到芳香烃的部分转化，就能重现碳质球粒陨石中所观察到的那种烃类成分，即低碳数烃以苯和甲苯为主，高碳数烃以脂族烃为主。

Lancet 等[18]指出，碳质球粒陨石中烃类与碳酸盐矿物之间碳同位素分布的巨大差异，可以通过费—托合成反应而再现；而碳质球粒陨石中可溶性有机质的 $\delta^{13}C$ 却与原油的 $\delta^{13}C$ 值十分相近。

化学家的上述真知灼见没有引起石油地质学家、地球化学家的注意和重视。直到20世纪80年代，阿曼蛇绿岩带橄榄岩的蛇纹石化生成大量氢的现象已在地质考察中观察到[19]，而地下钻探、实验研究也均证实了这一现象，地质学家才开始重新审视费—托合成反应的石油地质意义[5,6]。

2.2.1 超铁镁岩的蛇纹石化及其逆反应脱蛇纹石化均是氢的地质来源

自然界常见到超铁镁岩的蛇纹石化，伴随蛇纹石化过程有氢气放出，其反应方程是：

$$10(Mg_{1.84}Fe_{0.14})SiO_4 + 14.2H_2O \longrightarrow 5Mg_3Si_2O_5(OH)_4$$
$$+ 3.8(Mg_{0.96}Fe_{0.05})(OH)_2 + 0.4Fe_3O_4 + 0.4H_2$$

Janecky 和 Seyfried（1986）用海水对大洋橄榄岩作了蛇纹石化的模拟实验，温度在200℃和300℃，压力为50MPa（没有 CO_2），结果有磁铁矿沉淀和氢气生成。

上述反应是可逆的，即如果蛇纹石与水镁石反应，则可生成橄榄石、磁铁矿、水和氢气。这个反应即所谓脱蛇纹石化作用。

因此，只要地壳上发生超铁镁岩的蛇纹石化及其逆反应脱蛇纹石化，便可产生大量的氢，而大洋中脊、板块俯冲带、裂谷则都是超铁镁岩蚀变生氢的有利场所。

2.2.2 CO_2 来源

蛇绿岩、科马提岩等超铁镁岩经常有白云石、菱镁矿等碳酸盐矿物共生，在蛇纹石化过程中，这些碳酸盐矿物有可能部分或完全离解脱碳生成 CO_2。板块俯冲、岩浆侵入、裂谷等地质背景均适宜 CO_2 的排放，这部分 CO_2 可按费—托合成原理转化成烃类。

2.2.3 催化剂

研究表明，在费—托合成反应中，不仅金属铁有催化活性，离子化（氧化）的铁有与金属铁一样的催化活性。在合成过程中由于CO_2的离解，表层磁铁矿会不断氧化成赤铁矿；同时在氢的作用下，它又重新还原成磁铁矿。研究还表明，在500℃的温度下，氧化铁可以与它的承载物（氧化硅或氧化铝）变换阳离子，即铁离子进入了承载晶格比较稳定的位置，因而获得了良好的催化活性。由此推测铁硅酸盐可能也是费—托合成反应的活跃催化剂，而磁铁矿、赤铁矿、铁硅酸盐都是地壳中常见的矿物，完全可以满足费—托合成反应的需要。

2.2.4 费—托地质合成的可能性讨论

在大陆岩石圈中，不是所有地方均可产生费—托合成的。如前所述，需有蛇纹石化产生氢、脱碳作用生成CO_2，还有费—托反应所需的500℃以下的温度。尽管条件比较苛刻，我们还是有可能找到具备这些条件的部位。目前看来，最适宜的部位是，俯冲板块的接触带、蛇绿岩推覆体中、裂谷作用所薄化的地壳中，具体地说，这种俯冲沉积岩含大量碳酸盐，而蛇绿岩仰冲到陆架碳酸盐之上。俯冲碳酸盐沉积物中所排出的水和脱碳作用所生成的CO_2，将沿着上覆的地幔岩石圈及蛇绿岩的底面上升，为蛇纹石化H_2O、CO_2的还原以及烃类的合成创造良好条件。此类大型推覆体本身的质量，可能有助于把所产生的流体向克拉通内部驱赶[5,6]。

Klemme[20]曾作过统计，发现世界油气的一半以上与板块俯冲及其相联系的各种断裂有关，并注意到，在这些断裂发现大油气田的机会更多。例如，加拿大近海北美东部、中部、西部、北海及沙特阿拉伯等含油气盆地的基底均存在与板块俯冲作用有关的深大断裂。Szatmari[6]还提出了费—托地质合成石油的一般模式。

拥有世界近三分之二油气储量的波斯湾地区，就分布在被推覆到陆架碳酸盐岩之上的扎格罗斯（Zagros）碰撞带的蛇绿岩附近。加利福尼亚相当丰富的石油储量，也与海岸山脉的蛇绿岩在含有碳酸盐岩块体的弗朗西斯混杂岩之上的推覆有关[6]。

2.3 原油与费—托合成油在成分、性质上的比较

目前已经查明，费—托合成油的成分与性质几乎与原油完全一致。

（1）它们都是数量庞大的烃类化合物的混合物，原油中正构烷烃、异构烷烃的分布，符合费—托合成反应的链增长概率和链分支概率。

（2）它们均有不同比例的气体、汽油、柴油及蜡质组分，比例不同常取决于合成时的条件。如当温度为220~240℃，压力为2.6 MPa，在固定床（fixed-bed）作催化合成，则产物中汽油占32%、柴油占21%、蜡质占47%；而当温度为320~330℃，压力为2.2MPa，在夹带床（entrained-bed）作催化合成，此时产物中汽油的馏分增加到70%。总的来讲：①提高温度，使合成烃类变轻（富CH_4）、支链增多；②提高压力，则使烃类变重（油质、蜡质多），支链减少饱和度则增大，烯烃与烷烃的比重下降；③合成原料中H_2与CO的比值，催化剂的性质均可改变合成产物的组成，若进料中H_2/CO比值大，使烃变轻，支链增多，饱和度大。

（3）在天然原油与合成石油两种油中，饱和脂族烃（正构烷烃和异构烷烃）均占了一半；另一半在原油中是环烃，即环烷烃加少量芳香烃，而在合成石油中是烯烃，不过通过环化和加环作用，可以生成少量的环烷烃和芳香烃。

（4）碳同位素，两种油均相对富^{12}C，具有相似的同位素分馏效应。实验证明，费—托合成中碳同位素的分馏取决于温度及合成反应的完善程度。相对于与烃类同时生成的CO_2而言，C_{2+}烃的$\delta^{13}C=-6.5‰$（127℃），而温度提高到277℃时，$\delta^{13}C=-0.20‰$。相对于合

成时使用的 CO_2 而言,生成的 C_{2+} 烃的 $\delta^{13}C$ 值在合成开始时为 -0.25‰,在结束时则为 -0.14‰,看来不能仅仅依据碳同位素来判断是生物成因的或无机合成的油气❶。

(5) 石油中硫含量取决于参与蛇纹石化水中硫酸盐的含量。

(6) 原油中的 V、Ni。蛇纹石化橄榄岩是 V、Ni 的来源,它与有机化合物能形成十分稳定的有机络合物。

(7) 石油中含蜡量。低硫高蜡油可以在缺硫条件下由费—托合成,由于硫的缺失,提高了催化剂效率,链增长概率大大提高。

(8) 原油中生物标志化合物是后来进入烃类流体的,即在费—托合成油向上运移过程中"捕获"的。而卟啉,曾作为生物成因的重要证据之一,是可以由无机化合物合成的,陨石中也发现了卟啉。

从上述讨论中可以看出,费—托合成原油不仅在理论上、工业生产中是可行的,在地质条件下也是完全可能的。

参 考 文 献

[1] Gold T, Soter S. A biogenic methane and the origin of petroleum. Energy Exploration and Exploration. 1982, 1 (2): 89-104.

[2] Gold T. Contribution to the Theory of an Obiogenic Origin of Methane and Other Terrestrial Hydrocarbons. Proceeddings of the International Geological Congress, 1984, 13: 413-442.

[3] Gold T. The Origin of Methane in the Crust of the Earth. The Future of Energy Gases, US Geological Survey Professional Paper, 1993, 1570: 57-80.

[4] 沃里沃夫斯基 B C. 世界最大含油气盆地. 任俞, 译, 北京: 石油工业出版社, 1991.

[5] Szatmari P. Plate Tectonic Control of Synthetic Oil Formation. Oil & Gas Journal, 1986, 84: 67-69.

[6] Szatmari P. Petroleum Formation by Fischer–Tropsch Synthesis in Plate Tectonics. AAPG Bull., 1989, 73 (8): 989-998.

[7] 杜乐天. 地球的五个气圈的氢烃资源. 铀矿地质, 1993, 5: 257-264.

[8] 杜乐天. 烃碱流体地球化学原理. 北京: 科学出版社, 1996, 438.

[9] 史继扬, 王道德, 向明菊, 等, 宁强碳质球粒陨石可溶有机质初步研究. 地球化学, 1992, 21 (1): 34-40.

[10] 安藤直行. 石油和同位素地质学——关于石油成因的同位素技术, 石油地质学译文集 (第三集). 北京: 科学出版社, 1976: 276-282.

[11] Robinson R. Duplex Origin of Petroleum. Nature. 1963, 199: 113-114.

[12] Robinson R. The Origin of Petroleum. Nature, 1966, 212: 1291-1295.

[13] Friedel R A, Sharkey Jr A G, Alkanes in Natural and Synthetic Petroleum. Comparion of Calculsted and Actural Composition. Science, 1963, 124: 1203-1205.

[14] Friedel R A, Sharkey Jr A G. Similar Compositions of Alkanes from Coal. Petroleum, Natural Gas and Fishcher–Tropsch Product, Calculation of Isomers. US Brueau of Mines Report of Investigation, 1968, Rt. 7122. 109.

[15] Studier M H, Hayatsu R, Anders E. Organic Compounds in Carbonaceous Chrondrites. Science, 1965, 149: 1455-1459.

---

❶ 张景廉等, 碳同位素与油气物源示踪, 地质地球化学, 1998。

[16] Studier M H, Hayatsu R, Anders E. Origin of Organic Matter in Early Solar System – I Hydrocarbons. Geochimica et Cosmochimica Acta, 1968, 32: 151–173.
[17] Studier M H, Hayatsu R, Anders E. Origin of Organic Matter in Early Solar System – V. Further Studies of Meteorite Hydrocarbons and Discussions of their Origin. Geochimica et Cosmochimica Acta, 1972, 36: 189–215.
[18] Lancet M, Anders E. Carbon Isotope Fractionation in the Fischer–Tropsch Synthesis and in Meteorites. Science, 1970, 170: 980–982.
[19] Neal C, Stanger G. Hydrogen Generation from Mantle Source Rocks in Omen. Earth Planetary Science Letters, 1983, 66: 315–320.
[20] Klemme H O. Petroleum Basin–classification, and Characteristics. Journal of Petroleum Geology, 1980, 3: 187–203.

关于无机生油理论的思考

张景廉[1]　曹正林[1]　张　宁[1]　朱炳泉[2]　张平中[3]　王大锐[4]

(1. 中国石油天然气集团公司西北地质研究所，甘肃兰州 730020；
2. 中国科学院广州地球化学所，广东广州 510640；
3. 中国科学院兰州地质研究所气体地球化学国家重点实验室，甘肃兰州 730000；
4. 中国石油天然气集团公司石油勘探开发研究院，北京 100083)

摘　要：本文讨论了干酪根热解理论的困惑，论述了沥青、干酪根中 Pb-Sr-Nd 同位素的新证据，Pb-Sr-Nd 同位素数据不支持沥青与干酪根同源，塔里木盆地、准噶尔盆地的沥青更多来自下地壳与上地幔，而原油中有机硅化合物的发现更进一步证实了它们更可能来自地壳深部，通过无机反应合成而生成，本文还提出有机质（及煤）加深部无机氢气的液化（或汽化）的生油（气）假设，本文指出，碳同位素作为油气物源判识需慎重对待。今天面对油气勘探的严峻局势，需重新认识油气无机生成理论。

关键词：干酪根；沥青；Pb-Sr-Nd 同位素；有机硅化合物；无机油气

在中国，自 20 世纪 80 年代以来，相继有一批学者提倡并致力于无机（非生物）成因油气研究（如王先彬，1982，1983；朱英，1983；陈荫祥，1984；符晓，1987，1988；张子枢，1992；朱起煌，1990，1991；陈沪生，1992，1998；罗志立，1992；张恺，1995，1997；杜乐天，1993，1996；李扬鉴，1996；霍明远，1991；等等）。但是上述研究没有引起石油地球化学家、石油地质学家的重视，更没有被勘探专家所采纳。MacDonald、Ferguson、Jenden 等在承认天然气有无机成因时，却认为工业气藏均是有机成因的。中国东部与油田伴生的 CO_2 气藏，近来被认为是无机成因的（戴金星等，1995）。松辽盆地昌德气藏中烃类气体的碳、氢同位素表明了无机成因的天然气是可以形成工业气藏的（郭占谦等，1994）。看来，天然气的无机成因逐渐被人们所接受。但是，在石油地质、地球化学界对原油无机成因似乎仍将信将疑。

颇有意思的是，著名石油构造学家罗志立、张恺曾经深信有机生烃论，但是板块构造的引入与应用使他们不约而同地支持油气二元论；如同当年苏联的库德良采夫一样，他曾是古勃金院士的信徒，而后来却打起反对石油有机论的大旗，其影响涉及全世界（库德良采夫等，1958）。但是，在苏联，始终有一批人一直进行着无机生油气理论的研究（Porfirev，1974）。

1　干酪根热解理论的困惑及新思路的提出

张景廉在 1991 年兰州国际气体地球化学会议上分析了令有机地球化学家困惑的 8 个问

---
* 本文曾发表于《石油实验地质》1999 年第 21 卷第 1 期。

题（张景廉，1992），曾提出，要强调地质催化作用在成烃过程中的影响。1996年，又首次提出黄铁矿催化作用在成烃中的作用（张景廉等，1996）。但是干酪根生烃的理论还有不少困惑。最近，著名石油地球物理学家李庆忠院士对有机生烃理论从15个方面提出了质疑（李庆忠，1997，私人通讯）。

这使笔者想起一件往事，在20世纪70年代，我国有机地球化学家曾企盼随着有机地球化学的发展，将为生命起源研究开拓新途径，石油成因理论将最终解决，利用地质体中有机分子化石来测定地质年代等（魏俊超等，1976）。现在看来，20年过去了，这些企盼没有实现，反而越来越使有机地球化学家困惑不解，靠有机分子化石定年几乎毫无进展；石油生成、运移的时代问题始终存在诸多不确定性。正是无机地球化学、固体同位素地球化学渗入油气领域，使油气地球化学研究进入一个新的阶段，并正发挥越来越大的作用，Pb—Sr—Nd同位素地球化学却使多少年来令有机地球化学家束手无策的定年与示踪问题迎刃而解。

张景廉及同事首次将固体同位素Pb、Sr、Nd应用于原油定年与示踪研究。经过4年野外考察及实验研究，他们获得了一批极为宝贵的干酪根、沥青的Pb、Sr、Nd同位素数据，从而对塔里木盆地、准噶尔盆地原油的形成年龄及成因演化有了新的认识，这些认识包括以下几个方面：(1) 干酪根与沥青不同源，前者为壳源，后者为幔源、下地壳；(2) 在克拉玛依，原油生成年龄为294Ma，而在塔里木，原油生成年龄为872Ma；(3) 原油运移年龄：在克拉玛依为122Ma，在塔里木，初次运移年龄为440Ma，而二次运移则发生在250Ma；(4) 克拉玛依原油的生成环境为俯冲带地幔，而塔里木则为下地壳麻粒岩相（张景廉等，1997，1998）。

上述研究为石油地球化学注入了新的活力，大大开拓了思路。问题还在于上述结论与区域地质构造环境完全一致，诚然，深入细致的工作还需继续，但是，至少在塔里木、准噶尔，原油是无机成因是不容置疑的。看来石油不仅仅可以由有机质形成，通过无机反应也可以生成，而且可以形成工业油藏。

几乎与张景廉等的实验研究同时，俄罗斯学者Pushkarev等也在进行着类似的工作，遗憾的是，到目前为止，他们似乎还没有获得可靠的Pb、Sr、Nd同位素数据。

2 无机生油的机理讨论

今天，即使是权威的有机地球化学家也承认，干酪根热解生烃的致命弱点是干酪根组成中的严重缺氢。Dow曾说过一句有分量的话："从极度缺氢的干酪根生成氢含量十分丰富的烃——甲烷，这显然是一种奇论"（Dow，1987）。张景廉等曾论述了无机合成原油的机理：一是沃里沃夫斯基、萨尔基索夫的"无花岗岩型"盆地模型，二是Szatmari的俯冲带费—托合成的模型（张景廉等，1997，1998）。

另一个可能的模式是：石油的形成是通过地幔脱气生成的氢或超铁镁岩蛇纹石化所生成的非生物成因氢与沉积岩层分散有机质（或煤层）的氢化反应所致。由于煤中氢含量更低，它远远低于I型干酪根，因此，所谓煤成油，可能也是上述模式所生成（张景廉，1994）。

杜乐天认为，幔源上涌所带来的烃、氧与沉积盆地干酪根氢化生成液态原油，胜利油田原油就是通过这种模式所生成（杜乐天，1996）。辽河油田古近系—新近系有机质干酪根、氯仿沥青"A"的Pb、Sr同位素研究表明，地幔流体对有机质的生烃作用有重要贡献（张景廉等，1998）。

事实上，在20世纪初，西德科学家、诺贝尔奖章获得者吉乌斯就曾指出，把加热的煤和氢挤压在一起，可把地面的煤变成石油。美国研究人员最近将4%~5%的氢气（高温）压入地下煤层，使煤液化，从而获得了石油，然后利用地下天然压力进行交换，把石油抽提出来，这样可以免掉地面容器❶。

煤的加氢液化在中国进行了颇有成效的研究（陶著，1984）。煤炭研究系统还把这项研究工作作为工业性实验，且取得了很大成功。显然，我们有必要做这方面的研究，以深化并完善生油理论。

最近，熊寿生、卢培德通过有机质加氢实验研究，提出半无机成因气理论（熊寿生等，1996）。

翁克难等曾用石墨、碳酸盐矿物加水，在高温高压实验中首次成功合成了甲烷等烃类，为无机生烃提供了一个重要信息和可能途径（翁克难等，1996，私人通讯）。

中国科学院兰州化学物理所张世英等曾在胜利油田弧岛的原油中用红外、电子能谱、气相色谱—质谱法发现了C—Si键有机化合物，这证明了原油是在温度更高的深度通过无机反应合成而成（张世英等，1997）。

3 碳同位素与油气物源示踪

油气有机成因论者认为满意的地球化学证据是碳、氦等气体同位素，但恰恰在这个问题上，暴露了有机成因论的致命弱点。深入研究表明，这些同位素作为物源判识是不太可靠的，至少对碳同位素是如此。影响碳同位素组成的因素还有：流体中含碳物种间的同位素交换、流体与围岩的同位素交换、流体在储库（特别是高温下）中的时间、CO_2脱气作用、细菌氧化乃至碳源、pH值等，只有将这些因素定量模式化，并结合其他气体同位素综合考虑，方可较好地追踪油气物源（张景廉等，1998）。

4 讨 论

当Gold提出甲烷的深源成因后，美国总统的科学顾问责成美国科学院专门成立一个研究小组进行研究。从1979年到1988年，美国天然气研究所用了10年的时间，进行"天然气成因与运移"专题研究。于1989年3月提交了"地壳天然气分析"报告。该报告对非生物成因甲烷能否形成商业天然气的重要来源持怀疑态度，但肯定了天然气成因研究是一个重要的科学问题。

需要提出的是，特别是近10年关于油气无机成因的研究，绝不是门捷列夫、库德良采夫时代的重复，而是在更高层次上的攀登！原油、有机质干酪根的Pb、Sr、Nd同位素地球化学研究不仅解决了原油生成、运移年龄、原油成因等重大课题（张景廉等，1997，1998），而且揭示了大中型油气田的控制因素和分布规律（朱炳泉等，1995；朱炳泉等，1997；朱炳泉，1997），并根据上述规律可进行指导油气勘探的实践。由于干酪根生油遇到严峻的挑战，而近代宇宙化学、地球演化、板块构造等学说的发展，以及深海地质调查、超

---

❶《中国石油报》，1993年2月3日。

深钻探的重大发现，特别是固体 Pb、Sr、Nd 同位素地球化学在油气地质领域的应用和发展，所有这一切均给予思路敏捷的石油地质学家、地球化学家、地球物理学家以启迪；我们需重新评价非生物（无机）生油气学说应有的地位。如果说石油成因是一个极其庞大的系统工程（因为它还涉及生命起源问题），那么，非生物（无机）生油气学说可能是其中一个重要的框图，而固体同位素地球化学则可能是解开石油成因之迹的一把钥匙。年岁稍长一些的地质学家均记得，当时地质学界是如何摒弃、批判魏格纳的"大陆漂移说"；可今天，几乎所有地质学家均认为作为气象学家魏格纳的"大陆漂移说"是地球科学中一个伟大的发现，是一个划时代的里程碑，他的先知，使地质学家黯然失色。重要的是，这段科学史留给人们的不仅仅是对魏格纳的崇敬和怀念（1998 年 11 月 1 日是这位科学家诞辰 120 周年）。

参 考 文 献

[1] 王先彬．地球深部来源的天然气．科学通报，1982，27：1069-1071.
[2] 王先彬．稀有气体同位素地球化学和宇宙化学．北京：科学出版社，1983：48-55.
[3] 朱英．地壳深大断裂和油气聚集．朱夏．中国中新生代盆地构造和演化．北京：科学出版社，1983：48-54.
[4] 陈荫祥．从深部地质结构着眼，开发塔里木油气资源．石油与天然气地质，1985，6（增刊）：34-35.
[5] 符晓．开展深源成油气藏的研究．石油实验地质，1988，10（2）：102-105.
[6] 符晓．探索无机成因油气藏的地质条件，兼论四川盆地西部找油方向．石油实验地质，1987，9（3）：211-217.
[7] 张子枢．地球深源气研究概述．天然气地球科学，1992，3：11-14.
[8] 朱起煌．石油成因研究中无机合成假说新思路．石油地质与实验，1990，3：64-73.
[9] 朱起煌．从人造石油合成法到石油成因新假说．石油知识，1991，1.
[10] 陈沪生．发展直接找油气化探方法的战略意义．石油物探，1992，2.
[11] 陈沪生．积极开展无机成因油气领域的调查．石油实验地质，1998，20（1）：1-4.
[12] 罗志立．地裂运动与中国油气分布．北京：石油工业出版社，1992：146.
[13] 张恺，中国大陆板块构造与含油气盆地评价．北京：石油工业出版社，1995：307.
[14] 张恺．板块构造与油气成因二元论．北京：石油工业出版社，1997：224.
[15] 杜乐天．地球的五个气圈与氢烃资源．铀矿地质，1993，5：257-264.
[16] 杜乐天．烃碱流体的地球化学原理．北京：科学出版社，1996：552.
[17] 李扬鉴，张星亮，陈延成．大陆层控构造导论，北京：地质出版社，1996：82.
[18] 霍明远，杨华．中介构造与次洋盆演化——以南海为例．海洋科学，1991，13（4）：519-530.
[19] 戴金星，宋岩，戴春森，等．中国东部无机成因气及其气藏形成条件．北京：科学出版社，1995：198.
[20] 郭占谦，王先彬．松辽盆地非生物成因气探讨．中国科学，1994，24（3）：303-309.
[21] 库德良采夫 H A，克鲁泡特金 P H．反对石油有机起源假说．赵霞飞，等译．北京：科学出版社，1958：198.
[22] Porfirev V B. Inorganic Origin of Petroleum. AAPG Bulletin, 1974, 58: 3-33.
[23] 张景廉．地质催化反应在成烃过程中的意义．天然气地球科学，1992，2：272-283.
[24] 张景廉，张平中．黄铁矿对有机成烃的催化作用探讨．地球科学进展，1996，11（3）：282-287.
[25] 魏俊超，胡伯良，钱吉盛．有机地球化学的某些进展及其在石油地质学中的应用．石油地质学译文集，第三集．北京：科学出版社，1976：88-103.
[26] 张景廉，朱炳泉，张平中，等．新疆克拉玛依乌尔禾沥青脉 Pb—Sr—Nd 同位素地球化学．中国科学，1997，27（4）：325-330.

[27] 张景廉，朱炳泉，张平中，等．塔里木盆地干酪根、沥青的 Pb—Sr—Nd 同位素体系及其成因演化．地质科学，1998，33（3）．

[28] Dow W G. Kerogen Studies and Geological Interpretations. Journal of Geochemical Exploration, 1997, 17 (2): 97-99.

[29] 张景廉，朱炳泉，张平中，等．地壳的新的地球物理模型与石油的无机合成说．地球物理学进展，1997，12（4）：91-99．

[30] 张景廉，张平中，等．油气无机成因学说研究的新进展，地球科学进展，1998，13（1）：44-50．

[31] 张景廉．试论有机地球化学与无机地球化学的结合问题//欧阳自远．中国矿物学岩石学地球化学研究新进展．兰州：兰州大学出版社，1994：222-223．

[32] Zhang Jinglian, Zhu Bingquan, Chen Yixian, et al. Pb、Sr Isotopic Study of Sedimentary Organic Matter in Liaohe Basin. China Oil & Gas, 1998, 5.

[33] 陶著．煤化学．北京：冶金工业出版社，1984：114-121，222-228．

[34] 熊寿生，卢培德．火山喷溢—喷流活动与半无机成因天然气的形成和类型．石油实验地质，1996，18（1）：13-35．

[35] 张世英，张景廉，张平中．胜利油田孤岛原油中有机硅化合物的发现及石油地质意义．沉积学报，1997，15（1）：7-12．

[36] 张景廉，张平中，王大锐．碳同位素与油气物源示踪．地质地球化学，1998，26（2）：63-69．

[37] 朱炳泉，常向阳，王慧芬．华南—扬子地球化学边界及其对超大型矿床形成的控制．中国科学（B辑），1995，25（9）：1004-1008．

[38] 朱炳泉，常向阳，邱华宁．同位素地球化学急变带的形成机制与形成时代．地球学报，1997，18（增刊）：3-5．

[39] 朱炳泉．地球化学急变带对中国南方油气勘探的思考．海相油气地质，1997，2（4）：1-3．

关于石油成因理论的争鸣*

张景廉　张虎权

（中国石油勘探开发科学研究院西北分院，甘肃兰州 730020）

摘　要：21世纪初的几年间，关于石油成因理论的争鸣一直在进行着，国外（如美国、俄罗斯等）对于油气无机成因的研究也在进行着。面对诸如膏盐、白云石（岩）、黏土矿物等成因的石油地质学的一些基本问题也在深入展开，至于深部流体、地幔柱与油气关系的讨论也开始引起注意。重要的是，近年来，石油无机成因理论已开始应用于油气勘探实践，即预测未来油气勘探的靶区。油气无机成因的现代概念已逐渐形成。

关键词：石油成因；石油无机成因论；勘探实践；靶区预测

《论石油的无机成因》[1]一书自2001年正式出版发行至今已近5年，尽管中国石油地质界仍拒绝承认该理论的科学性以及在未来油气勘探中的实践意义，但关于石油成因的争鸣却一直在进行着。《新疆石油地质》编辑部陈淦副主编充分肯定了该书的理论前瞻性及其意义[2]。最近，长安大学退休教授张之一也撰文[3]进行了评论。国内改革开放的大环境为学术界营造了一个比较宽松的气氛。国外关于油气无机成因的论述也不断传来。而关于与油气成因有关的石油地质学的一些根本问题上的讨论也在不断深入，如膏盐的成因、白云石（岩）的成因、黏土矿物伊利石的生成与演化等。重要的是，油气无机成因的研究已不再停留在理论的探索，而开始了运用油气无机成因理论作油气勘探靶的选择。油气无机成因的现代概念已逐渐形成。

1　国内油气无机成因论的崛起

近几年，国内科技工作者纷纷撰文，对油气无机生成进行了深入的研究与讨论。国土资源部咨询研究中心高级顾问、中国工程院院士刘广志根据国外科学探索井的实践指出，非生物成因石油天然气是人类用之不尽的清洁能源，需另辟蹊径，勘探开发非生物成因油气[4—6]。

中国石油地球物理勘探局的中国工程院院士李庆忠根据几十年的油气勘探实践提出，要打破思想禁锢，重新审视有机生油理论[7]，对有机生烃论提出了22点质疑。

西安长安大学张之一教授最近又撰文，更新勘探观念，开拓深层油气新领域[8]。

中国石油勘探开发科学研究院薛超教授则提出"两转一断"石油生成与聚集的新模式[9]。他认为，银河系旋转孕育烃类吸积，地球自转导向油气运聚，断裂则控制油气田的

---

* 本文曾发表于《新疆石油地质》2005年第26卷第6期。

分布。

西南石油学院李传亮教授根据固体力学和流体力学的有关理论，研究岩石在压缩阶段的体积变化关系时明确指出，岩石在压缩阶段（即所谓的传统理论的欠压实阶段）不能排水，当然也不能排烃；并深刻指出，石油科学中有许多未经证实的假说，"欠压实"就是其中之一，欠压实是地质学中最荒谬的概念之一[10-14]。如果这个结论被证实，那么，有机质生烃、初次运移便成了"无源之水"。

吐哈油田年轻的工程师苏传国等结合吐哈油田勘探实践，对"煤成油"理论提出质疑❶[15]。这是继"中国侏罗系煤成油质疑"一文以后的又一篇檄文。

根据蒋志的地球脉动理论[16,17]，从石炭纪到现在，地球物质基本脉动是由石炭纪的极大半径收缩到侏罗纪—白垩纪的极小半径，尔后又膨胀到现在的极大半径。在这个时间过程中，无论是中国还是全球，这是一个以侏罗纪—白垩纪为高峰期的油气生成时代，也正是大西洋开张、环太平洋带挤压的时代，为非生物深部来源成油说提供了佐证。

我国著名科学家任振球、浦庆余、杜乐天教授在2004年1月举行的李四光学术思想研讨会上联名提出了"关于地球科学发展战略应当重视天地生整体研究"的建议（2004年1月10日），建议"开展新型无机生油气的开发，争取从根本上改变我国油气严重不足的局面"。

其他如李汉韬（2001）、李华东（2004）分别提出了与有机论不同的油气成因模式[18,19]，值得关注。

松辽盆地自郭占谦、王先彬提出非生物成因天然气[20,21]以来，大庆油田的石油勘探家也承认，松辽盆地徐家围子断陷的兴城火山岩气藏为无机成因[22]，并认为，这个气田将是中国东部最大的天然气田，也是无机成因天然气理论的重要实践。这是首次用无机论的观点进行油气勘探活动。

需要提出的是，自《中国科学》、《科学通报》发表了笔者关于油气无机成因论的论文后[23,24]，国外地球化学界的顶级刊物《Geochimica et Cosmochimica Acta》也于2001年刊出了笔者的论文[25]。

中国地质大学石油地质学家李明诚教授在他的专著"石油与天然气运移"第三版（2004年版）中写到，石油"无机成因的现代概念已逐渐形成"，并说，"有一点可以肯定，那就是石油可以无机生成"[26]。

2　国外研究动态

自美国康奈尔大学著名的天文学家Gold等提出非生物成因天然气理论以来[27,28]，由于境内沉积岩分布有限，瑞典政府请Gold教授到瑞典古老地盾上设计钻井，瑞典希望能在本土的花岗岩中钻到天然气，于是便有了锡利延超深钻活动的序幕。

瑞典锡利延超深钻井Gravberg-1井是人类探索非生物成因天然气成藏的一项重要实践活动，其重要意义令人瞩目。该井位于瑞典锡利延陨石冲击坑，旨在于前寒武系结晶岩

---

❶ 苏传国，朱建国，孟旺才，等. 吐哈盆地"煤成油"形成机制探讨. 吐哈油气，2005，10（1）：14-20.

（花岗岩）中寻找来自地幔的非生物成因天然气藏。

Jeffrey 和 Kaplan（1988）对锡利延 Gravberg-1 井的资料作了深入研究[29]，指出，来自花岗岩井段的烃类气体浓度偏低，富含不饱和烃，可能是花岗岩中无机碳经非生物合成的产物。最高浓度的甲烷富含^{13}C，其$\delta^{13}C$值大于-26‰（表1），与花岗岩中粗玄岩的多次侵入活动有关。这种甲烷可能是上地幔深部成因的，也可能是地壳岩石中非生物过程合成的产物。这口井尽管获得13t的石油，没有获得工业油气流，但它的科学意义十分重大，它至少说明了在5~6km深的花岗岩裂隙中存在非生物成因的石油与天然气，而且还表明，在大于5km的深部天然气甲烷的$\delta^{13}C$值小于-30‰，这种典型的非生物成因天然气却有如此轻的甲烷碳同位素，表明了碳同位素作为油气示踪剂的不可靠性（表1）[29]。

表1 Gravberg-1 井甲烷的碳同位素组成[29]

	深度（m）	$\delta^{13}C$（‰）			$\dfrac{m(C_1)}{m(C_2)}$	气态烃（%）	岩性
		岩心罐顶气	钻屑罐顶气	钢瓶真空容器			
原始井孔	1477	-15.9			8.5	1.4	白云岩
	1524		-24.0		5.5	6.9	白云岩
	1555		-23.6		40	9.9	白云岩
	2591		-26.3		27	10	白云岩
	2652		-19.7		27	5.6	白云岩
	2652			-16.5	29	3.5	白云岩
	2866		-24.1		23	8.7	白云岩
	3171		-30.7		6.1	34.5	花岗岩
	3293		-29.4		4	37.6	花岗岩
	3598		-32.3		6.1	32.6	花岗岩
	4268		-25.2		25	5	白云岩
	4726		-26.1		16	9.2	白云岩
	4877		-31.2		5.8	36.4	花岗岩
	5090		-31.2		11.4	38.7	花岗岩
	5243		-33.5		3.8	86.9	花岗岩
	5273		-31.0		11.9	85.1	花岗岩
	5334		-31.0		12.8	71.5	花岗岩
	5447			-32.8	13	17.3	花岗岩
	5456		-35.4		13.1	79.4	花岗岩
	5456		-34.1		6.6	81.7	花岗岩
	5549		-19.4		0.88	90.3	花岗岩
	5639		-36.7		24.6	87.6	花岗岩
	5669		-38.0		17.5	89.5	花岗岩

续表

	深度（m）	δ¹³C（‰）			$m(C_1)/m(C_2)$	气态烃（%）	岩性
		岩心罐顶气	钻屑罐顶气	钢瓶真空容器			
侧钻	4721			−20.8	39.5	5.3	白云岩
	4725			−21.1	46.4	3.9	白云岩
	4735			−18.6	53.6	2.5	白云岩
	4747			−21.3	42.3	2.8	白云岩
	4819			−23.3	27.9	6.6	花岗岩
	4823			−33.6	23.3	38.9	花岗岩
	4853			−22.7	26.5	7.1	花岗岩
	4962			−27.6	25.6	8.4	花岗岩
	5108			−30.6	25.6	8.4	花岗岩
	5573			−24.3	4.7	34.1	花岗岩
	5622			−23.3	6.2	32.3	花岗岩
	5864			−34.7	2.7	55.5	花岗岩
	5912			−36.0	0.89	89.5	花岗岩
	6255			−26.2	1.7	77.8	花岗岩
	6266			−26.0	1.9	75.3	花岗岩
	6303			−29.3	1.2	82.4	花岗岩
	6376			−35.4	1.4	83.7	花岗岩
	6572			−33.7	2	80.7	花岗岩

俄罗斯科学院石油天然气问题研究所的沙赫诺夫斯基近年来连续发表文章，全面地批判了石油有机成因说，其中以"石油地质学中几个有争议的问题"[30]一文最为典型，今介绍其中一些观点：（1）实验室至今尚未证实烃类可由岩石中分散有机质生成；（2）生油岩样品的岩石学分析，没有发现生油标志；（3）热解过程与分散有机质的演化不可等同看待，例如，阿尔及利亚哈西·迈萨乌德油田的岩心表明，没有发现烃类发生过大规模运移的证据；（4）油气可由地壳深处的无机反应而合成；（5）幔源的无机成因的烃量是非常大的；（6）煤的生成与聚集是由于深部碳的参与，而不是由泥炭生成。

加弗里洛夫是俄罗斯功勋科学家、国立古勃金石油天然气大学教授，在2003年中俄石油地质学术交流会上宣读了4篇论文[31—34]，系统论述了他关于石油生成的理论。现摘要介绍如下：

（1）已知油气储量的80%与俯冲—仰冲的构造环境有关，15%的油气与裂谷有关，而在坳陷机制下形成的油气只占5%，即这5%的油气才是有机质演化而生成。油气有多种成因。

（2）将来扩大油气储量要靠发现全新的大型油气田，而基岩油气田是一个目标，但这类非常规勘探必须用无机成因论来指导，他特别强调花岗岩类型的基岩油气田。

（3）越南白虎油田是花岗岩类型基岩油田，石油来自花岗岩，花岗岩流体包裹体的分析表明，有大量的烃类气体，总量可达$10×10^{12}\,m^3$，即有$10×10^{12}\,m^3$的烃，这尚不包括花岗岩裂隙中的烃，这些烃是油田成藏的基础。他明确指出，白虎油田的石油并非由古近系渐新统的沉积有机质所生成。

3 与油气成因有关的若干石油地质学问题

（1）膏盐的成因。膏盐的成因一直被认为是蒸发成因，但形成膏盐的 K^+、Na^+、Cl^- 的来源无法用陆源成因来解释，张景廉等在综述的基础上提出了源于地幔流体的看法[35]，由于膏盐常是油气藏良好的盖层，关于这方面的深入讨论正在进行着。

（2）白云石（岩）的成因。白云石（岩）的成因困扰了沉积学家、石油地质学家一二百年，至今仍没有一个很好的解释，困惑在于古代特别是前寒武系巨厚的块状白云岩是如何沉积的，而现代海洋沉积物却从未发现有大量白云石从海水中直接沉淀。问题还在于形成白云石的 Mg^{2+} 来自何方？如果说海洋中有较多 Mg^{2+}，那么，陆相沉积盆地中大量白云石（岩）的 Mg^{2+} 又来自何方呢？针对这些问题，张景廉接连写了几篇论文作了讨论[36—38]，并在最近与孙枢合作又撰写了一篇综述评论❶。再者，由于白云石（岩）与油气、金属矿床有特别密切的共生关系，这方面的研究还会向纵深发展。

（3）砂岩储层中黏土矿物的成因。砂岩储层常混杂有大量黏土矿物，如高岭石、蒙皂石、伊利石、绿泥石等，黏土矿物含量的多少直接影响到油气储层的好差；砂岩储层中黏土矿物的成因，盆地流体的 Mg^{2+}、K^+ 的来源问题似乎也一直没有很好解决，特别是伊利石化的 K^+ 的来源。张景廉等明确指出，伊利石乃典型的钾交代，K^+ 来源于深部地幔流体[39]。

（4）盆地流体与油气[39,40]。近年来，盆地流体与油气关系一直是备受瞩目的课题，但盆地流体什么性质，源于何处却没有获得共识，张景廉等则认为，盆地流体乃源于深部地幔流体，油气成藏、金属成矿均与此有关。

（5）地幔柱与油气。中国四川盆地、塔里木盆地二叠系玄武岩与油气、渤海湾盆地新生界玄武岩与油气的关系也进入石油地质学家的视线，而在国外也有人关注中东的石油与留尼汪—德干等地幔柱是否也有某些联系，这是一个值得关注的热点[41]。

4 油气无机成因理论与勘探实践

油气无机成因理论能否用于指导找油实践，这是人们十分关注的，更是有机论者用于否定无机论的一张关键的"牌"！

笔者曾用油气无机成因论成功地解释了中国大陆、欧亚大陆油气田分布规律。而根据中地壳的地球物理学、地质学属性[42]，以及同位素地球化学省、同位素地球化学急变带理论[43]，可以预测未来油气勘探的靶区。

笔者经过多年的努力，今年将推出系列文章，对一些有机论者不曾看好或认为没有希望的地区进行油气远景预测，目前已有两篇文章刊出[44,45]，对辽西义县—北票盆地和苏南地区的油气作了预测，希望得到油气勘探主管部门的重视。油气无机成因论能否真正预测油气还需勘探实践予以证实。尽管前面的道路充满荆棘、十分坎坷，油气无机成因论终于迈出了

---

❶ 孙枢，张景廉. 白云石和白云岩成因研究述评，2005。

这重大意义的一步。如前所述，大庆油田的勘探家正用无机成因论指导徐家围子断陷的天然气勘探。

事实上，中国著名地球化学家杜乐天教授早在1993年❶和1996年[46]分别预测了中国渤海湾东部的蓬莱—庙岛列岛—大连一带的深部有一个巨大的中地壳天然气充气囊群。这个立项报告正引起有关部门的重视。

诚如刘广志院士指出的，非生物成因油气是人类取之不尽、用之不竭的清洁能源[4]。

5 结束语

本文仅介绍21世纪初这几年来国内外关于油气无机成因论的一些争鸣文章，笔者注意到，这些争鸣研究毫无经费支持却能锲而不舍地在夹缝中挣扎，尽管其声音十分微弱，但这是富有生命力的声音，终将"于无声处听惊雷"。

最近美国高盛公司预测石油价格每桶将超过100美元，没有多少人同意这个意见；但是谁也没有预测到2005年的油价会超过50美元，乃至60美元。2005年7月31日，沙特国王法赫德去世，尽管继位国王阿卜杜拉表示不会改变石油政策，2005年8月1日纽约原油期货仍上涨到每桶61美元。时隔不到半月，8月12日的原油价格已超过67美元。

当中国宣布原油自给不再进口洋油时，谁也没有预料到自1993年起我国又成为原油进口国，更不曾预料到2004年我国原油进口$1.2×10^8$ t，进口依存度超过40％。

我国石油有机地球化学家所计算的油气资源量不断飙升，到2004年，计算的石油资源量达$1040×10^8$ t；谁也没有预料到，石油储采比却不断下降，尽管原油产量一再徘徊在$1.6×10^8$ t左右。

面对这些"谁也没有预料到"，为了中国的石油安全，为了中国经济的可持续发展，中国石油地质学家是否该冷静思考一下，听听不同的声音。

参 考 文 献

[1] 张景廉. 论石油的无机成因. 北京：石油工业出版社，2001：305.
[2] 陈淦."离经叛道"亦有情——评《论石油的无机成因》. 石油科技论坛，2002（2）：28-30.
[3] 张之一.《论石油的无机成因》一书引发的思考. 新疆石油地质.
[4] 刘广志. 非生物源石油天然气的存在是人类用之不竭的清洁能源. 中国工程科学，2000，2（5）：92.
[5] 刘广志. 另辟蹊径，勘探开发非生物源油气. 科学时报，2005-06-03，第1版.
[6] 刘广志. 关于钻井（探）工程可持续发展的几点设想. 石油勘探与开发，2005，32（1）：87-88.
[7] 李庆忠. 打破思想禁锢，重新审视生油理论——关于生油理论的争鸣. 新疆石油地质，2003，24（1）：75-83.
[8] 张之一. 更新勘探观念，开拓深层油气新领域. 石油与天然气地质，2005，24（1）：193-196.
[9] 薛超. "两转一断"与石油天然气. 石油科技论坛，2004，（6）：31-39.
[10] 李传亮. 孔隙度校正缺乏理论根据. 新疆石油地质，2003，24（3）：254-256.
[11] 李传亮. 地层压力异常原因分析. 新疆石油地质，2004，25（4）：443-445.

---

❶ 杜乐天，贾跃明，肖庆辉，等. 天然气开发的新方向——地球5个气圈与宏伟的中地壳天然气开发，1993.

[12] 李传亮．岩石欠压实概念质疑——兼谈岩石压缩阶段排烃的不可能性．新疆石油地质，2005，26（4）：450-452.

[13] 李传亮，油气初次运移机理分析．新疆石油地质，2005，26（3）：331-335.

[14] 李传亮．也谈库车坳陷的异常高压问题．新疆石油地质，2005，26（5）：592-593.

[15] 苏传国，朱建国，孟旺才，等．吐哈盆地"煤成油"问题再认识．新疆石油地质，2005，26（4）：453-458.

[16] 蒋志．地质体运动理论及其应用．北京：科学出版社，1995.

[17] 蒋志，引力、核能与地球脉动．北京：地震出版社，2001.

[18] 李汉韬．原始大气的演变与石油天然气的形成．地质地球化学，2001，29（2）：104-107.

[19] 李华东，油气历史成因假说．石油实验地质，2004，26（4）：404-407.

[20] 郭占谦，王先彬．松辽盆地非生物成因的探讨．中国科学（B辑），1994，24（3）：303-309.

[21] 郭占谦，王先彬，刘文龙，松辽盆地非生物成因气的成藏特征．中国科学（D辑），1997，27（2）：143-148.

[22] 杨玉峰，张秋，黄海平，等．松辽盆地徐家围子断陷无机成因天然气及其成藏模式．地学前缘，2000，7（4）：523-533.

[23] 张景廉，朱炳泉，张平中，等．克拉玛依乌尔禾沥青脉Pb—Sr—Nd同位素地球化学．中国科学（D辑），1997，27（4）：325-330.

[24] 张景廉，朱炳泉，陈义贤，等．辽河断陷下第三系烃源岩有机质Pb、Sr同位素研究．科学通报，1999，44（11）：1222-1225.

[25] Zhu Bingquan, Zhang Jinglian, Tu Xianglin, et al. Pb, Sr and Nd isotopic Features in Organic Matter from China and Their Implications for Petroleum Generation and Migration. Geochimica et Cosmochimica Acta, 2001, 65 (15)：2555-2570.

[26] 李明诚，石油与天然气运移（第三版）．北京：石油工业出版社，2004，330-331.

[27] Gold T, Soter S. The Deep Earth Gas Hypothesis. Sci. Am., 1980, 242：154-161.

[28] Gold T, Soter S. Abiogenic Methane and the Orign of Petroleum. Energy Exploitation, 1982, 1：89-103.

[29] Jeffrey A W, Kaplan I R. Hydrocarbons and Inorganic gases in the Gravberg-1 Well, Silijan Ring, Sweden. Chemical Geology 1988, 71：237-255.

[30] 沙赫诺夫斯基 И М. 石油地质学中几个有争议的问题．新疆石油地质，2004，25（2）：219-224.

[31] 加弗里洛夫 В П. 油气生成的地球动力学构想//王涛．中俄石油地质学术交流会文集（2003，莫斯科）．北京：石油工业出版社，2004：1-10.

[32] 加弗里洛夫 В П. 油气聚集环带和油气富集中心——以俄罗斯和独联体国家为例//王涛．中俄石油地质学术交流会文集（2003，莫斯科）．北京：石油工业出版社，2004：49-52

[33] 加弗里洛夫 В П. 沉积盆地基岩的含油气问题//王涛．中俄石油地质学术交流会文集（2003，莫斯科）．北京：石油工业出版社，2004.

[34] 加弗里洛夫 В П. 基岩中石油生成和聚集的可能模式//王涛．中俄石油地质学术交流会文集（2003，莫斯科）．北京：石油工业出版社，2004.

[35] 张景廉，郭彦如，卫平生，等．三论油气与金属（非金属）矿床的关系：油气与膏盐．新疆石油地质，1999，20（4）：310-313.

[36] 张景廉．生物礁分布与油气、金属矿床关系讨论．海相油气地质，2001，6（1）：53-59.

[37] 张景廉．从滨里海盆地上古生界油气，探索中国海相碳酸盐岩油气勘探的科学思路．海相油气地质，2002，7（3）：50-58.

[38] 张景廉，于均民．白云岩成因初探．海相油气地质，2003，8（1-2）：109-115.

[39] 岳伏生，张景廉，杜乐天．济阳坳陷深部热液活动与成岩成矿．石油勘探与开发，2003，30（4）：29-31.

[40] 张景廉，王先彬．热液烃的生成与深部油气藏．地球科学进展，2000，15（5）：545-552.
[41] 张景廉．论基岩的油气勘探前景．天然气工业，2005，25.
[42] 张景廉，于均民．论中地壳及其地质意义．新疆石油地质，2004，25（1）：90-94.
[43] 朱炳泉．地球化学省与地球化学急变带．北京：科学出版社，2001.
[44] 张景廉．辽宁义县—北票盆地深部地壳构造及油气远景——兼论珍稀动物产生与大面积物种死亡之谜．新疆石油地质，2005，26（4）：445-449.
[45] 张景廉．苏南块体的深部构造特征与油气前景．海相油气地质，2005，10.
[46] 杜乐天．烃碱流体地球化学原理．北京：科学出版社，1996：480-481.

非生物（无机）成因油气基础科学问题

张景廉[1]　张虎权[1]　张　宁[1]　朱炳泉[2]

(1. 中国石油勘探开发研究院西北分院，甘肃兰州 730020；
2. 中国科学院广州地球化学研究所，广东广州 510640)

摘　要：为了更好地了解原油、沥青的成因，对克拉玛依油田沥青、塔里木盆地干酪根和沥青、辽河油田古近系干酪根和氯仿沥青"A"以及原油进行了 Pb、Sr、Nd 同位素研究，结果表明，准噶尔、塔里木和辽河 3 个盆地的沥青及原油的 Pb 同位素均显示出了壳—幔相互作用的特征，也均表现出不同于干酪根 Pb 同位素组成的特征（干酪根的 Pb 同位素组成明显表现出壳源的特征）；克拉玛依沥青的 Rb—Sr 等时线年龄及初始 Sr 同位素比值 $(^{87}Sr/^{86}Sr)_1$（即 I_o）与达尔布特断裂带附近金矿的成矿年龄和 I_o 相一致，表明沥青与金矿的金均来自相同的深部源区。指出在准噶尔盆地通过深部地震测深所获得的中地壳低速层存在的信息支持了这样一个假说，油气可能为非生物（无机）成因。

关键词：原油；天然气；沥青；干酪根；Pb—Sr—Nd 同位素体系；中地壳；低速层；非生物成因油气

　　石油天然气的成因一直是颇有争议的话题。20 世纪 70 年代，随着色谱—质谱技术的发展和生物标志化合物的广泛应用，使有机地球化学理论获得迅猛发展，而油气勘探也支持了沉积有机质能够生油气的理论。但是，同样不可回避的事实是，板块构造理论改变了地质学的框架，深海钻探、大陆科学钻探井的实践，宇宙化学与比较行星学的发展同样也改变了人们对油气成因的认识。20 世纪 90 年代，Pb、Sr、Nd 同位素地球化学引入油气地球化学以后，更使我们有了窥视油气成因的一个窗口。全球地学断面（GGT）项目的实施，尤其是地震探测技术的发展，大大改变了人们对深部地壳构造的认识，特别对中地壳低速—高导层的深入解释，所有这一切使油气非生物（无机）成因说获得了很大进展。

　　众所周知，世界有四大油砂（重油或沥青）带[1]，它们是：（1）加拿大阿尔伯达油砂带，地质储量 $3210×10^8 t$；（2）委内瑞拉奥里诺科重油带，地质储量 $1710×10^8 t$；（3）中国塔里木盆地志留系沥青带，地质储量 $917.8×10^8 t$，折算成液态烃为 $4500×10^8 t$；（4）俄罗斯东西伯利亚阿纳巴尔地盾东侧的奥列尼奥克重油矿，地质储量 $800×10^8 t$。如此巨量的非常规石油深深困惑了有机地球化学家，显然，用有机论无法计算这么多的地质储量。而全世界常规油储量也仅 $2194×10^8 t$，也就是说这四处非常规石油的储量是目前全世界常规储量的 4.66 倍。那么，石油究竟是如何生成的呢？本文将用一种全新的视角讨论这个问题。

---

* 本文曾发表于《天然气地球科学》2006 年第 17 卷第 1 期。

1 干酪根、沥青、原油的 Pb—Sr—Nd 同位素地球化学特征

有机地球化学家论及油气有机成因的指标通常用的是碳、氢同位素组成和生物标志化合物等,但是,瑞典锡利延构造 Gravberg-1 井钻探 5500~6000m 的甲烷 $\delta^{13}C$ 可达 -35.4‰~-38.0‰(周边均是花岗岩),难道这些甲烷气是有机成因的吗?中国塔里木盆地塔参 1 井钻到 6000m 以下碳酸盐岩,包裹体中的甲烷 $\delta^{13}C$ 小于 -60‰,难道这是第四纪的生物气吗?关于这一点,笔者曾有详细讨论[2]。至于生物标志化合物,石油运移过程完全可以把周围有机物萃取出来,这在我国东部松辽盆地、渤海湾盆地自生自储的情况下当然用得十分成功,可一到西部塔里木叠合盆地便陷入了迷惑,这是众所周知的事实。

这里介绍一种 Pb、Sr、Nd 同位素方法,此种方法在无机地球化学领域已广泛运用,而且是卓有成效的。可幸的是,20 世纪 90 年代以来,Pb、Sr、Nd 同位素在油气地球化学领域也引起了重视,并对油气成因、油源对比、原油生成与运移年龄的确定乃至油气形成的构造环境等提供了一些十分重要的信息[3—12]。尽管目前在油气地球化学领域尚未被人们熟悉,但是,随着世界对油气的需求愈加迫切,相信会被越来越多的石油地球化学家所重视。

1.1 克拉玛依乌尔禾沥青[13]

克拉玛依乌尔禾沥青的 Pb 同位素分布见图 1。从图 1 可以看出,沥青的 Pb 同位素组成 $^{206}Pb/^{204}Pb$ 变化范围相对较小(18.110~18.675),在铅构造模式图上,$^{207}Pb/^{204}Pb$ 变化超越了从地幔到上地壳的整个范围[14],乌尔禾沥青 Pb 具有明显的壳—幔混合特征,并以幔源成分占优势。

图 2 是乌尔禾沥青的 $^{87}Sr/^{86}Sr$—$^{87}Rb/^{86}Sr$ 等时线图。图中直线②为沥青 Sr<7.4μg/g 样品的等时线,等时线年龄为 286Ma,初始 Sr 同位素比值 $(^{87}Sr/^{86}Sr)_I = 0.70577$;直线①代表了沥青 Sr>7.9μg/g 样品的等时线,等时线年龄为 284Ma,初始 Sr 同位素比值 $(^{87}Sr/^{86}Sr)_I = 0.70593$(高 Sr 含量的 KW-15、KW-10 被排除在计算外)。

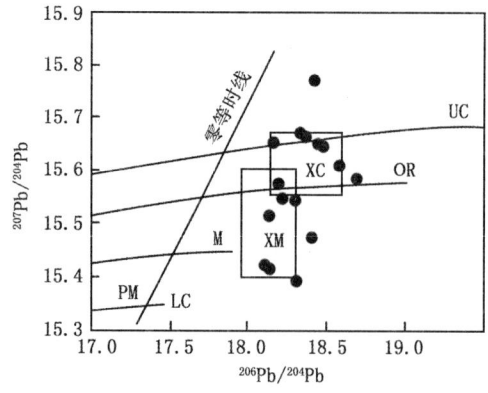

图 1 克拉玛依乌尔禾沥青的
$^{207}Pb/^{204}Pb$—$^{206}Pb/^{204}Pb$ 图解

图中曲线为铅构造模型[13],UC 代表上地壳,OR 代表造山带,M 代表地幔,LC 代表下地壳,PM 代表初始地幔,XM 代表北疆地幔岩,XC 代表北疆沉积岩

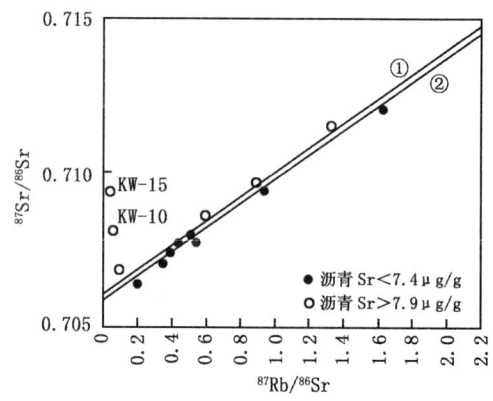

图 2 克拉玛依乌尔禾沥青的
$^{87}Sr/^{86}Sr$—$^{87}Rb/^{86}Sr$ 等时线

① $T = 284 \pm 20$ Ma (2σ),$I_0 = 0.70593 \pm 0.00025$,MSWD=60;
② $T = 286 \pm 12$ Ma (2σ),$I_0 = 0.70577 \pm 0.00008$,MSWD=0.43
2σ 即 MSWD 为平均标准偏差,I_0 为初始 Sr 同位素比值

这些数据表明了：（1）乌尔禾沥青可能形成于晚石炭世—早二叠世；（2）初始Sr同位素比值明显小于地质历史中碳酸盐岩地层及海水的Sr同位素比值（0.7093~0.7067）。因此，这些Sr为幔源。

1.2 塔里木盆地干酪根与沥青[15]

在塔里木盆地，我们在下列地区取样：肖尔布拉克寒武系页岩、印干村大湾沟奥陶系页岩和地表志留系砂岩沥青、哈1井岩心志留系沥青、拉合奇县皮羌村石灰岩沥青脉等。其Pb同位素组成见图3。

从图3看出：（1）寒武系、奥陶系页岩干酪根的Pb同位素组成位于上地壳范围，寒武系干酪根的Pb同位素组成呈等时线分布，Pb—Pb等时线年龄为570Ma；（2）沥青的Pb同位素组成变化很大，可分为两组，一组为上地壳，另一组落在造山带与地幔域内，并且有一等时线年龄为490Ma。Pb同位素组成表明，沥青中有地幔或下地壳物质的Pb的加入。它们与下古生界的干酪根不同源。

塔里木盆地沥青的Sm—Nd同位素组成变化较大，$^{143}Nd/^{144}Nd = 0.51157 \sim 0.51197$，$^{147}Sm/^{144}Nd = 0.0778 \sim 0.153$，Sm—Nd同位

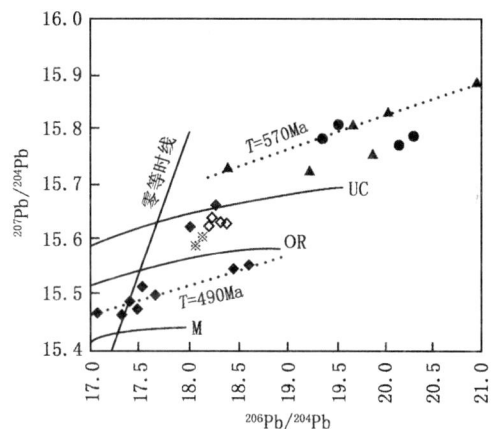

▲ TDXE干酪根；● TDO干酪根；※ TDOS干酪根；◆ 地表沥青；◇ 岩心沥青

图3 塔里木盆地干酪根和沥青的
$^{207}Pb/^{204}Pb$—$^{206}Pb/^{204}Pb$ 图解

（图中字母含义与图1相同）

素体系表现了有不同来源（图4）。不过可确认一条等时线，其代表的年龄为530Ma。

在 $\varepsilon_{Nd}(t)$—$\varepsilon_{Sr}(t)$ 图上（图5），可清晰地看出，塔里木盆地与克拉玛依油田沥青落在不同象限，克拉玛依沥青在第Ⅰ象限，位于洋中脊玄武岩（MORB）与北疆壳源岩石之间；而塔里木沥青则在第Ⅳ象限，位于北疆的上地壳与中国大陆的下地壳之间。

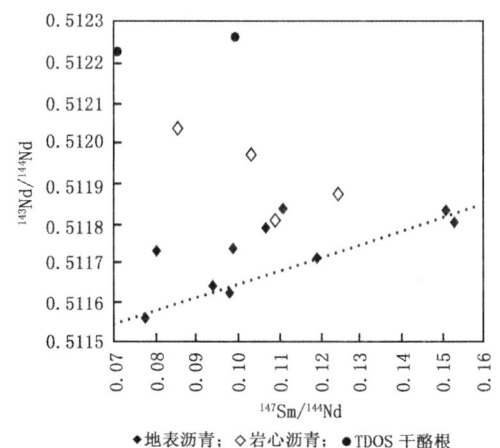

◆ 地表沥青；◇ 岩心沥青；● TDOS干酪根

图4 塔里木盆地干酪根和沥青的
$^{144}Nd/^{144}Nd$—$^{147}Sm/^{144}Nd$ 图解

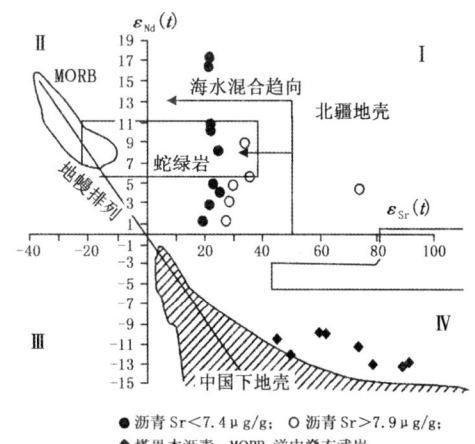

● 沥青 Sr<7.4μg/g；○ 沥青 Sr>7.9μg/g；
◆ 塔里木沥青；MORB 洋中脊玄武岩

图5 克拉玛依、塔里木沥青的
$\varepsilon_{Nd}(t)$—$\varepsilon_{Sr}(t)$ 图解

1.3 辽河油田的氯仿沥青"A"、干酪根、原油[16,17]

从辽河油田古近系沉积岩的干酪根和氯仿沥青"A"的 $^{207}Pb/^{204}Pb$—$^{206}Pb/^{204}Pb$ 图解（图6）可以看出，氯仿沥青"A"的 Pb 同位素组成十分均一，$^{207}Pb/^{204}Pb = 15.378 \sim 15.448$，$^{206}Pb/^{204}Pb = 17.424 \sim 17.604$；氯仿沥青"A"的 Pb 同位素数据落在铅构造模式图的地幔与下地壳之间。值得注意的是：（1）这些氯仿沥青"A"的 Pb 同位素组成不同于干酪根，干酪根的 Pb 同位素组成十分分散；（2）氯仿沥青"A"的 Pb 同位素组成沿零等时线分布且指向华北的初始地幔（PM）。表明了：氯仿沥青"A"的 Pb 在近期来自地幔，它与华北第四纪玄武岩所表示的现代地幔相似；氯仿沥青"A"与干酪根可能不同源，干酪根的 Pb 主要是壳源。

辽河油田原油的 Pb 同位素组成分布见图7。主力油田原油的 Pb 同位素组成呈三角形分布，且指向华北的初始地幔（PM），也表明了壳—幔之间的混合关系。

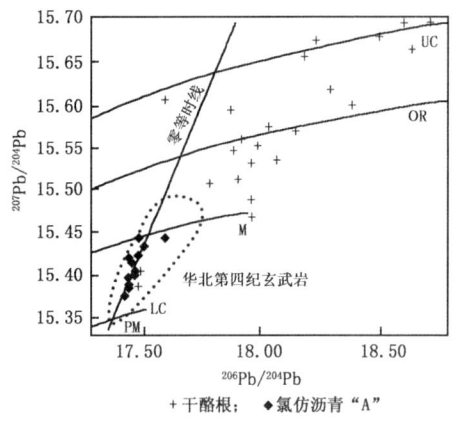

图6 辽河油田干酪根、氯仿沥青"A"的 $^{207}Pb/^{204}Pb$—$^{206}Pb/^{204}Pb$ 图解

（图中字母含义与图1相同）

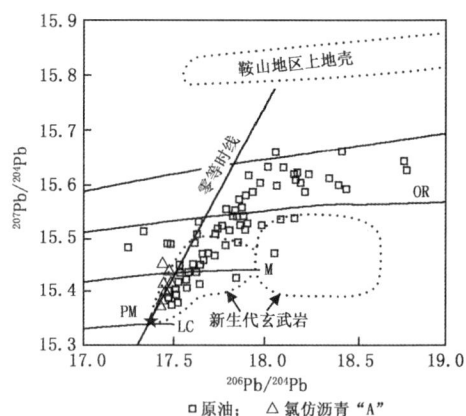

图7 辽河油田原油的 $^{207}Pb/^{204}Pb$—$^{206}Pb/^{204}Pb$ 图解

（图中字母含义与图1相同）

1.4 小结

上述3个油田的干酪根、氯仿沥青、原油的 Pb—Sr—Nd 同位素组成特征给我们提供了下列关于油气成因的重要信息：

（1）克拉玛依油田乌尔禾沥青的正的 $\varepsilon_{Nd}(t)$ 值是源于亏损地幔的最好证明，类似于典型的蛇绿岩和岛弧火山岩的正的 $\varepsilon_{Nd}(t)$ 值。克拉玛依沥青及辽河原油的 Pb 同位素组成也提供了幔—壳相互作用的证据。克拉玛依沥青的幔源占优势。塔里木盆地沥青 Pb 同位素组成位于壳—幔曲线之间（图3），但 Nd 同位素显示了壳源的特征（图4），因此，塔里木盆地沥青表明了壳—幔等量混合的特征。

（2）塔里木盆地寒武系—奥陶系的干酪根与沥青的 Pb 同位素组成、辽河油田古近系干酪根和氯仿沥青"A"以及原油的 Pb 同位素组成均表明了沥青、氯仿沥青"A"、原油与干酪根不同源。

（3）克拉玛依乌尔禾沥青的两个 Rb—Sr 等时线年龄为286Ma和284Ma。这组年龄恰与达尔布特断裂带两个金矿的 Rb—Sr 等时线年龄相当，后者分别为290Ma与288Ma。该金矿的初始 Sr 同位素比值 I_o 分别为 0.7048 与 0.7050[18]，与乌尔禾沥青的初始 Sr 同位素比值 I_o 也相近（分别为 0.70577 和 0.70593）。乌尔禾沥青的 Rb—Sr 等时线年龄可认为是石油生成的年龄，这个年龄不仅与金矿形成年龄相当，也与晚石炭世玄武岩喷发、达尔布特蛇绿岩形成的幔源岩浆活动事件相一致[18]。

2 深部地壳构造特征与油气的生成

全球地学大断面（Global Geoscience Transect，GGT）项目是 20 世纪 80 年代后半期国际岩石圈委员会开展的一项全球性地球科学研究项目，准备编制全球关键部位的 100 多条地学大断面。1987 年，中国岩石圈委员会决定编制 11 条中国地学断面（CGT），由于结合了地质、地球物理、地球化学多学科的综合研究，从而获得了中国大陆壳—幔构造的大量信息。

本文以"新疆准噶尔盆地人工地震深反射—折射基底构造探测"课题❶所揭示的地壳深部构造特征，结合上节讨论的克拉玛依乌尔禾沥青的 Pb—Sr—Nd 同位素特征，来讨论该盆地深部构造与油气生成的关系。

由于采用了三分量的记录观测，大大提高了地震测探的信息量，并可充分利用 P 波与 S 波对地壳结构进行研究。

该剖面东起奇台，经过克拉玛依西到塔城盆地的额敏，全长约 640km。图 8 为奇台—克拉玛依—额敏地震测深剖面二维壳—幔速度结构与深部构造图。

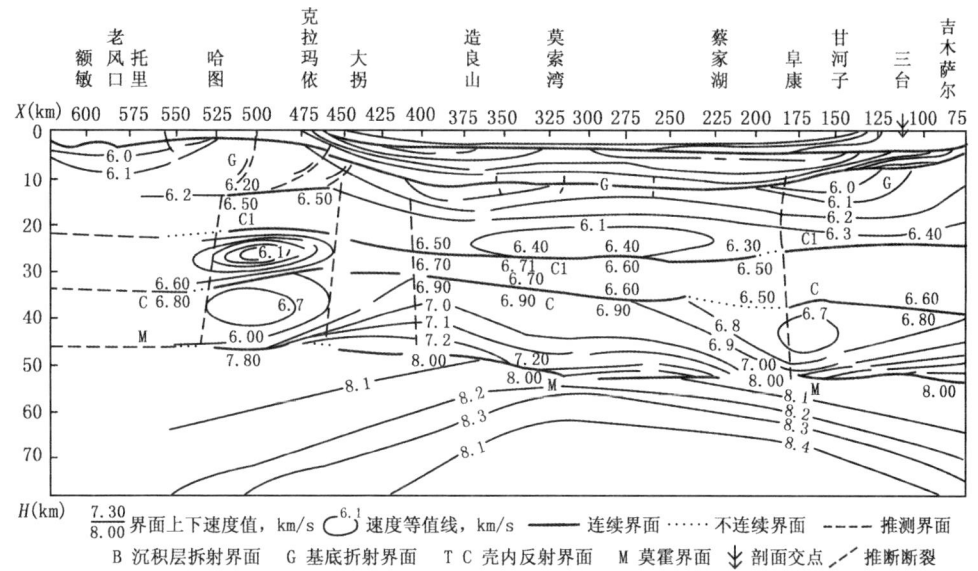

图 8 奇台—克拉玛依—额敏地震测深剖面二维壳—幔速度结构与深部构造

由图 8 可以看出，剖面上获得有 B、G、T（局部）、C_1、C、M 等界面。B 界面以上为新生界和部分中生界；B—G 界面为中生界至石炭系以上地层；C 界面为上地壳和下地壳的

---

❶ 马宗晋，陈新发. 准噶尔盆地构造格架人工地震宽角反射—折射工程探测研究. 中国石油新疆油田公司，2001.

分界，即 C—M 间为下地壳。

马宗晋、陈新发的报告（2001）没有划分出中地壳。我们认为克拉玛依下方的 C_1—C 区间应为中地壳，其中有一低速体，v_p = 6.1km/s。

关于中地壳的低速高导层，目前有多种地质解释[19]。其中俄罗斯学者沃里沃夫斯基等提出了超基性岩底辟说[20]。俄罗斯学者们认为：陆壳的结晶岩部分不全由高变质的层状结晶岩组成，在花岗岩（花岗片麻岩）与玄武岩中间夹有具可塑性的超基性蛇纹岩；在地壳发展早期是双层结构，即花岗岩与玄武岩，后来由于超基性岩浆挤入，使上下层分离，并发生破裂，即所谓的"超基性岩底辟说"；又由于以后的热液交代作用，这种超基性岩变成蛇纹石化橄榄岩，在地球物理学上表现为低速、高导等特征；当地幔脱气生成的 CO_2、H_2 沿玄武岩破裂带上升到超基性蛇纹岩带，便发生了著名的费—托合成效应，费—托合成的烃类伴随构造运动（或岩浆运动）沿地壳中花岗岩缺失的通道上升，并运移到储层形成油气藏，相比之下沉积盆地的储层特性好于其他地质构造单元，所以油气多储集在沉积盆地，但也可储集在花岗岩、火山岩、变质岩等基岩中，形成基岩油气藏。

综上所述，我们可以形象地称蛇纹石化橄榄岩（即中地壳低速高导层）为石油和天然气生成的"发生器"，费—托反应在这里发生，且蛇纹石化橄榄岩本身还为费—托反应提供必需的 Fe、Co、Ni 或 V 等催化材料。上地幔是生成油气的"原料库"，提供费—托反应所需的 CO_2、H_2 等成烃原料。沉积盆地则是油气藏形成的"存储器"，它有好的储层，如砂岩、白云岩等。这种解释彻底摆脱了"烃类无法存在于上地幔的高温条件"这个困境，为油气无机生成理论注入了新的活力[21]。

因此，在克拉玛依，地幔流体正是通过克拉玛依地壳深断裂带向上进入中地壳低速带发生费—托合成生烃反应，然后再通过次一级断裂，油气向上进入沉积储层成藏。乌尔禾沥青脉 Pb、Sr、Nd 同位素地球化学所揭示的幔源特征便是这个道理。至于低速带以西的达尔布特地壳深断裂带，地幔流体正是通过它形成了一些金矿床。

塔里木盆地、辽河盆地的中地壳也有低速高导层，油气生成与低速高导层有关[2,22]。在辽河盆地，这种低速高导层还可能与地震有关[2]。

根据上述思路，我们还可对油气藏（田）进行科学预测，限于篇幅这里不予介绍。鉴于油气成因涉及勘探决策乃至石油安全[23]，上述问题希望引起有关部门的重视。

3　结　论

干酪根、沥青、原油的 Pb、Sr、Nd 同位素组成的研究获得了关于原油生成运移的重要信息：

（1）塔里木盆地寒武系、奥陶系页岩干酪根与志留系沥青的 Pb 同位素组成表明两者不同源，干酪根为壳源成因，沥青则是壳—幔相互作用的结果。

（2）克拉玛依沥青、辽河油田原油的 Pb 同位素组成表明沥青也是壳—幔相互作用的证据，克拉玛依沥青以幔源占优势。

（3）克拉玛依沥青的 Rb—Sr 等时线年龄与达尔布特断裂带金矿形成年龄相一致，表明了某种成因上的联系。

（4）深部地震测深所获得的克拉玛依地区中地壳的低速层（v_p = 6.1km/s）存在的信息支持了克拉玛依原油与深部地幔流体有关的结论。

参 考 文 献

[1] 张景廉. 实话实说我国油气资源现状. 石油科技论坛，2005（2）：27-31.
[2] 张景廉. 论石油的无机成因. 北京：石油工业出版社，2001.
[3] PARNELL J, SWA NBANK I. Pb-Pb Dating of Hydrocarbon Migration into a Bitumen-bearing Ore Deposit, North Wales. Geology, 1990, 18: 1028-1030.
[4] Manning L K. Frost C D, Brantharer J F. A Neodymium Isotopic Study of the Crude Oils and Source Rocks: Potential Applications for Petroleum Exploration. Chem. Geol. , 1991, 91: 125-138.
[5] Mossmon D J, Nagy B, Davis D W. Comparative Molecular Element and U-Pb Isotopic Composition of Stratiform and Dispersed Glolar Organin Matter in the lower Proterozoic uraniferous matasediment, Elliot Lake. Canada. Energy Source. 1993, 15: 375-386.
[6] Stille P, Gauthier-Lafagef. Broser. The Neodymium Isotopic system as a Tool for Petroleum Exploration. Geochim Cosmochim Acta, 1993, 57: 4521-4525.
[7] Roberts H H, Carneyrs. Evidence of Episodic Fluids, Gas and Sediment Venting on the Northern Gulf of Mexico Continental Slope. Econ. Geol. , 1997, 92: 863-879.
[8] Rowe P J, Richards D A, Atkinson T C. Geochemistry and Radiometric Dating of a Middle Pleistone Peat. Geochim Cosmochim Acta, 1997, 61: 4201-4212.
[9] Pushkarev Y D, Gottikh R P, Pisotsky B I, et al. Super Large Oil Deposits as a Results of the Crust-mantle Interaction? Chin. Sci. Bull, 1998, 43（Suppl）: 105.
[10] Zhang J L, Zhu B Q, Chen Y X, et al. Pb, Sr Isotopes in Organic matter of Lower Teriary Hydrocarbon Source Rocks in Liaohe Fault Depression. Chin. Sci. Bull, 1999, 44: 2192-2195.
[11] Zhu Binquan, Zhang Jinlian, Tu Xianglin, et al. Pb, Sr and Nd Isotopic Features in Organic Matter from China and their Implication for Petroleum Generation and Migration. Geochimica et Cosmochimica Acta, 2001, 65（15）: 2555-2570.
[12] 陶士振，刘德良，杨晓勇，等. 无机成因天然气形成条件分析. 天然气地球科学，2001, 11（1）：10-18.
[13] 张景廉，朱炳泉，张平中，等. 克拉玛依乌尔禾沥青脉 Pb—Sr—Nd 同位素地球化学. 中国科学（D辑），1997, 27（4）：325-330.
[14] Zartman R E, Doe M G. Plum bo Tectonics-The model. Tectonophysics, 1981, 75: 135-162.
[15] 张景廉，朱炳泉，张平中，等. 塔里木盆地干酪根、沥青的 Pb—Sr—Nd 同位素体系及其成因演化. 地质科学，1998, 33（3）：310-317.
[16] 张景廉，朱炳泉，陈义贤，等. 辽河断陷下第三系烃源岩有机质 Pb、Sr 同位素研究. 科学通报，1999, 44（11）：1222-1225.
[17] 朱炳泉，陈义贤，张景廉，等. 辽河断陷石油生成环境与演化. 北京：石油工业出版社，1999：100.
[18] 金成伟，沈远超，张秀棋，等. 西准噶尔岩浆活动及其构造环境和金矿化关系//涂光炽. 新疆北部固体地球科学新进展. 北京：科学出版社，1993：137-150.
[19] 张景廉，于均民. 论中地壳的地质意义. 新疆石油地质，2004. 25（1）：90-94.
[20] 沃里沃夫斯基 B C，萨尔基索夫 IO M. 世界最大含油气盆地. 任俞，译. 北京：石油工业出版社，1991.
[21] 张景廉. 中国一些含油气盆地深部地壳结构与油气田关系的探讨. 天然气地球科学，1998, 9（5）：28-36.
[22] 张景廉. 克拉2大气田成因讨论. 新疆石油地质，2001, 23（1）：71-73.
[23] 张景廉，李相博. "西气东输"与中国石油安全. 天然气地球科学，2003, 14（1）：74-78.

再谈油气成因和拓宽勘探领域问题

张景廉　张虎权　卫平生

(中国石油勘探开发研究院西北分院，甘肃兰州 730020)

摘　要：从国家石油安全、发展油气地质理论和拓宽油气勘探领域的视角出发，评述了第十届全国有机地球化学学术会议和香山科学会议第 265 次学术讨论会——非生物（无机）油气的形成和资源前景，并与第十届全国有机地球化学学术会议论文《关于油气勘探中石油生成的理论基础问题———与无机生油理论者商榷》的作者讨论了油气的成因问题和我国油气资源前景的估计问题。在学术争论和科学发展史方面发表了自己的看法。

关键词：有机地球化学；无机成因油气；原创；学术争论

2005 年，在世界各国特别关注自身石油安全和世界油价不断攀升的国际背景下，我国油气界科学家以强烈的责任感和严谨的治学精神，举办过多次不同学科的有意义的学术讨论会。其中有两个会议颇为笔者所关注，一是 2005 年 4 月召开的第十届全国有机地球化学学术会议，二是 2005 年 10 月召开的主题为"非生物（无机）油气的形成和资源前景"的香山科学会议第 265 次学术讨论会。前者回顾和总结了我国油气地球化学研究新进展和对油气勘探决策不可替代的指向作用，进一步认识到油气资源在保持我国国民经济稳定较快可持续发展的战略意义和缓解能源与社会经济发展之间矛盾的重要作用，同时还指出了油气地球化学研究工作中存在的问题和改进措施。后者从国家对能源的迫切需求和拓展我国油气勘探领域出发，聚集了不同学科的科学家，在深化对无机成因油气理论的认识、凝聚研究和寻找无机成因油气的科学目标方面，形成了诸多共识。

本文将对上述两会进行简要评述，并在油气成因和拓宽油气勘探领域问题上与某些不同学术观点进行讨论，旨在谋求和谐学术氛围，发展油气地质理论，发现更多油气资源。

1　关于第十届全国有机地球化学学术会议[1]

2005 年 4 月 16—19 日，在江苏无锡召开了第十届全国有机地球化学学术会议，会议回顾、总结、交流了我国油气地球化学研究新进展和对油气勘探决策的指向作用。半个世纪以来，我国有机地球化学家对我国油气事业作出了不可磨灭的贡献；有机地球化学在勘探决策中起着不可替代的指向作用，并从油气勘探向开发延伸、向环境和全球变化研究延伸；有机地球化学学科生命力得到充分反映，重要性更加突出，国际影响不断扩大。同时，会议要求我国有机地球化学界要与时俱进，切实解决好自身发展中存在的问题，更加自觉地适应生产

---

* 本文曾发表于《天然气地球科学》2006 年第 17 卷第 2 期。

要求，更加主动地急生产之所急，不断提高有机地球化学解决生产问题的能力；主动与构造学、沉积学、层序地层学等学科实现多学科交叉研究，寻找新的学科生长点；努力克服单纯引进和模仿，多做原创性工作，逐步克服实验与研究、基础与应用的"两个脱节"，实践求实作风，力戒浮躁，重视积累。

可以看出，两年一届的全国有机地球化学学术会议，不仅推动了油气有机地球化学学术活动不断活跃和深入，而且把有机地球化学与国家能源需求紧密联系起来，重视学科的可持续发展和队伍的自身建设，这是值得大大称道的。会议还从石油和天然气是支撑我国经济高度发展的重要能源的角度出发，呼吁三大国家石油公司、各油田、中国科学院和教育部等主管部门切实采取措施，重视和大力支持有机地球化学学科的发展。

这次会议内容丰富，论文颇丰，仅在大会上宣读的论文就接近20篇，笔者对各位作者的辛勤劳动和学术造诣表示赞赏，但是，某篇论文的一些观点笔者不能苟同，将在第3部分与之讨论。

2 关于香山科学会议第265次学术讨论会——非生物（无机）油气的形成和资源前景[2]

第265次香山科学会议于2005年10月18—20日在北京召开，会议的主题是："非生物（无机）油气的形成和资源前景"。会议站在国家油气安全的角度，认真剖析了国内外非生物成因油气研究和勘探实践的成果和历史，深入探讨了非生物油气的地质基础理论和资源前景研究中面临的各种科学问题，为解决我国能源瓶颈问题拓展了思路。

会议认为，探讨非生物油气（从广义资源而言，还涉及He、H_2、CO_2和H_2S等具有重要经济价值和环境安全意义的其他非烃气体）的地质基础理论问题和资源前景，是当前学科前沿之一，具有重要的科学性和国家需求上的迫切性，也是拓展我国油气勘探领域、改善能源结构的重大战略实践课题，面对国家对能源资源的迫切需求，突破传统观念，拓展勘探新领域，大力开展非生物成因天然气的理论和勘探实践研究，是未来天然气勘探的重要方向之一，具有重要战略意义，亟待国家层面统筹规划。

参加会议的不仅有主张无机成因的地球化学家，也有有机地球化学家，还有理论物理学家、化学家、地球物理学家。各学科的交流与融合大大推动了对非生物成因油气的认识。会议代表在学科间的渗透交叉、有利于科学发展的氛围中，采取学术报告和自由讨论相结合的方式，畅所欲言，广泛交流。

十六届五中全会通过的"关于制定国民经济和社会发展第十一个五年规划的建议"中，已将自主创新上升到国家发展的战略层次加以强调。笔者认为，油气无机成因研究是一项基础研究，而且是一项自主创新的基础研究，理应得到积极支持。

3 关于油气成因和我国油气资源前景估计问题：与《关于油气勘探中石油生成的理论基础问题——与无机生油论者商榷》一文作者讨论

在第十届全国有机地球化学学术会议上，黄第藩先生宣读了《关于油气勘探中石油生成的理论基础问题——与无机生油论者商榷》（以下简称《商榷》）学术报告，后该文发表在《石油勘探与开发》杂志 2005 年第 5 期[3]，现就其中一些观点与作者讨论。

（1）《商榷》一文作者说："世界上尚未见哪一家石油公司敢于把自己的油气勘探工作量置于无机生油理论基础上。"

事实上，我们目前勘探开发的油气田相当一部分是无机生成的，如准噶尔盆地克—乌断裂带上的克拉玛依油田及其他油田[4]、塔里木盆地库车坳陷的克拉 2 大气田[5,6]、四川盆地威远气田[7]等。无机生成的油气田远比我们先前所认为的要广泛得多，只是我们不自觉地在实践无机生油理论。克—乌断裂带与中央坳陷的斜坡带钻探的失败❶，从反面否定了克—乌断裂带的油源来自中央坳陷源岩的有机生油理论。

（2）《商榷》一文指出："如果目前以无机生油理论调整我们的油气勘探战略是缺乏根据的，也将是一场灾难。""若因此而否定目前的种种地质学理论，那么，地质学将是一片空白！""任何油气勘探部门都不会把自己的勘探力量投入到那些过去和现在断裂、地震和火山活动频繁，因而是地幔脱气作用最为强烈的地带去的。"

从这些言论可以看出，《商榷》一文的作者尚不明白什么是无机生油理论。说是一场"灾难"，那是耸人听闻。有机论指导油气勘探的失败案例还少吗？1992 年，酒东盆地便是一例。"1989 年塔里木盆地东河 1 井获高产油流，在 1992 年上交了探明地质储量 2398×10^4 t。东河塘油田的发现，诱使勘探家再创辉煌，于是在满加尔一带部署了 25 口探井，结果却是 21 口探井落空，其他 4 口井也仅找到了小的油气构造和油气藏。事实上，东河塘油田的发现纯属意外，1989 年设计东河 1 井时，主要目的层是奥陶系，结果歪打正着，在东河塘石炭系砂岩中发现油田。"[8] 看来，"歪打正着"的辉煌不能持久。需指出的是，2005 年中国石化南方勘探公司在松潘—甘孜褶皱带部署了红参 1 井（设计井深 6000m）可能会使《商榷》一文的作者大吃一惊。笔者也认为松潘—甘孜褶皱带是大有油气前景的❷。事实上，一些油田的勘探家们正在开始调整他们的勘探思维，如大庆油田对徐家围子的天然气勘探。

（3）《商榷》一文指出："为什么无机生油论者在石油勘探中只强调储层和圈闭条件，而置油源于不顾？"

这是"以偏概全"。我们在论述油气前景时，特别注意深部的油源，强调地壳深部构造特征。关注是否有中地壳的低速、高导层。在笔者看来，后者是油气发生器。建议《商榷》一文作者仔细阅读一下有关文献[9—11]。

（4）《商榷》一文还指出，"对于无机生油论者，不应再停留在地质学的假说和推论上，而应当尽力找出油田具有幔源成因的直接的科学证据，哪怕只找出一个油田实例，也是令人欣慰的，"有可靠的幔源科学证据的无机生成的油田，迄今世界上一个也没有找到。

事实上，我们已经在克拉玛依油田找到了证据确凿的无机成因的 Pb—Sr—Nd 同位素证据[4]。更何况，《商榷》一文作者如何解释巨型油砂、重油、沥青带的地质储量呢[12]。

再看看《商榷》一文作者对我国油气资源和产量的有关乐观估计：

（1）"估计 14 年后，我国石油储采比很可能与世界的情况一样有所增长，达到 16～18 左右，因此，21 世纪前 30 年中国石油储采比还会继续保持在较高的水平。"[3]

---

❶ 夏明生．非生物成因油气研究与前景．第 265 次香山科学会议交流材料，2005.
❷ 张景廉，等．松潘—甘孜褶皱带的深部地壳构造特征与油气前景分析．内部资料，2006.

事实上,我国目前的石油储采比仅为14,而且近几年不断动用剩余可采储量,也就是说,当年发现的探明可采储量小于当年的石油年产量,而石油年产量一直在(1.6~1.7)×10^8t徘徊,因此,实际情况是,中国的石油储采比在不断降低,而不是上升。笔者实在不清楚这种预测有多大科学依据。在笔者看来,这是误导投资者,有兴趣的话请参阅笔者在《石油科技论坛》中的论述[12]。

(2)"预计2010年石油的进口依存度将超过60%,甚至70%……,但不必惊慌,降低风险,认真对待就是了。"[3]

我对专家们的盲目乐观实在有点吃惊。在笔者看来,目前正是石油地质学家为国分忧的时候。中国的石油资源严重短缺。笔者一直认为,中国石油地质学家是要负责任的,我们一直认为有900多亿吨的油气资源量(现在又上升到1040×10^8t),似乎油气前景十分好,可现状又是什么呢?这些资源无法扭转石油进口依存度超过40%的局面。

(3)"美国现在54%的石油靠进口,到2020年依存度将达到65%以上,其进口量大大超过我国,依存度和我国差不多。"[3]

众所周知,中国石油企业走出去战略也受到过挫折,2005年中海油收购美国第9大石油公司优尼科的失败便是一个典型案例,中国成了美国国家主义的牺牲品。美国人只是动用了国会便否决了中海油苦心经营了3年的收购计划,《商榷》一文的作者可能也很清楚。我们实在没有理由盲目乐观,我们的实力,我们的经验,我们的本钱还差得很远很远。我们要有自知之明。尽管我国的石油产量名列世界第5,可我们有13亿人口,这笔账连小学生都会算的。中国海洋石油董事长兼CEO傅成玉在反思收购优尼科事件时说:"当时有两点没有想到:第一,没想到美国国会一旦认为可能伤害到其利益时,会把一个执行了20多年的法律随时改变;第二,没想到雪佛龙用政治手段进行纯商业竞争,在自由贸易中发动政治资源来竞购。"[13]你中海油说此举不会影响美国国家安全,但出于美国国家主义的考虑,它就说你影响了美国国家安全,而且不符合股民利益。在这时,市场规律已不再起作用。笔者多次谈到,美国石油进口的3/4来自于西半球的加拿大、墨西哥、委内瑞拉,对美国来说,那里是最安全的。即使如此,美国人为了控制中东的战略石油,乃出兵攻打了伊拉克,它一方面为了推销它的民主政治,更重要的是控制靠中东石油的欧洲及亚洲诸国(当然包括了中国)。我们实在不敢"高枕无忧"。还有一点必须明确,世界和中国油气储量的增加更多是靠技术的进步和发展,而只有科学发现即石油地质新理论的提出,才能使油气探明储量大大提高。相反,如果咬定"源控论",将会限制油气的勘探领域。

4 关于学术争论和拓宽油气勘探领域

关于油气成因问题,有机论和无机论之间的争论时间甚长。长时间以来,由于国外有机学说的不断进步(如Tissot,Hunt的学说的兴起),特别是在实践上的巨大成功,有机论一直处于主流学派的地位。我国有机学论者依靠陆相生油理论,在东部油田的勘探与开发上获得了巨大成功,为国家作出了巨大贡献。在松辽盆地白垩系自生自储和渤海湾盆地古近系自生自储油气藏认识过程有机地球化学的油源对比方法使用得得心应手,曾拥有大量的科研经费,庞大的科研队伍,十几个有机地球化学实验室,并造就了一大批专家、学者。

可到20世纪末和21世纪初,随着油气勘探难度的越来越大(特别是西部),而中国油气年产量一直在(1.6~1.7)×10^8t之间徘徊,中国油气的发展难以满足国民经济持续发展的需要，并成了"瓶颈"。

面对这样的严峻形势，为什么不能从争论中走出来，考虑一下油气的无机生成理论是否言之有理，从而拓宽一下勘探的领域呢？

无机论自门捷列夫提出以来已有一百多年历史，它为什么没有消亡而一直在发展呢？这是很值得《商榷》一文作者深思的，也值得研究科学发展史的专家们考虑。尽管这种发展十分缓慢，但这种缓慢是有原因的，它没有经费支持。本来，从科学的发展，从油气生成的哲学角度分析，油气可以是无机生成的，这是无可置疑的，在中国油气资源短缺的情况下，我们必须"立足于国内"，如果用无机论指导可以找到几个亿吨级大油田，有什么不好呢？

21世纪初，中国学术界有一些关于油气成因的争论一直在进行着。如关于鄂尔多斯盆地上古生界天然气是否有幔源气的讨论[14—17]，关于四川盆地威远气田的天然气是寒武系生成然后再下灌于震旦系，还是来自深部的无机气的讨论[7,18,19]，关于吐哈盆地煤成油的讨论[20]。也有支持无机生油理论并主张勘探开发非生物成因油气的[21—26]。关于油气初次运移这个十分敏感而关键的问题，最近有学者提出了完全不同的观点[27—31]。

争论的结果，无机生气理论已得到实践证实，在我国已经发现了首个无机成因气藏[14]。显然，学术上的争论是好事。

张景廉在《论石油的无机成因》一书的序言中引用了毛泽东的一句话："笔墨官司有比无好"。张景廉并认为，"无"则死水一潭，没有发展，"有"才能促进发展，才有生机。学术间的讨论，争论本是十分自然的事，只是近来少有争论，才引起了重视。笔者一直以为，只要不是以"学阀"的口气，不是"一棍子打死"的盛气凌人，那么，学术争论应该鼓励，应该是好事，诚如所有进入香山会议的人均"一律平等"。这很重要，如果不是平等，而是居高临下，谈不上讨论。

《商榷》一文作者没有理由对不同理论和不同观点口诛笔伐。最近，李传亮[32]说得好："科学是思想的产物，探索总是有益的，争论总是明辨的。科学不会因为笔者的错误观点而有所改变，也不会因为笔者的正确观点而拒绝改变。任何人都只能服从和服务于科学，而不是相反。"据悉，李庆忠[32]也写了一篇答《商榷》一文作者的文章。笔者认为，国家石油资源日益短缺和石油对外依存度不断增大，《商榷》一文作者应探求拓宽油气勘探领域之法，而不应对不同观点一言以蔽之曰不或不近情理地要求无机论者在无课题、无经费等相关条件下找出油田来。

总之，油气地质界、地球化学界的学术争论的目的只有一个，为在中国找到更多的油气资源，为国家石油安全尽一份力量。

5 科学史的回顾

科学史表明，人们常常不自觉地用一种权威理论去裁判一个新理论。量子理论的创始人普朗克（Max Plank）在自传中讲述他提出科学思想遭到科学权威抵制的经历之后，深有体会地写到："一个新的科学不能通过说服他的反对者并使其理解而获胜，他的获胜主要由于其反对者终于死去，而熟悉他的新一代成长起来了。"然而说这个话的人，他自己也不自觉地这么做着。1907年爱因斯坦提出光量子理论之后，普朗克对他大为不满并说"太过分了"。量子只是假说，就是为了解释黑体辐射的奇怪现象而提出的，普朗克自己都对量子是否真实存在感到怀疑，爱因斯坦居然拿去当理论前提进行研究，不是太荒唐了吗？其实在此之前，当物理学界大多反对爱因斯坦的相对论的时候，正是作为《物理学年鉴》主编的普朗克，认识到相对论的价值，及时予以发表。所以，人们常说，普朗克有两大发现，一是发现了量子，二是发现了爱因斯坦。就是这个发现了爱因斯坦的人，却有意无意地压制了科学的创新。

著名科学家魏格纳的不幸遭遇，也是这种科学沙文主义的牺牲品。

历史上的重大科学发现，不仅不被当时某些科学家权威所理解，相反，还会遭到这些科学权威的极力反对。但愿人们从这段科学史的回顾中学到一些东西。

参 考 文 献

[1] 第十届有机地球化学学术会议全体代表第十届全国有机地球化学学术会议建议书．石油与天然气地质，2005，26（4）：391-392.
[2] 赵生才．拓宽油气资源勘探新领域的前瞻性科学会议——香山科学会议第265次学术会议评述．天然气地球科学，2006，17（1）：封2，封3.
[3] 黄第藩，梁狄刚．关于油气勘探中石油生成的理论基础问题——与无机生油论者商榷．石油勘探与开发，2005，32（5）：1-10.
[4] 张景廉，朱炳泉，张平中，等．克拉玛依乌尔禾沥青脉Pb—Sr—Nd同位素地球化学．中国科学（D辑），1997，27（4）：325-330.
[5] 张景廉．克拉2大气田成因讨论．新疆石油地质，2002，23（1）：71-73.
[6] 张景廉，李相博．"西气东输"与我国石油安全．天然气地球科学，2003，14（1）：74-78.
[7] 张虎权，卫平生，张景廉．也谈威远气田的气源．天然气工业，2005，25（7）：4-7.
[8] 梁狄刚．塔里木盆地九年油气勘探历程与回顾．勘探家，1999，4（2）：53-56.
[9] 张景廉．辽宁义县—北票地区深部地壳构造及油气远景．新疆石油地质，2005，26（4）：445-449.
[10] 张景廉．苏南块体的深部构造特征与油气远景．海相油气地质，2006，11（1）.
[11] 王先彬，妥进才，李振西，等．天然气成因理论探讨——拓宽领域，寻找新能源．天然气地球科学，2003，14（1）：30-34.
[12] 张景廉．实话实说中国油气资源现状．石油科技论坛，2005，（2）：27-31.
[13] 蒋姮．重新审视能源政治——从傅成玉的"两点没想到"说起．中国石油石化，2005，（21）：26-29.
[14] 戴金星．非生物天然气资源的特征与前景．天然气地球科学，2006，17（1）：1-6.
[15] 张景廉，张虎权．关于石油成因理论的争鸣．新疆石油地质，2005，26（6）：727-731.
[16] 万丛礼，付金华，杨华，等．鄂尔多斯盆地上古生界天然气成因新探索．天然气工业，2004，24（8）：1-3.
[17] 丁巍伟，侯路．鄂尔多斯盆地上古生界天然气是否有幔源烃——与万丛礼博士商榷．天然气工业，2005，25（2）：6-9.
[18] 戴金星．威远气田成藏期及气源．石油实验地质，2003，25（5）：473-479.
[19] 戴金星，秦胜飞，陶士振，等．中国天然气工业发展趋势和天然气地学理论重要进展．天然气地球科学，2005，16（2）：127-142.
[20] 苏传国，朱建国，孟旺才，等．吐哈盆地"煤成油"问题再认识．新疆石油地质，2005，26（4）：453-458.
[21] 刘广志．非生物源石油天然气的存在是人类用之不竭的清洁能源．中国工程科学，2000，2（5）：92.
[22] 刘广志．另辟蹊径，勘探开发非生物源油气．科学时报，2005，6，3（1）.
[23] 刘广志．关于钻井（探）工程可持续发展的几点设想．石油勘探与开发，2005．32（1）：87-88.
[24] 李庆忠．打破思想禁锢，重新审视生油理论——关于生油理论的争鸣．新疆石油地质，2003，24

（1）：75-83.
[25] 张之一．更新勘探观念，开拓深层油气新领域．石油与天然气地质，2005，24（1）：193-196.
[26] 薛超．"两转一断"与石油天然气．石油科技论坛，2004（6）：31-39.
[27] 李传亮．孔隙度校正缺乏理论依据．新疆石油地质，2003，24（3）：254-256.
[28] 李传亮．地层压力异常原因分析．新疆石油地质，2004，25（4）：443-445.
[29] 李传亮．岩石欠压实概念质疑——兼谈岩石压缩阶段排烃的不可能性．新疆石油地质，2005，26（4）：450-452.
[30] 李传亮．油气初次运移机理分析．新疆石油地质，2005，26（3）：331-335.
[31] 李传亮．岩石本体变形过程中的孔隙度不变性原则．新疆石油地质，2005，26（6）：732-734.
[32] 李庆忠．生油理论值得重新审视——答黄第藩、梁狄刚《关于油气勘探中石油生成的理论基础问题》一文．石油勘探与开发，2005，32（6）：13-16.

关于油气成因的辩论[*]

——与王兰生先生商榷

张景廉

(中国石油勘探开发研究院西北分院,甘肃兰州 730020)

摘 要:对王兰生先生关于油气无机成因的观点进行了讨论。业已证明:金属元素及同位素可以与有机化合物形成配位离子或配位化合物,它们可用以油气示踪与同位素定年;费—托反应在不同的催化剂、温度、压力条件下可合成不同种类的烃(包括石油烃)。大庆油田油气勘探表明:无机成因天然气不仅可以存在而且可以成藏并形成气田,如兴城气藏。在塔里木盆地,志留系砂岩中 $917.8 \times 10^8 t$ 的沥青同样是通过无机反应生成而绝不是由有机质生成的。无机成因的油气还在陨石及大陆科学钻井中被发现。按照油气无机成因理论,预测了未来油气勘探的靶区,这些地区是有机生油论者不看好或认为没有希望的。

关键词:油气无机成因理论;金属同位素;费—托反应;勘探靶区

最近,有几篇关注油气无机成因论的文章颇引人注目,或对无机成因论表示反对[1—3],或提出建议[4]。学术界近年来鲜有这样公开的讨论与争鸣,这当然是好事。

王兰生先生在《石油勘探与开发》杂志撰文[2],谈了 3 个问题,表示"不同意石油无机成因的观点,也不同意天然气藏无机成因的观点"。文中多处点了张景廉的名字,笔者认为有必要就这 3 个问题及相关问题与王兰生先生讨论,并求教于关心油气成因的石油地质家、地球化学家及勘探家。

1 关于共生与共存

1.1 原油中的金属同位素

近半个世纪以来,金属有机化合物的研究取得了重要进展[5],金属可以与有机物以有机化合物的形式长期稳定地保存于沥青、石油、干酪根、卟啉中,并形成同位素封闭体系,如 Au、U、V、Ni、Pb、REE 等元素可形成金属有机化合物。由此建立起了无机地球化学与有机地球化学两大研究领域间的桥梁,并为固体同位素方法应用于油气地球化学奠定了理论基础。

20 世纪 90 年代以来,固体同位素在油气地球化学领域的应用在国际上取得重要进展。1990 年,Parnell 等首次报道了英国威尔士铜矿中沥青脉的 Pb—Pb 等时线年龄为 248Ma[6];

---

[*] 本文曾发表于《石油勘探与开发》2008 年 35 卷第 1 期。

1993年,Mossman等成功测定了加拿大埃奥特湖铀矿床古元古界页岩干酪根的U—Pb同位素年龄为2139Ma[7]。与此同时,同位素成为油源对比与化探找油的重要手段,被认为有重要的潜在价值[8,9]。

有机质的Pb—Sr—Nd同位素在油源成因研究与示踪定年方面的应用研究也获得重大进展[10]。由于在分析测定原油、沥青等样品的同位素时,必须先清洗掉样品中呈吸附(物理的、化学的)和碎屑形态的金属元素,因此被分析测定的只能是呈有机化合物形式存在的金属同位素。金属有机化合物热力学平衡常数也决定了它们不是运移过程中夹带而来的。反之,如果金属元素在原油、沥青中并非以金属有机化合物的形式存在,其同位素便不可能呈等时线形式。

曾有人对克拉玛依油田沥青的Nd同位素特征表示质疑(李曙光,2000,私人通讯)。新疆地壳确实有正的ε_{Nd}值,但$^{143}Nd/^{144}Nd$值在0.5126左右,而克拉玛依油田沥青的$^{143}Nd/^{144}Nd$值高达0.5128以上,这是地壳物质不能解释的,应认为有地幔流体的存在(朱炳泉,2004,私人通讯)。

1.2 原油中的金属微量元素

关于原油中一些金属微量元素的富集,郭占谦等作过详尽讨论[11],笔者等也进行过深入分析[12—14]。国内外原油的V/Ni值往往很固定且有地区性特征[15],这不是生物成因所解释得了的。笔者等认为辽河油田原油固定的V/Ni值(0.02~0.04)是上地幔不均一所造成的,辉石、橄榄石对V、Ni的分配系数不同,导致原油中V/Ni值的地区性特点[12];并指出辽河油田原油有无机成因的,辽河坳陷古近系干酪根与原油的Pb同位素组成也明白无误地表明,辽河油田原油可以由有机质生成,也可能是无机成因的[13]。另外,原油中有一些铂族元素(PGE)及Re的富集,这些幔源金属元素绝不是生物有机质演化所能生成的[16]。

1.3 原油中的有机硅化合物

在胜利孤岛油田原油、辽河油田原油中相继发现了地壳与生物体中缺失的有机硅化合物,这种有机硅化合物只能源于深部地幔[14]。

1.4 原油中的生物标志化合物

事实上,生物标志化合物倒是极易在原油运移过程中自沉积的有机质中萃取出来[16,17],与原油恰恰无必然的成因联系,即它们是共存而非共生的关系。因此,当原油从深部向上运移途经多个时代的地层时,就不难理解利用生物标志物进行油源对比时出现的种种困惑(特别对西部一些叠合盆地)了。

1.5 天然气中的非烃气体

关于天然气中的He、N_2等非烃气体,笔者从来认为不能以其作为天然气成因的判据,但可获得一些成因信息。如当天然气中He含量超过0.1%时,表明其生成环境中可能有富U、Th的地质体,如威远气田中He含量便很高,钻探表明其基底有一花岗岩体,花岗岩中高含量的U、Th在地质历史中不断衰变,生成大量的^4He,常使$^3He/^4He$值大大降低[18]。关于这个问题,倒是有机生油论者常常有误解,并据此判断是壳源还是幔源,如由于威远气田深部大的花岗岩体致使^4He大大增加,$^3He/^4He$值很低,便认为威远天然气为壳源。因此,笔者同意王兰生先生的这一段话[2]："用氦和氩的同位素年龄来证明烃类气体是无机成因的，在方法上有误。"如前所述，笔者从来认为不能将此作为天然气成因判据。不过需要指出的一点是，目前还没有用 He 同位素年龄作为天然气成因判据的，He 同位素比值（^{3}He/^{4}He）倒常被使用。

2 原油天然气是如何生成的

目前能观察到有机质转化生烃的环境仅在沼泽、湿地、稻田中，那里沼气不断生成并排向大气，由于有细菌、酶等的催化作用，这种生烃过程相当迅速。

所谓烃源岩的热模拟实验生烃，其实那是化学家的一厢情愿，遗憾的是地球化学家居然也相信了。这里有两个问题：（1）目前热模拟实验一味强调温度、压力的影响（是很重要的参数），但是地质环境的 pH 值、Eh 值可能是更重要的参数，还有水介质的成分（如 Cl^-、F^-、HCO_3^-、SO_4^{2-} 阴离子及 Na^+、K^+、Mg^{2+} 等阳离子，还有大量络离子等），它们对有机质转化生烃的作用绝不可忽视；（2）250℃以上的高温热模拟实验绝不能代表地质环境中的有机质演化过程，Connon 的温度—时间关系不能成为热模拟实验的理论基础，这一点，笔者早就论述过[19]。

费—托合成反应可以定义为 CO（或 CO_2）与 H_2 在催化剂作用下的还原性反应：

$$n\text{CO} + m\text{H}_2 \longrightarrow C_xH_yO_z$$

催化剂不同，反应温度、压力不同，产物也有所不同。以 Ni、Ru 为催化剂，低压（常压至 1×10^6Pa）、高温条件下可生成甲烷；以 Ni、Co 为催化剂，中等温度（≤200℃）和 $1\times10^5 \sim 1\times10^6$Pa 压力下生成饱和烃和烯烃；以 Fe 为催化剂，中等压力（$1\times10^6 \sim 1\times10^7$Pa）和 210～340℃条件下生成烯烃、饱和烃和少量醇；在更高压力（$1.5\times10^7 \sim 1.5\times10^8$Pa）和低温（100～180℃）条件下用 Ru 为催化剂，可得到环烷烃[20]；更可以用 Fe_2O_3、Fe_3O_4 或 FeS、FeS_2 等为催化剂，所获得产物不同，反应速率也大大不同。

如果说，目前的油气不能被证明是费—托合成反应所生成的话，那么，热模拟实验更不能用于描述有机质的生烃过程！用现今沉积岩中的有机碳进行油气资源量的计算，更是有机生油论的一个软肋，这是最缺乏科学依据的，笔者在《实话实说中国油气资源现状》[21]中有详细分析。

3 油气成藏问题

王兰生在文章中承认油气运移是当前有机地球化学家正在攻克的难关，特别是油气的"初次运移"至今仍搞不清楚，而这恰恰正是油气成因的根本问题，因为"油气从烃源岩中初次运移出来"关系到油气如何二次运移、如何成藏的大问题。因此，目前所有关于油气成藏的模式、机理恰似"无源之水，无根之木"，是不值一驳的。建议有机地球化学家看看李传亮教授的文章[22,23]。他根据固体力学和流体力学的有关理论，研究了岩石在压缩阶段的体积变化关系，明确指出，岩石在压缩阶段（即传统理论的所谓"欠压实阶段"）不能排水，当然也不能排烃；并深刻指出，欠压实是地质学中最荒谬的概念之一[22]。

至于无机天然气的成藏问题，最近戴金星等认为，松辽盆地昌德气藏是有充分地球化学依据的无机成因烃类气藏，而徐家围子兴城气藏则是又一个无机成因的烃类气藏，探明天然气地质储量已超过 $400×10^8 m^3$ [24]。看来无机成因气的存在不仅是客观事实，而且无机成因气是可以成藏的。不过在这里需要指出的是，郭占谦、王先彬早于 1994 年在《中国科学》上发表的论文便论证了昌德气藏的无机成因[25]。

至于无机成因石油成藏，笔者等通过沥青中的 Pb、Sr、Nd 同位素数据，论证了克拉玛依乌尔禾沥青的上地幔成因[26,27]，而塔里木盆地志留系砂岩中的沥青则是中、下地壳成因[28]。塔里木盆地塔北、塔中、柯坪 3 个隆起带的志留系沥青地质储量达 $917.8×10^8 t$，如此巨大的沥青储量不是有机生油论所能解释得了的，对这个数字，有机生油论者往往讳莫如深。

4 油气的非生命物质来源证据

王兰生先生的文章中称"到目前为止，还没有油气来源于非生命物质的其他证据"[2]。关于这个问题，笔者觉得有必要再补充几句。

20 世纪 70 年代至 80 年代，中国吉林陨石中发现了石油烃，南极陨石中也发现了烃类，从而使石油无机说有所抬头。据报道，中国吉林陨石中发现有 C_{17} 至 C_{32} 的正构烷烃、芳香烃、异戊间二烯烷烃、卟啉化合物、色素、氨基酸等有机化合物[29]；美国在南极陨石（Allan Hill 77306，Allan Hill 77307，Yamato 74662）中也测定出正构烷烃、少量芳香烃、姥鲛烷，但没有植烷，这 3 块陨石均为碳质球粒陨石。所有这些分析均排除了污染的可能。上述这些发现表明，地球之外的其他天体中也有石油，石油并非有生命物质的地球所专有。为此，华东石油学院北京研究生部的于志钧教授接连写了几篇论文讨论了这个问题[30—32]。

笔者在《论石油的无机成因》一书的结束语中也曾简单谈到"火星探路者"、火星陨石（ALH 84001 及 EETA 79001）所发现的甲烷及其同系物[17]。太阳系的一些行星（如木星、土星、天王星、海王星等）的大气中有甲烷则更是大家所熟知的。于志钧教授在 1983 年 11 月举行的"全国天文、地质、地震、气象相互关系学术讨论会"上说了一段耐人寻味的话[31]："一个世纪以来，无机生油说在有机生油说的包围、批判之下而不能根除，特别奇怪的是中国又兴起无机生油论，充分证明了它的生命力，无机生油说是科学。"

如果有兴趣，请王兰生先生参阅以上所列参考文献。与此有关需补充的是，近年来在大陆科学钻探中也有一系列重大发现[33]：（1）德国 KTB 科学钻井在 3.2km 以深见到大量氢和甲烷，推测其甲烷不是来自有机质而源于深部地壳；（2）乌克兰顿涅茨—第聂伯盆地的科学钻井在变质基底发现石油，引起国际轰动，此井以研究无机生油为目的；（3）瑞典锡利延（Silijian）构造的科学钻井（Gravberg-1 井）打出 13t 石油，在古老地盾发现了无机石油，天然气 $δ^{13}C_1$ 值为 $-26‰ \sim -11‰$；（4）中国大陆科学钻井发现 3 层无机成因天然气[34]。

5 其他相关问题

最近 10 余年，笔者一直在进行油气无机成因的探索与研究，归纳起来做了下列几件事：（1）通过干酪根、原油以及沥青的 Pb、Sr、Nd 同位素研究，论证了克拉玛依油田、塔里木盆地、辽河坳陷原油可通过无机反应而生成；（2）对已知油气区油气成因进行了分析、论证;(3)总结了中国大陆、欧亚大陆油气田的分布规律;(4)在上述基础上,对一些盆地、地区(有机生油论者不看好或认为没有前景的)油气前景作了预测;(5)指出了油气有机成因论的一些矛盾、存在的问题。

笔者自1991年从U、Au地球化学转向油气地球化学研究以来,共撰写发表了论著90余篇(部)。但是:

(1)这些文章与专著的数目同主流媒体的有机生油论相比实在是微不足道,可能连万分之一也不到;在有机生油论一统天下的情况下有点不和谐音也是正常的,不值得大惊小怪。

(2)张景廉等没有企图通过写一些文章便否定有机生油论,他们只是觉得目前油气地质界的油气成因一元论是很不正常的(无论从认识论还是从方法论),如前所述,他们认为辽河油田的原油便是二元成因的。

(3)他们希望油气勘探决策人员在考虑问题时能开拓思想、视野,这无论对国家石油工业的可持续发展,还是对油田的经济效益均是有益的。

王兰生先生在文章中还"由衷地希望中国的油气无机成因论者忠实地按照自己的理论提出油气形成与分布预测,以供实践检验"[2]。

关于油气靶区的预测,笔者近年来陆续写了一些文章:(1)辽宁义县—北票地区[35];(2)下扬子的苏南块体[36];(3)鄂尔多斯盆地东胜地区[37];(4)松潘—甘孜褶皱带[38]。笔者还有一些文章将陆续推出,这些地区是有机生油论尚不看好的或有机生油论认为没有前景的。王兰生先生讲"以供实践检验",问题是当今的油气勘探家与决策者会理睬这些文章与观点吗?

事实上笔者等已经对中国一些已知油气田进行了分析、论证,证明它们可能是无机成因的(或有机—无机作用成因的),如克拉玛依油田[26,27]、塔里木盆地巨量志留系沥青[28]、辽河油田原油[12-14],这些均是有笔者等的同位素证据的;还有一些油气田则是作了论证的,如克拉2气田[39]、威远气田[18]。

另外有几点需附带说明的是:①笔者认为戴金星院士在《石油实验地质》刊出的关于威远气田气源的论文带有总结性,也具有代表性。②至于回顾科学史,王兰生先生认定笔者与李庆忠院士的文章"另有味道,带浓厚的批判色彩",这实在是笔者始料不及的。至于是不是科学发展的绊脚石,让时间来做结论,但是贻误一些大油气田的发现则是肯定的。

6 讨 论

当2006年中国进口原油1.4×10^8 t,比上一年多花了152×10^8美元,中国成了国际石油大亨点钞机源源不断的供应商时,中国石油勘探的决策者们能否有一点超前意识,开拓勘探领域,笔者实在不希望当中国无油可找时,再想起油气的无机成因论。在这里笔者向大家推荐李庆忠院士的两篇文章[40,41],作为地球物理学家,作为勘探家,他是用第3只眼来看油气地球化学的,所以特别深刻、犀利。在笔者周围的同事中,倒是一些地球物理学家支持无机生油论,在笔者看来,他们没有成见,不被固有理论束缚,思想比较开放。

笔者等在2000年发表的《热液烃的生成与深部油气藏》一文[42]中曾引用了涂光炽先生关于白云鄂博超大型稀土—铁—铌—钍矿床的争论,指出:"长期困扰油气地质界成因的争论,在于它的无机生成与有机生成的绝对排他性争辩,而通过地幔热流体与有机质相互作用

（即幔壳相互作用）而生烃的折中，这两种实质上并非绝对排他性的地质作用是否可以达到统一呢？"

最后，笔者还想引用一位哲人的话："在科学研究的道路上，与其重复一句不会错的话，不如试着讲一句可能会错的话。"愿大家共勉之。

参 考 文 献

[1] 黄第藩，梁狄刚．关于油气勘探中石油生成的理论基础问题——与无机生油论者商榷．石油勘探与开发，2005．32（5）：1-10．

[2] 王兰生．对目前国内油气无机成因理论的几点看法．石油勘探与开发，2006．33（6）：772-775．

[3] 戴金星，威远气田的气源以有机成因气为主——与张虎权等同志再商榷．天然气工业，2006，26（2）：16-18．

[4] 安作相，马纪，庞奇伟，略谈我国无机生油研究现状及方向．新疆石油地质，2006．27（3）：361-365．

[5] Shock E L, Koretsky C M. Metal-organic Complexes in Geochemical Processes: Estimation of Standard Parial Molal Thermodynamic Properties of Aqueous Complexes between Metal Cations and Monovalent Organic Acid Ligands at High Pressures and Temperatures. Geochimica et Cosmochimica Acta. 1995, 59（8）：1497-1532.

[6] Parnell J, Swainbank I. Pb-Pb Dating of Hydrocarbon Migration into Bitumen-bearing Ore Deposit, North Wales. Geology, 1990. 18（10）：1028-1030.

[7] Mossman D J, Nagy B, Davis D W. Hydrothermal Alteration of Organic Matter in Uranium Ores, Elliot Lake, Canada: Implication for Selected Organic-rich Deposits. Geochimica et Cosmochimica Acta, 1993, 57（19）：3251-3259.

[8] Manning L K, Frost C D, Branthaver J F. A Neodymium Isotopic Study of Crude Oils and Source Rocks: Potential Applications for Petroleum Exploration. Chem. Geol., 1991, 91（1）：125-138.

[9] Stilie P, Gauthier Lafaye F, Bros R. The Neodymium Isotope System as a Tool for Petroleum Exploration. Geochimica et Cosmochimica Acta, 1993, 57（8）：4521-4525.

[10] Zhu B Q, Zhang J L, Tu X L, et al. Pb, Sr and Nd Isotopic Features in Organic Matter from China and their Implications for Petroleum Generation and migration. Geochimica et Cosmochimica Acta, 2001, 65（15）：2555-2570.

[11] 郭占谦，王平生，蒋正．松辽裂谷的资源模型．地球科学，1998，23（增刊）：45-51．

[12] 张景廉，朱炳泉，陈义贤，等．辽河断陷石油无机成因的地球化学证据．石油与天然气地质，1999，20（3）：192-194．

[13] 张景廉，朱炳泉，陈义贤，等．辽河断陷下第三系烃源岩有机质 Pb、Sr 同位素研究．科学通报，1999，44（11）：1222-1225．

[14] 陈义贤，朱炳泉，张景廉．辽河断陷原油生成环境与演化．北京：石油工业出版社，1990，100．

[15] Tissot B P, Welte D H. Petroleum Formation and Occurrence. Berlin: Springer-Verlag, 1984.

[16] Gold T. The Origin of Methane in the Crust of the Earth//U. S. Geological Survey Professional Paper 1570: The Future of Energy Gases. Denver: U. S. Geological Survey, 1993, 57-80.

[17] Szatmari P. Petroleum Formation by Fischer-Tropsch Synthesis in Plate Tectonics. AAPG Bull., 1989, 73（8）：991-998.

[18] 张虎权，卫平生，张景廉．也谈威远气田气源——与戴金星院士商榷．天然气工业，2005，25（7）：4-7．

[19] 张景廉．论石油的无机成因．北京：石油工业出版社，2001，305．

[20] 吕功煊，丑凌军，张兵，等．深层及非生物成烃的催化机制．天然气地球科学，2006，17（1）：14-18．

[21] 张景廉. 实话实说中国油气资源现状. 石油科技论坛, 2005, (2): 27-31.
[22] 李传亮. 岩石欠压实概念质疑——兼谈岩石压缩阶段排烃的不可能性. 新疆石油地质, 2005, 26 (4): 450-452.
[23] 李传亮, 张景廉, 杜志敏. 油气初次运移理论初探. 地学前缘, 2007, 14 (4): 132-142.
[24] 戴金星, 胡安平, 杨青, 等. 中国天然气勘探及其地学理论的主要新进展. 天然气工业, 2006, 26 (12): 1-5.
[25] 郭占谦, 王先彬. 松辽盆地非生物成因气的探讨. 中国科学（B 辑）, 1994, 24 (3): 303-309.
[26] 张景廉, 朱炳泉, 张平中, 等. 克拉玛依乌尔禾沥青脉 Pb—Sr—Nd 同位素地球化学. 中国科学（D 辑）, 1997, 27 (4): 325-330.
[27] 薛新克, 王廷栋, 张虎权, 等. 准噶尔盆地深部地壳构造特征与油气勘探方向. 天然气工业, 2006, 26 (10): 37-41.
[28] 张景廉, 朱炳泉, 张平中, 等. 塔里木盆地干酪根、沥青的 Pb—Sr—Nd 同位素体系及其成因演化. 地质科学, 1998, 33 (3): 310-317.
[29] 史继扬, 盛国英, 兰方有, 等. 吉林陨石的烃类、嘌呤、嘧啶化合物. 地球化学, 1978, 5 (1): 57-63.
[30] 于志钧. 中国陨石与石油无机说的再抬头//中国第二次天地生学术讨论会文集. 北京: 科学出版社, 1982: 60-67.
[31] 于志钧. 天体地质学与石油成因无机说的再兴起//天文地质学进展. 北京: 海洋出版社, 1986: 87-94.
[32] 于志钧. 从石油生产反馈信息看石油地质学理论的更新. 北京科技报, 1987.02.16 (3).
[33] 许志琴, 耿瑞伦, 肖庆辉, 等. 中国大陆科学钻探先行研究. 北京: 冶金工业出版社, 1996.
[34] 张景廉, 李相博, 吴梁宇. 天然气在中国大陆科学探索井的发现及其科学意义. 新疆石油地质, 2003, 24 (3): 193-194.
[35] 张景廉. 辽宁义县—北票地区深部地壳构造特征及油气远景——兼论珍稀动物产生与大面积物种死亡之谜. 新疆石油地质, 2005, 26 (4): 445-449.
[36] 张景廉, 李斌, 李相博, 等. 苏南块体深部地壳构造特征与油气前景. 海相油气地质, 2006, 11 (1): 40-44.
[37] 张景廉, 卫平生, 张虎权, 等. 再论石油与铀矿床的相互关系——四论油气与金属（非金属）矿床的相互关系. 新疆石油地质, 2006, 27 (4): 493-497.
[38] 李碧宁, 焦养泉, 张景廉. 四川松潘—甘孜褶皱带深部地壳构造特征与油气前景. 新疆石油地质, 2006, 27 (6): 655-659.
[39] 张景廉. 克拉 2 大气田成因讨论. 新疆石油地质, 2002, 23 (1): 71-73.
[40] 李庆忠. 打破思想禁锢, 重新审视生油理论. 新疆石油地质, 2003, 24 (1): 75-83.
[41] 李庆忠. 生油理论值得重新审视——答黄第藩、梁狄刚《关于油气勘探中石油生成的理论基础问题》一文. 石油勘探与开发, 2005, 32 (6): 13-16.
[42] 张景廉, 王先彬. 热液烃的生成与深部油气藏. 地球科学进展, 2000, 15 (5): 545-552.

天体演化与地球的无机烃*
——卡西尼号飞船带给我们的启示

曹正林　张景廉　阎存凤

（中国石油勘探开发研究院西北分院，甘肃兰州 730020）

摘　要： 陨石、太阳系大行星及其卫星、彗星、月球、宇宙广泛分布石油烃化合物，土卫六的巨量的甲烷气、液态烃、黑色有机物是十分典型的例子。根据比较行星地质学，地球演化史探讨了地球无机烃存在的可能性。列举了国内外地球无机烃的生成模式：地球脱气模型（戈尔德、杜乐天）、地球吸积模型（欧阳自远）、费—托地质合成模型（沃里沃夫斯基、萨尔基索夫、萨特马利）、多种成因的综合模型（张景廉）。介绍了张景廉等近 10 年来关于油气成因的研究成果：根据 Pb、Sr 和 Nd 同位素资料，可以对一些油田的成因进行判识，油气无机成因论不仅可解释中国大陆油气田的分布规律，而且可以对未来勘探靶区进行预测。卡西尼号飞船给我们的启示是：地球深部尚有巨大的油气储量，而按照油气无机成因论是可以寻找大油气田的。

关键词： 陨石；土卫六；天体演化；太阳系；地球无机烃

据新华网华盛顿 2008 年 2 月 13 日电，美国宇航局 13 日发布卡西尼飞船最新观测成果说，土星最大的卫星土卫六表面湖海中液态烃数量惊人，初步估算是地球上已探明石油、天然气储量的数百倍。土卫六沿赤道分布有黑色"沙点"，其有机物总量是地球上已探明的煤炭储量的数百倍。

对这样的天文数字，有记者采访了我国天文学家李竞❶。李竞在评述卡西尼号飞船的观测成果时指出，卡西尼号飞船飞掠土卫六估计已不少于 45 次，卡西尼号所携带的微波雷达探测技术是一项经典的成熟技术，而且它配置了高新技术，故观测天体精确度和分辨率更高。其可获信息总量足以推算出这样的结论，即在土卫六的液态烃的总量是地球已探明油气总量的数百倍。

目前土卫六没有生命，更没有植物、动物，可土卫六上却蕴藏着如此巨量的液态烃，以及如此巨量的黑色有机物（煤炭）！

土卫六巨量的石油及煤炭的蕴藏量让面临严重能源危机的地球人（特别是油气短缺的中国人）"垂涎三尺"又"望空兴叹"，但是聪慧的地球人总该从中学到很多东西！

为此，笔者觉得有必要重提历年来天文地质学、宇宙化学的一些研究成果，供关心这一问题的油气地质学家参考，并希望引起相关科学家的重视。

---

* 本文曾发表在《新疆石油地质》2010 年第 05 期。

❶ 朱广菁．怎样看待土卫六"粉红色"诱惑．大众科学报，2008，2，19．

1 陨石中的烃

陨石是进入地球的唯一的外空间天体的样品。通过对陨石的研究，我们可以获得一些关于外空间天体的重要信息。特别是陨石中发现了很多有机化合物及石油化合物，给石油有机成因论造成了巨大冲击。

1.1 吉林陨石中的烃

1976年5月8日在中国吉林省吉林地区降落了一场空前规模的陨石雨，搜集到陨石总量达2t以上。中国科学院地球化学所等单位对吉林陨石进行了全面的分析测定[1]。经分析，发现陨石含有烷烃、芳香烃、异戊间二烯烷烃、氨基酸、卟啉、色素等，这些有机化合物与石油成分十分相近，可称为"石油有机化合物"（表1、图1）[2]。

表1 吉林陨石正构烷烃碳数分布数据表[1]

样品	碳数范围	主峰碳数	OEP
外壳	C_{17}—C_{30}	C_{23}	1.0
核	C_{17}—C_{32}	C_{24}	1.0

在分析测定中，为防止污染，取了2kg重的大试样。结果表明，陨石外壳与核的正构烷烃十分相近（表1）。

陨石化学组成与同位素分析表明，陨石可能来源于火星和木星间的一颗类地行星碎片。

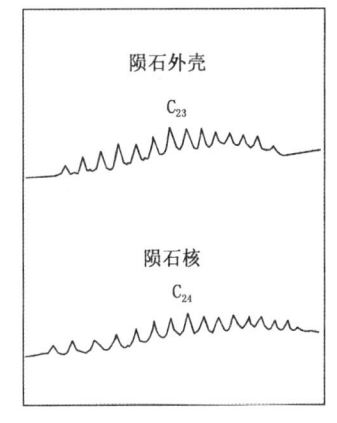

图1 吉林陨石提取物正构烷烃色谱[1]

1.2 宁强球粒陨石中的烃

史继杨等对宁强球粒陨石的色质分析表明有正构烷烃、烯烃、芳香烃、酮等，尤其发现了被称为典型生物成因的姥鲛烷和植烷[3]。这些有机物，特别是正构烷烃，极像生油岩干酪根热解后的产物。

1.3 南极火星陨石中的烃及"火星探路者"带回的信息

南极陨石（ALH 84001，ALH 77306，ALH 77307；EETA 79001；Yamato 74662）中也被检测到烃类和氨基酸；这些陨石被认为是来自火星[4]。1997年，"火星探路者"（Mars Pathfinder Mission）在火星的战神谷（Ares Vallis）古河床上登陆，它携带了摄像机和α-质子—X射线谱仪等仪器，发回了10000张高清晰图片，带回的信息也认为火星上有甲烷及其同系物。显然上述发现均排除了这些烃类源于生命物质的可能性[4]。并带回了400万个火星大气温度、压力、风速等数据，十几个岩石和土壤的化学分析数据以及重力，土壤机械性质，磁学性质等大量实验数据。

2 太阳系大行星及卫星、彗星的烃

2.1 太阳系大行星及卫星的烃

太阳系中的大行星如木星、土星、天王星、海王星的大气都含有 CH_4 及其他烃类气体（表2）。土星卫星大力神（Titan）在其大气圈中也有甲烷和乙烷；海王星的卫星半人鱼（Triton）的表面有烃和水、冰的化合物。冥王星表面的反射为焦油（tar）。

表2 行星大气的主要成分[4]

行星	水星	金星	地球	火星	木星	土星	天王星	海王星	冥王星
平均温度（K）	450	235	240	220	100	75	50	40	40
逃逸速度（km/s）	4.3	10.3	11.2	5.1	57.5	35.4	21.9	24.4	?
大气主要成分	H、He	CO_2	N_2	CO_2	H_2	H_2	H_2	H_2	?
	Ar	H_2O	O_2	H_2O	CH_4	CH_4	CH_4	CH_4	
		HCl、HF	Ar		NH_3			C_2H_6	?
		O_2（？）	CO_2		C_2H_6				
			H_2O		C_3H_8				

2.2 彗星的烃

近年来，根据宇宙飞船观察哈雷彗星核的表面也可解释成焦油。欧阳自远等认为，彗星形成于太阳星云外缘的低温区，包含有最原始太阳星云挥发分信息，对 Bright 彗星和 Halley 彗星的研究表明，彗星化学组成中含有大量有机分子[5]。

从表2看，类地行星（水星、金星、地球、火星、冥王星）与大行星（木星、土星、天王星、海王星）大气的化学成分是明显不同的。这与行星表面的逃逸速度相关，类地行星由于逃逸速度小，大气中不能积累分子速度高的 H_2、CH_4、NH_3 等气体。这不等于类地行星内部和表面不含这些气体。这点已为地球证实。至于大行星大气中的甲烷是来自行星内部，还是源于外部，目前还不清楚。不过，从这些大气中都含有 H_2 和 CH_4 来推测，大行星内部含有重烃是可能的[4]。

3 月岩样品中的有机化合物

针对美国的阿波罗11号、12号带回的月岩样品中检测到氨基酸、脱氧核糖核酸之类的有机化合物，安藤直行预言，石油的有机成因与无机成因论的争论将再次活跃起来，并认为有可能建立石油成因的宇宙论[6]。

4 宇宙中的烃

经研究，银河系的分子云中所确认的气体中，烃是最主要的，星际尘埃颗粒的主要成分是复杂的 Polycyclic 烃类分子，它们与天然石油的组成相似[7]。

5 地球无机烃的生成模式

5.1 地球脱气（排气）论

5.1.1 Gold 的地球脱气说[7,8]

美国著名天文学家 T. Gold 根据宇宙星体及地球中 C、H 元素及其化合物的分布，人工合成，火山喷发及地震时的放气，沿深断裂带喷发及油气田的分布以及石油组分的新资料，提出了地球深部脱气模型。他认为，地球最初是由饱和氢的太阳星云浓缩而成的，原始大气是含大量甲烷的还原性大气，这些碳和氢及化合物随地球的冷凝被埋藏在高温高压下的地球深处，在漫长的地球发展的历史时期，这些碳和氢及化合物不断地沿着地壳断裂带向上逸出，有些在火山喷发时被氧化成 CO_2，有些在泥火山、地震及冷断层时以原始状态喷逸到大气中，还有一些在地壳不渗透层之下的储层及圈闭中聚集形成气藏。

5.1.2 杜乐天的幔汁 HACONS 说[9—11]

中国著名学者杜乐天 1987 年提出地幔流体的概念，指出，地幔流体应当是 HACONS 化合物系统，并强调碱金属（Na，K，Li，Rb，Cs）应考虑为主控性定名成分。H 代表氢、卤素和热；A 为碱金属；C 为碳；O 为氧；N 为氮，S 为硫。HACONS 为地幔流体（简称幔汁）的基本成分。此流体既不是岩浆，也不是热液，而是呈超临界态的流体。

杜乐天认为，HACONS 流体大陆边涌造成大陆边缘的陆上和沿海是重要的油气区，还有煤、油页岩、盐等。

杜乐天通过对地幔流体及软流层地球化学多年系统的深入研究，在 1987 年提出幔汁说的基础上，于 1993 年提出了地球有 5 个气圈的新假设。该假设认为，地球是一个充气的球，内部存在压力极大、而且温度和密度都很高的气体。这些气体构成了从地球表面一直到地核的 5 个气圈。中地壳气圈（位于地壳 8~10 km 以下）对于人类具有重大的意义，它蕴藏着可供人类大规模开发利用的巨大天然气资源。

5.2 地球吸积模型[12,13]

中国天体化学家、嫦娥工程首席科学家欧阳自远等认为，太阳系各行星形成时从原始太阳星云中俘获的含碳分子应具有相近的物质形式，但由于各行星本身性质不同，对含碳分子的俘获方式会有所不同。对地球而言，所吸积的这部分烃类分子不是被保存在大气中，而可能是赋存在地球内部。地球的原始成分相当于由 45% 的石陨石、15% 的铁陨石和 40% 的碳质球粒陨石组成，碳质球粒陨石含碳量很高，其中 Ⅰ 型碳质球粒陨石含碳 3%~5%，Ⅱ 型碳质球粒陨石含碳 0.8%~2.6%，Ⅲ 型碳质球粒陨石含碳 0.2%~16%，其主要物种是有机化合物，如烷烃、烯烃、芳香烃、环烷烃、卟啉、嘧啶、氨基酸、异戊二烯烃等，它们是太阳星云中的 CO_2、H_2 和 NH_3 等在 360~400K、8×10^2Pa（CⅡ）~4×10^{-1}Pa（CⅠ）条件下通过费—托反应而生成的。碳质球粒陨石中氧化态的碳酸盐仅占总碳量的 3%~5%。地球很有可能类似碳质球粒陨石，以烃类形式获得了大量的碳。赋存在地球内部的原始宇宙成因有机质，构成了非生物成因天然气最重要的来源。

研究表明，在太阳星云中合成的原始非生物成因的天然气大大超过了目前已知的地球天然气的总储量[5]。

5.3 费—托地质合成论

5.3.1 俄罗斯学者的"无花岗岩型"盆地模型[14]

俄罗斯沃里沃夫斯基、萨尔基索夫等根据折射波、反射波、转换波资料，注意到，中地壳有低速、高导层，它们通常呈不均匀分布。而后他们对中地壳低速、高导层进行了地质解释，即这是一个充满流体的可塑性的蚀变的超基性蛇纹岩，它位于花岗岩、玄武岩之间。地幔脱气生成的 CO_2、CO 与 H_2 上升到超基性蛇纹岩带时，由于有合适的温度与压力可发生著名的费—托反应，也就是地质合成烃的反应。上地壳的深大断裂延伸到中地壳的塑性层而消失，形成犁式断层，而费—托合成生成的烃可通过这种断层上升到上地壳的沉积岩中。由于砂岩、白云岩的储层特性好，所以油气往往储集于砂岩、白云岩中；如果深部的花岗岩、火山岩、变质岩的物性好，油气可储集于这些结晶岩中从而形成基岩（或称潜山）油气藏。根据这一模型，沃里沃夫斯基等解释了世界9个大型、巨型油气区的形成。

5.3.2 Szatmari 的板块构造背景下的费—托合成模型[15,16]

巴西石油地质学家 Szatmari 提出了一个有别于地球脱气的无机生烃模型。他认为，超铁镁岩的蛇纹石化可生成大量的 H_2，而俯冲碳酸盐岩沉积物的脱碳作用生成的 CO_2，它们与上覆的蛇纹石化所生成的 H_2 可发生费—托合成烃的反应。V、Ni 等铁族金属则可由超铁镁岩的蛇纹石化生成，并可作费—托反应的催化剂。根据这一机理，Szatmari 解释了波斯湾巨型油气区的形成，也解释了美国加利福尼亚相当丰富的石油储量[15]。

Szatmari 的费—托合成模型不同于沃里沃夫斯基等的模型，前者的生烃环境与板块构造有关，后者的生烃环境在中地壳的低速、高导层；前者的 H_2、CO_2 来源为超铁镁岩、碳酸盐岩，后者 H_2、CO_2 的来源为地幔流体。

最近，Proskurowski 等也论述了自然界在超基性岩条件下，烃的非生物成因的费—托反应[17]。

他们的研究表明，自然界能发生费—托合成反应的环境要比人们料想的广泛得多。

5.4 张景廉的油气多种成因说

近10年来，张景廉等根据干酪根、沥青以及原油的 Pb、Sr、Nd 同位素分析，广泛汲取了上述一些学派的观点，提出了天然气可以是多种成因的，石油也可以是多种成因的观点（图2）。

张景廉等根据 Pb、Sr、Nd 同位素资料，论证了贵州东部沥青的壳源有机成因[17,18]，论证了辽河油田古近系—新近系原油为壳幔相互作用成因[19—21]，论证了新疆克拉玛依油田乌尔禾沥青脉的上地幔成因[22,23]，论证了新疆塔里木盆地志留系砂岩沥青的中下地壳无机成因[24]，其沥青的地质储量达 $917.8×10^8 t$。

张景廉等根据地质、地球化学资料，认为：（1）塔里木盆地的克拉2气田为无机成因[25]；（2）四川威远气田的天然气为无机成因[26]；（3）天然气水合物更多的是无机成因[27]；（4）青海柴达木盆地东部三湖地区的天然气不是生物成因而是无机成因[28]；（5）松辽盆地徐家围子火山岩气藏的天然气是无机成因[29]；（6）鄂尔多斯盆地古生界的天然气也是无机气，否认了奥陶系气田为上古生界生成的气倒灌的说法[30]；（7）四川普光气田的天然气是无机成因[31]；（8）东非大裂谷的基伍湖中的水溶气为无机成因[28]。

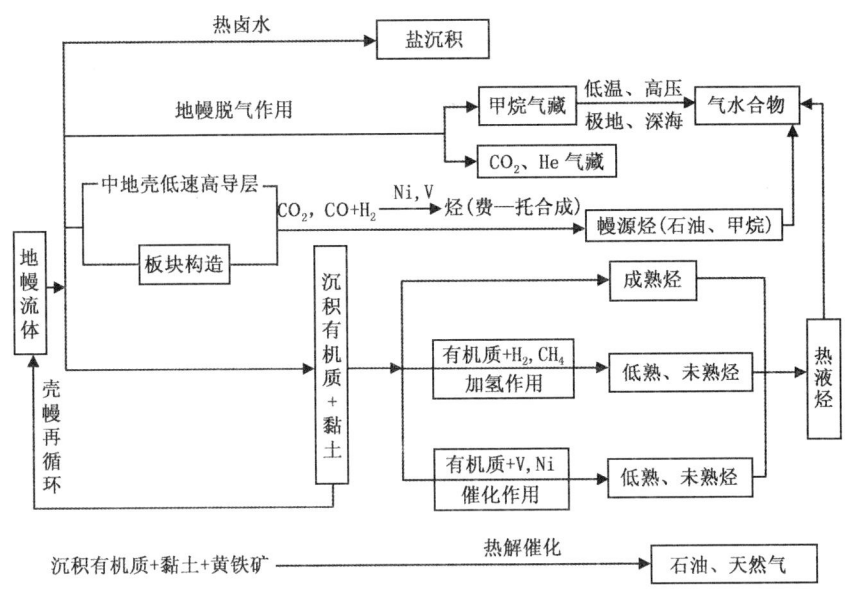

图 2 油气的多种成因模式示意图

根据上述模式，张景廉等成功地解释了欧亚大陆大型油气田分布规律[32,33]。

张景廉等在充分论证的基础上，提出了1989年内蒙阿尔山的森林大火、1990年广东三水地区的森林大火均是地球排气作用所致[34,35]；还认为频发的煤矿瓦斯爆炸也是与地球排气作用相关，煤层气可能与煤岩没有关系[36]。

张景廉等还认为油气是可以再生的[37]，油气的再生论为一些濒临枯竭的油气田"焕发青春"提供了依据，并打破了油气是一次性能源不可再生的看法。

张景廉等还对一些有机论者不看好的地区进行了油气远景的预测工作[38-41]。

6 讨 论

一百年来，有人给石油地质学家开了个玩笑，把原本不存在的、不可能的有机质生烃的事说成了"经典"，说成了千古不变的"真理"。这一百年间，石油地质学家投入了无数亿元的经费，有上万人在数百个实验室从事着这样的事业：有机碳的丰度测定，烃源岩的评价，资源量的计算，油源对比、初次运移、二次运移等，企图在实验室用几个小时、几天的时间来模拟被他们认为需几百万年的有机质演化生烃过程。说到底，西方视角如今成了不少中国学者做学问的基本出发点，甚至把我们所擅长的、所独有的创新的东西也需要西方认可才能存在，有学者曾诘问：这是与国际学术界接轨呢，还是中国学术界的"集体投降"呢？

多少年来，蒂索等的有机干酪根生油理论被视作经典，奉为神明，几乎达到不可僭越、不可侵犯、不可批判的地步，如同板块构造理论"落户"中国一样。"言必称有机"、"言必称板块"，大大禁锢了人们的思维。土卫六的天上下"甲烷雨"，地上有"大油田"和"煤沙丘"，土星最大的卫星土卫六就是一个石油能源的天体！在有阳光照射的时间里，土卫六的大气皆是粉红色，这是土卫六大气中富含甲烷的缘故。天文学家李竞认为，卡西尼号飞船飞掠土星轨道，花费了7年时间，地球人探索新能源只能创造新理念、创新思维，他还说，或许自然界原本有着各种各样的能源，只不过人类还不曾想到和不会开发。

笔者认为，这便是卡西尼号飞船带给我们的启示！如果以前关于陨石、太阳系大行星、卫星、彗星、月球等所发现的石油烃尚未唤醒石油地质学家、石油地球化学家麻木神经的话，那么，今天卡西尼号所带回的土卫六的巨量液态烃、煤炭的信息应该足以让他们震惊——原来我们太阳系这个大家族中是可以有大量的无机烃的，地球也不例外。

面对国际高油价，中国不得不每年多花几百亿元甚至上千亿元人民币从国外购回原油以满足国民经济高速发展的需要，在这种情况下，我们为什么舍不得拿出几百万、几千万元来立项研究无机油气的理论与实践呢？油气无机成因论不仅在理论上是有科学依据的，而且是可以指导寻找大油气田的。难道我们宁可抱残守缺，墨守成规吗？

周光召院士曾说："中国目前最需要的是颠覆性创新。"学术民主既是颠覆性创新的重要基础，也是提示科技自主创新的关键所在。如果没有当年袁隆平涉足"水稻为自花授粉，没有杂交优势"的禁区，我们有今天的"杂交水稻之父"吗？

事实上，只要不闭目塞听，没有偏见与成见，有机生烃论固有的问题矛盾是显而易见的[7,42,43]。

于志钧教授在1986年说过一段耐人寻味的话："一个世纪以来，无机生油说在有机生油说的包围、批判之下而不能根除，特别奇怪的是在中国又兴起无机生油说，充分证明了它的生命力。无机生油说是科学。它也不像有机说所断言的不能生成大量石油，恰恰相反，无机生油是有现实的勘探意义的，按无机生油的理论体系可以指导目前的石油勘探工作，寻找潜藏的石油储量。"[4]

事实上，从事无机生油的学者通常是在没有经费的情况下进行科学研究的，他们既拿不到自然科学基金，也得不到石油企业的支持。但就是在这种困难情况下，他们仍能矢志不渝。2005年10月召开了第265次香山科学会议，会议主题是："非生物（无机）油气的形成与资源前景"。这是一次无机油气成因理论研究的大检阅会议，一大亮点是传统、经典的地质研究与化学物理、理论物理、宇宙化学、地球物理等现代科学的交叉与耦合，有力地推动了对无机油气成因理论的深化和拓展。会议特别肯定了无机油气具有良好的资源前景。

7 结 论

（1）陨石、太阳系大行星、卫星、彗星、月球、宇宙均有大量的石油烃化合物，土卫六的巨量甲烷，原油，煤炭是个十分典型的例子，这些烃均是无机生成的。

（2）根据比较行星学、地球演化史提出了地球无机烃的生成模式；作为天文学家的Gold，天体化学家的欧阳自远院士特别支持地球烃的无机成因说。

（3）在国内油气严重短缺而国际原油高价的情况下，卡西尼号飞船带给我们的信息能否引起中国石油地质学家、石油地球化学家们的重视，在中国开展无机成因油气的立项研究，"角度改变观念"，我们期待着更多的油气田被发现。

参 考 文 献

[1] 史继扬，盛国英，兰方有，等. 吉林陨石的烃类、嘌呤、嘧啶化合物. 地球化学，1978，5（1）：57-63.

[2] 于志钧. 中国陨石与石油无机说的再抬头//中国第二次天地生学术讨论会文集. 北京：科学出版社，1982：60-67.

[3] 史继扬，王道德，向明菊，等. 宁强碳质球粒陨石可溶有机质初步研究. 地球化学，1992，21（1）：34-40.

[4] 于志钧. 天体地质学与石油成因无机说的再兴起//天文地质学进展. 北京：海洋出版社，1986：87-94.

[5] 欧阳自远，王世杰. 中国天体化学研究展望//欧阳自远主编. 世纪之交矿物学岩石学地球化学的回顾与展望. 北京：原子能出版社，1998：176-181.

[6] 安藤自行. 石油和同位素地质学关于石油成因的同位素技术//石油地质学译文集（第三集）. 北京：科学出版社，1976：276-282.

[7] Gold T, Soter S. The Deep-earth Gas Hypothesis. Scientific American, 1980, 242（6）：154-161.

[8] Gold T. The Origin of Methane in the Crust of the Earth// Howell D G. The Future of Energy Gases. US Geological Survey Professional Paper 1570, 1993：57-80.

[9] 杜乐天. 裂谷地球化学. 国外铀矿地质. 1987，4（3）：1-8.

[10] 杜乐天. 幔汁—HACONS 流体. 大地构造与成矿学，1998，22（1）：88-93.

[11] 杜乐天. 地球的五个气圈与氢烃资源——兼论气体地球动力学. 铀矿地质，1993，9（5）：257-265.

[12] 欧阳自远，王世杰. 地外物体撞击与全球演化//21 世纪初科学发展趋势课题组编. 21 世纪初科学发展趋势. 北京：科学出版社，1996：249-250.

[13] 胡桂兴，欧阳自远，王先彬，等. 原始太阳星云条件下的 Fischer-Tropsch 反应中的碳同位素分馏. 中国科学（D 辑）：1997，27（5）：395-400.

[14] 沃里沃夫斯基 Б С. 世界最大含油气盆地. 任俞，译. 北京：石油工业出版社，1991.

[15] Szatmari P. Plate Tectonic Control of Synthetic Oil Formation. Oil & Gas Journal, 1986, 84：67-69.

[16] Szatmari P. Petroleum Formation by Fischer-Tropsch Synthesis in Plate Tectonics. AAPG Bull, 1989, 73（8）：989-998.

[17] Proskurowski G, Lilley M D, Seewald J S, et al. Abiogenic Hydrocarbon Production at Lost City Hydrothermal Field. Science, 2008, 319：604-607.

[18] Zhu B Q, Zhang J L, Tu X L, et al. Pb, Sr and Nd Isotopic Features in Organic Matter from China and their Implications for Petroleum Generation and Migration. Geochimica et Cosmochimica Acta, 2001, 65（15）：2555-2570.

[19] 张景廉，朱炳泉，陈义贤，等. 辽河断陷石油无机成因的地球化学证据. 石油与天然气地质，1999，20（3）：192-194.

[20] 张景廉，朱炳泉，陈义贤，等. 辽河断陷下第三系烃源岩有机质 Pb、Sr 同位素研究. 科学通报，1999，44（11）：1222-1225.

[21] 陈义贤，朱炳泉，张景廉. 辽河断陷原油生成环境与演化. 北京：石油工业出版社，1990. 100.

[22] 张景廉，朱炳泉，张平中，等. 克拉玛依乌尔禾沥青脉 Pb—Sr—Nd 同位素地球化学. 中国科学（D 辑），1997，27（4）：325-330.

[23] 薛新克，王廷栋，张虎权，等. 准噶尔盆地深部地壳构造特征与油气勘探方向. 天然气工业，2006，26（10）：37-41.

[24] 张景廉，朱炳泉，张平中，等. 塔里木盆地干酪根、沥青的 Pb—Sr—Nd 同位素体系及其成因演化. 地质科学，1998，33（3）：310-317.

[25] 张景廉. 克拉 2 大气田成因讨论. 新疆石油地质，2002，23（1）：71-73.

[26] 张虎权，卫平生，张景廉. 也谈威远气田气源——与戴金星院士商榷. 天然气工业，2005，25（7）：4-7.

[27] 张景廉，于均民，崔永强，等. 天然气水合物成因讨论及中国海域勘探前景. 海洋石油，2003（1）：

51-56.
[28] 马龙，陈洪德，张景廉，石兰亭，卫平生．柴达木盆地第四系生物成因气质疑．石油勘探与开发，2008，35（2）：250-256.
[29] 卫平生，张景廉，张虎权，石兰亭．松辽盆地深部地壳构造特征与无机油气生成模式．地球物理学进展，2008，23（05）：1507-1513.
[30] 张景廉，石兰亭，张虎权，等．鄂尔多斯盆地及西缘盆地的深部地壳构造与流体特征及油气成藏模型．新疆石油地质，2009，30（2）：272-278.
[31] 石兰亭，郑荣才，张景廉，等．普光气田的天然气可能是无机成因．天然气工业，2008，28（11）：8-12.
[32] 朱炳泉，张景廉．中国大陆大中型油气田分布规律探讨．勘探家，1999，4（1）：12-17.
[33] 张景廉，朱炳泉．欧亚大陆大中型油气田分布规律探讨．新疆石油地质，2000，21（5）：353-356.
[34] 张景廉．阿尔山森林大火兴许天然气作怪．中国矿业报，1998，7.29，3 版．
[35] 张景廉．森林大火后的思考．地学前缘，1999，6（增刊）：257.
[36] 张虎权，王廷栋，卫平生，张景廉，陈启林．煤层气成因讨论．石油学报，2007，28（2）：29-34.
[37] 方乐华，张景廉．油气是可以再生的．石油勘探与开发，2007，34（4）：508-512.
[38] 张景廉．辽宁义县—北票地区深部地壳构造特征及油气远景——兼论珍稀动物产生与大面积物种死亡之谜．新疆石油地质，2005，26（4）：445-449.
[39] 张景廉，李斌，李相博，等．苏南块体深部地壳构造特征与油气前景．海相油气地质，2006，11（1）：40-44.
[40] 张景廉，卫平生，张虎权，等．再论石油与铀矿床的相互关系——四论油气与金属（非金属）矿床的相互关系．新疆石油地质，2006，27（4）：493-497.
[41] 李碧宁，焦养泉，张景廉．四川松潘—甘孜褶皱带深部地壳构造特征与油气前景．新疆石油地质，2006，27（6）：655-659.
[42] 李庆忠．打破思想禁锢，重新审视生油理论．新疆石油地质，2003，24（1）：75-83.
[43] 李庆忠．生油理论值得重新审视——答黄第藩、梁狄刚《关于油气勘探中石油生成的理论基础问题》一文．石油勘探与开发，2005，32（6）：13-16.

第二篇　石油是可以多种成因的

Pb, Sr, and Nd Isotopic Features in Organic Matter from China and their Implications for Petroleum Generation and Migration[*]

Zhu Bingquan[1]　Zhang Jinglian[2]　Tu Xianglin[1]
Chang Xiangyang[1]　Fan Caiyuan[1],　Liu Ying[1]　Liu Juying[1]

(1. Guangzhou Institute of Geochemistry, Chinese Academy of Sciences, Wushan, Guangzhou 510640. China; 2. Northwest Institute of Geology, China National Petroleum Cooperation, Lanzhou 730020, China)

Abstract: To better understand processes and sources of crude oil and bitumen generation from kerogen rocks, a comprehensive study of Pb, Sr, and Nd isotopic systematics was undertaken for bitumen, crude oil, and kerogen from two large oil fields (Karamay and Liaohe) and two paleo-oil deposits (Tarim and Guizhou) in China. The bitumen samples from the Karamay oil field have present-day $^{143}Nd/^{144}Nd$ ratios pointing to a depleted mantle origin (0.5126 ~ 0.5130). They define a Rb—Sr isochron age of 286 ± 12 Ma. Pb isotopic compositions for bitumen and crude oil from Karamay, Liaohe, and Tarim all show features of crust-mantle mixing. They are evidently different from Pb isotopic compositions of kerogen that occurred in the same strata of the various oil fields, which mostly show crustal signatures. Sr isotopic compositions in crude oil from Liaohe are consistent with those of carbonate sediments and volcanic rocks in island arc environments (0.7065 ~ 0.7100). Radiometric isotope systems can be preserved in the bitumen with low vitrinite reflectance R_o (<0.5%) and therefore allow us to date petroleum generation. Both isotopic data and the geologic setting of the oil fields indicate that petroleum generation was associated with fluid action from deep sources, including the mantle, lower crust, and buried strata in rift basins and buried foreland basins at craton margms or subduction zones.

1 INTRODUCTION

The strontium isotopic ratios of oil field waters, brines, and formation waters have been widely used for elucidating environments of genesis and migration of petroleum (Stueber et al., 1984, 1993; Chaudhuri et al., 1987; Stueber and Walter, 1991; Bullen et al., 1996). However, water is an open system for radiogenic isotopes, and there is unceasing isotope exchange with host rocks. Migration paths and rates of oil field water are also somewhat different from those of petroleum. Thus, isotopic signatures of oil field water cannot trace the environment of petroleum generation and migration well. Many studies have revealed that metals bound to organic ligands and porphyrin as

---

[*] 本文曾发表在《Geochimica et Cosmochimica Acta》2001年第65卷第15期。

organic complexes are stable at relatively high temperature and pressure (Shock and Koretsky, 1995; Huseby and Ocampo, 1997). Thus, the radiogenic isotopic systematics may be preserved in bitumen, crude oil, peat, and kerogen as closed systems in environments of petroleum formation and migration.

The study of Pb, Sr, and Nd isotopes shows good potential for understanding petroleum genesis, comparing oil sources, dating organic matter formation and migration, and constraining tectonic environments in oil field settings (Parnell and Swainbank, 1990; Manning et al., 1991; Mossman et al., 1993; Stille et al., 1993; Rowe et al., 1997; Pushekarev et al., 1998; Zhang et al., 1999). However, the available results are limited, and the implications of radiogenic isotopic systematics for generation and migration of petroleum need to be refined. A comprehensive study on Pb, Sr, and Nd isotopic systematics for bitumen, crude oil, and kerogen from two large oil fields and two paleo-oil deposits in China is presented in this article. On the basis of isotopic evidence, we discuss the age and tectonic environments of oil formation and preservation as well as the influence of crust-mantle interaction on oil generation.

2 SAMPLE LOCATION AND OCCURRENCE

The samples were collected from four areas: Liaohe and Karamay, which are the large oil fields, and Tarim and Guizhou. which are paleo-oil fields with huge bitumen deposits (Fig. 1).

2.1 Karamay Bitumen

The Karamay oil field lies on the western edge of the Junggar Basin in northern Xinjiang. The Talabude fault associated with an ophiolite zone delineates the suture line between the Hasakestan and Junggar plates [Fig. 1 (a)]. As shown in the map [Fig. 1 (a)], the oil field is near and parallel to the suture zone—a distance of ~25 to 30 km (Zhang and Zhai, 1993). The Junggar basin is filled with Paleozoic-Mesozoic strata. The geologic setting of major oil pools appears to have been controlled by the Karamay-Wuerhe fault. The massive bitumen samples were collected from the Wuerhe bitumen veins in the northeastern part of the Karamay oil field. There are seven bitumen veins at the eastern side of the Karamay-Wuerhe fault, which intruded into the gentle strata of Cretaceous sandstones and stretched along the fault direction with length of 1 to 4 km and width of 1 to 2 m. Thus, the migration age of bitumen is Cretaceous or younger. The underlying strata are predominantly Carboniferous argillites, argillaceous limestones, and volcanic rocks, inferred via island arc derivation. The bitumen is of high purity and is brittle, with a glassy luster and shell-like fractures. The vitrinite reflectance R_o is in the range of 0.40 to 0.42%, which indicates that the bitumen was not metamorphosed at a temperature higher than 200℃ (Fu et al., 1989).

2.2 Tarim Bitumen

The Tarim Basin in northwest China was formed during the Late Proterozoic and Early Paleozoic (Fig. 1). The basement of the basin was formed during the early Archaean to middle Proterozoic

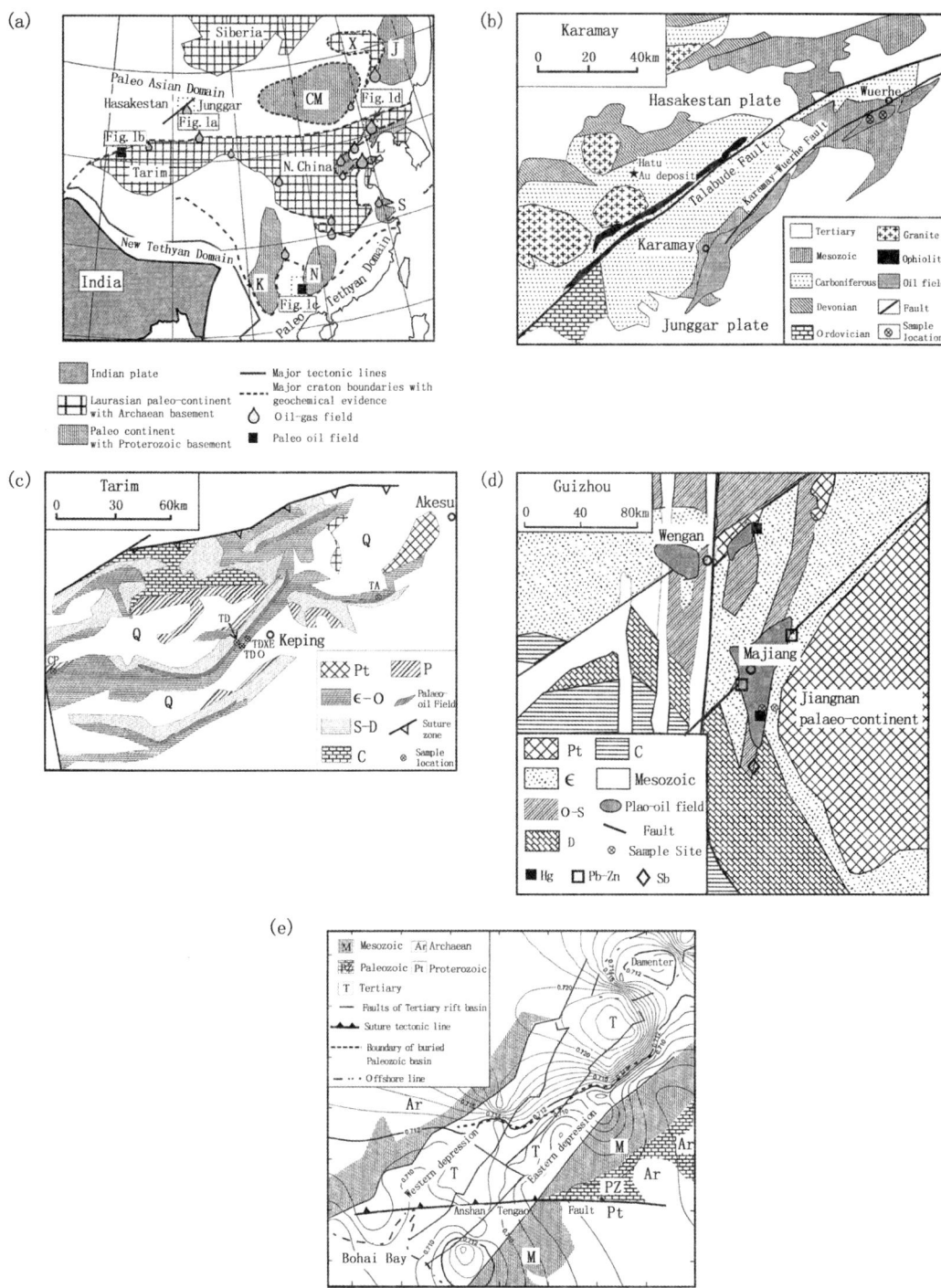

Fig. 1 (a) Tectonic map of continental China showing distribution of oil fields and sample locations. K—Kangdian paleocontinent; N—Jiangnan paleocontinent; CM—Central Mongolian block; X—Xingan block; J—Jiamusi block; L—Liaojiao block; S—Sunan block. (b) Karamay oil field. (c) Tarim paleo-oil field. (d) Guizhou paleo-oil field. (e) Liaohe oil field and Sr isotopic contours (map scale: 0.1 degree = 10km)

(Kang, 1992). The strata are mainly composed of carbonates and detrital rocks with a thickness of 4000 to 17000 m. The Cambrian black shales and Ordovician shales and argillaceous limestones are interpreted as continental slope deposits and are regarded as the source rocks of petroleum generation in the Tarim Basin. The Silurian sandstones are the major reservoirs of bitumen. Carbonate sedimentation during the Carboniferous represented the transgression of seas. Early Permian rifting was associated with large-scale basalt eruption and diabase emplacement. A great quantity of bitumen was found in cracks and pores in sandstones and limestones of Silurian and Ordovician strata, with reserves of ~90 billion tons and a thickness of 20 to 67 m in the Keping area, at the northwestern edge of the Tarim Basin [Fig. 1 (b)]. It is the largest paleo-oil field in China.

The vitrinite reflectance R_o of bitumen varies from 0.67% to 0.96%, indicating the metamorphic temperature is within the range of 250 to 300℃. Samples containing small bitumen veins with a width of 1 to 10 mm were collected from these strata via surface and drill cores. The samples of TD 1-8 are from Silurian sandstones at the TD site, TA-2 and TA-5 are from Lower Ordovician limestones at the TA site, and CP-1 and CP-2 are from Permian limestones at the CP site [Fig. 1 (b)]. The samples H-4-8 and LN-59-1 are from Silurian sandstones and Triassic limestones in the drill cores from 6100m and 5200m, respectively, to the east of Akesu. Triassic strata do not crop out in this area. The kerogen samples were separated from kerogen rocks (black shales) of the Ordovician and Cambrian strata in the same areas at TDO and TDXE sites in Fig. 1 (b), respectively.

2.3 Guizhou Bitumen

A second large paleo-oil field in China occurs in a Paleozoic basin in the southeastern Guizhou province [Fig. 1 (c)]. It is situated on the eastern margin of the Jiangnan paleocontinent. The reservoirs of bitumen are sandstones and shales of Middle Cambrian age and limestones of Ordovician age in the Majiang-Wenan areas (Liu et al., 1988). Bitumen veins also widely occur with the Hg, Sb, As, and Sn deposits of the Devonian and Cambrian strata in this area. The estimated reserves of bitumen are ~1.8 billion tons. The massive bitumen samples were collected from the Hg deposits occurring in the Cambrian strata. The vitrinite reflectance R_o of the bitumen samples is 2.1% to 3.2%, suggesting the bitumen has suffered thermal metamorphism with temperatures of >350℃ (Fu et al., 1989). Kerogen samples were collected from the black shales of Middle Cambrian in the area near the sampling site of bitumen.

2.4 Liaohe Crude Oil

The Liaohe oil field lies in the Tertiary basin in the northern offshore area of Bohai Sea [Fig. 1 (d)]. Early Proterozoic and Archaean basement floors in this basin. The buried foreland basin trends east-west and developed during the Paleozoic-Sinian. The Anshan-Tengao fault marks the suture zone between the North China and Liaojiao blocks. The Paleozoic strata are predominantly Cambrian and Ordovician limestones, and fine sandstones and are interpreted as marine facies. The Liaohe Basin is a north-northeast trending continental rift basin of Tertiary age and is mainly filled with argillites, fine sandstones, and minor amounts of basalts (Chen, 1985). The oil field is situated at the overlapped area between the buried foreland basin and the rift basin.

Eighty samples of crude oil were collected from oil wells in the Liaohe oil field and the neighboring area. The oil wells used for sample collection are parts of reservoirs including the Sha-2, Sha-3, and Sha-4 benches of the Shale Formation of Lower Tertiary age and the Dongying Formation of Upper Tertiary age, as well as Paleozoic and Precambrian strata. Kerogen samples were separated from kerogen rocks of the drill cores in the Liaohe Basin of the Tertiary.

3 SAMPLE TREATMENT AND ANALYTICAL METHODS

3.1 Sample Treatment

The samples of massive bitumen or rocks containing bitumen veins were broken into centimeter- to millimeter-size pieces. The fresh pieces of bitumen were selected by hand picking without contamination of host rock, then crushed into grains of millimeter size in an agate crusher. Impurities were picked out under a binocular microscope. The pure grains were washed with alcohol, 2 N HN_4Cl, and double-distilled water to remove adsorbed metal elements, then further pulverized into a powder of 80 to 100 mesh in an agate crusher. The powder of 3 to 5g for each sample was ashed in quartz beakers by slowly heating them to 750℃ in a furnace for ~6h.

For the crude oil samples, water and solid impurities were first separated by gravity fallout, filtering, and centrifugation separation, and 10 to 15 g each were ashed in a manner similar to the bitumen. The mass ratios of ash to starting sample were usually lower than 0.35%, which indicates that the content of inorganic minerals in bitumen and crude oil was very low. Kerogen samples were extracted by dissolving kerogen rocks with high-purity hydrofluorite (HF). Metal minerals, such as pyrites, were separated from kerogen by heavy liquid separation. Bitumen-A (soluble organic matter, which represents potential of petroleum generation) was extracted by dipping kerogen in double-distilled chloroform. Kerogen samples of ~5 g were ashed in a furnace by heating to 950℃. Two to 3 g of bitumen-A were used; ashing temperature was 750℃. Two or three batches of ash and one batch of clean bitumen powder for each sample were prepared for chemical and isotopic analyses.

3.2 Extraction of Sr, Nd, and Pb

One batch of ash was spiked with Rb, Sr, Sm, and Nd, then dissolved with 1:1 HNO_3. Residual inorganic minerals (silicates and carbonates) were removed through centrifugation. Rb, Sr, and REE were separated with a Dowex 50 cation exchange column and 2 N and 4 N HCl for elution. Nd and Sm were extracted from the REE fraction with a HEDHP ion exchange column and 0.2 N and 0.5 N HCl. The second batch of the ash was directly dissolved with 1:1 HNO_3, from which Pb was extracted in a microexchange column of anion resin of Dowex-I (200-400 mesh) in HBr solution. The procedural blanks were lower than 5, 10, 50, 20, and 100 pg for Sm, Nd, Rb, Sr, and Pb, respectively, and can be neglected. The third batch of the ash was dissolved with 1:1 HNO_3 for inductively coupled plasma mass spectrometer (ICP-MS) elemental analyses.

To check the influence of Pb loss during sample ashing on Pb isotopic analyses, some batches of clean bitumen powder were directly dissolved with HNO_3 for Pb isotopic analyses, according to the procedure used by Parnell and Swainbank (1990). These results were comparable to those of the ashing procedure (Tu et al., 1997).

3.3 Mass Spectrometer Analyses

The isotopic measurements were performed with a VG–354 mass spectrometer. The precision (2σ) for isotope determination was <0.08% for Pb and <0.004% for Sr. It was difficult to obtain high-precision isotopic ratios for Nd because of its low concentrations. We only obtained a precision of <0.005% for most of the bitumen samples and for small parts of the crude oil and kerogen samples. $^{143}Nd/^{144}Nd$ ratios were double normalized to $^{146}Nd/^{144}Nd = 0.721906$ and $^{145}Nd/^{144}Nd = 0.348440$. The measured mean value of $^{143}Nd/^{144}Nd$ for La Jolla Standard is 0.511861 ± 10 ($n = 16$). $^{87}Sr/^{86}Sr$ ratios were normalized to $^{86}Sr/^{88}Sr = 0.11940$. The measured mean value of $^{87}Sr/^{86}Sr$ for the standard SRM–987 is 0.710263 ± 10 ($n = 16$). The average Pb isotopic composition values of the standard SRM–981 are $^{206}Pb/^{204}Pb = 16.934 \pm 0.007$, $^{207}Pb/^{204}Pb = 15.486 \pm 0.012$, and $^{208}Pb/^{204}Pb = 36.673 \pm 0.033$ ($n = 20$), respectively. They are in good agreement with the recalibrated values from a double spike determination: 16.9322, 15.4855, and 36.6856, respectively (Todt et al., 1993). The Rb, Sr, Sm, and Nd concentrations were determined by the isotope dilution method (listed in the Tables) with errors better than 0.5%; some concentrations were analyzed by an ICP–MS (ELAN 6000) with errors better than 10%. All concentrations of elements are calculated relative to the weights of the original sample materials.

4 RESULTS

4.1 Bitumen in Karamay Oil Field

The isotopic ratios and concentrations are given in Table 1. The concentrations of Sm, Nd, Rb, and Sr in bitumen from Karamay oil field show large variations, which are 0.004 to 1.4 μg/g, 0.02 to 6.7 μg/g, 0.03 to 7 μg/g, and 0.5 to 68 μg/g, respectively. The $^{87}Sr/^{86}Sr$—$^{87}Rb/^{86}Sr$ ratios were well correlated. The slope of the correlation line corresponds to an age of 284 ± 20 Ma [2σ, mean standard weighted deviation ($MSWD$) = 60] if samples KW–10 and KW–15 are not included (they evidently deviate from the bulk linear trend of the data; Fig. 2 (a)]. The resulting initial $(^{87}Sr/^{86}Sr)_I$ is 0.70593 ± 25. The samples with Sr concentrations below 7.4 μg/g are much better correlated in the isochron diagram [Fig. 2 (a); $R = 0.999$] than in the mixing diagram [Fig. 2 (b); $R = 0.710$]. The slope of this linear relationship yields an isochron age of 286 ± 12 Ma (2σ, $MSWD = 0.43$) with $(^{87}Sr/^{86}Sr)_I = 0.70577 \pm 8$ [Fig. 2 (a)]. Thus, it is possible that the alignment samples with low Sr concentrations is not a mixing line but an isochron. Thinsection observations allowed the identification of epigenetic microcrystalline carbonates in the samples with higher Sr concentration, especially in KW–15 and KW–10.

Table 1 Pb, Sr, and Nd isotopic compositions in bitumen from the Karamay oil field

No.	^{206}Pb/^{204}Pb	^{207}Pb/^{204}Pb	^{208}Pb/^{204}Pb	Sm (μg/g)	Nd (μg/g)	^{147}Sm/^{144}Nd	^{143}Nd/^{144}Nd	Rb (μg/g)	Sr (μg/g)	^{87}Rb/^{86}Sr	^{87}Sr/^{86}Sr
KW-1	18.166±0.009	15.578 ± 0.009	38.359 ± 0.031	0.0263	0.122	0.1303	0.513360±30	0.1787	0.993	0.5193	0.707786±13
KW-2	18.130±0.008	15.418 ± 0.010	38.529 ± 0.028	0.0576	0.274	0.1271	0.512982±20	0.2863	9.587	0.0861	0.706845±10
KW-3	18.409±0.009	15.473 ± 0.010	37.751 ± 0.029	1.412	6.676	0.1279	0.512637±13				
KW-4	18.141±0.011	15.652 ± 0.012	38.081 ± 0.032	0.0282	0.120	0.1424	0.513096±20	0.1874	1.587	0.3370	0.707049±9
KW-5	18.422±0.012	15.654 ± 0.012	38.659 ± 0.033	0.0520	0.245	0.1287	0.512726±18	0.1280	0.879	0.4233	0.707655±11
KW-6	18.410±0.013	15.768 ± 0.013	38.835 ± 0.035	0.1060	0.5050	0.1273	0.512772±14	0.0861	0.757	0.3271	0.707054±10
KW-7	18.349±0.010	15.639 ± 0.009	38.464 ± 0.027	0.9088	4.407	0.1274	0.512663±21	5.603	7.399	2.185	0.714761±17
KW-8	18.110±0.008	15.419 ± 0.008	37.703 ± 0.031	1.200	5.585	0.1298	0.512587±14	7.185	15.84	1.309	0.711571±14
KW-9	18.200±0.010	15.548 ± 0.012	37.783 ± 0.032	0.0571	0.2825	0.1222	0.513015±6	0.4532	1.423	0.9184	0.709468±14
KW-10	18.454±0.012	15.649 ± 0.013	38.121 ± 0.033	0.1248	0.6319	0.1194	0.512787±28	0.8666	68.386	0.0366	0.708159±16
KW-11	18.274±0.008	15.545 ± 0.009	38.393 ± 0.031	0.0865	0.4048	0.1276	0.512765±15	2.714	13.524	0.5788	0.708632±14
KW-12	18.241±0.010	15.635 ± 0.011	38.696 ± 0.035					0.1641	0.944	0.5000	0.707893±7
KW-13	18.564±0.011	15.606 ± 0.012	38.962 ± 0.030	0.5606	2.829	0.1199	0.512674±13	2.357	7.897	0.8606	0.709736±13
KW-14	18.675±0.08	15.585 ± 0.008	38.456 ± 0.027					0.2153	1.255	0.4948	0.707865±11
KW-15	18.347±0.012	15.661 ± 0.011	38.676 ± 0.032	0.7105	3.509	0.1224	0.512743±22	0.0411	14.462	0.0082	0.709368±15
KW-16	18.310±0.013	15.391 ± 0.013	37.880 ± 0.033	0.7219	3.160	0.1382	0.512602±10	3.313	5.949	1.607	0.712159±17
KW-17	18.125±0.09	15.516 ± 0.010	38.403 ± 0.034	0.0629	0.3137	0.1214	0.512928±24	0.2980	2.259	0.3809	0.707430±12
KW-18	18.325±0.013	15.667 ± 0.012	38.437 ± 0.036	0.0037	0.0181	0.1235	0.513389±30	0.0331	0.481	0.1922	0.706426±9

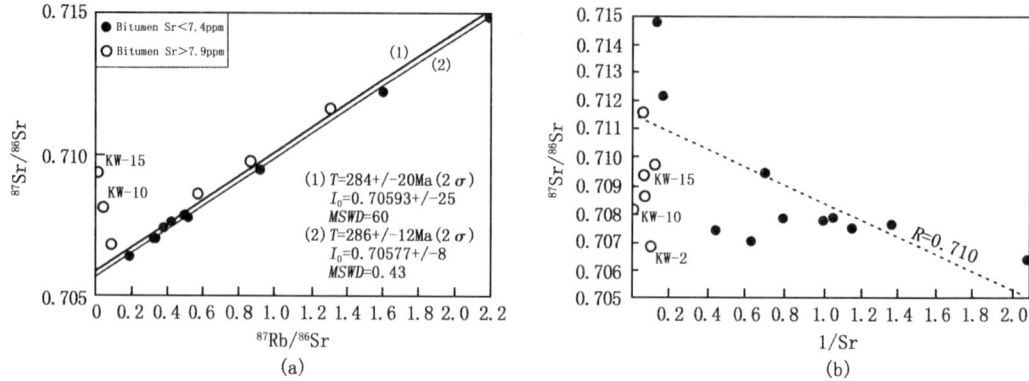

Fig. 2 $^{87}Sr/^{86}Sr$—$^{87}Rb/^{86}Sr$ isochron diagram (a) and $^{87}Sr/^{86}Sr$–1/Sr diagram (b) for the bitumen from the Karamay oil field. Isochron line 1 is for all samples except KW-15 and KW-10. Isochron line 2 is for the samples with Sr concentration <7.4μg/g

Thus, it is reasonable to reject the samples with higher Sr concentration in the calculation of the isochron to avoid the influence from carbonate Sr. On the basis of the isochron age calculation of the two modes (285±20 Ma), the Karamay bitumen could be formed during the Late Carboniferous–Early Permian. The bitumen migration in plastic state in Late Cretaceous or Tertiary time did not disturb the Rb—Sr isotopic systematics in the samples with low Sr concentration (<7.4μg/g). The initial ratio of $(^{87}Sr/^{86}Sr)_I$ is evidently lower than those of carbonate strata and seawater strontium in all Earth's history (0.7093 ~ 0.7067), suggesting an influence of strontium from mantle sources. Sample KW-15 shows high Sr concentration (14.46μg/g), a low $^{87}Rb/^{86}Sr$ (0.0082), and a $^{87}Sr/^{86}Sr$ (0.70936) close to that of present-day or Paleozoic seawater. It may represent an end member of Sr components derived from meteoric water influx or buried carbonate strata through migration of oil field water and organic fluid. The samples with higher Sr concentrations (>7.9μg/g) could result from disturbing of this end member to different degree, thus causing the deviation from the isochron line.

The $^{143}Nd/^{144}Nd$ ratios of Karamay bitumen are mostly higher than bulk earth (0.512636). $^{143}Nd/^{144}Nd$ ratios increase from 0.5126 to 0.5130 with decreasing Nd concentration. Because the Nd concentrations for the samples with $^{143}Nd/^{144}Nd$ ratios higher than 0.5130 are extremely low (0.1 ~ 0.01μg/g), the uncertainty of data may be higher than the statistical deviation of analyses. Thus, we do not discuss their geological meaning in particular. The $^{147}Sm/^{144}Nd$ ratios (0.119 ~ 0.142) are lower than that of the bulk earth (0.1967), but higher than the argillaceous sediments (0.116 ~ 0.119) as a representative of mean upper crust reported in China (Zhu, 1998a) and North America (DePaolo, 1988). There is no isochron relationship for the Sm–Nd isotopic systematics, but the $^{143}Nd/^{144}Nd$–1/Nd plot shows a positive correlation (Fig. 3). Thus, the variation of Nd isotopic ratios may have resulted from inhomogeneous mixture of two or more end components during the bitumen formation. On the basis of the Rb—Sr isochron age, the ε_{Nd} (286Ma) values are from 1.5 to 17.4, which are higher than ε_{Nd} (0) by 2.0 to 2.9. Thus, the Nd isotopic compositions strongly show an influence from depleted mantle (ε_{Nd} (286 Ma) ~ +8–+11).

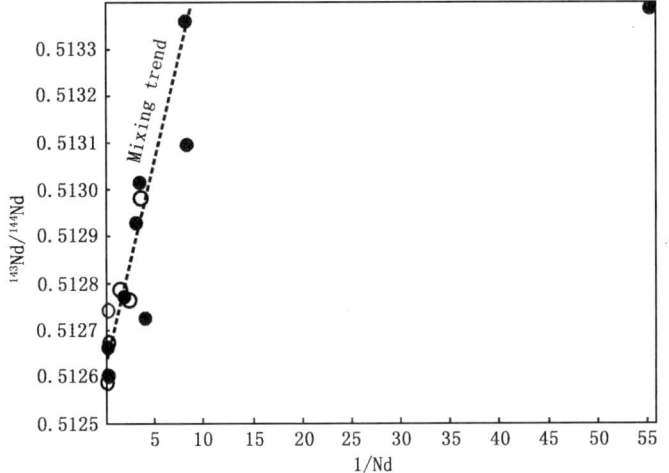

Fig. 3 ^{143}Nd/^{86}Sr-1/Nd diagram for bitumen from the Karamay oil field

The Nd—Sr isotopic data ($t = 286$ Ma) on a $\varepsilon_{Nd}(t)$ —$\varepsilon_{Sr}(t)$ diagram all lie in quadrant 1 and show a vertical trend (Fig. 4); the data are also located between the $\varepsilon_{Nd}(t)$ —$\varepsilon_{Sr}(t)$ fields of mid-ocean ridge basalt (MORB) and crustal rocks of North Xinjiang (Yu and Gui, 1998).

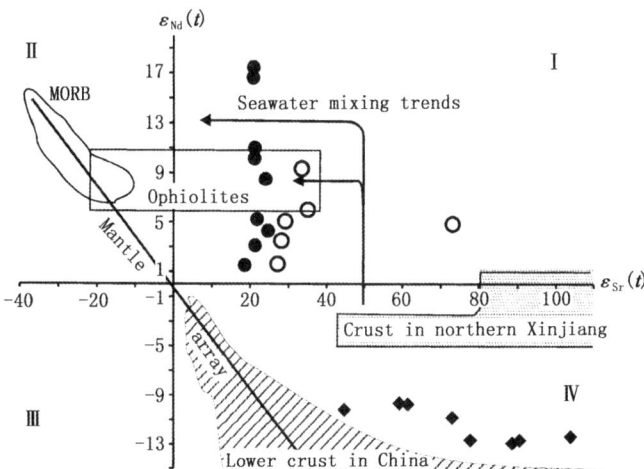

Fig. 4 $\varepsilon_{Nd}(t)$ —$\varepsilon_{Sr}(t)$ plot for bitumen samples from Karamay (legends as in Fig. 2) and Tarim (diamonds). $\varepsilon_{Nd}(t)$ and $\varepsilon_{Sr}(t)$ values of bitumen are calculated on the basis of $t = 286$ Ma for Karamay and $t = 530$Ma for Trim. Ophiolite and MORB fields are from Jacobsen and Wasserburg (1979) and Shaw and Wasserburg (1985), the field of upper crust in North Xinjiang is from Yu and Gui (1998), and the field of lower crust in China is from Zhu (1998a)

The ^{206}Pb/^{204}Pb ratios of the Karamay bitumen lie in a relatively narrow range of 18.11 to 18.675 (Table 1 and Fig. 5). However, their ^{207}Pb/^{204}Pb ratios, from 15.39 to 15.67. cover the whole range—from mantle to upper crust—of the Plumbotectonic model proposed by Zartman and Doe (1981). The ^{206}Pb/^{204}Pb, ^{207}Pb/^{204}Pb, and ^{208}Pb/^{204}Pb ratios for mantlederived rocks in the

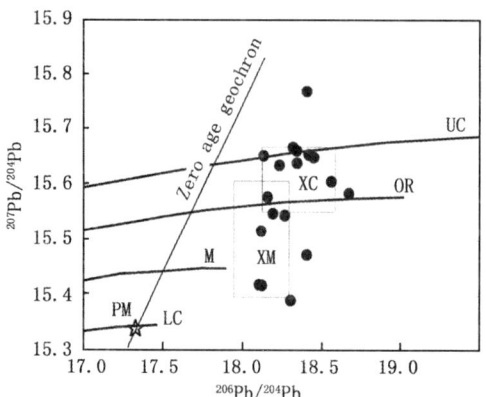

Fig. 5 $^{207}Pb/^{204}Pb$—$^{206}Pb/^{204}Pb$ plot, with the curves from the Plumbotectonic model (Zartman and Doe, 1981), for bitumen from Karamay. UC—upper crust; OR—orogen belt; M—mantle; LC—lower crust; PM with star—primitive mantle in North China block (Zhu and Chen, 1984). XM and XC—the fields for mantle-derived rocks and sediments in North Xinjiang (Zhu, 1998a)

areas of Xinjiang show ranges of 17.9 to 18.3, 15.40 to 15.60, and 37.7 to 38.2, respectively, and those for sedimentary rocks are 18.18 to 18.47, 15.55 to 15.67, and 38.0 to 38.5, respectively (Zhu, 1995, 1998a). Thus, the variations of Pb isotopic compositions of bitumen also cover the Pb isotopic range from the local mantle to upper crust.

4.2 Bitumen and Kerogen from Tarim Basin

The Sm—Nd isotopic history of bitumen from the Tarim Basin (Table 2) is evidently different from those of the Karamay oil field. $^{143}Nd/^{144}Nd$ and $^{147}Sm/^{144}Nd$ ratios vary within 0.51157 to 0.51197 and 0.0778 to 0.153, respectively, and yield old, depleted mantle Nd model ages of 1.5 to 3.2 Ga. The samples from surface (TD and CP numbers) and drill core (H numbers) show different fields on a $^{143}Nd/^{144}Nd$—$^{147}Sm/^{144}Nd$ diagram, which indicates that their Sm–Nd isotopic systematics were involved in different sources (Fig. 6). However, a linear array for the surface bitumen samples of TD-2, TD-3, TD-4, TD-6, and CP-1 and CP-2 from Keping can be recognized, which may represent a mixing line or an isochron line of ~530 Ma. The bitumen deposits mainly distribute along the shear faults developed in the post-Cambrian strata. Thus, this correlation may imply that there was mixing of two sources (Cambrian and Permian strata) for the surface bitumen generation, or it may imply that the bitumen was formed in Late Cambrian time and migrated into younger strata during a later stage. The $^{143}Nd/^{144}Nd$ ratios for the kerogen samples of TDOS (0.512225~0.512262) are distinctly higher than those of bitumen samples. The bitumen samples from drill cores (H-4, H-5, H-7, and H-8) also show higher $^{143}Nd/^{144}Nd$ ratios and a trend toward the kerogen samples of TDOS (Fig. 6). This relationship may indicate that there was influence from fluids with high $^{143}Nd/^{144}Nd$ ratios for the drill core samples, or it may indicate that mixing between the bitumen derived from the kerogen rocks of TDOS and the surface bitumen derived from deep sources.

The $^{87}Sr/^{86}Sr$ ratios of bitumen are high and range 0.72056 to 0.72682, which mainly represent Sr isotopic compositions of detrital sedimentary rocks of the upper crust. Because the metamorphic temperature for the Tarim bitumen is higher than that of the Karamay bitumen, the Rb–Sr isotopic systematics are disturbed. Thus, there are no clear $^{87}Sr/^{86}Sr$—$^{87}Rb/^{86}Sr$ linear trends.

The Pb isotopic compositions of bitumen show large variations: $^{206}Pb/^{204}Pb$, $^{207}Pb/^{204}Pb$, and $^{208}Pb/^{204}Pb$ are 17.349 to 18.587, 15.466 to 15.652, and 37.899 to 39.089, respectively (Table 2). On the basis of the $^{207}Pb/^{204}Pb$—$^{206}Pb/^{204}Pb$ plot (Fig. 7), the data can be clearly divided

Table 2 Pb, Sr, and Nd isotopic data in bitumen and kerogen from the Tarim Basin

No.	$^{206}Pb/^{204}Pb$	$^{207}Pb/^{204}Pb$	$^{208}Pb/^{204}Pb$	Sm (μg/g)	Nd (μg/g)	$^{147}Sm/^{144}Nd$	$^{143}Nd/^{144}Nd$	T_{DM} ①	Rb (μg/g)	Sr (μg/g)	$^{87}Rb/^{86}Sr$	$^{87}Sr/^{86}Sr$
Bitumen												
TD-1	17.530±0.011	15.517±0.010	38.210±0.021	4.96	30.19	0.0993	0.511743±8	1.79	22.36	27.55	2.345	0.726822±19
TD-2	17.476±0.009	15.476±0.009	38.161±0.019	4.97	32.06	0.0938	0.511644±12	1.84	18.28	23.27	2.226	0.728085±14
TD-3	17.434±0.007	15.488±0.009	38.093±0.018	3.20	16.27	0.1191	0.511717±12	2.22	20.00	27.93	2.069	0.725950±14
TD-4	17.349±0.012	15.466±0.011	37.899±0.025	2.61	16.07	0.0982	0.511632±8	1.92	18.89	31.62	1.722	0.723182±13
TD-5	17.997±0.012	15.623±0.012	38.989±0.027	2.50	14.03	0.1077	0.511805±9	1.84	16.18	19.61	2.385	0.725125±12
TD-6	18.235±0.010	15.652±0.011	39.089±0.027	2.25	17.47	0.0778	0.511573±14	1.69	17.22	27.17	1.831	0.723253±13
TD7				2.35	12.75	0.1112	0.511839±12	1.85	17.61	31.19	1.630	0.720568±13
TD8	17.083±0.013	15.467±0.012	38.551±0.029	2.54	19.08	0.0804	0.511736±10	1.54	17.28	26.27	1.900	0.722467±5
H-4	18.292±0.008	15.633±0.009	38.740±0.025	3.14	22.19	0.0856	0.512038±14	1.23				
H-5	18.202±0.011	15.629±0.013	38.523±0.028	14.14	68.62	0.1246	0.511877±15	2.08				
H-7	18.218±0.012	15.636±0.012	38.761±0.027	1.88	11.05	0.1030	0.511974±8	1.52				
H-8				2.19	12.18	0.1089	0.511814±16	1.85				
C-P-1	18.376±0.013	15.632±0.012	38.714±0.028	2.87	11.36	0.1526	0.511820±28	3.23				
C-P-2	17.953±0.012	15.636±0.011	38.156±0.026	2.31	9.259	0.1510	0.511831±14	3.11				
TA-2	18.587±0.014	15.551±0.012	38.115±0.030									
TA-5	18.446±0.013	15.547±0.011	38.302±0.031									
LN-59-1	17.658±0.010	15.498±0.009	38.410±0.029									
Kerogen												
TDOS-2	18.115±0.008	15.608±0.009	38.570±0.021	2.75	16.71	0.0993	0.512262±24	1.08				
TDOS-1	18.055±0.011	15.592±0.009	38.462±0.022	2.08	17.80	0.0705	0.512225±9	0.90				

No.	$^{206}Pb/^{204}Pb$	$^{207}Pb/^{204}Pb$	$^{208}Pb/^{204}Pb$
TDO-1	19.309±0.011	15.788±0.012	39.262±0.033
TDO-2	19.492±0.012	15.809±0.012	39.592±0.026
TDO-3	20.110±0.015	15.776±0.013	39.255±0.029
TDO-5	20.264±0.017	15.791±0.013	39.102±0.033
TDXE-FeS	18.371±0.009	15.733±0.009	38.550±0.025

No.	$^{206}Pb/^{204}Pb$	$^{207}Pb/^{204}Pb$	$^{208}Pb/^{204}Pb$
TDXE-1	20.949±0.013	15.886±0.014	39.309±0.028
TDXE-2	19.848±0.012	15.754±0.012	39.982±0.035
TDXE-3	19.649±0.011	15.803±0.012	39.982±0.029
TDXE-4	20.030±0.009	15.833±0.008	39.999±0.030
TDXE-5	19.218±0.012	15.728±0.013	40.055±0.027

① T_{DM} values are calculated on the basis of the present $^{143}Nd/^{144}Nd = 0.51305$ and $^{147}Sm/^{144}Nd = 0.2102$.

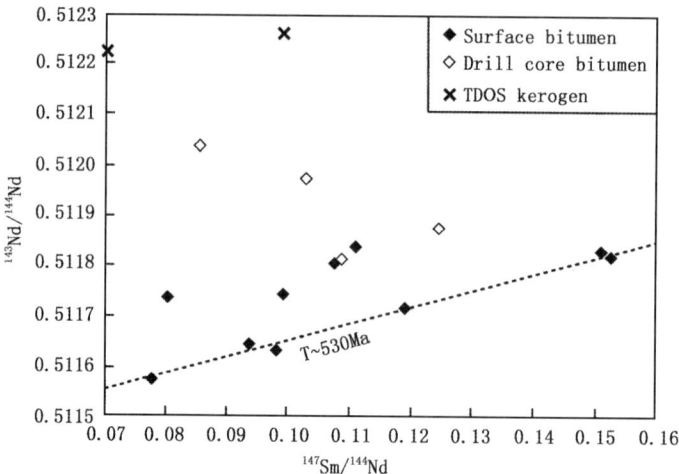

Fig. 6 ^{143}Nd/^{144}Nd—^{147}Sm/^{144}Nd plot for bitumen and kerogen from different strata in the Tarim Basin. The dashed line is a linear trend for the surface bitumen samples (TD-2, TD-3, TD-4, TD-6, CP-1, and CP-2)

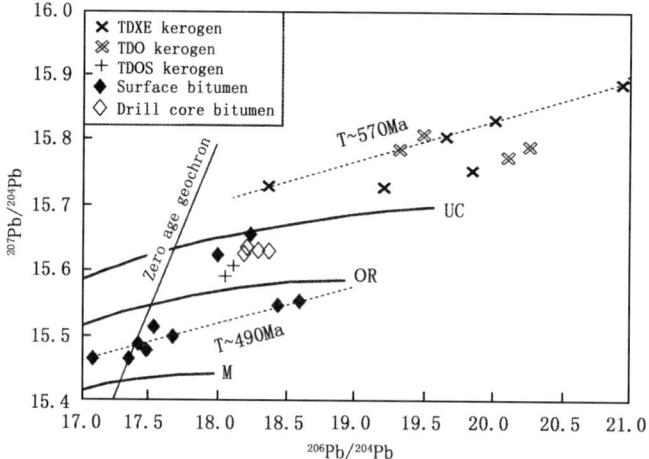

Fig. 7 ^{207}Pb/^{204}Pb—^{206}Pb/^{204}Pb plot for bitumen and kerogen from Tarim. The dashed lines are linear trends of upper and lower limits for kerogen (TDXE-1, TDXE-3, TDXE-4, FeS, TDO-1, and TDO-2) and bitumen (TD-1, TD-2, TD-3, TD-4, TD-8, TA-2, TA-5, and LN-59-1), respectively

into two groups. One is close to the upper crustal curve of the Plumbotectonic model and includes the samples from the drill core and Permian strata (H and CP). The other group, for the surface samples, is located in between the mantle and orogen belt curves and shows a Pb-Pb isochron trend with an age of ~490 Ma, which is approximately consistent with the Sm—Nd isochron age. The evidence of Pb isotopic compositions also indicates that there exists addition of lead derived from mantle or lower crustal sources during bitumen formation.

The kerogen samples of TDO, TDXE, and TDOS from the surface have higher ^{206}Pb/^{204}Pb, ^{207}Pb/^{204}Pb, and ^{208}Pb/^{204}Pb ratios (19.218~20.949, 15.728~15.890, and 39.102~40.044, respectively) than those of bitumen (Table 2). The upper limit to the data in Fig. 7, which are mainly composed of Cambrian TDXE samples, yields a Pb—Pb isochron trend with an age of ~570

Ma. The Pb isotopic evidence also shows that there are no direct genetic relationships between surface bitumen and kerogen. As with Sm-Nd isotope systematics, the Pb isotopic compositions of TDOS kerogen samples are also close to those of bitumen samples of H number from the drill core. Thus, the bitumen lead of H and CP samples could represent mixing between the kerogen and the bitumen with the 490Ma isochron trend.

On the basis of the Sm—Nd isochron age of ~530Ma, the calculated $\varepsilon_{Nd}(t)$ —$\varepsilon_{Sr}(t)$ data (t=530Ma) for the Tarim bitumen lies in quadrant 4 of Fig. 3 and in between the fields of the upper crust in North Xinjiang and the lower crust in continental China. Even if t changes from 0 to 550Ma, the calculated $\varepsilon_{Nd}(t)$ —$\varepsilon_{Sr}(t)$ data field still lies in between those of the upper and lower crusts.

4.3 Bitumen and Kerogen from Guizhou

The bitumen from mercury deposits in Guizhou yielded relatively large variations of $^{206}Pb/^{204}Pb$ and $^{207}Pb/^{204}Pb$—18.289 to 19.699 and 15.662 to 15.786, respectively—but the $^{208}Pb/^{204}Pb$ ratios are in a narrow range of 38.429 to 38.601 (Table 3 and Fig. 8). These isotopic compositions clearly show features of upper crustal sources and reflect an environment of chemical sedimentation as their homogenous $^{208}Pb/^{204}Pb$ ratios (Zhu, 1998a).

The kerogen samples show extremely radiogenic U—Pb systematics. Their $^{206}Pb/^{204}Pb$, $^{207}Pb/^{204}Pb$, and $^{208}Pb/^{204}Pb$ ratios are 19.985 to 285.226, 16.068 to 22.879, and 38.458 to 39.858, respectively. There is a good Pb—Pb isochron correlation (Fig. 8). The isochron age of 514±44Ma (2σ, $MSWD$=7) is in agreement with the age of Middle Cambrian strata in the area of sample collection and represents the formation age of kerogen. The Pb isotopic ratios of bitumen basically lie on this Pb—Pb isochron line of kerogen, which may imply that the bitumen was also formed during Middle Cambrian. If the bitumen was directly derived from the kerogen rocks of Middle Cambrian, there should exist extremely large U/Pb fractionation. The distinct difference of Pb isotopic ratios between kerogen and bitumen also can be regarded as material addition from another source with isotopic compositions of common lead during the bitumen derivation.

Table 3 Pb isotopic compositions in bitumen and kerogen from Guizhou

No.	$^{206}Pb/^{204}Pb$	$^{207}Pb/^{204}Pb$	$^{208}Pb/^{204}Pb$
Bitumen			
204-1	19.699±0.008	15.750±0.009	38.468±0.019
204-3	19.014±0.011	15.769±0.011	38.513±0.023
Hg-2	19.137±0.010	15.779±0.011	38.473±0.024
Hg-217	18.966±0.011	15.765±0.009	38.420±0.021
Hg-208	19.186±0.008	15.786±0.010	38.555±0.019
Hg-651	18.289±0.010	15.662±0.012	38.601±0.022
Kerogen			
G1	34.622±0.029	16.517±0.012	39.084±0.023
G2	285.226±0.094	30.977±0.013	38.458±0.024

(Continued)

No.	^{206}Pb/^{204}Pb	^{207}Pb/^{204}Pb	^{208}Pb/^{204}Pb
G4	42.951±0.023	16.997±0.014	38.803±0.028
G5	38.097±0.021	16.870±0.011	39.069±0.031
G6	44.687±0.023	17.284±0.010	39.087±0.029
G7	50.498±0.022	17.422±0.011	39.001±0.029
G8	23.485±0.011	15.996±0.010	38.879±0.031
G9	139.066±0.032	22.879±0.013	38.302±0.021
G10	53.989±0.023	17.851±0.012	39.069±0.033
G11	76.932±0.042	19.178±0.013	38.208±0.028
G12	27.062±0.013	16.463±0.012	39.689±0.032
G13	19.985±0.008	16.068±0.009	39.858±0.031

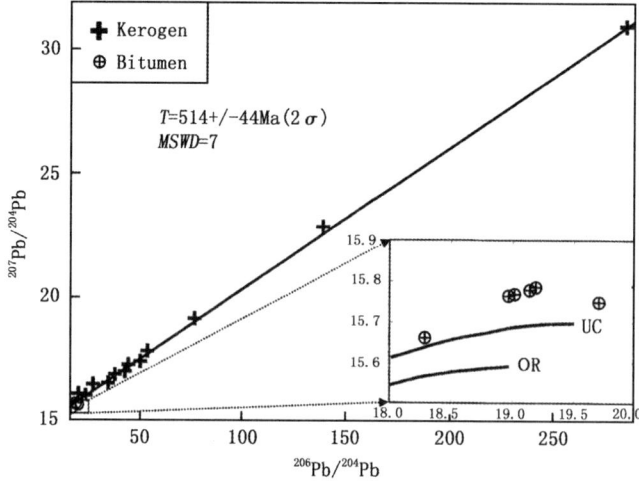

Fig. 8 ^{207}Pb/^{204}Pb—^{206}Pb/^{204}Pb isochron diagram for kerogen from Cambrian strata in Guizhou and bitumen from the Guizhou paleo-oil field. The means for UC and OR are same as Fig. 5

4.4 Bitumen-A and Kerogen from the Liaohe Oil Field

We have previously reported that the bitumen-A samples from the Liaohe oil field have very homogeneous Pb isotopic compositions (Zhang et al., 1999). The ^{206}Pb/^{204}Pb, ^{207}Pb/^{204}Pb, and ^{208}Pb/^{204}Pb ratios are 17.424 to 17.601, 15.378 to 15.448, and 37.618 to 37.870, respectively (Table 4). The data on the ^{207}Pb/^{204}Pb—^{206}Pb/^{204}Pb diagram lie in between the mantle and lower crust curves of the Plumbotectonic model (Fig. 9; Zartman and Doe, 1981). It is worth noting that the dispersed trend of data is along the zero-age geochron that extrapolates to the primitive mantle (PM) of the North China block (17.35, 15.33, and 37.47 for ^{206}Pb/^{204}Pb, ^{207}Pb/^{204}Pb, and ^{208}Pb/^{204}Pb, respectively; Chen et al., 1982; Zhu and Chen, 1984) on either ^{207}Pb/^{204}Pb—^{206}Pb/^{204}Pb or ^{208}Pb/^{204}Pb—^{207}Pb/^{204}Pb diagrams (Fig. 9 and Fig. 10). This may imply that the lead in the bitumen-A is recently derived from mantle. The range of Pb isotopic compositions for Quaternary basalts from the North China block, indicative of the present mantle, is similar to that of bitumen-A (Fig. 9; Peng et al., 1986; Basu et al., 1991; Zhu, 1995, 1998a).

Table 4 Pb and Sr isotopic compositions of bitumen-A in the Liaohe oil field

No.	$^{206}Pb/^{204}Pb$	$^{207}Pb/^{204}Pb$	$^{208}Pb/^{204}Pb$	$^{143}Nd/^{144}Nd$	$^{87}Sr/^{86}Sr$
Ka25	17.459±0.007	15.418±0.005	37.735±0.017		0.709467±28
Q23-20	17.601±0.009	15.446±0.007	37.801±0.019		0.714118±27
C55	17.424±0.015	15.376±0.013	37.618±0.038		
J6	17.448±0.018	15.384±0.010	37.700±0.038		
W8	17.514±0.011	15.438±0.010	37.788±0.025		0.716106±19
C612	17.488±0.021	15.426±0.020	37.718±0.040		0.716484±31
N22	17.449±0.014	15.388±0.013	37.667±0.036		0.720201±38
Ha45	17.456±0.007	15.421±0.009	37.804±0.036		0.709829±21
G3-4-3	17.448±0.012	15.399±0.010	37.685±0.026		0.710323±31
R43	17.475±0.010	15.407±0.009	37.708±0.023		0.714501±26
N23-18	17.431±0.011	15.378±0.009	37.620±0.021		0.716708±21
S-1	17.449±0.012	15.390±0.009	37.668±0.020		0.709677±19
D-20	17.489±0.005	15.448±0.007	37.870±0.020		0.712436±49
Ro-25	17.467±0.013	15.405±0.007	37.736±0.038		

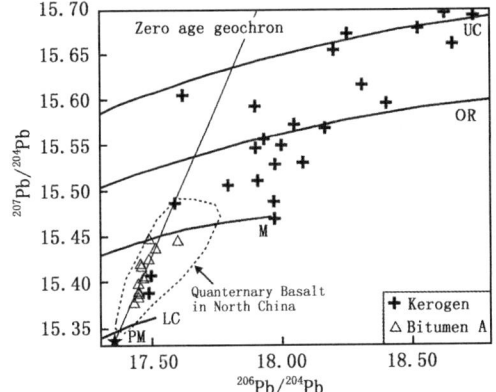

Fig. 9 $^{207}Pb/^{204}Pb$—$^{206}Pb/^{204}Pb$ plot comparing bitumen-A and kerogen from the same strata in the Liaohe oil field. The means for UC, OR, M, LC, and PM with star are same as Figure 5. The field of Quaternary basalts in North China is from Peng et al. (1986), Basu et al. (1991), and Zhu (1995, 1998a)

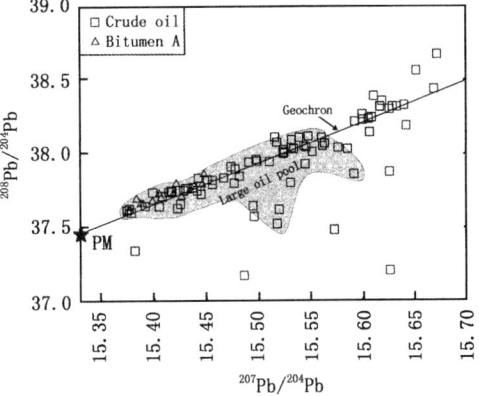

Fig. 10 $^{208}Pb/^{204}Pb$—$^{207}Pb/^{204}Pb$ plot for crude oil and bitumen-A from the Liaohe oil field. PM with star = primitive mantle in North China. The shaded area indicates the data field of major and large oil pools

The Pb isotopic compositions in kerogen are distinct from those of bitumen-A. The data show large variations of $^{206}Pb/^{204}Pb$, $^{207}Pb/^{204}Pb$, and $^{208}Pb/^{204}Pb$ of 7.748 to 18.735, 15.388 to 15.695, and 37.656 to 38.748, respectively (Table 5, Fig. 9), and mainly lie in between the

Table 5 Pb, Sr and Nd isotopic compositions in kerogen from the Liaohe oil field

No.	$^{206}Pb/^{204}Pb$	$^{207}Pb/^{204}Pb$	$^{208}Pb/^{204}Pb$	$^{143}Nd/^{144}Nd$	$^{87}Sr/^{86}Sr$
H-33	18.050±0.015	15.573±0.014	38.139±0.038	0.511792±6	0.715405±18
Se-82	18.201±0.023	15.654±0.025	38.486±0.067		0.710446±14
Se-111	17.977±0.012	15.529±0.013	38.093±0.028		0.710516±19
R16-4	18.656±0.007	15.661±0.007	38.662±0.012		
H2-11-2	17.935±0.020	15.557±0.026	38.087±0.052		0.712229±19
C5	18.735±0.013	15.692±0.011	38.748±0.029		0.712976±18
M16	17.974±0.014	15.469±0.014	38.071±0.030		0.712829±16
X268	18.253±0.029	15.672±0.028	38.619±0.081		0.712875±14
G3-6-18	17.796±0.005	15.506±0.005	38.079±0.011		0.713287±21
S90	17.903±0.010	15.547±0.013	38.164±0.019		0.710451±22
Se101	18.167±0.008	15.569±0.009	38.219±0.026	0.511953±6	0.710747±13
KG25	17.591±0.008	15.486±0.009	37.948±0.018		0.726245±36
Do-13	17.901±0.017	15.593±0.015	38.273±0.037	0.511963±19	0.716087±20
QG23	17.488±0.010	15.388±0.006	37.656±0.014		0.709624±19
HG45	17.497±0.007	15.407±0.010	37.742±0.020	0.511923±6	0.709950±30
J-3	17.911±0.010	15.511±0.009	38.030±0.020	0.511891±7	0.710597±14
O5	18.403±0.018	15.596±0.006	38.702±0.029	0.511878±5	0.716794±13
N15	18.626±0.012	15.695±0.012	38.737±0.033	0.511915±5	0.718257±15
L10	18.310±0.009	15.616±0.009	38.404±0.027	0.511862±5	0.726240±26
T-2	18.525±0.024	15.678±0.019	38.624±0.069	0.511905±8	0.712834±28
S4-5-7	17.972±0.017	15.488±0.025	38.073±0.052	0.511925±9	
Q2-19-2	18.001±0.012	15.550±0.015	38.268±0.053	0.511847±8	0.710953±19
Se-80	18.083±0.007	15.531±0.007	38.079±0.015	0.512004±7	0.710677±18
M123	17.622±0.028	15.605±0.029	37.845±0.068	0.511969±8	0.706346±16

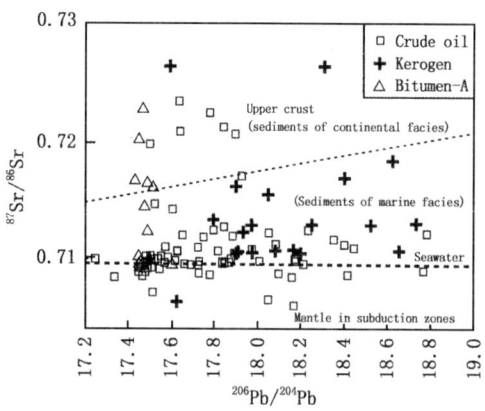

Fig. 11 $^{87}Sr/^{86}Sr$—$^{206}Pb/^{204}Pb$ diagram for crude oil, bitumen, and kerogen from the Liaohe oil field. The dashed lines divide the fields of upper crust, sediments of marine facies, and mantle in subduction zones

curves of upper crust and mantle of the Plumbotectonic model. Thus, the lead in kerogen is mostly derived from the crust. Although bitumen-A is intergrown with kerogen, the Pb isotopic features show that bitumen-A is not directly derived from kerogen, and there existed the addition of mantlelike materials.

However, the $^{87}Sr/^{86}Sr$ ratios (0.709677~0.722772) in bitumen-A are higher than those of seawater and similar to sediments (Fig. 11), which is in contrast with the inference made by tracing Pb isotopes. The Sr isotopic compositions in kerogen are similar to those of bitumen-A. It is suggested that the genetic environment of bitumen-A is related to mantle-crust interaction between fluid derived from mantle or lower crust sources and kerogen in sediments, during which the lead in fluid was mainly from mantle sources but the strontium was from sediments.

4.5 Crude Oil from the Liaohe Oil Field

On the basis of the ICP-MS concentration determination, the crude oil samples from the Liaohe Basin of the Tertiary are characterized by Pb, Sr, and Nd concentrations of 4 to 500 ppb, 6 to 8000 ppb, and 1 to 50 ppb, respectively, and have low Rb/Sr (~0.1), U/Pb (<0.01), and Sm/Nd (0.15~0.3) ratios. This suggests that the measured isotopic compositions of these Tertiary samples are close to the initial ratios.

The Pb isotopic compositions of crude oil are listed in Table 6. The $^{206}Pb/^{204}Pb$, $^{207}Pb/^{204}Pb$, and $^{208}Pb/^{204}Pb$ ratios are 17.25 to 18.78, 15.37 to 15.62, and 37.3 to 38.3, respectively. Most of the data on the $^{206}Pb/^{204}Pb$—$^{207}Pb/^{204}Pb$ diagram (Fig. 12) are dispersed from the evolution curve of the mantle to that of upper crust and on the right side of the zero age geochron according to the Plumbotectonic model (Zartman and Doe, 1981). The data field is triangular in shape and points to the primitive mantle of North China (Zhu and Chen, 1984). Thus, the Pb isotopic compositions of crude oil also show a mixing relationship between crust and mantle, which is similar to that of the bitumen from Karamay. The $^{206}Pb/^{204}Pb$, $^{207}Pb/^{204}Pb$, and $^{208}Pb/^{204}Pb$ ratios for major and large oil pools lie in a more narrow range of 17.42 to 18.15, 15.37 to 15.57, and 37.33 to 38.15,

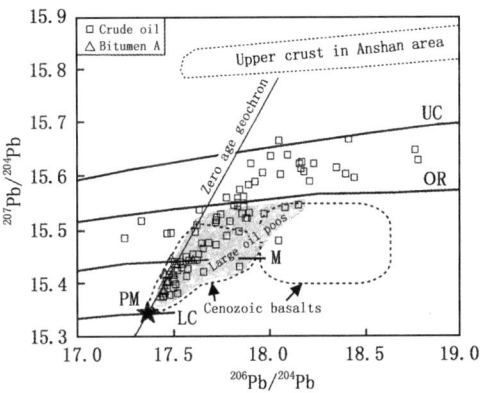

Fig. 12 $^{207}Pb/^{204}Pb$—$^{206}Pb/^{204}Pb$ plot for crude oil from the Liaohe oil field. The means of UC, OR, M, LC, and PM (with star) are the same as Figure 5. The field of Tertiary basalts in North China is from Peng et al. (1986), Basu et al. (1991), and Zhu (1995, 1998a). The field of upper crust in the Anshan area is from Zhu (1998a). The shaded area indicates the data field of major and large oil pools

respectively. It can be seen in Figure 12 that the data field of major and large oil pools lie on both sides of mantle evolution curve and is comparable with that of the Cenozoic basalts in the North China block (Peng et al., 1986; Basu et al., 1991; Zhu, 1995, 1998a). The Pb isotopic field of the upper crustal rocks in the Anshan area, near the oil field (Zhu, 1998a), is quite different from that of crude oil (Fig. 12). Lower crustal granulites from northeast China yielded a field of Pb isotopic compositions with $^{206}Pb/^{204}Pb$ 14.05~16.12, $^{207}Pb/^{204}Pb$ 14.75~15.09, and $^{208}Pb/^{204}Pb$ 33.9~37.13 (Zhu, 1998a), which greatly deviate from the data field of crude oil. Thus, the Pb isotopic features of crude oil cannot be explained by mixing between the upper and lower crusts in this area. It can be seen on the diagram of $^{208}Pb/^{204}Pb$—$^{207}Pb/^{204}Pb$ (Fig. 10) that most of the crude oil data, especially for those from large and major oil pools, constitutes a linear array close to the zero-age geochron. This linear array also passes through the primitive mantle point of North China. These Pb isotopic relationships were not observed in crust-derived rocks.

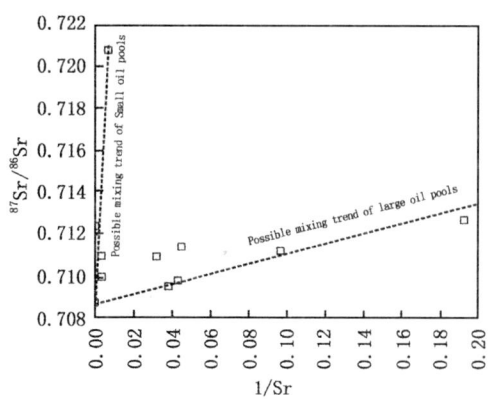

Fig. 13 $^{87}Sr/^{86}Sr$–1/Sr plot for crude oil samples in the Liaohe oil field. Dashed lines are possible mixing trends

The $^{87}Sr/^{86}Sr$ ratios of crude oil from Liaohe range from 0.7065 to 0.7240, and most of the samples show Sr isotopic compositions close to those of Tertiary seawater (0.7077 ~ 0.7092) (Veizer et al., 1999). A Sr isotopic mapping and contour line treating for the crude oil samples in the Liaohe oil field is shown in Figure 1d. There clearly exists a steep gradient of Sr isotopic ratios, which crosses the Tertiary basin in a northeasterly direction. High $^{87}Sr/^{86}Sr$ values occur in the northwest, and low values occur in the southeast. A $^{87}Sr/^{86}Sr$—1/Sr plot (Fig. 13) for the data with measured Sr concentrations by isotopic dilution (Table 6) roughly shows two mixing trends and $^{87}Sr/^{86}Sr$ = 0.70878 as a common end member. It is suggested, on the basis of a Sr—Pb isotopic correlation diagram (Fig. 11), that the bulk of samples with $^{87}Sr/^{86}Sr$ <0.7110 lie in a range from the upper mantle of subduction zones to the juvenile crust on the basis of the model proposed by Zhu (1998a). The two ranges also correspond to island arc volcanics and oceanic sediments, respectively.

Table 6 Pb, Sr and Nd isotopic data of crude oil in the Liaohe oil field

Sample No.		$^{206}Pb/^{204}Pb$	$^{207}Pb/^{204}Pb$	$^{208}Pb/^{204}Pb$	$^{87}Sr/^{86}Sr$	Sr①	$^{143}Nd/^{144}Nd$
Eastern							
Depression							
South part,	Leng27-11	17.551±0.018	15.437±0.014	37.771±0.036	0.710203±14		
large oil pool	Leng27-7	17.649±0.025	15.477±0.020	37.801±0.055	0.711984±19		
Oil indication	Liao 1	18.010±0.022	15.640±0.020	38.332±0.051	0.709792±17		
Middle part,	Long 15-122	17.603±0.010	15.456±0.010	37.792±0.024	0.714144±14		
medium oil	Long 16-122	17.848±0.022	15.577±0.019	38.045±0.034	0.709635±78		
pool	Long 22-27	17.837±0.014	15.546±0.012	38.047±0.034	0.709169±24		
North part,	Niu 18	18.184±0.008	15.611±0.007	38.394±0.015	0.709775±19		
medium oil	Niu 27-023	17.465±0.017	15.405±0.014	37.643±0.039	0.708530±62		
pool	Niu 25-320	17.478±0.009	15.417±0.009	37.745±0.024	0.708862±19		
	Niu 53	17.797±0.058	15.518±0.064	38.081±0.193	0.712414±19	1920	
Oil indication	LC2				0.709572±22		
South part,	Xiao 13	18.769±0.013	15.652±0.017	38.562±0.038	0.709016±35		
small oil pool	Xiao 9	17.780±0.017	15.491±0.014	37.944±0.047			
Middle part,	Re 10	18.214±0.012	15.593±0.013	38.223±0.022	0.709554±29		
medium oil	Re 44	18.098±0.010	15.642±0.009	38.195±0.024	0.708754±22		
pool	Re10-6	18.173±0.015	15.629±0.015	38.323±0.032	0.709972±23		

(Continued)

Sample No.		^{206}Pb/^{204}Pb	^{207}Pb/^{204}Pb	^{208}Pb/^{204}Pb	^{87}Sr/^{86}Sr	Sr①	^{143}Nd/^{144}Nd
	Re7-07	17.860±0.013	15.532±0.011	38.042±0.039			
	Re7-6	18.160±0.008	15.626±0.007	37.214±0.021	0.708450±21		
	Re9-03	17.906±0.012	15.626±0.012	37.878±0.037			
Gas pool	Rong59-3	17.504±0.009	15.408±0.010	37.709±0.015			
	TaoQ5	17.837±0.009	15.552±0.008	38.015±0.015	0.709590±17		
Oil indication	Tie2	18.050±0.014	15.482±0.012	37.849±0.033	0.706532±18		
Middle part,	Wa12-25	18.417±0.012	15.672±0.011	38.671±0.029	0.708643±22		
medium oil	Wa10-34	17.968±0.018	15.609±0.022	38.250±0.048			
pool	Wa15-22	17.489±0.015	15.496±0.015	37.575±0.026	0.709198±32		
	Wa34-34-430	17.975±0.008	15.532±0.007	38.098±0.020	0.710812±30		
Gas pool	Hong 8-12	17.878±0.014	15.524±0.015	38.027±0.032	0.710008±16		0.511651±17
South part,	Yu 578	17.868±0.023	15.564±0.026	38.073±0.033			
major oil pool	Yu 5-8	17.544±0.011	15.430±0.010	37.766±0.021	0.709116±19		
	Yu 6-8	17.870±0.011	15.545±0.010	37.931±0.017	0.709692±18		
	Hai1-1	17.727±0.010	15.520±0.007	37.623±0.009	0.708779±54	8022	
	Hai13-39	17.446±0.005	15.377±0.005	37.625±0.013	0.709426±28	26.3	0.511816±65
	Kai 33-18	17.846±0.010	15.432±0.013	37.763±0.040	0.712693±19	5.2	0.512160±36
	Kai 42-11	17.448±0.008	15.375±0.009	37.615±0.026	0.708874±19		
	Kuihua9	17.659±0.014	15.422±0.011	37.630±0.035	0.709546±63		0.511840±36
Oil indication	Jie 13	18.186±0.020	15.617±0.021	38.322±0.062	0.706025±44		
Middle part,	Huang25-12	18.061±0.014	15.606±0.015	38.241±0.037			
medium oil	Huang31	18.446±0.004	15.600±0.004	38.271±0.010	0.710915±19		0.512038±32
pool	Huang86	17.582±0.010	15.444±0.011	37.781±0.032	0.710102±23		0.511836±55
	Ci33-215	18.085±0.017	15.544±0.019	38.056±0.053	0.712360±65	10.3	
North part,	Ci36-200	17.633±0.005	15.456±0.006	37.821±0.016	0.723305±17		
medium oil	Ci45-70	17.898±0.017	15.534±0.015	38.034±0.035			0.512064±20
pool	Ci46-78	17.251±0.007	15.486±0.008	37.179±0.017	0.709968±20		
	Ci49-92	17.537±0.012	15.441±0.010	37.752±0.025	0.709997±14	264.0	
	Ci50-80	18.053±0.009	15.669±0.008	38.441±0.027	0.712195±18		
	Ci53-84	17.522±0.014	15.425±0.012	37.629±0.034	0.714587±25		
	Ci54-82	17.729±0.016	15.525±0.016	38.013±0.040	0.709751±29		
	Ci9-15-09	17.615±0.013	15.498±0.010	37.962±0.021	0.709823±46	23.4	
South part,	Da11-06	17.502±0.009	15.416±0.008	37.748±0.021			
large oil pool	Da12-17	17.508±0.007	15.442±0.010	37.835±0.020	0.709257±87		
	Da12-19	17.512±0.021	15.399±0.026	37.736±0.072	0.707131±15		
	Da13	17.928±0.011	15.592±0.012	37.864±0.024	0.716957±32		
	Ou14	17.481±0.010	15.379±0.009	37.601±0.023	0.710198±35		
Oil indication	Fl4	17.894±0.007	15.586±0.008	38.035±0.023	0.710472±19		0.511670±40

(Continued)

Sample No.		^{206}Pb/^{204}Pb	^{207}Pb/^{204}Pb	^{208}Pb/^{204}Pb	^{87}Sr/^{86}Sr	Sr①	^{143}Nd/^{144}Nd
Damintun							
Small oil pools	Xinan19-31	17.638±0.020	15.539±0.018	38.114±0.034	0.720751±61	136.0	
	Shen95	18.785±0.012	15.633±0.012	38.322±0.025	0.712143±19		
	Sheng24-10	17.725±0.013	15.474±0.012	37.913±0.024			
	Sheng24-11	18.402±0.013	15.607±0.012	38.151±0.031	0.711193±35		
	J61-321	17.838±0.005	15.561±0.007	38.113±0.011	0.709746±46		0.511875±57
	J71-263	17.723±0.023	15.516±0.020	38.117±0.057	0.710960±25	31.4	
	Gang3	17.886±0.010	15.524±0.009	38.004±0.032	0.711903±15		0.511735±56
	An22-29	17.844±0.018	15.499±0.015	37.850±0.032	0.721136±32		
	Qian8	17.780±0.016	15.562±0.013	38.056±0.035	0.722346±23		
Western Depression							
Middle part, major oil pool	Ma17	17.521±0.024	15.382±0.018	37.344±0.051	0.709930±14		
	Ma145	17.576±0.008	15.428±0.008	37.751±0.017	0.711433±58	22.4	
	Qi8	18.149±0.025	15.569±0.020	38.158±0.049	0.709796±30		
	Shu 1-6-011	17.567±0.006	15.451±0.005	37.825±0.014	0.709652±34		
	Shu 1-7-310	17.818±0.021	15.548±0.019	38.123±0.048	0.710652±22		0.512036±33
	ShuG11	17.626±0.013	15.445±0.010	37.725±0.026	0.710673±27		
	Shu 4-8-16	17.570±0.032	15.414±0.033	37.739±0.087	0.710993±30	272.9	0.512085±58
	Lei46-56-58	17.750±0.032	15.531±0.031	37.805±0.052	0.711818±17		
	TuG-56	17.658±0.020	15.467±0.013	37.836±0.036			
South part, medium oil pool	Jin2-4-04	17.468±0.010	15.495±0.009	37.648±0.021	0.709114±14		
	Jin45	17.337±0.014	15.518±0.012	37.526±0.032	0.708435±18		0.511866±63
South part, small oil pool	Huan26	18.354±0.007	15.619±0.007	38.360±0.023	0.711638±13		
	Huan30	18.236±0.011	15.626±0.009	38.304±0.023	0.712401±26		
North part, medium oil pool	Gao2-3-6	17.625±0.011	15.511±0.008	37.947±0.024	0.710611±28		
	Gao2-4-052	17.687±0.018	15.478±0.015	37.896±0.039			
	Gao3-5-072	17.500±0.011	15.392±0.010	37.645±0.027	0.719683±63		

①Sr concentration (μg/g).

The crude oil and kerogen from Liaohe show similar variations of Nd isotopic compositions. The $\varepsilon_{Nd}(t) - \varepsilon_{Sr}(t)$ data field overlaps with that of the lower crust of continental China and shows horizontal dispersion (Fig. 14), a typical feature of crust-derived rocks (Zhu, 1998a). Thus, the sources of neodymium in crude oil and kerogen could be involved in mixing between upper and lower crust.

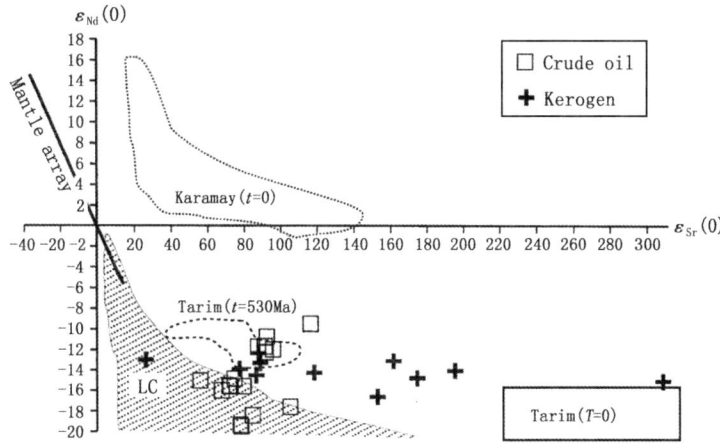

Fig. 14 $\varepsilon_{Nd}(0) - \varepsilon_{Sr}(0)$ plot for crude oil and kerogen from the Liaohe oil field. The $\varepsilon_{Nd}(0) - \varepsilon_{Sr}(0)$ fields of bitumen from Karamay and Tarim are also shown

5 DISCUSSION

On the basis of the Pb, Sr, and Nd isotopic features of bitumen, crude oil, and kerogen from large oil fields and paleo-oil fields where only bitumen occurs, we can obtain the following general information for petroleum generation and migration.

5.1 Petroleum Generation Is Associated with Crust-Mantle Interaction

The Pb and Nd isotopic compositions of crude oil and bitumen from large oil fields show features of mantle-crust mixing. The positive $\varepsilon_{Nd}(t)$ in the bitumen from the Karamay oil field provides the best evidence for a source related to depleted mantle, such as mantle-derived rocks (Table 1). Their correlation of $\varepsilon_{Nd}(t) - \varepsilon_{Sr}(t)$, either $t = 0$ or $t = 290$ Ma, is similar to that of typical ophiolites and volcanic rocks in island arcs involved in subduction of oceanic plates (Figs. 4 and 14) where there existed material mixing from depleted mantle, crust, and seawater (Jacobsen and Wasserburg, 1979; Shaw and Wasserburg, 1985). Because Nd/Sr ratios of mantle-derived rocks (~ 0.1) are much greater than those of seawater (~ 10^{-6}) and land-derived water (< 10^{-4}), mixing results in vertical or horizontal correlation trends (Fig. 4). The Pb isotopic signatures from the Karamay and Liaohe oil fields also provide evidence of mantle-crust interaction similar to igneous rocks occurring in subduction zones (Figs. 5 and 12).

Although the isotopic compositions of bitumen from the paleo-oil fields Guizhou and Tarim appear in trends of mantle-crust mixing, the sources are predominantly from the crust. The Pb isotopic data of Guizhou bitumen lie on the upper side of the upper crust curve (Fig. 8). Although the data field of Pb isotopes of Tarim bitumen is situated in between the mantle and upper crust curves (Fig. 7), the Nd isotopic ratios (< 0.5120) evidently show crustal features (Fig. 6). Thus, the isotopic compositions of bitumen indicate that there are predominant mantle components in Karamay, crust-mantle mixing of about equal quantity in Tarim, and predominant upper crustal components in Guizhou. The vitrinite reflectance R_o of bitumen shows Guizhou (2.1% ~ 3.2%) >Tarim (0.67% to 0.96%) > Karamay (0.40 ~ 0.42). Therefore, there is roughly a positive correlation between mixing proportion of isotopes from crustal components and vitrinite reflectance R_o, (i.e., the higher metamorphic temperature, the more addition of crustal components).

However, some isotopic features may be explained as mixing between upper and lower crust, such as the Nd-Sr isotopic correlation in Tarim and Liaohe (Figs. 4 and 14). We suggest that there are two possibilities to yield these isotopic features. First, because there is an Archaean basement with low $^{143}Nd/^{144}Nd$ ratios in Tarim and Liaohe, associated sediments came from denudation of neighboring Archaean crust. The Nd model ages of Tarim bitumen lie in the Proterozoic-Archaean range (Table 2). The Nd isotopic compositions in crude oil are similar to those of kerogen from sediments in Liaohe. Thus, Nd isotopic ratios reflect the source area of the sediments. Second, fluids came from a deep source, which carried the isotopic signature of the lower crust.

On the basis of the Plumbotectonic model, the Pb isotopic compositions ($^{206}Pb/^{204}Pb$—$^{207}Pb/^{204}Pb$) of crude oil and bitumen-A from Liaohe lie in between upper and lower crustal curves but differ from the range of Pb isotopic compositions of local lower crust (Fig. 12). Therefore, petroleum generation and migration are involved in a complicated interaction between the lower and upper crusts and the mantle.

The evidence for hydrocarbon from mantle-derived rocks and fluids has been reported in many articles (Giardini et al., 1982; ODP Leg 110 Scientific Party, 1987; Welhan and Lupton, 1987; Sugisaki and Mimura, 1994; Chen et al., 1997). The natural gas from the Liaohe oil field yielded $\delta^{13}C_3$ and $\delta^{13}C_2$ values from -6.1‰ to -0.37‰ and $^3He/^4He = 5.5\times10^{-6}$, which indicates that there are considerable mantle components in the gas pools (Xu et al., 1990; Chen et al., 1997). Therefore, hydrocarbon generation, including biogenic or abiogenic, could be related to various interactions of mantle-derived fluid-hydrocarbon source rock or organic fluid-mantle-derived rock.

Petroleum exploration has confirmed that most of the large oil fields occur in foreland and rift basins along craton margins or continental slopes, or close to paleo subduction zones (Szatmari, 1989), which provides conditions for crust-mantle interaction. The geologic setting of the Karamay oil field is closely associated with the Paleozoic suture zone. The oil fields in the eastern China mainly occur on craton margins (Fig. 1) and are related to cross areas between Paleozoic foreland basins of the craton margin and Tertiary rift basins (Zhu, 1998b; Zhu et al., 1998). Roberts and Carney (1997) reported that episodic venting of brines, formation waters, gas, crude oil, and fine-grained sediments occur on the continental slope in the northern Gulf of Mexico. These tectonic environments and material migration processes provided advantageous conditions for interactions of crust-mantle and fluid-rock.

A great deal of isotopic evidence has demonstrated that metal mineralization in the tectonic environments discussed above was closely related to crust-mantle interaction (Hou and Zhang, 1998; Zhu et al., 1999). Present or paleo-oil fields often coexisted with Hg, Sb, U, Pb-Zn, and Au mineralization. For example, the paleo-oil field in Guizhou is also a giant Hg, Sb, and U mineralization zone in China. Gold mineralization widely occurs in Carboniferous strata in the Karamay area. In the Japan Island arc, the black ore zone (Pb, Zn, Cu, and Fe) is closely associated with the oil-gas zone. There is paragenesis of hydrothermal deposits and oil-gas fields in the Okinawa Trough (Simoneit, 1988; Paull et al., 1997; Hou and Zhang, 1998). Oliver (1992) has suggested that the oil fields and Pb-Zn deposits of Mississippi valley type in the United States were formed in the same tectonic environment, associated with subduction zones and orogen belts. Therefore, petroleum generation is similar to that of metal epithermal deposits (Zhu et al., 1999).

5.2 Implications of Sr Isotopic Compositions for Sources and Migration of Crude Oil and Bitumen

Because strontium possesses high solubility in water, its resident time in fluid systems is distinctly longer that those of Nd and Pb. Sr isotopic studies of river waters, brines, and ground waters have shown that their isotopic ratios reflect migration processes of fluids involved with preferential weathering of different minerals, cation exchange during water-host rock interaction, and influx from meteoric water (Stueber et al., 1984; Chaudhuri et al., 1987; Brand, 1991; Miller et al., 1993; Negrel et al., 1993; Stueber et al., 1993; Bullen et al., 1996; Martin and McCulloch, 1999). Because organic matter has the attributes of fluids, their Sr isotopic compositions show the features similar to river waters, brines, and ground waters. However, some organic matter show closed system for Rb—Sr decay, and there is increase of radiogenic Sr as time goes on. Therefore, the implication of Sr isotopic compositions are more complicated than that of Pb and Nd isotopic systematics. The variations of $^{87}Sr/^{86}Sr$ ratios in crude oils from Liaohe overlap those of kerogen rocks, including kerogen and bitumen-A. However, 52% of the data in crude oil are lower than 0.710 and 85% of the data in kerogen are higher than 0.710 (Fig. 11, Tables 5 and 6). Three possible models can account for this Sr isotopic variation:

(1) The strontium with lower $^{87}Sr/^{86}Sr$ ratios came from preferential weathering of minerals with low $^{87}Sr/^{86}Sr$ ratios, such as plagioclase. The leached components of detrital sediments usually have $^{87}Sr/^{86}Sr>0.710$ (Blum et al., 1993; Stueber et al., 1993; Bullen et al., 1996). Bitumen-A can be regarded as a product of fluid-black shale interaction. Thus, their $^{87}Sr/^{86}Sr$ ratios in Liaohe are comparable to those of leached components of detrital sediments. However, more than half of Sr isotopic data of crude oils is clearly lower than 0.710 (Fig. 11). Thus, it is not a reasonable explanation for the Sr isotopic compositions of crude oil.

(2) Mixing of two end components caused the variation of Sr isotopic compositions. The strontium with high $^{87}Sr/^{86}Sr$ ratios was derived from detrital rocks in the Tertiary basin. The end member with low $^{87}Sr/^{86}Sr$ ratios was related to carbonate sediments, which have a range of $^{87}Sr/^{86}Sr$ ratios similar to that of seawater (0.7067~0.7092) during the Phanerozoic (Veizer et al., 1999). Sr concentrations in carbonates are higher than those of detrital rocks, and carbonates are easily dissolved in fluids. Thus, carbonates can contribute the major part of strontium in fluids. The Sr isotopic tracing has identified that the formation water in the Illinois Basin predominantly carried carbonate Sr (Stueber et al., 1993). Carbonate strata widely occur beneath the Liaohe Tertiary basin, which represent a sedimentary environment of marline facies during Sinian and Paleozoic. The Sr isotopic

mapping has identified that there exists a steep gradient of Sr isotopes in the Liao oil field [Fig. 1 (d)]. There is no difference of stratigraphic units at the both sides of the steep gradient of Sr isotopes in the Tertiary basin, but the steep gradient is consistent with the northwestern boundary of the buried Paleozoic basin, revealed by drilling exploration. Thus, the gradient contours of Sr isotope in the Liaohe oil field reflect the arclike strike of the buried Paleozoic foreland basin on the craton boundary between the North China and Liaojiao blocks. It is suggested that there was strontium adding from carbonate strata of the buried Paleozoic basin for the crude oil with low $^{87}Sr/^{86}Sr$ (< 0.7100). The high value area of Sr isotopic ratios may reflect an environment of continental facies, and there was no influence of carbonate Sr from deep sources. The $^{87}Sr/^{86}Sr$—$1/Sr$ correlation of crude oil can support such a mixing model (Fig. 13). The common end component of $^{87}Sr/^{86}Sr$ = 0.70878 with high Sr concentration is carbonates, and the other end members are those of detrital rocks.

(3) There was a contribution of Sr from mantle-derived fluids. The initial $^{87}Sr/^{86}Sr$ of bitumen in the Karamay oil field is 0.70570. There are also few data in crude oils with $^{87}Sr/^{86}Sr$ ratios lower than 0.7071, the lower limit of seawater Sr during the Late Carboniferous–Early Permian. The liquid inclusions of quartz along the Talabude zone in the Karamay area yield initial $^{87}Sr/^{86}Sr$ ratios of 0.7048 to 0.7050 (Li et al., 1998). These data cannot be explained by the addition of carbonate Sr. In consideration of the evidence from Pb and Nd isotopes, the Sr contribution from mantle-derived fluids also cannot be neglected.

5.3 Kerogen Degradation Associated with the Action of Fluid from Deep Sources

There are distinct differences in Pb isotopic compositions between bitumen-A of chloroform and kerogen from the same area and strata in the Liaohe Basin (Fig. 9). The kerogen possesses higher radiogenic Pb with crustal features, whereas bitumen-A shows homogeneous Pb isotopic compositions with mantlelike features. The differences in Pb and Nd isotopes between bitumen and kerogen are also identified in the paleo-oil fields of Tarim and Guizhou (Figs. 5, 7, and 8). Thus, bitumen was not directly degraded from kerogen. Kerogen degradation is not only the result of heating to high temperatures, but also the result of hydrothermal action, which provided energy and catalyzed kerogen degradation, and light components of hydrocarbon. Hydrothermal alteration, especially pyritization, is well developed in the hydrocarbon source rocks of the Liaohe Basin. The existence of hydrothermal hydrocarbon has been identified in the ultradeep wells in Dongpu Depression of the Bohaiwan Basin, Guaymas Basin, King Geoge Basin, and Okinawa-jima Trough (Schoell et al., 1990; Wakita et al., 1990; Whiticar and Suess, 1990; Hou and Zhang, 1998; Zhang et al., 1999). Organic matter in sediments can be rapidly evolved during reaction with hydrothermal hydrogen (Xiong and Lu, 1996; Demitrivsky, 1998). Therefore, hydrocarbon generation in kerogen rocks associated with fluid action from deep sources may have widely occurred in the continental margins and rift basins in eastern China.

5.4 Possibility of Dating for Petroleum Generation and Migration

Parnell and Swainbank (1990) have reported a good Pb—Pb isochron age of bitumen, which indicated the migration age of bitumen. Our study in the Karamay oil field provides a Rb—Sr isochron age (284~286Ma) (Fig. 2), which likely represents the age of petroleum generation because of the low vitrinite reflectance R_o of bitumen. The isochron age is older than the stratigraphic age of the bitumen reservoir and close to that of the underlying Carboniferous strata in the Junggar basin. There are more than 10 gold deposits occurring in Carboniferous strata in this area. Li et al. (1998) have reported two Rb—Sr isochron ages of liquid inclusion of quartz for two large gold deposit in Hatu [Fig. 1 (a)]. The ages and initial $(^{87}Sr/^{86}Sr)_I$ ratios are 290±2Ma, 0.7048±1 and 288±12Ma, and 0.70500±2Ma, respectively. They are in good agreement with the bitumen Rb—Sr isochron age in Karamay. Therefore, there existed strong fluid activation, which carried mantle isotopic signature during the Late Carboniferous-Early Permian. Data indicate that the bitumen originated in Carboniferous strata and migrated into the Cretaceous strata during a later stage. U—Pb and Pb—Pb age determinations for kerogen usually give good results, as reported by Mossman et al. (1993) and herein. Therefore, radiogenic isotopic systematics can be preserved as closed systems in bitumen and kerogen at the temperature of petroleum generation and migration, thus providing a means for petroleum dating. However, to select suitable samples for dating, more detailed studies are required. It is suggested, on the basis of our study, that the bitumen with low R_o (<0.5%), where the temperature of thermal metamorphism is lower than 200℃, should be ideal samples for the dating of petroleum generation.

6 CONCLUSION

The Pb and Nd isotopic compositions in crude oil and bitumen from large oil fields, Karamay and Liaohe, show evidence for mantle-crust mixing. There is a positive correlation between mixing proportions of isotopes from crustal components and vitrinite reflectance R_o for bitumen samples from the various oil fields. Notable differences in Pb isotopes between bitumen and kerogen from same strata are identified in Liaohe, Tarim, and Guizhou. The isotopic evidence supports the suggestion that petroleum generation in kerogen rocks was closely associated with fluid activity from deep sources. The foreland basins and rift basins in craton margins provide preferred environments for crust-mantle interaction during petroleum generation and migration.

The Sr isotopic mapping and Sr—Pb isotopic correlation in the Liaohe oil field indicates that the variation of Sr isotopic compositions in crude oil and bitumen samples mainly reflects mixing of strontium from various strata. The end members with high $^{87}Sr/^{86}Sr$ ratios were derived from detrital rocks in the Tertiary basin, and the end member with low $^{87}Sr/^{86}Sr$ ratios was related to carbonate sediments in the buried Paleozoic basins.

The bitumen samples from the Karamay oil field show low vitrinite reflectance R_o (<0.5%) and yield a Rb–Sr isochron age of 284 to 286 Ma, which may represent the age of petroleum generation or fluid activation in this area. There is a good Pb—Pb isochron correlation for the kerogen from the Guizhou paleo-oil field, which indicates that the formation age of kerogen is 514±44Ma. Thus, there is great potential for dating of petroleum generation and migration by use of Pb-Sr-Nd radiogenic isotopic systematics.

ACKNOWLEDGMENTS - This project was supported by the National 973 Project of China (G1999-043213), the National Natural Science Foundation of China (NSFC grant 49773187), and the China National Petroleum Cooperation. Thanks to Drs. Cheng Yixian, Piao Mingzhi, and Liu Dehan for their help during sample collection and pretreatment. We particularly thank Dr. Scott McLennan and other reviewers for improving the article's English and its scientific discussion.

REFERENCES

[1] Basu A R, Wang J, Huang W, Xie G, and Tasumoto M. Major Element, REE, and Pb, Nd and Sr Isotopic Geochemistry of Cenozoic Volcanic Rocks of Eastern China: Implications for their Origin from Suboceanic-type Mantle Reservoirs. Earth Planet. Sci. Lett, 1991, 105: 149-169.

[2] Blum J D, Erel Y, and Brown K. $^{87}Sr/^{86}Sr$ Ratios of Sierra Nevada Stream Waters: Implications for Relative Mineral Weathering Rates. Geochim. Cosmochim. Acta, 1993, 57: 5019-5025.

[3] Brand U. Strontium Isotope Diagenesis of Biogenic Aragonite and Low-Mg Calcite. Geochim. Cosmochim. Acta, 1991, 55: 505-513.

[4] Bullen T D, Krabbenhoft D P, and Kendall C. Kinetic and Mineralogic Controls on the Evolution of Groundwater Chemistry and $^{87}Sr/^{86}Sr$ in a Sandy Silicate Aquifer, Northern Wisconsin, USA. Geochim. Cosmochim. Acta, 1996, 60: 1807-1821.

[5] Chaudhuri S, Broedel V, and Chauer N. Strontium Isotopic Evolution of Oil-field-waters from Carbonate Reservoir Rocks in Bindley Field, Central Kansas, USA. Geochim. Cosmochim. Acta, 1987, 51: 45-53.

[6] Chen Y X. Fracture Evolution Order of the Liaohe Rift Basin and Formation Model of Oil Pools (in Chinese). Petr. Acta, 1985, 6: 1-11.

[7] Chen Y W, Mao C X, and Zhu B Q. Lead Isotopic Composition and Genesis of Phanerozoic Metal Deposits in China. Geochemistry, 1982, 1: 137-158.

[8] Chen Z Y, Yu B J, and Zheng Z Y. Compound Genesis of Nature Gas with Multi-sources in the Liaohe Basin (in Chinese). Sed. Acta, 1997, 2: 58-62.

[9] Demitrivsky A H. Hydrothermal - degassing in Hydrocarbon Generation. Petr. Geol. Information, 1998, 18: 222-230.

[10] DePaolo D J. Nodymium Isotope Geochemistry. Springer-Verlag, 1988.

[11] Fu J M, Jia R F, Liu D H, and Shi J X. Organic Geochemistry of Carbonate Sediment (in Chinese). Beijing: Science Press, 1989.

[12] Giardini A A, Melton C E, and Mitchell R S. The Nature of upper 400km of the Earth and its Potential as the source for nonbiogenic petroleum. J Petrol. Geol, 1982, 5: 175-190.

[13] Hou Z Q, Zhang Q L. CO_2 - hydrocarbon Fluids of the Modern Active Thermal Water in Okinawa-Jima trough: Evidence of Fluid Inclusion. Sci. Chin. D., 1998, 28: 142-148.

[14] Huseby B, Ocampo R. Evidence for Porpyrin Bound, via Ester Bonds, to the Messel Oil Shale Kerogen by Selective Chemical Degradation Experiments. Geochim. Cosmochim. Acta, 1997, 61, 3951-3956.

[15] Jacobsen S B, Wasserburg G J. Nd and Sr Isotopic Study of the Islands Ophiolite Complex and the Evolution of the Source of Midocean Ridge Basalts. J. Geophy. Res., 1979, 84: 7429-7445.

[16] Kang Y Z. Oil and Gas Field in the Tarim Paleozoic Basin (in Chinese). Wuhan: China University of Geoscience Press, 1992.

[17] Li H, Xie C, Chang H, Cai H, Zhu J, Zhou S. Study on Metallogenetic Chronology of Nonferrous and Precious Metallic Ore Deposits in North Xinjiang, China (in Chinese). Beijing: Geological Publishing House, 1998.

[18] Liu S H, Wu W W, Yu K F. The Diagenesis, Reservoir types and oil pool types of Wenan paleo-oil pool, Guizhou (in Chinese). Oil Gas Geol. Mar. Dep. Reg., 1988, 2 (2): 46-55.

[19] Manning L K, Frost C D, Brantharer J F. A Neodymium Isotopic Study of the Crude Oils and Source Rocks: Potential Applications for Petroleum Exploration. Chem. Geol., 1991, 91: 125-138.

[20] Martin C E, McCulloch M T. Nd-Sr Isotopic Trace Element Geochemistry of River Sediments and Soils in a Fertilized Catchment, New South Wales, Australia. Geochim. Cosmochim. Acta, 1999, 63: 287- 305.

[21] Miller E K, Blum J D, Friedland A J. Determination of Soil Exchangeable-cation Losses and Weathering Rates using Sr Isotopes. Nature, 1993, 362: 438 -441.

[22] Mossman D J, Nagy B, Davis D W. Comparative Molecular Element and U—Pb Isotopic Composition of Stratiform and Dispersed Globular Organic Matter in the Lower Proterozoic Uraniferous Metasediment, Elliot Lake, Canada. Energy Source, 1993, 15: 375-386.

[23] Negrel P, Allegre C J, Dupre B, Lewin E. Erosion Sources Determined by Inversion of Major and Trace Element Ratios and Strontium Isotopic Ratios in River Water: The Congo Basin Case. Earth Planet. Sci. Lett., 1993, 120: 59-76.

[24] ODP Leg 110 Scientific Party. Expulsion of Fluids from Depth along Subduction Zone Decollement Horizon. Nature, 1987, 326: 785-788.

[25] Oliver J. The Spots and Stains of Plate Tectonics. Int. Geol. Rev., 1992, 32: 77-106.

[26] Parnell J, Swainbank I. Pb—Pb Dating of Hydrocarbon Migration into a Bitumen-bearing Ore Deposit, North Wales. Geology, 1990, 18: 1028 -1030.

[27] Paull C, Dickens G R, Borowski W. ODP Drills Gas Hydrates, the World's Largest Source of Fossil Fuel. ODP's Greatest Hits, 1997, 22-23.

[28] Peng Z C, Zartman R E, Fuda E, and Chen D G. Pb, Sr and Nd isotopic Systematics and Chemical Characteristics of Cenozoic Basalts, Eastern China. Chem. Geol., 1986, 59: 3-33.

[29] Pushkarev Y D, Gottikh R P, Pisotsky B I, Zhuravlew D Z. Super large oil deposits as a results the crust-mantle interaction? Chin. Sci. Bull. (Suppl.), 1998, 43: 105.

[30] Roberts H H, Carney R S. Evidence of Episodic Fluids, Gas and Sediment Venting on the Northern Gulf of Mexico Continental Slope. Econ. Geol., 1997, 92: 863-879.

[31] Rowe P J, Richards D A, Atkinson T C. Geochemistry and Radiometric Dating of a Middle Pleistone Peat. Geochim. Cosmochim. Acta, 1997, 61: 4201-4212.

[32] Schoell M, Hwang R J, Simoneit B R T. Carbon Isotopic Composition of Hydrothermal Petroleum from Guaymas Basin, Gulf of California. Appl. Geochem., 1990, 5: 65-69.

[33] Shaw H F, Wasserburg G J. Sm—Nd in Marine Carbonates and Phosphates: Implications for Nd Isotopes in Seawater and Crustal Ages. Geochim. Cosmochim. Acta, 1985, 49: 503-518.

[34] Shock E L, Koretsky C M. Metal-organic Complexes in Geochemical Processes: Estimation of Standard Partial Molal Thermo-Dynamic Properties of Aqueous Complexes between Metal Cations and Monovalent Acid Ligands at High Pressures and Temperatures. Geochim. Cosmochim. Acta, 1995, 59: 1497-1532.

[35] Simoneit B R T. Petroleum Generation in Submarine Hydrothermal Systems: An Update. Can. Mineral., 1998, 26: 827-840.

[36] Stille P, Gauthier-Lafage F, Bros R. The Neodymium Isotopic System as a Tool for Petroleum Exploration. Geochim. Cosmochim. Acta, 1993, 57: 4521-4525.

[37] Stueber A M, Pushkar P, Hetherington E A. A Strontium Isotopic Study of Smackover Brines and Associated Solids. Southern Arkansas. Geochim. Cosmochim. Acta, 1984, 48: 1637-1650.

[38] Stueber A M, Walter L M. Origin and Chemical Evolution of Formation Waters from the Illinois Basin, USA. Geochim. Cosmochim. Acta, 1991, 55: 309-325.

[39] Stueber A M, Walter L M, Huston T J, Pushkar P. Formation waters from Mississippian-Pennsyvanian reservoirs, Illinois Basin, USA: Chemical and isotopic constrains on evolution and migration. Geochim. Cosmochim. Acta, 1993, 57: 763-784.

[40] Sugisaki R, Mimura K. Mantle Hydrocarbons—Abiotic or Biotic? Geochim. Cosmochim. Acta, 1994, 58: 2527-2542.

[41] Szatmari P. Petroleum Formation by Fischer-Tropsch Synthesis in Plate Tectonics. AAPG Bull., 1989, 73: 989-998.

[42] Todt W, Cliff R A, Hanser A, Hofmann A W. Re-calibration of NBS Lead Standards using a $^{202}Pb+^{205}Pb$ Double Spike (abstract). Terra Nova (Suppl.), 1993, 5: 396.

[43] Tu X L, Zhu B Q, Zhang J L, Liu Y, Liu J Y, Shi Z A. Pb, Sr, and Nd Isotope Application in Geochronology and the Origin of Petroleum (in Chinese). Geochimica, 1997, 26 (2): 7-33.

[44] Veizer J, Ala D, Azmy K, et al. $^{87}Sr/^{86}Sr$, $\delta^{13}C$ and $\delta^{18}O$ evolution of Phanerozoic seawater. Chem. Geol., 1999, 161: 59-88.

[45] Wakita H, Sano Y, Urabe A, et al. Origin of Methane-rich Natural Gas in Japan: Formation of Gas Field due to Large-scale Submarine Volcanism. Appl. Geochem., 1990, 5: 263-278.

[46] Welhan J A, Lupton J E. Light Hydrocarbon Gases in Guaymas Basin Hydrothermal Fluids: Thermogenic versus Abiogenic Origin. AAPG Bull., 1987, 71: 215-223.

[47] Whiticar M J, Suess E. Hydrothermal Hydrocarbon Gases in the Sediments of the King Geoge Basin, Bronsfield, Antarctica. Appl. Geochem., 1990, 5: 135-147.

[48] Xiong S S, Lu P D. Volcanic Eruption-effusion and its Relationship with the Formation and Type of Semi-inorganic Gas (in Chinese). Exp. Petrol. Geol., 1996, 18: 13-35.

[49] Xu Y C, Shen P, Tao M X. Industrial Reservoirs of Helium from Mantle Sources and the Tanlu Fault zone. Chin. Sci. Bull., 1990, 12: 932-935.

[50] Yu J, Gui X. Isotope Geochemistry of Granitoids// Tu G, Chow T J. Isotope Geochemistry Research in China Beijing: Science Press, 1998: 137-161.

[51] Zartman R E, Doe B R. Plumbotectonics—The Model. Tectonophysics, 1981, 75: 135-162.

[52] Zhang C, Zhai M G. Ophiolitic Belts and their Genetic Environment in Western Junggar//. New Improvement of Solid Geoscience in Northern Xinjiang, Beijing: Science Press, 1993: 53-78.

[53] Zhang J L, Zhu B Q, Chen Y X, et al. Pb, Sr Isotopes in Organic Matter of Lower Terliary Hydrocarbon Source Rocks in Liaohe Fault Depression. Chin. Sci. Bull, 1999, 44: 2192-2195.

[54] Zhu B Q. The Mapping of Geochemical Provinces in China Based on Pb Isotopes. J. Geochem. Explor., 1995, 55: 171-181.

[55] Zhu B Q. Theory and Application of Isotopic Systematics in Earth Sciences (in Chinese). Beijing: Science Press, 1998a.

[56] Zhu B Q. Study on Chemical Heterogeneity of Crust-mantle and Geochemical Boundaries of Blocks (in Chinese). Earth Sci. Front., 1998b, 5: 72-82.

[57] Zhu B Q, Chen Y W. Features of Pb Isotopic Composition of Ores and Evolution of Continental Crust of China. Sci. Sinica B., 1984, 6: 635-646.

[58] Zhu B Q, Chang X Y, Qiu H N, Sun D Z. Characteristics of Proterozoic Basement on the Geochemical Steep Zones in the Continent of China and their Implications for Setting of Super Large Deposits. Sci. Chin. D (Suppl.), 1998, 41: 54-64.

[59] Zhu B Q, Dong Y P, Chang X Y, Zhang Z W. Low-temperature Mineralization Domain Associated with the Parallel Positions between Geochemical Steep Zones and Geophysical Gradient Zones. Chin. Sci. Bull. (Suppl. 2), 1999, 44: 166-168.

第三篇　油气有机成因论质疑

克拉 2 大气田成因讨论[*]

张景廉

(中国石油西北地质研究所，甘肃兰州 730020)

摘 要：介绍了塔里木盆地克拉 2 大气田的宏观地质背景和天然气的地球化学特征。认为气田中的天然气和地层水来源于地幔。指出克拉 2 大气田恰好位于构造—地球化学巨边界上，而库车坳陷深部地壳的低速高导层有利于无机油气的费—托合成，库车坳陷的 3 条深大断裂则为流体的向上运移提供了通道。在对克拉 2 大气田成因的不同认识中，明确强调了它的无机成因。

关键词：塔里木盆地；库车坳陷；天然气；无机成因；低速高导层

1 克拉 2 大气田的地质背景及地球化学特征

库车坳陷位于塔里木盆地北部，北侧紧邻海西天山褶皱带，为一中、新生界的山前坳陷，东西长 410km，南北宽 20~60km，面积约 16000km²[1]。坳陷受天山向南逆冲挤压力影响，北部局部构造复杂，断裂发育，地面油气苗多；20 世纪 50 年代发现并开发的依奇克里克小油田即分布在北坳陷东部。克拉 2 大气田位于坳陷内的克拉苏构造带东段，为一局部构造 (图 1)。

克拉 2 大气田钻遇地层有新近系、古近系、白垩系。新近系康村组 ($N_{1-2}k$) 和吉迪克组 (N_1j) 井段 2382~2823m，岩性主要为褐黄色、褐色、紫红色泥岩、粉砂质泥岩与杂色、浅灰色、灰白色砾岩、含砾砂岩、粉砂岩不等厚互层。古近系有苏维依组 ($E_{2-3}s$) 和库姆格列木群 ($E_{1-2}km$)。苏维依组钻厚 230~289m，岩性为中—厚层状褐色泥岩和薄层状浅灰色、灰白色泥质粉砂岩、粉砂岩互层。白

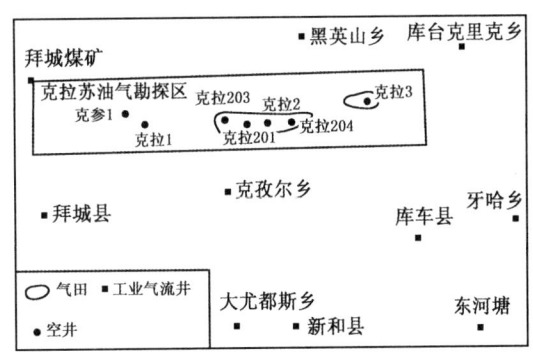

图 1 克拉 2 气田地理位置

垩系钻遇下白垩统巴什基奇克组 (K_1bs)、巴西盖组 (K_1b) 和舒善河组 (K_1s)，缺失上白垩统。气层主要分布在古近系库姆格列木群和下白垩统巴什基奇克组、巴西盖组。

古近系库姆格列木群白云岩段主要岩石类型为：亮晶砂屑云岩、泥晶砂屑—砂屑泥晶云

---

[*] 本文曾发表于《新疆石油地质》2002 年第 23 卷第 1 期。

岩、泥晶生屑云岩、泥质云质膏岩、膏质云岩。由于有白云岩、膏盐沉积，石油地质学家便认为有海侵，为蒸发边缘海相。事实上这正表明了地幔流体上涌所造成的膏盐沉淀及镁交代作用而导致白云岩化。

克拉2气田的地层水水型为$CaCl_2$型，密度为1.082~1.111g/cm³，氯离子含量为70520~100676mg/L，总矿化度为115832~165760mg/L，这种矿化度极高的卤水显然源于深部。

戴金星等的研究认为，库车坳陷中、下侏罗统源岩埋藏深度5~8km；呈北东东向延伸的长约80km南倾的牙哈正断裂控制了牙哈构造带，并形成了6个断裂圈闭型背斜；该断裂具有多期活动、上正下逆和从新近系库车组直断至基底的特征，并形成了串珠状的9个凝析气田和2个油藏。并指出，断层通到哪层，哪一层才可能有油气！断裂对气田的形成所起的作用是显而易见的[2,3]。

周兴熙首次报道了在塔里木盆地发现有深成无机成因天然气[4]，主要依据是大宛1井和克参1井的天然气的碳同位素组成。在大宛1井2391~2394m钻遇的新近系，天然气甲烷及其同系物的碳同位素显示了反序系列特征，$\delta^{13}C_1$（-17.9‰）>$\delta^{13}C_2$（-21.4‰）>$\delta^{13}C_3$（-26.2‰）>$\delta^{13}C_4$（-27.5‰）；而克参1井天然气的碳同位素特征为$\delta^{13}C_1$（-17.3‰）>$\delta^{13}C_2$（-23.8‰）>$\delta^{13}C_3$（-25.6‰）（表1）。

表1 大宛齐和克拉苏构造带天然气地球化学特征[5]

井号	深度（m）	层位	天然气组分（%）					碳同位素（‰）			
			C_1	C_2	C_{2+}	CO_2	N_2	$\delta^{13}C_1$	$\delta^{13}C_2$	$\delta^{13}C_3$	$\delta^{13}C_4$
大宛1	472~475	N	96.97	1.84	2.68	0	0.34	-30.9	-20.5	-23.1	-24.9
大宛1	537~539	N	86.91	4.45	11.49	0	1.60	-32.0	-19.5	-22.6	-21.9
大宛1	1121.5~1214	N	88.32	2.96	4.14	0.03	7.51	-33.3	-21.6	-26.5	-23.7
大宛1	2140~2145.5	N	94.81	2.66	4.23	0.24	0.82	-33.4	-22.9	-27.0	-24.6
大宛1	2391~2394	N	72.62	5.56	7.30	0.07	20.0	-17.9	-21.4	-26.2	-27.5
大宛101	1589.5~1519.5	N	95.63	1.83	2.40	0.04	1.93	-31.8	-22.3	-21.0	-22.8
大宛101	2585~2590	N	95.61	2.97	3.66	0.05	0.67	-32.7	-22.8	-20.5	-22.2
克参1	5116.5~5122.5	K	96.34	1.89	2.65	0.59	0.51	-17.3	-23.8	-25.6	
克拉2	3499.9~3534.7	E	98.05	0.40	0.40	0.94	0.60	-27.3	-19.4		
克拉2	3888~3895	K	98.22	0.53	0.63	0.55	0.60	-27.8	-19.0		
克拉3	3104.6~3198.8	E	98.05	0.62	0.71	0	1.24	-25.1	-18.8		

对上述无机成因气的观点，有人持否定观点[5]。理由是，库车坳陷天然气³He/⁴He比值不高，不足以表明天然气的幔源原因；异常的天然气碳同位素为天然气散失分馏效应所致（如何分馏尚没有说明）；出现碳同位素异常的层段不是工业气层，属"供气量不足"。

对塔里木盆地放射性元素生热率及放射性元素产生的平均热效应的计算结果表明，因放射性元素衰变而产生的热流为8.2mW/m²，约占大地热流的17%[6]。研究表明，塔里木盆地泥岩富含U、Th、K在衰变过程中释放大量的热，同时也生成大量⁴He，正是这些⁴He使天然气中³He/⁴He比值大大降低。但是在钻井中，天然气中He的含量超过0.1%的却不在少数，并可利用He异常找油气[7,8]。这从一个侧面说明了³He/⁴He比值的低，不能否定天然气的幔源原因。

戴金星等认为"克拉2气田是由于断裂把埋深6~7km侏罗系（笔者按：现尚未有任何井钻揭侏罗系）的气源输导至白垩系聚集成藏"；并指出，在克拉2气田，一是断裂没有断过区域盖层，二是有厚的高质量的膏盐盖层[2]。

也有人认为，克拉2气田的天然气为原油裂解所致（胡见义，2000）。

2 库车坳陷深部地壳特征

贾承造等指出，在库车—塔中—塔南的天然地震转换波测线的速度剖面上，其库车凹陷区的地壳中存在一些低速薄层异常带，其深度在20~30km，地震波传播速度为6.0km/s[9,10]。

最近，横跨天山（奎屯—独山子—巴音布鲁克—北山牧场—库车—沙雅）的人工爆炸地震剖面所揭示的地壳结构表明，在17~35km的中、下地壳有一层地震波传播速度为5.6km/s的低速层。目前的研究侧重于塔里木板块向天山俯冲所引起的构造特征[8]，但壳内低速带的形成及对盆地油气的影响是值得今后深入研究的，至少我们注意到，目前发现的克拉2大气田的深部有低速层。

塔里木盆地北部大地电磁测深（MT—Ⅲ线）揭示出在库车坳陷基底顶面之下10km左右有一套平均电阻率为11.7$\Omega \cdot m$、平均厚度约10km的低阻层，从其特征及分布深部看，相当于壳内高导层[12]。陈发景和高长林等也注意到库车坳陷地壳深部有高导层存在[13,14]。根据上述资料证明，在塔里木盆地库车坳陷内低速高导层是确实存在的。

据俄罗斯学者研究，滨里海盆地、西西伯利亚盆地、南巴伦支盆地、北海盆地、黑海盆地、南里海盆地、墨西哥盆地、波斯湾盆地等深部地壳（中地壳）结构中有低速高导层存在，他们认为这是上地幔超基性岩物质和向上底辟而形成。地幔流体上升所带来的CO、CO_2、H_2在这个低速高导层中进行了费—托合成反应，提供了足够的Fe、Ni催化剂，而这个深度恰好为费—托合成反应提供了合适的温度、压力条件[15]。上述盆地均是世界著名的含油气盆地，而且有著名的超大型油气田。

中国含油气盆地的深部地壳也有低速高导层[16,17]。而库车坳陷的深部地壳结构揭示了克拉2大气田的$2506 \times 10^8 m^3$天然气极有可能是深部无机成因的天然气。

3 克拉2大气田的成因

同位素填图及同位素地球化学急变带的厘定，揭示了中国大陆、欧亚大陆大中型油气田分布规律[18,19]。

同位素填图表明，欧亚大陆有两条构造—地球化学巨边界，将大陆分为3个构造域，即古亚洲构造域、太平洋构造域与特提斯—印度洋构造域。其中古亚洲构造域与美洲大科迪勒拉构造域相通，在这里集中了世界油气资源储量的95%。而油气区的分布与定位又与太平洋型块体、同位素地球化学急变带有关。古亚洲构造域、太平洋型块体和同位素地球化学急变带三者的耦合制约大型、超大型油气田的分布。

颇有意思的是，克拉2大气田恰好位于构造—地球化学巨边界上。在这里正是地幔流体强烈活动的场所，也是壳—幔相互作用十分活跃的地区，而这正是油气无机生成的一个重要地质条件[20]。

根据上述分析认为，克拉2大气田为深源无机成因的天然气：（1）克拉2大气田位于构造—地球化学巨边界上。（2）克拉 2 大气田深部地壳有低速高导层，这里是无机油气费—托合成的场所。（3）克拉 2 大气田巨厚的膏盐层为深部热卤水沉淀生成，而白云岩化更是地幔流体中的镁交代所致，$CaCl_2$ 型的地层水以及高体积分数的氯离子均表明地层水源于地幔流体[21,22]。克拉 2 大气田的发现也是盐下勘探的成功实例，沃里沃夫斯基等曾深刻指出，大多数无花岗岩型盆地都属于巨大的盐丘型侵蚀洼地[15]。正是在这个意义上，可以确定下步勘探战术，而且必定会有突破！（4）库车坳陷有 3 条深大断裂，且大多延伸到壳下岩石圈[10]，正是这种深大断裂成为深部油气向上运移的通道。（5）大宛 1 井 2391～2394m 的天然气、克参 1 井 5116.5～5122.5m 的天然气所表现的 $\delta^{13}C_1$ 及碳同位素反序系列表明了十分典型的无机成因气特征[5]；大宛 1 井 2145m 以上层段的天然气 $\delta^{13}C_1$ 较轻，但其同系物表明有局部反序特征，其碳同位素组成值得进一步研究。值得注意的是克拉 2 井、克拉 3 井的 $\delta^{13}C_1$ 比大宛 101 井及大宛 1 井 2145m 以上层段的 $\delta^{13}C_1$ 均重得多。笔者认为符合 $\delta^{13}C_1 > -20‰$，甲烷同系物呈反序系列的，可以认为是无机成因天然气，但不符合上述条件的，便不一定不是无机成因，下面将进一步讨论。

4 讨 论

关于无机成因天然气，国内学者已有深入研究和详细讨论[23-31]。这里略作讨论。

判识无机成因甲烷有 3 个重要指标：（1）$\delta^{13}C > -25‰$ 或 $-20‰$。（2）甲烷及其同系物碳同位素组成特征，即 $\delta^{13}C_1 > \delta^{13}C_2 > \delta^{13}C_3 > \delta^{13}C_4$（反序分布）。（3）$^3He/^4He$ 比值（R），当 $R = 1 \times 10^{-5}$，为幔源成因；当 $R = 1.4 \times 10^{-6}$，与空气有关；当 $R = 1 \times 10^{-8}$，为壳源成因[29]。

由此认为，能满足上述 3 个指标当然可认为是无机成因天然气，但没有具备上述指标的天然气未必不是无机成因，这是因为影响碳同位素组成的因素太多，将碳同位素作为判断天然气成因的依据具有很大的不确定性[32]。而氦同位素比值则由于某些地质体（如花岗岩体）富含放射性元素（U、Th），在漫长地质历史时期的放射性衰变所造成的对 ^4He（α 粒子）的贡献常掩盖了幔源对 ^3He 的贡献（如威远气田）。

事实上，无机成因气在地球上分布十分广泛，如南非一些 Au 矿常有瓦斯爆炸，南非的砾岩型 Au、U 矿床是世界著名的矿床，一是它们的储量巨大，二是它们成矿年代的古老。近来研究发现，其元古宇、太古宇之间有一不整合面，这个不整合面是一个天然气充气带，几乎所有 U—Au 矿山均发现有天然气，并影响开采。（1）在 Crown 矿井 1426m 深的石英岩的钻探中发生爆炸，在气体成分中 H_2 占 77.5%，CO_2 占 0.1%，CH_4 占 11%，N_2 和惰性气体占 11.1%，O_2 占 0.3%；（2）在 Robinson-Deep 矿 1621m 穿过石英岩的坑道中爆炸，在气体成分中 CH_4 占 55.2%，H_2 占 15.2%；（3）在 City Dan 第 4 号井，2192m 见天然气，H_2 占 24%，CH_4 占 5%；（4）20 世纪 50 年代在一矿山记录了 191 次坑道裂隙中突然井喷，压力之大使水泥变形，当时此矿山每天喷发 $3.67 \times 10^4 m^3$（Lackson，1958），而 Bowie（1958）观察到气从断层裂隙出来，其成分中 CH_4 占 78.4%，N_2 占 12.1%，He 占 8%，这 3 种气体占了 98.5%；（5）Hugo（1963）在南非 Ordendaalse 10 个金矿中测得气体成分，其中 CH_4 占 66.3%～91.1%，He 占 0.1%～13.8%，N_2 占 7.7%～17.4%，Hugo 还计算了一矿区每年从钻孔中排出的 He 达 $40 \times 10^4 m^3$，从钻孔、坑道排出的 CH_4 达 $5.43 \times 10^8 m^3$。事实上，不仅南非 U—Au 矿山有甲烷，在加拿大地盾太古宙中的 Au、Ag、Pb、Zn 及其他金属矿床中都发现有甲烷气。杜乐天在 1989 年到澳大利亚 Golden Mile 矿山参观时，发现其 700m 以下的坑道中仍有甲烷气体[33]。

元古宙—太古宙的 U—Au 矿中有如此大量的甲烷气和氦气难道不值得我们思考吗？森林大火和草原大火更被认为与无机成因的天然气有关[34-37]。

四川威远气田，松辽盆地昌德气田被认为是来自深部的无机成因天然气[24,29]，崖 13-1 气田则是一种热液烃[38]。尽管多数专家认为，克拉 2 大气田的天然气来自侏罗系，但笔者认为尚不能成为定论。笔者愿就此问题继续与专家们展开进一步的讨论。

参 考 文 献

[1] 戴金星，宋岩，张厚福，等．中国天然气的聚集区带．北京：科学出版社，1997：100-143.
[2] 戴金星，夏新宇，洪峰，等．中国煤成大中型气田形成的主要控制因素．科学通报，1999，44（22）：2455-2464.
[3] 梁狄刚．塔里木盆地九年油气勘探历程与回顾．勘探家，2000，5（1）：52-60.
[4] 周兴熙．塔里木盆地发现深成无机气的踪迹．天然气地球科学，1998，9（6）：40-41.
[5] 秦胜飞．塔里木盆地库车坳陷异常天然气的成因．勘探家，1999，4（3）：21-23.
[6] 王社教，胡圣标，汪集旸．塔里木盆地沉积层放射性生热效应及其意义．石油勘探与开发，1999，26（5）：36-38.
[7] 李鹤庆．沙雅隆起氡射气测量找油效果．贾润胥．中国塔里木盆地北部油气地质研究（第三辑，物化探和测井）．湖北武汉：中国地质大学出版社，1991：147-152.
[8] 龚维琪．塔东北沙雅隆起近地表化探勘查预测．贾润胥．中国塔里木盆地北部油气地质研究（第三辑，物化探和测井）．湖北武汉：中国地质大学出版社，1991：111-123.
[9] 贾承造．塔里木盆地构造特征与油气．北京：石油工业出版社，1997：29-46.
[10] 邵学钟，徐树宝，周东延，等．塔里木盆地地壳结构特征．石油勘探与开发，1997，24（2）：1-5.
[11] 卢德源，李秋生，高锐，等．横跨天山的人工爆炸地震剖面．科学通报，2000，45（9）：982-987.
[12] 詹麒．塔里木盆地东北部—天山地区地电结构初探．贾润胥主编．中国塔里木盆地北部油气地质研究（第三辑，物化探和钻井）．武汉：中国地质大学出版社，1991：62-68.
[13] 陈发景，汪新文．含油气盆地地球动力学模式．地质论评，1996，42（4）：324-309.
[14] 高长林，叶德燎，钱一雄．前陆盆地的类型及油气远景．石油实验地质，2000，22（2）：99-104.
[15] 沃里沃夫斯基 B C，萨尔基索夫 IO M．世界最大含油气盆地——"无花岗岩"型盆地的结构和地球物理参数．任俞，译．北京：石油工业出版社，1991.
[16] 张景廉，朱炳泉，张平中，等．地壳的新的地球物理模型与石油的无机合成说．地球物理学进展，1997，12（4）：91-97.
[17] 张景廉，卫平生，郭彦如，等．中国一些含油气盆地的深部地壳结构特征与油气关系的探讨．天然气地球科学，1998，9（5）：28-36.
[18] 朱炳泉，张景廉．中国大陆大中型油气田分布规律探讨．勘探家，1999，4（1）：12-17.
[19] 张景廉，朱炳泉．欧亚大陆大中型油气田分布规律．新疆石油地质，2000，21（5）：353-356.
[20] 陈义贤，朱炳泉，张景廉．辽河断陷原油生成环境与演化．北京：石油工业出版社，1999.
[21] 郭彦如，王新民，张景廉，等．膏盐矿床与大气田的关系．天然气地球科学，1998，9（5）：19-27.
[22] 张景廉，郭彦如，卫平生，等．三论油气与金属（非金属）矿床的关系．新疆石油地质，1999，20（4）：310-313.
[23] 戴金星，宋岩，戴春森，等．中国东部无机成因气及其气藏形成条件．北京：科学出版社，1995：1-212.
[24] 王先彬．地球深部来源天然气．科学通报，1982，27（17）：1069-1071.

[25] 王先彬. 非生物成因天然气探索. 地球科学信息, 1987, 3: 14-15.
[26] 王先彬. 稀有气体同位素地球化学和宇宙化学. 北京: 科学出版社, 1989: 218-226.
[27] 王先彬. 非生物成因天然气的宇宙化学依据. 天然气地球科学, 1990, 1 (4): 5-16.
[28] 王先彬. 非生物成因天然气. 徐永昌, 等. 天然气成因理论及应用. 北京: 科学出版社, 1994: 317-343.
[29] 王先彬, 李春园, 陈践发, 等. 论非生物成因天然气. 科学通报, 1997, 42 (12): 1233-1241.
[30] 王先彬. 开发能源资源的思考与选择. 科学通报, 1999, 44 (50): 550-559.
[31] 郭占谦, 王先彬. 松辽盆地非生物成因气探讨. 中国科学 (B辑), 1994, 24 (3): 303-305.
[32] 张景廉, 刘小琦, 张平中. 碳同位素与油气物源示踪. 地质地球化学, 1998, 26 (2): 63-69.
[33] 杜乐天. 烃碱流体地球化学原理. 北京: 科学出版社, 1996: 324-325.
[34] 张景廉. 阿尔山森林大火兴许天然气作怪. 中国矿业报, 1998-07-29.
[35] 张景廉. 森林大火后的思考. 地学前缘, 1999, 6 (增刊): 257.
[36] 杜乐天. 区域性森林大火的成因与防治. 中国地球物理学会年刊, 1998: 399.
[37] 强祖基, 杜乐天. 地球排气与森林火灾和地震活动. 地学前缘, 2001, 8 (2): 235-246.
[38] 张景廉, 王先彬. 热液烃的生成与深部油气藏. 地球科学进展, 2000, 15 (5): 545-552.

天然气水合物成因探讨及中国海域勘探前景

张景廉[1]　于均民[1]　崔永强[2]　曹正林[1]　李相博[1]

(1. 中国石油勘探开发研究院西北分院，甘肃兰州 730020；
2. 大庆油田公司勘探开发研究院，黑龙江大庆 163712)

摘　要：根据天然气水合物地质分布特征以及在热液条件非生物成因甲烷的碳同位素组成，表明分布于极地、大陆永冻土带及洋底（缺少或缺失沉积物）的天然气水合物极有可能是一种热液烃，这种烃为无机合成的产物。提出了相应的天然气水合物的形成模式，这种模式很好地解释了巨量的天然气水合物的生成。对中国海域天然气水合物的勘探前景作了分析。

关键词：天然气水合物；热液烃；无机合成；成烃模式；勘探前景

1　概　述

未来21世纪中国能源的短缺，特别是油气资源的匮乏是我们面临的不可回避的事实；而城市燃煤所带来的环境污染与恶化不仅为民众所关切，也引起行政当局的高度重视。尽管中国能源消费结构中以煤为主的格局不是短期内所能改变的，但是为了国民经济的可持续发展，这种格局必须改变。为实现这种改变，必须加大油气在一次性能源消费中的比重，而目前我国原油消费早已不能自给而靠进口补充，因此天然气水合物的勘探与开发可能是实现上述改变的比较可行的方案。不过，这个过程可能需要几十年的不懈努力。

天然气水合物在我们天然气地质界也曾引起了注意[1,2]。

1988年，石油工业出版社出版了 John 的《天然气水合物》一书的中译本[3]；1992年，中国科学院兰州文献情报中心史斗等编译了《国外天然气水合物研究进展》一书（辑录了339篇俄文、英文文献）[4]，表明天然气水合物开始引起重视。其间，中国科学院兰州冰川冻土研究所在实验室合成了天然气水合物[4]。

中国科学院兰州冰川冻土研究所在1997年提出了开展"青藏高原永久冻土层天然气水合物"的申请[5]；中国地质矿产信息研究院与中国地质科学院矿床研究所也在进行这方面调研，并已向国家提出立项建议[6]。

有关专家也开始注意天然气水合物矿藏的研究与勘查[7-9]。

1998年6月，中国科学院科技政策局组织召开了以"中国天然气水合物的研究开发前景"为主题的21世纪能源科学发展战略研讨会，表明有关领导开始准备将天然气水合物的研究、开发作为一个能源战略发展的方面。

---

* 本文曾发表于《海洋石油》2003年第23卷第1期。

1999年，中国科学院兰州地质研究所气体地球化学国家重点实验室在《天然气地球科学》刊物上编译出版了《天然气水合物专辑》[10]；最近，史斗等（1999）、雷怀彦等（1999）分别对天然气水合物的研究现状及开发前景作了深入的讨论[11,12]。

1999年10月28—30日，由中国科学院兰州地质研究所召开的"天然气水合物学术研讨会"，建议将学者们提出的建议付诸行动，重要的是政府有关部门投入足够资金立项研究。本文以天然气水合物的地质分布特征及碳同位素组成的特征，对天然气水合物的成因作一简要探讨，对中国海域天然气水合物的勘探前景也作了初步分析。

2 天然气水合物的地质分布

原苏联于1968年在世界上首次发现了西西伯利亚的含天然气水合物的麦索雅哈气田，并于1971年在天然气水合物层开采出天然气。尔后美国也在阿拉斯加北部的永冻层中取出含有天然气水合物的岩心。

上述这些重大发现表明极地、大陆永冻层有天然气水合物。

随大洋钻探计划（ODP）、深海钻探计划（DSDP）计划的实施，科学家们相继在太平洋大陆边缘、南墨西哥滨海带、中美洲海槽、危地马拉滨海带、大西洋西岸活动陆缘、美国西海带、日本滨海、南海海沟等地发现了天然气水合物。而大西洋西部的布莱克海岭的天然气水合物的实地调查，发现了该地区天然气水合物中甲烷的总量达35Gt的碳，可供美国使用105年[13]。

看来，天然气水合物不仅分布于极地、大陆永冻层，更多地分布于洋底！深入研究表明，天然气的水合物主要分布在主动和被动大陆边缘的陆坡、岛坡、滨外海底海山、边缘盆地，乃至内陆海或湖区。因此，与板块俯冲带及其增生楔有空间和形成条件的关系[6]。

正是在上述地带，发育深部的热液活动，这种热液活动使超基性的橄榄岩发生强烈蛇纹石化，析出大量氢气；当有二氧化碳气体存在，就会合成甲烷。另外，洋底热液本身就含大量 H_2S、CH_4、H_2 等气体。

原苏联远东科学中心太平洋海洋研究所利用科学考察船曾在我国南海海域按一定网格的多站点取样方法作过一次海底水合物的资源调查。他们利用BM-48型采水器在海底1m处采水样，全区共取样200个，取样水深20～2000m，用色层分析仪分析测定氧、氩、氦、CO_2、CH_4、H_2、重烃，发现了一些 CH_4、H_2、CO_2 的高异常带。进一步研究则发现了一条沿南海陆架和在陆架边缘延伸的构造带——巽他板块和南海海盆接合部的构造岩浆缝合线，其中有岩体及火山岩发育。高异常带与北构造带相一致[6]。

上述分布特征，表明了可能与洋底形成的热液烃有关[14,15]。

3 天然气水合物成因讨论

目前关于天然气水合物的成因问题，多遵循甲烷的碳同位素组成而认为是生物成因及热成因或两者的混合成因。我们认为，无论从天然气水合物的产出分布及地质特征，还是从碳同位素组成来看，上述观点均是值得商榷的。

以下我们从碳同位素地球化学方面作关于天然气水合物的成因讨论。

美国橡树岭国家实验室的Horita等的实验表明，在热液条件下可进行非生物成因的甲烷合成[14]。实验条件：温度200～400℃，压力50MPa，当含ΣCO_2溶液（此时HCO_3^-在溶液中占优势，其含量超过70%）与H_2在Ni—Fe合金催化下会产生甲烷，以下我们引述他们的实验结果（表1）。

表1　热液条件下反应物与产物的碳同位素组成[14]

温度 (℃)	时间 (h)	溶液化学组成（mmol/kg）		碳同位素组成（‰）	
		ΣCO_2	CH_4	ΣCO_2	CH_4
200	0	11.4	0	-4.1	
	108.9	9.46	0.47	1.7	-48.3
	323.4	6.22	1.16	12.9	-53.6
	2173.4	2.42	5.25	6.8	-46.0
300	0	12.3	0.04	-4.1	
	24.0	4.99	1.03	-0.8	-33.6
	120.0	2.72	5.81	13.1	-27.8
	336.0	1.11	10.7	20.8	-19.1

上述实验表明，在热液条件下，可以合成非生物成因甲烷；而且甲烷的$\delta^{13}C$可以很轻，在Horita等的实验中，200℃形成的甲烷更接近微生物生成甲烷，而300℃条件下形成的甲烷则更接近热成因甲烷。

诚如Horita等所认为的，非生物成因的甲烷可能比我们先前所认为的分布更广泛得多[14]。他们还以为，洋中脊缺乏沉积物高温流体喷口、与超基性岩有关的地区的油苗，前寒武纪地盾流体、地幔岩体、火成岩中的流体包裹体等均表明了地壳甲烷的无机成因。

而我们则以为，按这个模式（Horita等），洋底水合物极有可能是非生物、热液成因的。事实上，Horita等（1999）的实验仅是费—托合成反应的一个特殊例子。费—托合成反应是CO_2、CO与H_2的合成，而Horita等（1999）的实验是HCO_3^-与H_2的合成，在这里HCO_3^-是ΣCO_2的一个呈溶液状态的物种。但是有一点是共同的，无机合成反应均可发生碳同位素的分馏作用[16,17]，在热液条件下反应物CO_2的$\delta^{13}C=-4.1‰$，而反应产物甲烷的$\delta^{13}C$分别可达-53.6‰～-46.0‰（200℃），-33.6‰～-19.1‰（300℃）。

图1是天然气水合物与常规烃类生成模式图。因此，与其说天然气水合物是微生物成因或热成因（有机成因），我们不如说更多的是"热液成因"的（无机成因）。

金兹堡等在谈到天然气水合物形成的诸多地质模式时也承认有水热作用模式和水下泥火山作用模型下可以有水合物聚积并成藏[18]。事实上泥火山作用只是水热作用（热液作用）的一种表现形式而已。

如果我们承认这样的估算是可以接受的（即天然气水合物中甲烷的含碳量为$10×10^{12}t$，是全球常规化石燃料矿物（煤、石油、天然气）储量的含碳量$5×10^{12}t$的2倍），那么，如此巨量的天然气水合物绝非有机论者所能计算出来，更何况它们常发生在洋底缺少或缺失沉积物的地区[19]。

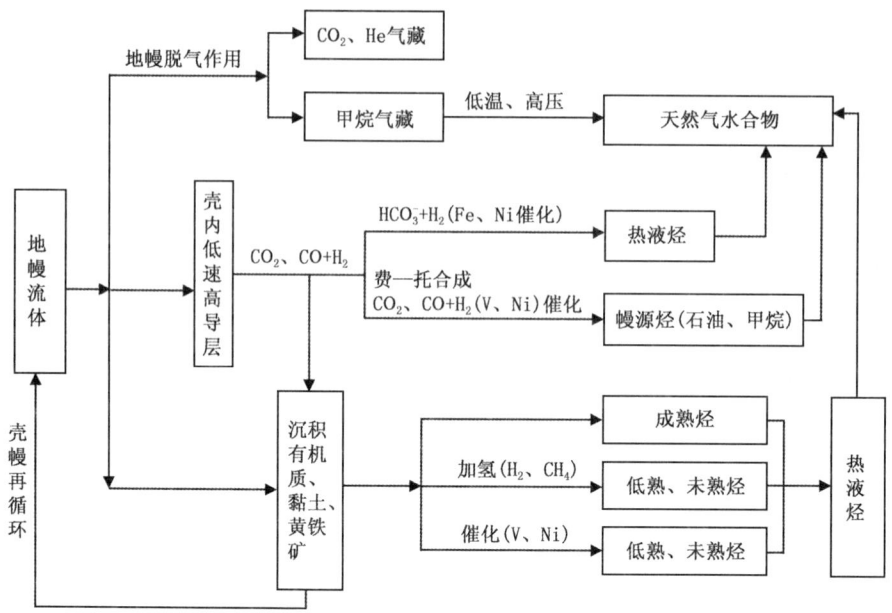

图 1 天然气水合物与其他烃类生成模式

4 中国海域天然气水合物的勘探前景

4.1 天然气水合物的勘探

崖 13-1 气田向香港输气的成功,一方面为中国海洋石油总公司带来经济效益,更给香港地区环境的改善与优化带来重大社会效益。

在南海北部,各种不同类型的热液烃的勘探前景十分美好,除了已发现的泥丘型崖 13-1,东方 1-1 大气田外,还有生物礁型的油藏[20]。

我们高兴地注意到,天然气水合物已越来越多地引起人们的兴趣和关注[21—35]。进入 21 世纪以来,海洋地质等专业技术人员也陆续发表了他们对天然气水合物的研究成果[36—61],主要用地震方法识别海底的天然气水合物层[46,47,51,54]❶,用海底人工源的瞬变电偶极系统采集有关电法数据,辅助地震对气水合物进行资源评价[55,56]。有对水合物形成温度、厚度计算[39],也有实验模拟生成过程[40],除了对地震、电法进行识别外,也有地质间接识别标志[41]。

4.2 南海海域天然气水合物勘探前景

海洋地质、地震专业人员对我国南海的天然气水合物的找矿前景均作了深入研究[42,43,48,53]。另据《中国国土资源报》(2000 年 11 月 26 日)记者报道,广州海洋地质调查

---

❶ 张光学,陈邦彦,杨胜雄,等. 海域天然气水合物和地震学研究. 全国天然气水合物调查动态,勘探方法和成果研讨会文集,2001。

局通过高分辨率地震、海底表层地质、地球化学取样及多波束调查等手段，对西沙海槽区天然气水合物的研究表明，其远景资源量约 $45×10^8$ t 油当量。事实上，南海北部大陆坡、南海东沙等海域均有相当的远景[8,44,52]，是我们勘查天然气水合物最现实的地区，特别注意对深大断裂带附近的勘查。

4.3 东海海域天然气水合物的勘探前景

（1）上海海洋石油局对东海陆坡—冲绳海槽区曾做过地震勘探，发现了明显的 BSR 反射层，表明了该区存在天然气水合物[63]。

（2）中国地质科学院侯增谦等在冲绳海槽中段的 JADE 热水沉积区海底发现了富含 CO_2 的天然气水合物（通过潜入海底）。

（3）俄罗斯专家对东海进行海水地球化学探查中，在冲绳海槽中段的西部陆坡和钓鱼岛附近海域发现了多处甲烷气体异常。

（4）矿床所等对卫星热红外扫描观察，也曾在上述气体异常区多次发现临震前的海面温度增高异常。

上述 4 种不同的方法均检测到东海海域的天然气水合物的重要信息。

据杨文达等（2000）[63]，钓鱼岛以北的冲绳海槽中段可望获得勘查天然气水合物的突破。

4.4 小结

如此多的人，在如此多的不同期刊上发表文章关注天然气水合物，这在学术界是不多见的。朱训（1999）在《中国矿情》一书中也指出，应加强海底天然气水合物的研究，开辟新的能源来源[64]，中国科学院院士、天然气地质地球化学家戴金星近日也撰文指出天然气水合物是未来的能源[65]。笔者注意到，电视媒体也在关注此事，2001 年 4 月 15 日，CCTV《新闻联播》，2002 年 3 月 10 日 CCTV《新闻 30 分》对天然气水合物均作了专题报道。

重要的是，政府有关部门要切实对这个问题立项资助，立即行动起来，俄罗斯、美国、日本、印度等国均已走在我们前面，我们必须努力。另据报道，2002 年 1 月由德国资助的"流星号"考察船对黑海进行了调查，发现了黑海海底有天然气水合物，仅在格鲁吉亚海域观察到每平方米海面每天可释放 $17×10^4 m^3$ 的甲烷[66]。

需要指出的是，天然气水合物的开发利用恐怕至少需 20～30 年乃至更长的时间，但前期工作必须尽早实施。我们深信，通过广大地学工作者的共同努力，天然气水合物矿藏必将成为 21 世纪我国能源的重要支柱。

参 考 文 献

[1] 陈荣书主编. 天然气地质学. 武汉：中国地质大学出版社，1989：10-11.
[2] 徐永昌，沈平，刘文汇，等. 天然气成因理论及应用. 北京：科学出版社，1994：111-112.
[3] John L. 天然气水合物. 曾昭懿，吕德本，译. 北京：石油工业出版社，1988.
[4] 史斗，孙成权，朱岳年. 国外天然气水合物研究进展. 兰州：兰州大学出版社，1992：249.
[5] 徐学祖，程国栋，俞祁浩. 青藏高原多年冻土区天然气水合物的研究前景的建议. 地球科学进展，1999，14（2）：201-204.
[6] 杨廷槐，刘聚海. 海底气体水合物资源远景及其勘查开发. 国外地质科技，1998（2）：17-21.
[7] 秦同洛. 对拓宽油气资源领域的一点意见. 石油勘探与开发，1998，25（4）：1-2.

[8] 金庆焕. 加强海洋矿产资源勘探与开发, 为我国经济可持续发展提供资源保证. 国外地质科技, 1998 (2): 1-6.

[9] 王先彬. 开发能源资源的思考与选择. 科学通报, 1999, 44 (5): 550-559.

[10] 中国科学院兰州地质研究所气体地球化学国家重点实验室. 天然气水合物专辑. 天然气地球科学, 1999, 9: 3-4.

[11] 史斗, 郑军卫. 世界天然气水合物研究开发现状和前景. 地球科学进展, 1999, 14 (4): 330-339.

[12] 雷怀彦, 王先彬, 房玄, 等. 天然气水合物研究现状与未来挑战. 沉积学报, 1999, 17 (3): 493-498.

[13] Dickens G R. Direct Measurement of in Situ Methane Hydrate Quantities in Large Gas-hydrate Reservoir. Nature, 1997, 385 (30): 426-428.

[14] Horita J, Berndt M E. Abiogenic Methane Formation. and Isotopic Fractionation under Hydrothermal Conditions. Science, 1999, 285: 1055-1057.

[15] 张景廉, 王先彬. 热液烃的生成与深部油气藏. 地球科学进展, 2000, 15 (5): 545-552.

[16] 胡桂兴, 欧阳自远, 王先彬, 等. 原始太阳星云条件下费—托反应中的碳同位素分馏. 中国科学 (D辑), 1997, 27 (4): 395-400.

[17] 张景廉, 刘小琦, 张平中. 碳同位素与油气物源示踪. 地质地球化学, 1998, 26 (2): 63-69.

[18] 金兹堡 Г Д 索洛菲也夫, В А 天然气水合物形成的地质模式. 史斗, 译. 天然气地球科学, 1999, 9 (3~4): 1-8.

[19] Gold T. The Origin of Methane in the Crust of the Earth // The Future of Energy gases. U. S. Geological Survey prefessional paper 1570, 1995: 57-80.

[20] 张景廉. 论石油的无机成因. 北京: 石油工业出版社, 2001: 305.

[21] 孙建国. 开展天然气水合物研究, 为勘探开发这种巨大潜力能源作好技术准备. 石油物探信息, 1999.9.15, 1~2 版.

[22] 高爱国. 海底热水矿床勘探开发战略. 中国地质, 1999 (9): 8-12.

[23] 李有标. 极地的海底泥火山. 地学工程进展, 1999, 16 (2): 44.

[24] 林景星, 张静. 固体瓦斯——未来的新能源. 大自然, 2000 (6): 31-33.

[25] 孙志高. 地水气体水合物——潜在的天然气资源. 中国能源, 2000 (12): 30-32.

[26] 谈奇石. 未来的能源在海底. 中国石油报, 2001.4.3, 4 版.

[27] 孙永祥. 天然气水化合物——今后世界可供选择的现实能源目标. 石油商报, 2001.4.6, 9-11 版.

[28] 娄承. 新世纪非常规能源的曙光——天然气水合物. 世界石油工业, 2001 (1~2): 43-45.

[29] 许红, 刘守全, 王建桥, 等. 国际天然气水合物调查研究现状及其主要技术构成. 中国地质, 2001 (3): 1-4.

[30] 吴仲国. 日本看好海底冰状甲烷. 科技日报, 2001.5.4, 3 版.

[31] 左朝胜. 西沙可燃冰调查获重大发现. 科技日报, 2001.5.19, 1 版.

[32] 张俊露, 任建业. 天然气水合物研究中的几个重要问题. 地质科技情报, 2001, 20 (1): 44-48.

[33] 赵生才. 未来新能源"可燃冰". 科学新闻周刊, 2001.7.

[34] 吴川. 21 世纪新能源——天然气水合物. 中国海上油气 (地质), 2001, 15 (4): 299-300.

[35] 周怀阳, 彭晓彤, 叶瑛. 天然气水合物勘探开发技术研究进展. 地质与勘探, 2002, 38 (1): 70-73.

[36] 樊栓狮, 郭元民. 天然气水合物能源利用及天然气水合物汽车. 新能源, 1998, 20 (12): 11-17.

[37] 樊栓狮, 郭元民. 笼型水合物研究进展. 化工进展, 1999, 18 (1): 5-10, 13.

[38] 樊栓狮, 陈勇. 天然气水合物的研究现状与发展趋势. 中国科学院院刊. 2001 (2): 106-109.

[39] 陈多福, 赵振华, 解能来, 等. 琼东南崖 13-1 气田天然气形成水合物的温压条件和厚度计算. 地球化学, 2001, 30 (6): 585-591.

[40] 赵永利, 郭开华, 刘晓聪, 樊栓狮, 等. HFC-134a 致冷剂气体水合物结晶生长过程及 RIV 模型. 科学通报, 2001, 46（9）: 770-776.

[41] 赵省民, 吴必豪, 王亚平, 等. 海底天然气水合物赋存的间接识别标志. 地球科学—中国地质大学学报, 2000, 25（6）: 624-628.

[42] 祝有海, 吴必豪, 卢振权. 中国近海天然气水合物找矿前景. 矿床地质, 2001.

[43] 祝有海, 张光学, 卢振权, 等. 南海天然气水合物成矿条件与找矿前景. 石油学报, 2001, 22（5）: 6-10.

[44] 姚伯初. 南海北部陆缘天然气水合物初探. 海洋地质与第四纪地质, 1998, 8（4）: 11-18.

[45] 姚伯初. 南海的天然气水合物矿藏. 热带海洋学报, 2001, 20（2）: 20-28.

[46] 张光学, 文鹏飞. 南海甲烷水合物的地震特征研究//首届广东青年科学家论坛文集. 北京: 中国科技出版社, 1999.

[47] 张光学. 世界海域水合物地震调查研究综述. 海洋地质, 2001（1）.

[48] 张光学, 陈邦彦. 南海甲烷水合物资源研究与找矿前景. 海洋地质, 2001, 12（3）: 1-9.

[49] 宋海斌, 松林修. 日本南海海槽天然气水合物研究现状. 地球物理学进展, 2001, 16（2）: 88-98.

[50] 宋海斌, 松林修. 海洋天然气水合物地球物理研究（Ⅰ）岩石物性. 地球物理学进展, 2001, 16（2）: 118-126.

[51] 宋海斌, 松林修, 仓本真一. 西南海海槽地震资料处理及其似海底反射层特征. 地球物理学报, 2001, 44（6）: 799-804.

[52] 宋海斌, 耿建华, Wong How-Kin, 等. 南海北部东沙海域天然气水合物初步研究. 地球物理学报, 2001, 44（5）: 689-695.

[53] 张光学, 黄永祥, 祝有海, 等. 南海天然气水合物的成矿远景. 海洋地质与第四纪地质, 2002, 22（1）: 75-81.

[54] 马世田, 耿建华, 董良国, 等. 海洋天然气水合物的地震识别方法研究. 海洋地质与第四纪地质, 2002, 22（1）: 1-8.

[55] 张胜业, 王家映, 胡祥云. 海洋电法的发展与展望. 见陈颙, 王水, 秦蕴珊, 等主编. 北京: 科学出版社, 1998: 42-49.

[56] Edwards R N. On the Resource Evaluation of Marine Gas Hydrate Deposits using Sea-floor Transient Electric Dipole-dipole Methods. Geophysics, 1997, 62（1）: 63-74.

[57] 德米特里也夫斯基 A H. 烃类形成过程中的热液脱气作用. 冯秀芳, 译. 石油地质信息, 1997, 18（4）: 222-229.

[58] Gornitz V, Fung L. Potential Distribution of Methane Hydrate in the World's Oceans. Global Biogeochemical Cycles, 1994, 8（3）: 335-347.

[59] Max M D, Lowrie A. Oceanic Methane Hydrate, A'Frontier'Gas Resource. Petroleum Geology, 1996, 19（1）: 41-56.

[60] Majorowicz J A, Osadetz K G. Gas Hydrates Distribution and Volume in Canada. AAPG, 2001, 85（7）: 1211-1230.

[61] Christine Ecker, 等. 利用海洋地震数据估算游离气和天然气水合物的储量. 石油物探译丛, 2000（6）: 1-10.

[62] 许东禹, 吴如豪, 陈邦彦. 海底天然气水合物的识别标志和探测技术. 海洋石油, 2000（4）: 1-7.

[63] 杨文达, 陆文才. 东海陆坡—冲绳海槽天然气水合物初探. 海洋石油, 2000（4）: 23-28.

[64] 朱训. 中国矿情, 第一卷总论, 能源矿产. 北京: 科学出版社, 1999: 176.

[65] 戴金星. 可燃冰: 未来的能源. 中国石油, 2002（2）: 48-49.

[66] 肖溪. 可燃冰: 未来的新燃料. 中国矿业报, 2002.4.2, 2 版.

也谈威远气田的气源[*]
——与戴金星院士商榷

张虎权[1,2] 卫平生[2] 张景廉[2]

(1. 西南石油学院;2. 中国石油勘探开发研究院西北分院,甘肃兰州 730020)

摘 要:四川威远气田是我国储层最老的气田,有关该气田气源的争论从未停止,有主张无机成因的,有主张有机成因的。其中后者又有3种不同观点:(1)来自震旦系灯影组白云岩;(2)来自寒武系九老洞组泥页岩;(3)既来自灯影组又来自九老洞组。主张有机成因者的判断依据如下:(1)花岗岩裂隙气与灯影组天然气的碳同位素组成;(2)花岗岩矿物包裹体中气相组分与灯影组天然气组分的比较;(3)灯影组天然气中的氦含量及 $^3He/^4He$ 比值;(4)灯影组天然气中的 $^{40}Ar/^{36}Ar$ 比值等。文章分析认为,威远气田灯影组天然气的来源应是地壳深部,可能一部分与花岗岩有关,另一部分与上地幔有关。

关键词:威远气田;碳同位素值;震旦纪;天然气;气源;无机成因;有机成因

四川威远气田是我国储层最老的气田,由于它有 $408\times10^8m^3$ 的天然气地质储量而引起人们的广泛关注。由于天然气储集于震旦系灯影组,灯影组以白云岩为主,缺失烃源岩(据1143块样品,有机碳平均含量为0.12%),因此,有机论者认为气源来自上覆的寒武系九老洞组(据156块样品,有机碳平均含量为0.97%)。

但是,关于威远气田气源的争论一直在进行,既有主张无机成因的[1],也有主张有机成因的。其中后者又有3种不同观点:(1)来自灯影组白云岩[2-4];(2)来自九老洞组泥页岩[5,6];(3)既来自灯影组又来自九老洞组[7]。

最近,戴金星院士撰文,再次认为威远气田的气源来自寒武系九老洞组[8]。笔者仔细阅读了该篇论文,认为关于威远气田的气源仍有商榷的必要。

1 花岗岩裂隙气与灯影组储层天然气的碳同位素组成

据陈文正[7],威28井3226~3736m井段花岗岩中裂隙气的 $\delta^{13}C_1 = -32.35‰$;$\delta^{13}C_2 = -31.91‰$;$\delta^{13}C_{CO_2} = -12.51‰$,威28井2820~2905m井段震旦系储层天然气的 $\delta^{13}C_1 = -32.53‰$;$\delta^{13}C_2 = -31.61‰$;$\delta^{13}C_{CO_2} = -12.51‰$。

花岗岩中裂隙气与震旦系储层的天然气 $\delta^{13}C_1$、$\delta^{13}C_2$、$\delta^{13}C_{CO_2}$ 均十分相似,应该认为是同源的。花岗岩中裂隙气的碳同位素还与其他井(如威27井、威30井、威39井、威100井、威106井)天然气的碳同位素十分相似。

---

[*] 本文曾发表在《天然气工业》2005年第25卷第7期。

戴金星院士认为，花岗岩中的天然气是由灯影组向下运移来的（运移了 406~831m 远）[8]，可为什么不是相反的情况呢，即灯影组的天然气是花岗岩向上运移的呢？显然，灯影组的天然气向下运移 406~831m 的距离到花岗岩深部裂缝的说法是不可思议的（这个距离是根据戴金星（2003）表 1 中威 28 井的数据计算的）。

这种情况同样出现在鄂尔多斯盆地中部大气田，石炭系—二叠系煤系地层生成的天然气倒灌于奥陶系风化壳，而且可形成几千亿立方米的天然气地质储量，这同样是不可思议的。笔者拟另文讨论。

因此，一个问题便出现了，即为什么威 28 井 3226~3736m 井段花岗岩中裂隙气的 $\delta^{13}C_1$、$\delta^{13}C_2$；似乎不是典型的无机成因气呢？

2 花岗岩矿物包裹体中气相组分与灯影组天然气组分的比较

威远气田下伏花岗岩矿物包裹体的气体组分的特征是：（1）有烷烃、稀烃气体，且稀烃含量大于烷烃含量；（2）碳数多的比碳数少的碳氢化合物的含量高；（3）CO_2 是包裹体中主要组成。而灯影组天然气的特征是：（1）只有烷烃、没有烯烃；（2）碳数少的比碳数多的碳氢化合物的含量高，属干气型。

从而认为，两者组分不同，前者为无机成因，后者为有机成因[8]。

需要指出的是，花岗岩矿物包裹体的气相组分与花岗岩裂隙中天然气组分肯定不是一回事。前者是花岗岩化过程中所俘获的气体（如果是 S 型花岗岩的话）；而后者的天然气一部分可能来自花岗岩化过程中所逸散的气体，另一部分可能来自更深部上升的气体。

前节讨论了花岗岩裂隙气与灯影组天然气为同源；我们仅从花岗岩矿物包裹体的气体组分来判断它与灯影组天然气是否同源是不合适的。更不能以此来判别无机气与有机气。

越南湄公河三角洲大陆架的白虎油田位于花岗岩及其风化壳上。花岗岩及上覆古近系—新近系中均有油藏，越南石油地质学家认为石油为古近系—新近系所生成，而俄罗斯学者则认为源自花岗岩。根据他们对花岗岩矿物包裹体气相组分的分析，他们认为，束缚于花岗岩矿物包裹体的总烃量为 $10 \times 10^{12} m^3$[9]（该花岗岩体积为 $2 \times 10^5 km^3$）。因此，它们足以提供古近系—新近系与花岗岩风化壳的原油。

据戴金星（1989），四川威远细粒花岗岩石英包裹体中除了有 CO_2 外，还有 CH_4、C_2H_6、C_3H_8、C_4H_{10} 等[10]，其总烃的平均含量为 $1.65 \mu g/g$。显然，如果我们有峨眉花岗岩（即威远花岗岩）的体积的话，我们同样可以计算束缚于峨眉花岗岩矿物包裹体中的总烃量。

3 灯影组天然气中的氦含量及 $^3He/^4He$ 比值

灯影组天然气中氦含量很高，可达 0.2%，有工业价值，其 $^3He/^4He$ 比值为 2.9×10^{-8}~3.0×10^{-8}，$R/R_a = 0.021$~0.022。

据陈文正（1992）、戴金星（2003），威远气田震旦系白云岩 U、Th 含量很低，不能生成大量的 He，但震四段底部蓝灰色泥岩含 Th 达 10×10^{-6}，九老洞组底部约 30m 的暗色泥岩含 U 达 10×10^{-6}~65×10^{-6}，含 Th 达 5×10^{-6}。因此，陈文正（1992）认为，灯影组的天然气高含量 He 主要来自九老洞组泥岩，而不是来自地壳深部，问题是以前学者们忽略了下伏花岗岩对^{4}He的贡献量。

事实上，震旦系底部的峨眉花岗岩是一个巨大的岩基，尽管目前笔者尚没有掌握花岗岩中U、Th含量，但这个花岗岩体的U、Th衰变所释放的^{4}He应远远大于九老洞组泥岩U、Th衰变所释放的^{4}He，而且后者还要倒灌到灯影组储层。正是由于花岗岩U、Th衰变所释放的^{4}He，才使灯影组天然气的氦含量可达到0.2%，且^{3}He/^{4}Ne的比值大大降低。由于花岗岩中U、Th衰变所释放的巨大的^{4}He，使更深部来源的^{3}He贡献被大大稀释了。

因此，灯影组天然气中的氦含量及^{3}He/^{4}He比值恰恰说明了威远气田天然气来源于地壳深部。

4 灯影组天然气中的^{40}Ar/^{36}Ar

威23井灯影组天然气^{40}Ar/^{36}Ar为7232，威2井为9255，王先彬（1982）认为，灯影组Ar含量高，^{3}He/^{4}He大于7000的特征主要与地壳深部来源的Ar有关。

显然，^{40}Ar主要与来自放射性^{40}K衰变有关，而这种^{40}K主要来自花岗岩中的辉长石及砂岩中的钾长石。而在威远气田，^{40}K则主要来自下伏的峨眉花岗岩。

同样需要指出的是，我们在讨论^{40}Ar/^{36}Ar这个比值时考虑到了^{40}K衰变成^{40}Ar的时代累积效应；但在讨论^{40}Ar/^{36}Ar比值时，为什么不深入研究U、Th衰变过程中释放的α粒子（即^{4}He）的累积效应呢？特别是对威远气田下伏的巨大峨眉花岗岩体的这个特殊的个案。

5 盆地深部热液流体活动及深大断裂系统

（1）在威远气田有三期白云岩：震旦系灯影组以白云岩为主（厚590m），奥陶系以白云岩为主（厚162~200m），三叠系中上部有白云岩。白云岩化的Mg来源于上地幔及中地壳[11]❶。因此，威远气田天然气的深部来源是可能的。

（2）盆地三叠系广泛发育的岩盐，更是地幔热液流体活动的证据[12]。

（3）罗志立注意到四川峨眉山玄武岩的广泛分布，它与拉张运动有关，并命名为"峨眉地裂运动"；罗志立用"峨眉地裂运动"观点成功地预测了川东上二叠统生物礁群的分布[13]，而勘探实践也证实了礁体气藏的存在。

笔者以为，峨眉山玄武岩的大规模喷发，一方面与地幔柱有关，另一方面也与盆地深部的震旦系威远气田的生成有关。

（4）威远气田东邻华蓥山深大断裂带，西靠龙泉山深大断裂带，南为威远基底断裂，内部断层发育，大部分地表断层切穿震旦系进入基底；而震旦系正好处于深部断裂的交会地带[1]。

事实上，朱英在1983年根据四川盆地航空磁测ΔTa等值线图深刻指出，川中磁力高西缘的线性梯度带可能是一个基底内部的焊缝，是一个南部壳深大断裂带[14]，它便位于威远构造的西北侧。这些深大断裂带的相互关系尚需进一步研究，但它们对天然气的运移、储集肯定有重大意义。

---

❶ 孙枢，张景廉．白云石和白云岩成因研究述评，2005。

符晓也曾指出，川西深大断裂带（即隐伏断裂带）不仅控制了盆地的沉降、沉积，而且深切基底并与地幔连通，为深源烃提供了良好的通道（如卧龙河、福成寨、中坝气田等）[15]。

（5）据四川黑水—北碚地壳测深剖面，四川盆地深部中地壳有低速层，波速为 5.95km/s，其上、下层的波速为 6.26km/s 与 6.62km/s [16]，这个低速层正是天然气的生成地带[17,18]。

6 结 论

威远气田天然气的来源问题，本来是十分清楚的事，地球化学数据也均十分明确，地幔流体活动十分活跃，中地壳有低速层，且有深大断裂沟通，但由于学者们对威远气田下伏峨眉花岗岩的认识不同，导致了对气体来源的认识的迥异。还有以下两点需要注意。

（1）目前天然气地质、地球化学界认定的无机成因气的碳同位素的标准是：①$\delta^{13}C_1 > -25‰$（$-20‰$ 或 $-30‰$）；②$\delta^{13}C_1 < \delta^{13}C_2 < \delta^{13}C_3$，即所谓的反序。笔者以为，符合上述两个条件的可认作无机成因气，不符合上述两个条件的不一定不是无机成因气，因为影响碳同位素的因素很多，碳同位素不是油气物源可靠的示踪剂[11,19]❶。

这里只谈两点：①碳质球粒陨石的 $\delta^{13}C$ 为 $-27‰ \sim -17‰$；②费—托合成反应也能有如光合作用的碳同位素分馏效应[17]。仅凭这两点，靠碳同位素值便难以用来作油气物源判识。

（2）花岗岩矿物包裹体的气相组分与花岗岩裂隙中的天然气组分肯定不是一回事，前者是花岗岩化过程中所俘获的气体（如果是 S 型花岗岩的话）；而后者的天然气一部分可能来自花岗岩化过程中逸散的气体，另一部分可能来自更深部（或地幔）的上升气体。显然，这个课题尚需要深入研究。

但是，从越南白虎油田的花岗岩、威远峨眉花岗岩中矿物流体包裹体中很高的烃含量，至少表明了这一点：在花岗岩形成过程中也生成了烃，而且是确定无疑的，这些烃绝不是沉积有机质按 Tissot 等的模式所生成的烃再倒灌进去的。

威远气田天然气来源于深部是显而易见的，不容置疑的。

威远气田探明天然气地质储量 $408.61 \times 10^8 m^3$，可采储量 $147.82 \times 10^8 m^3$。至 2001 年底，历年累计采出天然气 $145.94 \times 10^8 m^3$，剩余可采储量 $1.88 \times 10^8 m^3$，是一个快枯竭的大气田[18]。可时至今日，关于天然气的来源仍说不清，这是很耐人寻味的。

参 考 文 献

[1] 王先彬. 地球深部来源的天然气. 科学通报，1982，27（17）：1069-1071.
[2] 徐永昌，沈平，李玉成. 中国最古老的气藏——四川威远震旦纪气藏. 沉积学报，1989，7（4）：1-11.
[3] 包茨. 天然气地质学. 北京：科学出版社，1988：361-366.
[4] 沈平，徐永昌，王先彬，等. 气源岩和天然气地球化学特征及成气机理研究. 甘肃兰州：甘肃科学技术出版社，1991：186-192.
[5] 戴鸿鸣，王顺玉，王海青，等. 四川寒武系—震旦系含气系统成藏特征及有利勘探区块. 石油勘探与

---

❶ 张景廉. 再论"碳同位素与油气物源示踪". 西北油气勘探，2002，14（4）：39-47。

开发，1999，26（5）：16-20.

[6] 戴金星，王廷栋，戴鸿鸣，等．中国碳酸盐岩大型气田的气源．海相油气地质，2000，5（1～2）：143-144.

[7] 陈文正．再论四川盆地威远震旦系气藏的气源．天然气工业，1992，12（6）：28-32.

[8] 戴金星．威远气田成藏期及气源．石油实验地质．2003，25（5）：473-479.

[9] 加弗里洛夫 В П．基岩中石油生成和聚集的可能模式//王涛．中俄石油地质学术交流会论文集．北京：石油工业出版社，2004：113-126.

[10] 戴金星，宋岩，戚厚发，等．四川威远气田多源气藏的成因分析//天然气地质研究论文集编委会．天然气地质研究论文集．北京：石油工业出版社，1989：74-80.

[11] 张景廉，曹正林，于均民，等．白云岩成因初探．海相油气地质，2003，8（1～2）：109-115.

[12] 张景廉，郭彦如，卫平生，等．三论油气与金属（非金属）矿床的关系．新疆石油地质，1999，20（4）：310-313.

[13] 罗志立．地裂运动与中国油气分布．北京：石油工业出版社，1991：59-78，102-140.

[14] 朱英．壳深大断裂和油气储集//朱夏．中国中新生代盆地构造与演化．北京：科学出版社，1983：55-64.

[15] 符晓．探索无机成因油气藏的地质条件——兼论四川盆地西部找油气方向．石油实验地质，1987，9（3）：211-217.

[16] 宋鸿彪，罗志立．四川盆地基底及深部地质结构研究进展．地学前缘，1995，2（3～4）：231-237.

[17] 张景廉．论石油的无机成因．北京：石油工业出版社，2001．

[18] 张景廉，于均民．论中地壳及其地质意义．新疆石油地质，2004，25（1）：90-94.

[19] 张景廉．碳同位素与油气物源示踪．地质地球化学，1998，26（2）：63-69.

实话实说我国油气资源现状[*]

张景廉

(中国石油勘探开发研究院西北分院油气地质所,甘肃兰州 730020)

最近读甘克文先生《实话实说油气资源评价》[1]一文,感触颇多,作为一个老石油人,甘先生说出了许多人想说而没有说的话。

按照我国目前公布的油气资源量及探明储量,我们似乎有太多的潜在资源。可最近几年的现实是,剩余可采储量在不断减少。这种反差说明了什么?本文拟就这个问题,探究其原因,并把它称曰:"实话实说我国油气资源现状"。

让我们先看看最近几年中国石油储量、产量的一些基本数据(表1)。

表1 2000—2002年中国石油探明储量、可采储量和产量   单位:10^8t

时间	新增探明储量	累计探明储量	累计可采储量	年产量	剩余可采储量
2000	7.25	212.90	60.9	1.600	24.5153
2001	4.60	217.60	62.0	1.638	24.0000
2002	8.00	225.59	63.4	1.672	23.7200

这些基本数据向人们揭示了这样的情况,尽管我们每年有几亿吨的新探明储量,但是,为了保证年产 1.6×10^8t 左右的规模,仍不得不动用剩余可采储量。2001年,动用剩余可采储量 5153×10^4t;2002年,动用 2800×10^4t。

大庆油田的情况更是如此。1996年剩余可采储量 8.7×10^8t,而到2002年则降至 6.95×10^8t;原油年产量从1996年的 5600×10^4t 降至2003年的 4840×10^4t,2004年又跌至 4640×10^4t。

看来,为了保证年产原油 $(1.6\sim1.7)\times10^8$t,我们将不得不靠动用剩余可采储量过日子。这种日子可以延续多久呢?这是我们应该思考的问题。

1 我国油气资源量的计算

我国石油界对油气资源曾作过三次评价。所谓"评价",核心问题就是计算油气资源量。1987年进行的第一轮石油资源量计算,结果是 787×10^8t;1994年,第二轮石油资源量计算,结果是 940×10^8t;第三次石油资源评价初步结果是,全国石油资源量 1072.7×10^8t[2](以前有 1041×10^8t 的报道)。最近,在发改委、国土资源部的领导下,还进行了新一轮的油

---

[*] 本文曾发表在《石油科技论坛》2005年2期。

气资源评价。

每一次石油资源量的计算都会使业内人士亢奋——我们有太多的油气资源潜力！可是，计算之后不久却是一连串的疑问。

1.1 油气探明程度低与勘探靶区选择难相悖

根据各油气区的资源量计算，目前的探明程度：渤海湾盆地石油探明程度 39.4%～50%，天然气 16.1%；松辽盆地石油探明程度 23.3%～47.2%，天然气 5.1%；中西部盆地石油探明程度 9.4%，天然气 4.1%。[3]

《中国油气资源潜力与勘探远景》一文认为："根据新一轮石油远景资源预测，目前石油资源的探明率还不到 30%，天然气探明地质储量只是预测储量的 8%"。[3] 有的认为："石油可采平均探明率 40%，低于世界平均水平；天然气可采平均探明率 22%，处于勘探早期阶段，属于储量、产量快速扩张期。"

从上述数据可以看出，中国油气勘探前景应该是十分乐观的。

但是，我们究竟应该到哪儿找油、找气呢？对于这个本不应该是问题的问题，专家学者们的回答却不是很明朗。

中国石油资源短缺的现实，因国民经济快速发展而突显。如果我们不能正视这些问题，还会盲目乐观而缺乏忧患意识。

这些问题是：

(1) 1988—1991 年间，全国陆上累计探明石油地质储量 $45.17 \times 10^8 t$，累计增加开发地质储量 $32.68 \times 10^8 t$，累计增加开发可采储量 $10.39 \times 10^8 t$。然而，此期间累计采出石油共 $12.47 \times 10^8 t$，储量替换率为 83.3%（$10.39 \times 10^8 t \div 12.47 \times 10^8 t = 0.833$）。

这就是说，本来就不高的储采比更低了。

统计表明，这些年来，我们一直在超负荷开采，即"入不敷出"。照此下去，用不了多久，我们便"坐吃山空"了。

依据国内外油田开发规律，按 2002 年的储采比（$23.72 \times 10^8 t \div 1.672 \times 10^8 t = 14.2$）开采，油田稳产处于临界状态，增产难度较大，更何况储采比还在逐年下降。

在《21 世纪初中国跨国油气勘探开发战略研究》一书中，作者尖锐地指出："中国的石油生产基本上动用了几乎全部可以动用的储量，甚至超越程序急于投入生产，几乎每年都处在'找米下锅'的状态。根本没有储备，也没有产量的调节能力。在高油价时也难以提高产量。中国大部分油田含水在 80% 以上，又是机械采油，一旦停产重新恢复十分困难，在低油价时也不关井。"[4]

这便是中国油气资源的真实状况，一个不容回避的现实！

我们已没有理由再乐观了，没有理由躺在第四产油大国的温床上高枕无忧了。

但令人遗憾的是，我们的一些石油地质学家认为我们有太多的油气资源量，我们不会缺乏油气，我们已经跻身世界产油大国的行列。这种盲目乐观感染了经济学家，乃至一些决策人士。因此，我们痛失了"走出去战略"的 3 次重大机遇，最近几年，乃至今后将不得不大量进口石油。

壳牌公司的一位人士说："中国有很多的资源，油很丰富，但是在哪里？从 1985 年到现在，中国就没什么特大发现。同时，中国新探明的石油储量质量一般都很差，开发成本高，风险大。"

IEA 编写的《2004 世界能源展望》中指出："事实上，到 2020 年，如果中国石油没有新理论，那么，年产量要远低于 1.7×10^8 t。"

一些国际石油公司在中国石油市场明显地表现出轻上游开发，重下游建设和终端控制的态势。

（2）中国发现新油田的规模随着油气勘探程度的提高，总体呈减小趋势：新增加的探明储量中，低渗透、稠油储量所占比例在加大；岩性油藏，复杂地表和复杂构造的油藏储量比例也不断增加，其结果是，新增的剩余可采储量的品质较差。

在《石油老九——一个石油勘探者的人生经历》一书中，作者说："石油剩余探明储量中的约四分之一是未动用的品质差或规模小的储量，开发难度大，成本较高。我国陆上探明石油储量增长缓慢。我国陆上要保持石油的储采比，每年需要探明石油地质储量 8×10^8 t 以上，1999 年勘探形势较往年略好，也只有 5×10^8 t 左右。"他说，东部油田是"找米下锅"补递减。他还尖锐地指出："从现在的勘探和研究成果分析，寻找大油田，特大油田的方向和目标还不明朗，有待进一步探索。"[5]

1.2 大量进口原油的背后

国民经济的持续快速发展使中国油气资源严重短缺的这一矛盾更加突出。于是，不得不加大原油进口量。但是，面对国际原油市场，我们的操作也出现了一些问题。且看，2000 年，国际油价大涨，中国进口原油 7000×10^4 t，比 1999 年增加 70%，而 2001 年底国际油价回落到 17 美元/bbl 时，中国却释放库存压力，减少原油进口，进口量比上年下降 7%。国际油价飙升的 2003 年上半年，中国原油进口又比 2002 年同期增长了 32.8%。中国原油进口的"量价齐增"现象循环往复。

这种"买涨不买落"的异常状态的后果是什么呢？现以表 2 说明。

如果按 2002 年 183.8 美元/t 的价格计算，2004 年前 3 季度进口 9000×10^4 t 原油只需 165.24 亿美元，而实际上花了 236.34 亿美元，仅此一项，我们就白白地多花了 71.1 亿美元。

表 2　2000—2004 年中国原油进口量统计（据中国石油网）

	进口原油量（10^4 t）	金额（亿美元）	单价（美元/t）
2000	7026	148.6	211.1
2001	6025	116.66	193.3
2002	6940	127.57	183.8
2004（1—3 季度）	9000	236.34	262.6

2　油气资源量探秘

我们的专家学者计算了那么多的油气资源量，油气探明程度又那么低，却又找不到足够的可采储量以满足国民经济持续发展的需要；那么多的油气资源量，那么低的油气探明程度，勘探家布置勘探井位却难以下手。为什么？哪儿出了问题。

下面打算从油气资源量的计算作为切入点，剖析一下我们当前石油地质学、有机地球化学基本理论方面存在的问题。

2.1 石油探明程度是如何算出来的

第三轮计算的全国石油资源量1041×10^8t，这个资源量乘以转化率（k_1）59%即为成藏的资源量619×10^8t，再乘以采收率（k_2）24%，则得150×10^8t，此乃可采资源量。50年来，全国探明可采储量65.1×10^8t，因此，探明程度为：$65.1 \div 150 = 43\%$。

这么说来，我们还有84.9×10^8t的可采石油资源量。

但是，必须指出，上述计算中的系数k_1和k_2，均是经验的、人为的、任意的。这种"经验、人为、任意"的系数，却是差之毫厘，谬以千里。

2.2 相同地区的油气资源量各家评价不一

（1）我国六大盆地油气资源量计算。

美国地调局2000年1月1日公布了对中国6个主要含油气盆地（松辽、渤海湾、鄂尔多斯、四川、塔里木、准噶尔）待发现的常规可采石油资源量的评价结果是33.6×10^8t。而我国石油部门对上述6个盆地的第二轮油气资源量评价为565×10^8t，除去已探明的以外，待发现的石油资源为382.2×10^8t，折算成待发现的可采资源量为100×10^8t。也就是说，中国石油部门的评价结果是美国地调局评价结果的3倍。

盆地生油岩时代出露面积、厚度、有机碳含量、成熟度、干酪根类型等基本参数各家均是一样的，关键就是那个"经验、人为、任意"的系数！

（2）南海海域油气资源量计算。

中美有关单位对我国南海海域油气资源量都进行了计算，结果差别很大（表3）。

表3 南海海域油气资源量计算

计算部门	石油（10^8bbl）	天然气（10^{12}ft^3）	备 注
中国	2130	2000	潜在资源量
美国地调局	280	266	已发现和未发现的资源量
美国多个机构①	77	153.5	探明储量

①美国能源信息署、美国能源部、美国中央情报局、国际战略研究所、海军分析中心、国际能源局、联合国相关机构［据王家枢（2001）］[6]

（3）甘肃、青海交界的民和盆地的油气资源量计算。

1992年，中国石油天然气总公司西北地质研究所曾对民和盆地作过油气资源评价，计算的油气资源量为7500×10^4t，后来把尚未落实的兰州凹陷的侏罗系烃源岩也作了计算，最后获得1×10^8t的资源量。

1998年有人对民和盆地又作了重新评价，他们把新的地震解释软件应用于永登坳陷，从而计算了永登坳陷的资源量是巴州坳陷的3倍以上，因此获得了4.44×10^8t的资源量。[7]但是，永登坳陷尚没有一口井钻到侏罗系，地震解释也存在诸多疑义。

民和盆地油气资源量计算是一个十分随意的实例。李庆忠（2003）尖锐地指出，这是石油地质界流行的通病。

（4）非洲的油气资源量计算。

在第14届世界石油大会上，Charles D Masters等在《世界石油资源评价和分析》中对非洲油气资源作了估算（截至1993年1月10日），认为，阿尔及利亚、利比亚、尼日利亚、埃及的石油资源探明程度超过或接近90%。按照这一认识，北非的石油资源所剩无几。

但美国地质调查局2000年公布的对北非、西非国家待发现的资源量的评价却十分乐观。

看来，不同的人对同一地区、同一国家的油气资源量会有不同的评价！

2.3 讨论与质疑

最近业内人士对油气资源评价注意到一些关键问题：（1）基础理论和勘探方法的改善；（2）地质模式和资源的掌握；（3）评估者水平和经验。[3]

恰恰是这3个问题使得我们的油气资源量的计算存在着太多的不确定性，而且均是致命的！

赵鹏大院士最近深刻地指出："矿产资源量的估计至今仍是一个'世界性难题'。这当中，出入最大的在于对待发现资源量的估计，这是一个随地质调查程度提高、技术经济条件改进而变化的数量。对待发现资源量的预测存在着双重不确定性：一是在预测靶区内是否真有油气存在；二是如果存在，其资源量是否与预测量近似。"

他还指出，"要减少不确定性和决策风险，首先需要最充分并正确地识别、提取和应用与成矿和找矿有关的信息，其次是选择恰当的预测方法和技术。"[9]

这是问题的一个方面。

另一方面，目前按照有机地球化学理论，依据有机碳含量进行盆地油气资源量计算本身就存在着问题，即缺乏理论依据（后文详细讨论）。

第三点，如在民和盆地油气资源量计算中所谈到的，对资源量的计算带有主观性和随意性，而这种现象，在石油地质学领域中恐怕不只此一例。这是否与某些行政官员的"政绩工程"异曲同工呢？

几十年来，石油地质学家在讨论油气盆地、油气田时往往只论及常规油气，对一些非常规的油藏、油田往往谈及甚微。但是这些非常规的油气田都有巨大的地质储量，绝不能视而不见。这部分地质储量是我们讨论油气成因时不可逾越的一个"障碍"。它们是：

（1）北美加拿大 Alberta 油砂，其总地质储量 3210×10^8 t。

（2）南美委内瑞拉 Orinoco 重油带，总地质储量 1710×10^8 t。

（3）中国塔里木盆地的塔北、柯坪、塔中3个隆起带的志留系沥青，地质储量是 917.8×10^8 t，折算成液态烃为 4500×10^8 t。

这世界三大沥青、油砂、重油带的总的地质储量是 9420×10^8 t，是世界常规石油储量 2194×10^8 t 的4倍多。

还要指出的是，北美加拿大、美国还盛产致密气，其储量达 140×10^{12} m^3。

有机生油理论计算油气资源量的最大问题在于"有机碳含量"。用今天沉积岩中的有机碳含量来推断、计算地质史期中它们所生成的油气量，这可能吗？

在铀矿地质、地球化学领域，科学家根据 U—Pb 同位素体系，可以计算出花岗岩中有多少铀被活化参与了成矿活动。

但是，在有机地球化学领域，我们实在没有这一套理论体系来正确厘定有多少有机碳参与了成烃过程。今天测定的有机碳含量，只能是参加了成烃作用后剩余的有机碳含量（如果这些碳果真参与了成烃作用）。

然而，我们的石油地质学家、石油有机地球化学家们却在那里进行大量的计算，并对此"坚信不疑"。于是，当有机碳含量太低时，便再降低其标准，0.2%、0.1%，直至0.05%

也都可以列为有效烃源岩；当找不到成熟烃源岩时，便又提出低熟、未熟的所谓创新理论；当在煤系地层中找到了石油，但有机质质量太差时，又提出了"煤成油"的新理论。

关于Connan的时间—温度补偿关系，关于油气模拟实验的真伪问题，关于生烃门限的质疑、热液烃的发现、关于中国侏罗系煤成油的问题，碳酸盐岩是不是烃源岩以及油气资源量计算等诸多涉及油气成因的根本性问题，笔者在《论石油的无机成因》一书中已有较详细的论述，有兴趣的读者可参阅此书[10]。李庆忠院士对有机生烃论也提出了23条质疑[8]。

需要指出的是，石油资源量或者说资源可供程度是制定我国石油政策和中长期能源发展战略的重要依据之一。只有科学地预测结果，才能为我国未来石油供应安全战略奠定科学基础。

所以，对这样一个关系全局的问题不可等闲视之。

为此，笔者想起关于天然气地质储量、可采储量等一些讨论。作为一个科技工作者，陈元千教授多次对我国天然气工业发展所遇到的资源、储量问题提出自己的看法[11-14]。但愿我们不会遇到"管道好修、气田难找、供气难当、缺气难熬"的日子。

2005年1月10日北京《新京报》报道，由于北京市面临19年来最强一次持续低温天气，加剧了天然气供应压力，一天早晨，北京居民发现暖气凉了，供暖锅炉的天然气断了气。北京市不得不启动"冬季天然气供应应急预案和冬季供暖保障应急预案"。但愿这种情况在北京是最后一次。但愿这种情况不会在"忠武线"、"西气东输线"上发生。

3 后 记

几十年来，全世界有数以万计的人在从事有机地球化学研究，有数以千计的实验室在分析化验各类样品，有数不清的资金投入并发表了无数篇石油有机地球化学论文，并造就了一批有机地球化学家；全世界的石油公司雇用的石油勘探家均用烃源岩的有机地球化学评价体系（如有机碳含量、有机质类型、有机质成熟度等）来选择、确定勘探靶区。这套方法沿用了几十年，似乎已十分成熟完善，且可操作性强。但现代的空间、深海和深地壳研究，均证明了存在非有机生成的烃类，其数量甚至可达天文数字。因此，对这种已有理论解释不了的现象提出质疑，乃是科学发展的一种动因。

笔者十余年来，致力于油气无机成因的研究，我们在世界上首次发现了原油、沥青无机成因的Pb、Sr和Nd同位素证据以及微量元素地球化学证据；我们采用了新的地球物理模型（中地壳低速、高导层）、地球化学模型，合理揭示了油气无机成因的理论基础，并提出了油气成因的新模式；根据上述模式，我们成功地解释了中国大陆、欧亚大陆大型与超大型油气田分布规律，并正应用这些成果预测中国21世纪油气勘探的战略靶区[10]。

在21世纪的今天，我国油气资源严重短缺的事实已不可回避。在我们运用有机生油论指导勘探实践的同时，何不换位思考一下，用多元成因的观点去完成中国石油工业的"第二次创业"呢？笔者将拭目以待。

参 考 文 献

[1] 甘克文. 实话实说油气资源评价. 石油科技论坛. 2003（1）：17-25.
[2] 潘志坚，胡杰. 中国能源发展战略问题研究. 石油科技论坛，2004（6）：6-14.
[3] 张一伟. 中国油气资源潜力与勘探远景//王涛. 中俄石油地质学术交流论文集（2003，莫斯科）. 北

京：石油工业出版社，2004：42-48.
［4］童晓光，窦立荣，田作基，等.21世纪初中国跨国油气勘探开发战略研究.北京：石油工业出版社，2003：265.
［5］王善书.石油老九——一个石油勘探者的人生经历.北京：石油工业出版社，2002：274.
［6］王家枢.石油与国家安全.北京：地震出版社，2001：42-44.
［7］高瑞祺，赵政璋.中国油气新区勘探.第四卷：中国西北侏罗系油气分布.北京：石油工业出版社，2001：208-216，245-246.
［8］李庆忠.打破思想禁锢，重新审视生油理论——关于生油理论的争鸣.新疆石油地质，2003，24（1）：75-78.
［9］赵鹏大.面向新挑战的高等地学教育.石油教育，2004（3）：5-7.
［10］张景廉.论石油的无机成因.北京：石油工业出版社，2001.
［11］陈元千.对西气东输资源问题的思考.石油科技论坛，2001（1）：23-27.
［12］陈元千.对长庆气区气田开发问题的思考.石油科技论坛，2002（1）：22-28.
［13］陈元千.中外三大气田对比的启示与思考.石油科技论坛，2004（1）：25-40.
［14］陈元千.试谈"川气出川"的资源保障问题.石油科技论坛，2004（6）：20-26.

煤层气成因研究[*]

张虎权[1,2]　王廷栋[1]　卫平生[2]　张景廉[2]

(1. 西南石油大学，四川成都 610500；
2. 中国石油勘探开发研究院西北分院，甘肃兰州 730020)

摘　要：对于煤层气来自于煤及煤系地层的问题提出了不同的观点。通过观察煤层气的碳同位素组成（CH_4 和 CO_2）、煤岩及烃源岩的热模拟产物及碳同位素组成、煤层气中异常高的汞含量，分析了煤层气储集地层的大地构造环境及煤矿气体突出和森林火灾，发现气体突出和森林火灾前有卫星热红外异常。根据美国煤层气的勘探实践经验，推断煤层气可能来自深部地壳或上地幔，甲烷气体是通过上地幔脱气作用或中地壳的费—托合成而生成的，而不是来自煤及其煤系地层。根据这一成因模式，可以探索预防煤矿瓦斯爆炸的新方案，重新考虑煤层气勘探目标。

关键词：煤层气成因；碳同位素；煤系地层；大地构造环境

煤层气是赋存于煤层及其围岩之中的一种非常规天然气，即煤矿瓦斯气。由于煤矿瓦斯常引起矿井爆炸及突出事件，以往用瓦斯抽放来减少其风险。为了充分利用这种非常规天然气资源，1989 年开始引进美国技术，1996 年中联煤层气有限责任公司成立，开始了煤层气的产业化；2002 年国家科学技术部正式批准实施 973 项目"中国煤层气成藏机制及经济开采基础研究"，从而使煤层气的研究、开发进入了一个崭新的阶段。

由于煤层气主要储集于煤层中，关于它的煤炭成因几乎没有人表示过异议。笔者根据掌握的一些资料，提出一些与众不同的观点。

1　煤层气的碳同位素组成特征

1.1　煤层甲烷 $\delta^{13}C_1$ 值变小的情况

德国学者 Stahl 最早总结了 $\delta^{13}C_1$ 与 $\lg R_o$ 的关系，并获得了油型气与煤成气的两条回归直线[1,2]，但中国学者所获得的 $\delta^{13}C_1$ 与 $\lg R_o$ 的关系式却不同于 Stahl 的关系式。后来，戴金星等发现[3]，煤矿煤层气的 $\delta^{13}C_1$—$\lg R_o$ 回归直线与煤成气的 $\delta^{13}C_1$—$\lg R_o$ 回归直线也不相符。当煤岩成熟度增大（R_o 变大），甲烷气的 $\delta^{13}C_1$ 值却不变。唐修义等也认为煤层气 $\delta^{13}C_1$ 与煤变质程度没有明显关系[4]。

关于这个问题，中外不少学者均作出了不同的解释[5-9]，秦勇等总结了华北上古生界煤

---

[*] 本文曾发表于《石油学报》2007 年第 28 卷第 2 期。

层甲烷的$\delta^{13}C$特征[9]：（1）煤层甲烷的$\delta^{13}C$值为$-50‰\sim-75‰$；（2）相同镜煤反射率（R_o）的煤成气与煤层气甲烷的$\delta^{13}C$之差高达40‰（当$R_o=0.8\%$时），同为煤系生成的甲烷气有如此高的$\delta^{13}C_1$差值令人费解。其实，最早引起重视的是开滦煤田岳各庄气藏。岳各庄气藏岳555、岳56、2461孔及2642孔天然气的$\delta^{13}C_1$同位素值分别为$-66.9‰$、$-65.6‰$、$-60.0‰$和$-57.4‰$，据碳同位素资料可认为是第四系生物气。但二叠系石盒子组含气层之上直接覆盖的350m厚第四系仅有砂砾、卵石，见少量灰色黏土层，缺乏生气母质。由此来看，它又不是第四系的生物气。但是，如果说天然气为下伏石炭系—二叠系煤系所为，似乎也难以令人置信，因为气肥煤阶段生成的煤系的$\delta^{13}C_1$值不可能这样小[10,11]。这是20世纪80年代中期较早提出的碳同位素偏轻的情况。

通常把甲烷$\delta^{13}C_1$值小于$-55‰$的认作生物成因气，因而，煤层甲烷同位素偏轻的情况也被认为是生物成因。可这种情况在塔里木盆地6422m深的碳酸盐气体包裹体中被发现[12]，也在意大利北部波河盆地大于4500m的深部被发现[13]。因此，上述关于煤层甲烷的生物成因是值得怀疑的。即使是生物成因，可那种地质环境在地质史期早被散失。

1.2 煤层甲烷$\delta^{13}C_1$值变大的情况

事实上，煤层甲烷$\delta^{13}C_1$值有异常大的情况。如苏联无烟煤的煤层气$\delta^{13}C_1$值为$-10‰$，法国Preussag煤矿的煤层气$\delta^{13}C_1$值也高达$-12.9‰$，国内如湖南资江煤矿测水组煤层气$\delta^{13}C_1$值为$-24.9‰$，四川南桐煤田鱼田堡4煤分层的煤层气$\delta^{13}C_1$值高达$-13.3‰$[14]。

通常认为这与煤系有机质有关，但无法解释有如此重的碳同位素组成。

1.3 同一煤矿煤层气CH_4、CO_2的碳同位素及其成因

Maeiej Katarta在研究波兰匹亚斯特和斯武毕克煤田的气体同位素时发现，煤田CO_2占气体总量的$98.9\%\sim99.9\%$，其$\delta^{13}C$值为$-10.5‰\sim-7.0‰$，属于岩浆岩或上地幔成因。但对烃类气体，则出现一些问题：$\delta^{13}C_1$值为$-66.1‰\sim-28.6‰$，$\delta^{13}C_2$值为$-27.8‰\sim-25.5‰$[15]。如果按权威的分类方案，这些气体应与凝析油、海相腐泥有机质有关。但是，本区为上石炭统煤，几乎全是腐殖煤。地质观察剖面揭示，匹亚斯特煤田和斯武毕克煤田均有大量华力西期火成岩（辉长岩、辉绿岩）。由此看来。不能排除甲烷的深部成因。这种情况也同样发生在甘肃民和盆地窑街煤田的天然气中。

窑街煤田煤层气中甲烷的$\delta^{13}C_1$值为$-69.92‰\sim-28.6‰$，表明了煤成（型）气与油型气的混合特征。窑街煤田煤层气中CO_2含量最高可达98%，并发生过多次突出事件，突出区CO_2的$\delta^{13}C_{CO_2}$值为$-6.15‰\sim-3.44‰$，显示了深部上地幔源区的特征[16-18]。

煤层气的碳同位素通常认为受下列因素控制：（1）母质类型；（2）成熟度；（3）生物作用；（4）CH_4—CO_2碳同位素交换平衡：解吸—扩散—运移；（5）水动力控制因素。但上述因素均难以解释煤层气碳同位素组成有如此大的异常情况。

2 煤岩及烃源岩的热模拟产物及碳同位素组成

据李明潮等的资料[19]，煤的碳同位素组成多为$-26‰\sim-22‰$，平均值为$-24.27‰$，与煤的变质程度关系不大；含煤地层中暗色泥岩的$\delta^{13}C$值与煤岩极为相近，平均值为

−24.6‰。徐永昌等对煤及煤系碳质泥岩作了系统的热模拟实验,研究了煤系有机物在煤化作用过程中的地球化学行为[20]。

煤岩热模拟实验产物中,乌-8褐煤的热解表明,在250~500℃时,产物以CO_2为主,其次是H_2、CH_4;在550~600℃时,产物以CH_4为主,其次是CO_2。

4个碳质泥岩的热解结果有所不同。有的在300~600℃时,均以CO_2为主;有的不大于350℃时,产物以CO_2为主;而当不小于400℃时,则以甲烷为主。有的则更复杂些,在250~450℃时,以CO_2为主;在500℃时,则以CH_4为主;当550℃时,又以CO_2为主;当600℃时,则又以CH_4为主。

由此可以看出,煤层气的组分与煤岩热解产物完全不一致。与煤系泥岩热解产物也不一致,在煤层气中,主要以CH_4为主,很少含CO_2。仅有3处煤矿的煤层气以CO_2为主,如吉林营城煤矿、吉林延边和龙煤矿、甘肃窑街煤矿。而甘肃窑街煤矿的CO_2突出事件表明,这种CO_2为幔源成因[16,17]。

煤岩热模拟实验产物中,在250~300℃阶段,甲烷的碳同位素组成较重,其后变轻;在400℃时最轻,$\delta^{13}C_1$值小于−30‰;当温度不小于450℃时,$\delta^{13}C_1$变重。而CO_2的碳同位素则显示了不同的变化趋势。一方面,CO_2的$\delta^{13}C_{CO_2}$比CH_4的$\delta^{13}C_{CH_4}$值大,CH_4的$\delta^{13}C_{CH_4}$值为−32.5‰~−28.5‰,而CO_2的$\delta^{13}C_{CO_2}$值为−20‰~−18‰;另一方面,CO_2的$\delta^{13}C$值呈小—大—小变化,而不是CH_4的$\delta^{13}C$值呈大—小—大变化。这与CH_4—CO_2的同位素物质平衡的分馏作用有关。但是^{13}C更多地与O、而^{12}C更多地与H相结合,其间的定量关系至今仍不十分清楚。重要的是这种同位素组成的范围、变化与煤层气中CH_4、CO_2的同位素组成变化范围大相径庭。事实是,煤层气中CH_4的$\delta^{13}C_1$值更小,变化范围更大;而煤层气中CO_2的$\delta^{13}C$值更大,变化范围也更大。

3 煤层气中的汞

天然气中普遍含汞。而煤成气的含汞量又比油型气含汞量高得多。据戴金星等对国内外8个盆地32个气田(或构造)102个煤层气样研究的含汞量资料[21],102个样品含汞量算数平均值为79605 ng/m^3。7个盆地29个气(油)田(或构造)的242个油型气含汞量资料中,49个样品含汞量的算数平均值为6875 ng/m^3。前者的含汞量为后者的11.5倍多。

通常认为,天然气中汞的主要来源可能有两个[22]:一是煤成气生气母质煤和分散腐殖质对汞有较大的吸聚能力;二是深部来源气体所带来的汞。如果说汞是煤系地层沉积时所生成,如此高汞的沉积水体几乎是不可能的。据分析,这种汞除了呈0价的汞蒸气外,还有$HgCl_2$、Hg_3H_2、N_2Hg_4O等,它们呈地气纳米微粒流而上升[23]。

4 构造环境

区域岩浆热变质作用是煤层气富集高产的主要地质因素之一。太原西山煤田马兰井田曾发生过8次煤层气突出事件,其中6次发生在狐偃山侵入体附近[24]。宁夏汝箕沟矿区煤层气资源量丰富[25]($120×10^8 m^3$),也与燕山期岩浆侵入造成区域岩浆热变质作用有关[26]。

沁水盆地有我国第一个大型煤层气田,已探明煤层气储量为$352×10^8 m^3$,控制储量为1070.71

×10^{8}m^3，预测储量为773.33×10^{8}m^3。盆地有上地幔热液物质上升，并有岩浆活动[28,29]。

上述煤层气富集的构造环境表明可能与深部地质作用有关。事实上，地球深部气体早就曾引起国内外学者的注意[30,31]。

5 瓦斯爆炸、突出与森林大火

（1）中国近年煤矿频发瓦斯爆炸与突出。对2002—2003年内蒙东北及2004年山西的瓦斯爆炸事件分析发现，频发的瓦斯爆炸的矿井往往呈一定走向的直线分布，即呈一定的构造线分布。事实上，矿山瓦斯不是煤矿所独有。据杜乐天教授资料[31]，国外金矿如南非元古宙古砾岩金、铀矿发现大量天然气并影响开采，这种气体往往突然从裂缝中喷出。1999年南非一金矿发生瓦斯爆炸，表明金矿区中有甲烷气的聚集。澳大利亚 Golden Mile 矿山的700m以下坑道安装有 CH$_4$ 气体检测仪[32]。

显然上述金属矿山中的 CH$_4$（及 H$_2$）来自深部地壳，而与煤系有机质毫无关系。

（2）近年接连发生的森林大火，在5月树叶十分茂盛时，大火仍久扑不灭；有的大火则发生于草甸区，没有很多供燃烧的物质。

杜乐天等早就指出，内蒙古区域性森林大火是地下可燃气体上涌所致[23]。内蒙古阿尔山森林大火以及广东三水地区的森林大火的起因也是地下可燃气体上涌所致[33,34]。

汤吉等的研究表明[35]，在阿尔山火山区大地电磁测深剖面反演模型上，在10~12 km 处的电阻率最低。此乃中地壳的高导层，这正是地幔流体赋存的空间，大火与此有关[33]。

目前，对地球排气作用的监测手段已经大大加强，森林大火、瓦斯爆炸在卫星热红外图片均有显示[36,37]。

6 美国煤层气勘探经验

美国在煤层气勘探开发方面取得了重要进展，2005年煤层气产量已达520×10^{8}m^3。中国在煤层气勘探上主要借鉴了美国的经验。近期美国勘探获得成功的一些盆地的基本地质要素见表1。从表1中可以看出，美国煤层气勘探主要集中于对中煤阶的勘探。4个盆地的煤层气产量占美国煤层气产量的98%。但是在20世纪90年代后期，美国的尤因塔盆地及粉河盆地低煤阶（褐煤）的煤层气分别获可采储量150×10^{8}m^3 和140×10^{8}m$^{3[28]}$。这个勘探成果表明：（1）煤层气勘探不能仅局限于中—高煤阶（这是中国目前勘探的主要领域），而还须加大低煤阶的勘探；（2）美国的成煤时代较新（古新统、下白垩统），而中国主要集中于上古生界；（3）褐煤的煤层气勘探表明，这种煤层气不大可能是热演化的产物。

表1 美国煤层气勘探概况

勘探目标	含煤盆地	含煤层位	煤阶	R_o（%）	可采储量（10^{8}m^3）
中煤阶	圣胡安盆地	上白垩统	长烟煤—气肥煤	0.75~1.2	3679
	黑勇士盆地	宾夕法尼亚系	烟煤	1.0~1.9	5660
	阿巴拉契亚盆地	宾夕法尼亚系	烟煤	—	340
	拉顿（Raton）盆地	上白垩统—古近系	烟煤	0.6~1.5	140
低煤阶	尤因塔盆地	上白垩统	褐煤	0.5~0.6	150
	粉河盆地	古新统	褐煤	0.3~0.4	140

赵庆波等指出："中国煤层气勘探开发要取得大的发展，首要条件是深化煤层气地质理论的认识[28,38]"。

7 结 论

（1）煤层气（CH_4 与 CO_2）的碳同位素组成特征（或偏轻或偏重）表明了碳同位素作为判识指标的不确定性。

（2）煤岩及煤系泥岩的热模拟产物及其同位素特征不支持煤层气与煤岩有关的理论。

（3）煤层气中异常汞的存在表明煤层气与汞一样可能源于深部。

（4）煤层气藏形成的地质构造环境表明煤层气与深部来源有关。

（5）瓦斯爆炸不是煤矿所独有，而瓦斯爆炸前夕可用卫星热红外监测仪进行监测。

（6）美国煤层气勘探的成功经验表明，低煤阶的褐煤（R_o 为 0.3% ~ 0.4%）也有大量煤层气（如粉河盆地），煤层气未必与煤有关。煤层甲烷很可能主要来自地球深部气体。

参 考 文 献

[1] Stahl W J, Carey B D Jr. Source-rock Identification by Isotope Analyses of Natural Gases from Fields in the Valverde and Delaware Basins, West Texas. Chem., 1975, 16 (2): 257-267.

[2] Stahl W J. Carbon and Nitrogen Isotopes in Hydrocarbon Research and Exploration. Chem. Geol., 1977, 20 (2): 121-149.

[3] 戴金星, 戚厚发, 宋岩, 等. 我国煤层气组分、碳同位素类型及其成因意义. 中国科学（D 辑），1986, 16 (2): 1317-1326.

[4] 唐修义, 杨宜春, 刘冬梅, 等. 关于煤层气组分和甲烷碳同位素的几个问题//沈平. 中国科学院兰州地质研究所生物气体地球化学开放研究实验室研究年报（1987）. 兰州: 甘肃科学技术出版社, 1988: 240-252.

[5] 戴金星, 宋岩. 煤层气型生物成因气及其成因的探讨//中国石油学会地质专业委员会. 有机地球化学和陆相生油. 北京: 石油工业出版社, 1986: 297-304.

[6] 沈平, 申歧祥, 王先彬, 等. 气态烃同位素组成特征及煤型气判识. 中国科学（B 辑），1987, 17 (6): 647-656.

[7] 普林佐费尔 A. 天然气中同位素轻甲烷: 细菌烙印还是扩散分馏结果. 地质科技动态, 1998, 7: 11-13.

[8] 黄籍中. 论天然气甲烷碳同位素偏负的基因. 天然气勘探与开发, 1998, 21 (1): 27-34.

[9] 秦勇, 唐修义, 叶建平. 华北上古生界煤层甲烷稳定碳同位素组成与煤层气解吸扩散效应. 高校地质学报, 1998, 4 (2): 127-131.

[10] 戚厚发. 开滦煤田岳各庄气藏形成条件讨论. 石油勘探与开发, 1984, 5 (2): 10-15.

[11] 戚厚发. 煤系天然气与煤层气瓦斯甲烷碳同位素的差异及影响因素的初步探讨. 石油实验地质, 1985, 7 (2): 81-85.

[12] 周世新, 王先彬, 孟自芳, 等. 塔里木盆地深层碳酸盐岩中气体包裹体组成及其碳同位素特征. 中国科学（D 辑），2003, 33 (7): 665-672.

[13] 孙永祥. 鉴别生物成因气体主要地化指标的再认识. 地学前缘, 1999, 6（增刊）: 216-220.

[14] 应育浦, 吴俊, 李任伟, 等. 我国煤层甲烷异常重碳同位素组成的发现及成因研究. 科学通报, 1990, 35 (19): 1491-1493.

[15] Maciej Kotarba. Isotopic Geochemistry and Habitat of the Natural Gases from the Upper Carbonifeous Zadcler

Coal-bearing Formation in the Nowa Rnda Coal District (Lower Silesia, Poland). Organic Geochemistry, 1990, 16 (3): 549-560.

[16] 张景廉. 民和盆地石油地质学及地球化学若干问题. 石油地质, 1994, 10 (1): 7-21.

[17] 卫平生, 王新民. 民和盆地煤层气特征及形成地质条件. 天然气工业, 1997, 17 (4): 19-22.

[18] 张虎权, 卫平生, 王廷栋, 等. 民和盆地天然气地球化学特征. 天然气工业, 2005, 25 (11): 10-13.

[19] 李明潮, 张五侪. 中国主要煤田的浅层煤层气. 北京: 科学出版社, 1990: 145-152.

[20] 徐永昌, 沈平, 申歧祥, 等. 煤系有机质热模拟产物的化学特征及地质意义 // 中国科学院兰州地质所生物、气体地球化学开放实验室. 研究年报 (1986). 兰州: 甘肃科学技术出版社, 1987: 85-105.

[21] 戴金星, 戚厚发, 郝石生. 天然气地质学概论. 北京: 石油工业出版社, 1989: 66-70.

[22] 徐永昌, 沈平. 中原、华北油气区煤型气地化特征初探. 沉积学报, 1985, 3 (2): 37-46.

[23] 杜乐天, 强祖基. 地球排气作用与自然灾害 // 杨玉荣, 杜乐天, 沈照理, 等. 流体地球科学进展. 北京: 地震出版社, 1999: 36-46.

[24] 刘洪林, 王红岩, 赵国良, 等. 燕山期构造热事件对太原西山煤层气高产富集的影响. 天然气工业, 2005, 25 (1): 29-32.

[25] 张学文, 穆植松, 孟方, 等. 宁夏汝箕沟矿区煤层气地质学特征. 煤田地质与勘探, 2005, 33 (3): 33-35.

[26] 高山林, 李芳, 李天斌, 等. 汝箕沟晚中生代玄武岩的确定与煤变质作用关系简论. 煤田地质与勘探, 2003, 31 (3): 8-10.

[27] 李小彦. 也谈汝箕沟矿区煤的岩浆热变质成因. 煤田地质与勘探, 1994, 22 (1): 22-27.

[28] 赵庆波, 李五忠, 王一宾, 等. 中国煤层气勘探 // 高瑞琪, 赵政璋. 中国油气新区勘探: 第七卷. 北京: 石油工业出版社, 2001: 1-8, 14-17, 61-65.

[29] 李明宅. 沁水盆地枣园井网区煤层气采出程度. 石油学报, 2005. 26 (1) 91-95.

[30] 郭万奎, 赵永胜, 陈树耀, 等. 地球排气作用与大地构造 // 第二届、第三届全俄联盟—地球排气与大地构造会议论文集. 上海: 上海辞书出版社, 2003: 1-183.

[31] 杜乐天. 地球排气作用的重大意义及研究进展. 地质论评, 2005, 51 (2): 174-180.

[32] 杜乐天. 烃碱流体地球化学原理. 北京: 科学出版社, 1996: 324-325.

[33] 张景廉. 阿尔山森林大火兴许天然气作怪. 中国矿业报, 1998-07-29.

[34] 张景廉. 森林大火后的思考. 地学前缘, 1999, 6 (增刊): 257.

[35] 汤吉, 王继军, 陈小斌, 等. 阿尔山火山区地壳上地幔电性结构研究. 地球物理学报, 2005, 48 (1): 196-202.

[36] 强祖基, 孔令昌, 李玲芝, 等. 地震与卫星热红外异常—气热说 // 北京大学地质系. 北京大学国际地质科学学术研讨会论文集. 北京: 地震出版社, 1998: 176-188.

[37] 强祖基, 徐秀登, 赁长恭. 卫星热红外异常——临震前兆. 科学通报, 1990, 35 (12): 1324-1326.

[38] 饶孟余, 钟建华, 杨陆武, 等. 无烟煤煤层气成藏与产气机理研究. 石油学报, 2004, 25 (4): 23-28.

柴达木盆地第四系生物成因气质疑[*]

马龙[1,2]　陈洪德[1]　张景廉[2]　石兰亭[2]　卫平生[2]

(1. 成都理工大学沉积学院，四川成都 610059；
2. 中国石油勘探开发研究院西北分院，甘肃兰州 730020)

摘　要：柴达木盆地东部三湖地区第四系泥岩有机质丰度低、厚度小，且乙酸含量低，其有机地球化学特征不利于天然气的生成。以 7 个实例证实，碳同位素判据无法确认一些天然气的成因。以 5 个实验结果证实，费—托合成反应同样可产生碳同位素分馏效应，对于区分生物成因气与非生物成因气，碳同位素不是可靠的判据。过柴达木盆地的 2 条地学断面和大地电磁测深证实，柴达木盆地深部上地幔上隆，并有 3 条超壳深大断裂，中地壳内有低速—高导层，富含 CO_2（或 CO）及 H_2，又有金属催化元素，在中地壳恰当的温度、压力条件下，可发生费—托反应合成烃类。因此，柴达木盆地第四系下部可能有非生物成因天然气，天然气勘探前景将更好。

关键词：生物成因气；碳同位素；分馏作用；费—托反应；第四系；柴达木盆地

1957 年以来柴达木盆地东部三湖地区发现的储集于第四系的天然气具有下列特征：(1) 甲烷含量高于 95%；(2) $CH_4/(C_2H_6+C_3H_8)$ 值为 145～1268；(3) 甲烷的 $\delta^{13}C_1$ 值为 -65‰。因此这种天然气被认为是生物成因气（Biogenic Gas），且其生物成因几乎未被怀疑过[1—9]。到 2004 年底，涩北、台南地区天然气储量已达 $2768\times10^8 m^3$[10]，成为中国继鄂尔多斯、塔里木、四川盆地之后的第四大天然气区。

进入 21 世纪以来，随着中国经济的持续高速发展，对天然气的需求不断增长。但柴达木盆地东部地区天然气勘探却进展不大，人们开始反思以往的勘探历程，并对第四系天然气的生物成因提出了怀疑。

本文根据现有资料，对柴达木盆地第四系天然气成因进行讨论。

1　第四系泥岩的地质地球化学特征

柴达木盆地第四系属于快速堆积，其湖相泥岩平均厚度仅 1200m。这些泥岩有机质丰度不高，灰色、浅灰色泥岩有机碳含量极低（仅 0.10%～0.23%），深灰色、灰黑色泥岩有机碳含量稍高（也仅 0.10%～0.50%）。此外，柴达木盆地第四纪一直处于较低的古气温环境。

柴达木盆地第四系泥岩的氯仿沥青"A"含量很低[1]：(1) 浅于 1000m 的井段，深灰

---

[*] 本文曾发表于《石油勘探与开发》2008 年第 35 卷第 2 期。

色泥岩氯仿沥青"A"含量为0.0071%，灰、灰绿色泥岩氯仿沥青"A"含量为0.0922%；（2）深于1000m的井段，深灰色泥岩氯仿沥青"A"含量为0.0184%，灰、灰绿色泥岩氯仿沥青"A"含量为0.0120%。

氯仿沥青"A"的族组成以非烃为主，占40%~70%，饱和烃含量低，仅13%~16%。

有机质发酵产气主要靠乙酸，而柴达木盆地第四系泥岩中乙酸含量太低，仅6~50mg/g，不利于乙酸发酵产气活动[11]。

上述柴达木盆地第四系泥岩的地质、地球化学特征似乎均不支持其可以生气。

2 对第四系生物成因气的质疑

有人认为，生物气形成不受有机质类型、数量控制，生物气烃源岩不能用传统方法评价[12]。但是如何评价生物气烃源岩，缺乏一套有效而适用的指标。

通常把有机碳含量作为石油资源评价的重要参数，但恰恰在这一重大问题上暴露了有机生烃论的"软肋"，因为它缺乏理论依据[13]，何况柴达木盆地第四系泥岩有机碳含量确实很低。更重要的是，在沼泽、湿地、稻田、农村沼气池等观察到的生物气形成环境在地质历史中始终没有出现，即地质历史中没有那么多有机质、那么多细菌。问题在于，凭天然气的$\delta^{13}C$值小于-65‰，能否判定这种天然气是生物成因气？张景廉等曾指出[14,15]、$\delta^{13}C$不是油气物源可靠的示踪剂，并就威远气田的气源与戴金星院士讨论[16]。对生物气成因的判识指标主要有3点，即甲烷含量、甲烷与乙烷加丙烷的比值及$\delta^{13}C_1$，其中被认为最过硬的指标似乎是$\delta^{13}C_1$，然而恰恰在这一点上出了问题。

帅燕华等（2007）论述了柴达木盆地陆相生物气的形成机理，指出，生物气主要有两种生成途径（乙酸发酵和CO_2还原），尽管在柴达木盆地1700m的深部检测到较多含量的乙酸，但对聚集成藏没有太多意义，大型商业性气田的生物气均为CO_2还原型。但若柴达木盆地三湖地区生物气为CO_2还原成因，如此巨量的CO_2从何而来，CO_2通过加H_2还原，H_2又从何而来？对这一问题，帅燕华等（2007）没有交代清楚。有必要指出的是，CO_2加H_2还原成CH_4的反应实际上是费—托合成反应的类型之一，已不是生物成因。

柴达木盆地三湖地区自1957年以来发现了生物气，然而其气源岩究竟是以高碳泥岩为主还是以低碳泥岩为主，到目前仍不清楚。笔者注意到，最近梁金胜等对三湖地区第四系生物气成因提出了质疑，认为有来自新近系狮子沟组（N_2^3）的腐泥型热成因气[17]。张晓宝等根据伊深1井在新近系（N_2^3，1319~1322m井段）获得的天然气$\delta^{13}C$组成（$\delta^{13}C_1$值为-63.7‰，$\delta^{13}C_2$值为-39.7‰，$\delta^{13}C_3$值为-13.7‰），认为柴达木盆地有古近系—新近系生物成因气，可开拓勘探新领域[18]。

谢展在谈到辽河油田的油源时，指出"辽河油田生油岩的有机质不是最好，丰度也不是最高，但产烃率却很高，其原因值得研究"，并认为可能有复合的油源[19]。张景廉等关于辽河油田有机质和原油的Pb、Sr和Nd同位素分析[20]证实了这一猜测。因此，柴达木盆地第四系天然气的"生物成因"值得质疑。

3 $\delta^{13}C$ 作为天然气成因判识标准的不确定性

3.1 岳各庄煤矿的"生物气"

由于煤的 $\delta^{13}C$ 值为-22‰，因此由煤生成的煤层甲烷的 $\delta^{13}C$ 理应较重。但大量煤层气的碳同位素组成表明了它们的 $\delta^{13}C$ 很轻，且变化范围很大，$\delta^{13}C$ 分布为-90‰~-40‰。

这里举一个河北开滦煤矿岳各庄气藏较为极端的例子。该气藏位于唐山市西南8km，1979年6月钻煤田水文孔岳56井过程中首次发现工业气流，产气层埋深479m，层位为二叠系石盒子组。1981年又相继在岳55井、岳56井获工业气流。地矿部系统"六五"期间进行了调查，估算该气藏的可采储量为 $200×10^4$ ~ $300×10^4 m^3$。岳各庄气藏天然气组分和碳同位素分析资料（表1）表明其天然气应为生物气。

表1 岳各庄气藏气样分析[21]

取样地点	层位	深度(m)	天然气组成（%）					$\delta^{13}C_1$ (‰)
			CH_4	C_2H_6	C_3H_8	CO_2	N_2	
岳55井	P_1	366.99	81.62	痕量	痕量	0.29	18.09	-66.9
岳56井	P_1	479.71	82.53	痕量	痕量	0.21	17.26	-65.6
2641孔	P_1	693	91.85	痕量	痕量	0.55	7.60	-60.0
2642孔	P_1	693	93.46	痕量	痕量	0.39	6.15	-57.4
瓦斯泵站			91.15	痕量	痕量	0.53	8.32	-56.7

但戚厚发分析钻井地质剖面后认为[21]，石盒子组含气层之上直接覆盖的350多米厚的第四系几乎由砂砾、卵石组成，仅夹少量灰色黏土层，既缺乏生气母质，也不具备生物气生成的厌氧环境。戚厚发认为这种天然气可能是煤层气，理由如下：（1）一定厚度的石炭系—二叠系煤层提供了煤层甲烷生成的物质基础；（2）上覆裂缝性致密砂岩提供了天然气的储集空间；（3）构造变动和较优越的构造部位有利于煤层甲烷的解吸和聚集；（4）鼻状构造和致密砂岩提供了构造—岩性圈闭。但天然气的 $\delta^{13}C_1$ 值表明，该区的天然气并不是煤系有机质生成的常规天然气，因为气肥煤阶段生成的煤层气 $\delta^{13}C_1$ 值不可能如此之低。因此，戚厚发又认为，这是煤层甲烷解吸出来并运移出煤层，在煤层之外的储层中聚集形成的天然气藏。

在这里，$\delta^{13}C_1$ 判据苍白无力。

3.2 长白山地热区的天然气

长白山地热区天然气的 $\delta^{13}C_1$ 值为-36.36‰~-35.65‰，对此戴金星等认为，从数据分析，该区天然气属于有机成因气似乎合理[22]。但结合温泉周边地质条件分析，该区天然气可能是无机成因气。

3.3 波河盆地深部的"生物气"

孙永祥在评述俄罗斯及国外一些地球化学家的天然气碳、氢同位素资料时指出[23]，碳同位素很轻的甲烷（$\delta^{13}C_1$ 值为 $-70‰$ ~ $-60‰$）及氢同位素很轻的甲烷（δD 值小于 $-200‰$），不仅可以在浅层生成，而且在深度不小于 4.5km 的地层中也可生成。

最典型的是意大利北部的波河盆地（Po Basin），天然气（被认为是生物气）层最大埋深可达 4467m[24]，$\delta^{13}C_1$ 值为 $-70‰$。显然如此深度形成的天然气绝不是传统认识的生物成因气。

3.4 瑞典 Silijan 构造的天然气

瑞典 Silijan 构造钻了一口科学钻井（Gravberg-1 井），这是在古老地盾的前寒武纪花岗岩寻找来自地幔的非有机成因天然气的一次尝试。这口井在花岗岩中获得 13t 石油及少量天然气，颇有意义的是在 5000~6500m 深度获得的甲烷 $\delta^{13}C_1$ 值大多小于 $-30‰$，最轻的达 $-38‰$[25]。

按传统观点，这种甲烷应是有机成因，但其地质环境则明白无误地表明，这种甲烷肯定是非有机成因。

3.5 柴达木盆地的罐装气

在柴达木盆地三湖地区涩北 1 号气田，新涩 3-4 井 160~1650m 井段采集的钻井液、岩屑混合罐装的气体同位素十分异常：160~400m 井段获得的甲烷 $\delta^{13}C_1$ 值约 $-30‰$，δD 值小于 $-300‰$；而 400~1650m 井段获得的甲烷 $\delta^{13}C_1$ 值为 $-68‰$ ~ $-65‰$，δD 值为 $-230‰$，表现为 CO_2 还原成因类型[8]。

3.6 加利福尼亚湾瓜伊马斯盆地的甲烷

瓜伊马斯盆地位于美国太平洋隆起的加利福尼亚湾，海底喷出甲烷的 $\delta^{13}C_1$ 值为 $-51‰$ ~ $-43‰$[26]，而其 $^3He/^4He$ 值为 $8.0R_a$，这是典型热液体系中形成的天然气。但该甲烷的 $\delta^{13}C_1$ 值却显示有机成因气特征。

3.7 非洲基伍湖水中的甲烷

基伍湖是东非大裂谷湖泊群中的一个，在 400m 深处每升水中含 2000mL 气体，其中 CH_4 占 22%，CO_2 占 77%，湖水中溶解的 CH_4 总量约 $5.7\times10^{16}m^3$，远远超过地球上全部工业气藏储量的总和。

基伍湖 CH_4 的 $\delta^{13}C_1$ 值为 $-65‰$ ~ $-45‰$，CO_2 的 $\delta^{13}C$ 值为 $-2‰$。关于基伍湖水中的甲烷，Deuser 等曾断言为生物成因，但湖中的有机质难以形成如此巨量的甲烷。MacDonald 则认为基伍湖中的 CH_4 是岩浆生成的，而 CO_2 是 CH_4 氧化的结果，结合其 $^3He/^4He$ 高比值，他指出，基伍湖的 CH_4 属非生物成因[27]。

以上实例说明，单靠 $\delta^{13}C_1$，在大多数情况下不能区别有机生成与无机生成的甲烷，而且这种区别有一定危险性。因此，MacDonald 认为"迫切需要透彻了解同位素分馏的生物学及物理化学机理"[27]。Jenden 等也指出，$\delta^{13}C_1$ 不是区分非有机成因和有机成因天然气十分有效的指标，$\delta^{13}C_1$ 值小于 $-25‰$ 的甲烷可以通过费-托合成反应生成，$\delta^{13}C_1$ 很轻的甲烷在金刚石和陨石中也很常见[26]。因此，$\delta^{13}C_1$ 值不大于 $-30‰$ 的甲烷不一定就是有机成因的，如前述基伍湖中的甲烷、瓜伊马斯盆地的热液成因甲烷、瑞典 Silijan 构造超深花岗岩中的甲烷等。

4 费—托合成反应产物的碳同位素组成

4.1 Horita 与 Berndt 的实验

Horita 和 Berndt 曾指出,尽管有一些地球化学指标能区分生物成因气与热成因气,但是用以区别非生物成因甲烷的指标与判据却很少[28],而产生这种甲烷的自然作用过程更鲜为人知。

Horita 和 Berndt 作了一个热液条件下非生物成因甲烷生成的实验[28]。他们的实验表明,在还原的热液条件下,超基性岩蛇纹石化过程中形成蛇纹石、磁铁矿并释放出 Ni 和 H_2,释放出的 Ni 又形成了 Ni—Fe 合金(awaruite);当加入 3 种物种(溶解 CO_2、HCO_3^-、CO_3^{2-},其中 HCO_3^- 占 70% 以上)的含 CO_2 溶液时,发生如下反应:

$$HCO_3^- + 4H_2 \rightarrow CH_4 + OH^- + 2H_2O \tag{1}$$

他们的实验结果见表 2。

表 2 热液条件下非生物成因甲烷生成与碳同位素分馏作用[28]

实验条件	反应时间(h)	化学组成(mmol/kg)			$\delta^{13}C$ (‰)	
		$\sum CO_2$	CH_4	H_2	$\sum CO_2$	CH_4
200℃ 50MPa (26mg Ni—Fe)	0	11.4	0	254	-4.1	
	13.4	10.3	0.15	173		
	108.9	9.46	0.47	239	1.7	-48.3
	323.4	6.22	1.16	233	12.9	-53.6
	2173.4	2.42	5.25	221	6.8	-46.0
300℃ 50MPa (17mg Ni—Fe)	0	12.3	0.04	280	-4.1	
	24.0	4.99	1.03	271	-0.8	-33.6
	120.0	2.72	5.81	250	13.1	-27.8
	336.0	1.11	10.7	230	20.8	-19.1

这个实验表明了:

(1) 非生物成因甲烷 $\delta^{13}C_1$ 值不一定大于-25‰,可以更轻。自然界有十分相似于该实验条件的地质环境,因此,当甲烷的 $\delta^{13}C_1$ 很轻时,不能轻易地称其是有机成因的。

(2) 上述非生物成因甲烷的 $\delta^{13}C_1$ 值与生物成因、热成因甲烷的 $\delta^{13}C_1$ 值相互重叠,难以据 $\delta^{13}C_1$ 判识。

(3) 非生物成因甲烷形成过程中也可导致碳同位素发生分馏作用,而且可形成很低的 $\delta^{13}C$ 值;非生物成因甲烷系列的 $\delta^{13}C$ 不一定呈反序序列。

(4) 该实验初始物质 $\sum CO_2$ 的 $\delta^{13}C$ 值为-4.1‰。当它在热液条件下有 Ni—Fe 合金作催化剂时,所生成甲烷的 $\delta^{13}C$ 向更轻的方向变化,而其初始 $\sum CO_2$ 的 $\delta^{13}C$ 也发生变化(更重些)。200℃实验条件生成的甲烷似乎更多地与生物成因气相似,而 300℃ 实验条件生成的甲烷则似乎更多地与热成因甲烷相似。按 $\delta^{13}C_1$ 的数据判识,它们均应是有机成因的,但它们恰恰都是无机成因的，因为这个实验中没有任何有机质！

（5）笔者以为式（1）实乃费—托反应的一种特殊形式，只不过不是 CO_2、CO 加 H_2，而是用 ΣCO_2 的 HCO_3^- 物种与 H_2 反应。

（6）该实验表明，即使生成甲烷的原始物质为非生物物质，也可以生成碳同位素组成表现为有机成因特征的甲烷（$\delta^{13}C$ 值轻于-25‰）。诚如 Horita 与 Berndt 所指出的，如果该实验过程在自然界广泛存在，那么，非有机成因甲烷比先前所认为的要更广泛分布。

（7）该实验更表明，人们对碳同位素分馏作用实在知之甚少，如果催化剂、温度、浓度等条件不同，可获得的产物（CO_2 与 CH_4）的碳同位素组成可能亦不同。有一点可能是，在生成 CO_2 与 CH_4 的作用过程中，^{13}C 更易与 O 结合，而 ^{12}C 更易与 H 结合，从而会造成同一气藏（田）中 CO_2 是无机成因而甲烷气是"有机成因"的现象，如在很多油气田所见到的，而事实上它们均源于无机物质。这样一个碳同位素的"歧化"反应值得作更深入的研究。

（8）重要的是，诚如 Horita 和 Berndt 所指出的，非有机成因甲烷确实能够在地壳中生成。按他们的模式，目前大量 $\delta^{13}C_1$ 值轻于-25‰的甲烷气不能被认作是有机成因气，很可能是通过费—托反应生成的无机成因气。而按他们的模式，本文谈到的甲烷异常轻的碳同位素组成也便可以得到解释。

4.2 胡桂兴等的实验

再看胡桂兴等模拟原始星云条件下的费—托合成天然气的实验结果[29]（表3）。该实验表明，即使是无机合成的天然气，亦仅有 1 个样品 CH_4 的 $\delta^{13}C$ 值大于-25‰，而其他4个样品均小于-40‰；其中也仅 13 号样品呈 $\delta^{13}C_1>\delta^{13}C_2>\delta^{13}C_3>\delta^{13}C_4$ 的所谓反序系列。按常规的天然气判识标准，除 13 号样品外，其他 4 个样品均应是有机成因气，但事实并非如此。

表3 合成气体的碳同位素组成[29]

样号	初始 CO 的 $\delta^{13}C$ (‰)	反应产物 $\delta^{13}C$ (‰)				
		CO_2	CH_4	C_2H_6	C_3H_8	C_4H_2O
3	-22.8		-40.9	-26.7	-40.1	
10	-25.6	10.6	-51.2	-33.0	-49.8	-52.2
13	-26.0	-4.8	-10.4	-48.9	-50.0	-52.0
17	-25.6	20.1	-49.8	-47.2		-49.6
18	-28.2	12.7	-47.7		-45.5	-46.7

4.3 Lancet 的费—托合成实验

Lancet 的费—托实验的结果表明，在合成温度为 127℃ 的条件下，进料为 CO_2+H_2 时，两种不同催化剂合成的原油的 $\delta^{13}C$ 值分别为-65‰和-20‰；进料为 $CO+H_2$ 时，不同催化剂合成的原油的 $\delta^{13}C$ 值分别为-25‰和-14‰[30,31]。这证明，费—托合成反应同样可以引起碳同位素分馏作用，它具有与光合作用相似的化学机理；费—托实验合成的油也有与原油相似的相对富集 ^{12}C 的特点，其碳同位素分馏作用与合成温度、进料的组成、比例、催化剂的种类、合成作用的完全与否等有关。也就是说，与生物有机质相仿的^{12}C富集作用同样可在费—托合成反应中完成。

4.4 生物气的模拟实验

为了探索生物气的形成机理，油气系统研究人员与农业部沼气研究人员合作，作了一系列模拟实验。从实验的部分结果（表4）可以看出：（1）海相沉积物生化甲烷的碳同位素随温度升高而变轻，而陆相沉积物的则随温度升高而变重。（2）实验温度从35℃升高到55℃，柴达木盆地第四系和莺琼盆地样品生化甲烷的碳同位素变轻；而温度再升到65℃、75℃时，生化甲烷$\delta^{13}C$又变重、再变轻，如此复杂的$\delta^{13}C$的变化的确还有待深入研究。（3）笔者注意到，在65℃和75℃的实验温度条件下，按Tissot等的生烃模式，正是热催化生烃的开始，而甲烷的$\delta^{13}C_1$值却仍轻，而且非常轻！显然，传统的生烃模式还需重新考虑。

表4 不同温度条件下生化甲烷的$\delta^{13}C$值

环境	甲烷的$\delta^{13}C$值（‰）				资料来源
	35℃	55℃	65℃	75℃	
柴达木盆地第四系	-35.70	-67.53	-63.59	-64.40	钱贻伯等(1998)
莺琼盆地（平均）	-50.01	-65.65	-52.35	-63.79	
海相	-53.73	-66.98			张洪年(1991)
	-55.71		-66.05		
陆相	-50.65	-42.47			
	-54.83		-47.03		

5 柴达木盆地东部地区形成非生物成因气的地质条件

到目前为止，过柴达木盆地共完成4条地学断面，其中两条地学断面（格尔木—额济纳旗地学断面[34]和阿尔金—龙门山地学断面[35]）与已知油气区有关。这两条地学断面为讨论柴达木盆地深部地壳构造特征提供了重要的地球物理资料。

5.1 地壳深部存在低速层

根据格尔木—额济纳旗地学断面（GET）地球物理综合解释图[34]（见图1，本文只讨论柴达木盆地段，即格尔木—小柴旦—哈拉湖段），在20km以下深度的中地壳有一相当稳定的低速层（纵波速度为5.8~6.08km/s），厚6~8km，其上界纵波速度为6.1~6.3km/s，下界纵波速度为6.4~6.6km/s。该区地壳厚度一般为50~53km，盆地北缘的厚度有所增厚，达60km左右。

从阿尔金—龙门山爆破地震测深剖面的地壳纵波速度图[35]（图2）可以看出，从都兰到阿尔金段，在25km以深有一低速层（纵波速度为5.8km/s），并有3条超壳深大断裂：阿尔金断裂、南祁连断裂及昆仑断裂。

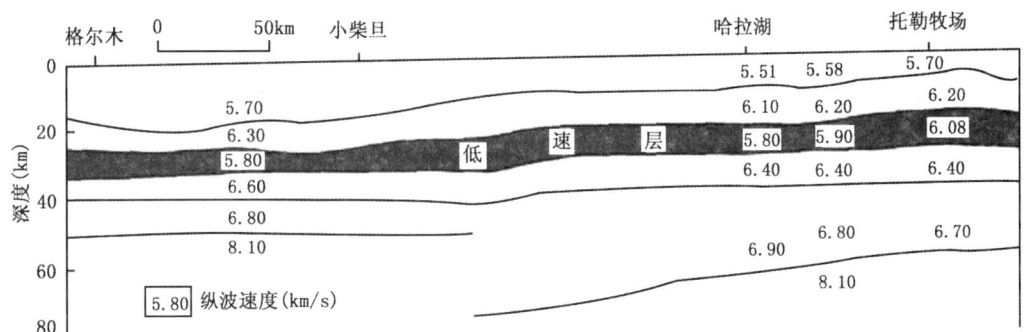

图1 格尔木—额济纳旗地学断面（GET）地球物理综合解释图（部分）[34]

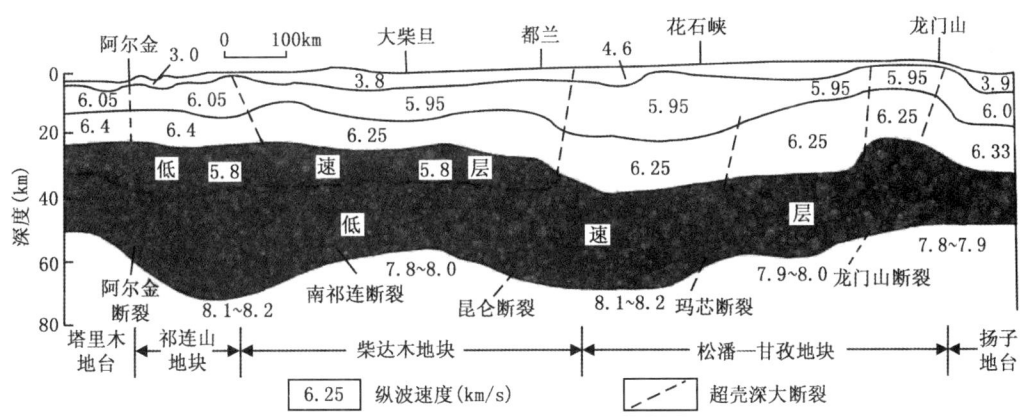

图2 阿尔金—龙门山地学断面的地壳纵波速度结构[35]

5.2 盆地深部电性特征

据徐常芳研究，柴达木盆地绝大部分有高导层，且与上述低速层分布大体一致[36]。

5.3 中地壳低速—高导层与油气生成

通常地壳分上、中、下3层。中地壳之所以引起广泛关注，在于它有低速—高导层，而中地壳的低速—高导层的分布是不均一的。

关于中地壳低速—高导层的形成，目前国内外学者有不同看法[37]。笔者采用的是俄罗斯地球物理学家沃里沃夫斯基、地质学家萨尔基索夫提出的"双层砖"、"超基性岩底辟"说[38]。他们认为当软流圈的超基性岩浆上涌时穿过玄武岩层内的断裂，超基性岩浆底辟于玄武岩与上覆花岗岩之间；这种超基性岩经受了地幔流体（富含卤族元素离子，如 K^+、Na^+、H^+、CO_2、CO、H_2 等）的热液作用，发生蚀变，形成蛇纹石化橄榄岩，同时释放出大量的 Fe、CO、Ni、V，还有 Mg 等。因此这种中地壳是富含卤水、气体、金属离子的，同时常表现为低速、高导的特征。

如前所述，中地壳富含 CO_2（或 CO）及 H_2，又有 Fe、CO、Ni、V 等金属催化元素，它们在中地壳恰当的温度（300~450℃）、压力（2000~2500kPa）条件下，便可发生著名的费—托合成烃类的反应。据研究，当反应物（CO_2 与 H_2）的比例、反应温度、催化剂种类不同时，可合成不同类型的烃（包括石油）[39]。费—托反应中还可发生如光合作用中富集^{12}C的碳同位素分馏作用[40]。依笔者看来，克拉玛依油田便是由这种模式所形成[40]，近年来石炭系火山岩油藏的不断发现便是一个依据[41]。

非洲基伍湖水溶气的$\delta^{13}C_1$值为-65‰~-45‰，一些专家据此便认定是一种特殊的生物成气模式。其实这恰是不完全费—托合成反应的结果，即反应物中CO_2过剩，而H_2含量不足，才导致基伍湖底水溶气中CH_4含量仅占22%，CO_2却占了77%。

6 讨论与结论

（1）柴达木盆地第四系的地质、地球化学特征不利于大量生物气的形成。目前仅在沼泽、湿地、稻田及农村沼气池等见到生物（细菌）气的形成，原因是那里有丰富的有机质和大量的细菌、酶等，使有机质转化成甲烷，而柴达木盆地第四系及其他地区均不具备这些条件。

（2）本文列举的实例表明，$\delta^{13}C$组成在判识油气成因方面有太多的不确定性。

（3）一些无机合成天然气及生化甲烷生成的实验均表明碳同位素组成的变化没有特定规律。可以肯定的是，气相条件下或热液条件下的费—托合成反应同样可引起富集^{12}C的碳同位素分馏作用。

（4）一些专家早就指出"微生物形成甲烷的机理至今还未十分清楚"[42]，天然气"微生物成因的观点，目前缺乏有说服力的证据"[43]。正是在这一点上，笔者认为柴达木盆地第四系天然气的"生物成因"尚需商榷。

（5）如同煤层气可能与煤层无关而可能与深部流体有关[44]一样，柴达木盆地的所谓生物成因气可能不是生物（生化）成因，而与深部流体有关，与中地壳的低速—高导层有关，为非生物成因，即天然气在中地壳低速—高导层中通过费—托反应而合成。正是基于这个认识，在柴达木盆地东部的深部，天然气将有更大发现，目前在第四系所见到的天然气仅是深部巨大气库的一部分。

参 考 文 献

[1] 顾树松．柴达木盆地东部第四系气田形成条件及勘探实践．北京：石油工业出版社，1993.
[2] 管志强，徐子远，周瑞年，等．柴达木盆地第四系生物气的成藏条件及控制因素．天然气工业，2001，21（6）：1-5.
[3] 管志强，党玉琪，王金鹏，等．柴达木盆地第四系生物气勘探现状及前景分析．中国石油勘探，2002，7（4）：67-73.
[4] 党玉琪，侯泽生，徐子远，等．柴达木盆地生物气成藏条件．新疆石油地质，2003，24（5）：347-378.
[5] 关平，王大锐，黄第藩．柴达木盆地东部生物气有机酸地球化学研究．石油勘探与开发，1995，22（3）：41-45.
[6] 党玉琪，张道伟，徐子远，等．柴达木盆地三湖地区第四系沉积相和生物气成藏．古地理学报，2004，6（1）：110-118.
[7] 帅燕华，张水昌，苏爱国，等．生物成因天然气勘探前景初步分析．天然气工业，2006，26（8）：1-4.
[8] 帅燕华，张水昌，赵文智，等．陆相生物气纵向分布特征及形成机理研究——以柴达木盆地涩北一号为例．中国科学（D辑），2007，37（1）：46-51.

[9] 帅燕华,张水昌,赵文智,等.古菌细胞膜类脂化合物分析与初步应用.地质学报,2007,81(1):16-21.

[10] 赵文智,汪泽成,王红军,等.近年来我国发现大中型气田的地质特点与21世纪初天然气勘探前景.天然气地球科学,2005,16(6):687-692.

[11] 丁安娜,王明明,李本亮,等.生物气的形成机理及源岩的地球化学特征——以柴达木盆地生物气为例.天然气地球科学,2003,14(5):402-407.

[12] 张祥,纪宗兰,杨银山,等.关于生物气源岩评价标准的讨论——以柴达木盆地第四系生物气为例.天然气地球科学,2004,15(5):465-470.

[13] 张景廉.实话实说中国油气资源现状.石油科技论坛,2005,14(2):27-31.

[14] 张景廉,刘小琦,张平中,等.碳同位素与油气物源示踪.地质地球化学,1998,26(2):63-71.

[15] 张景廉.再论"碳同位素与油气物源示踪".西北油气勘探,2002,14(4):39-47.

[16] 张虎权,卫平生,张景廉.也谈威远气田气源——与戴金星院士商榷.天然气工业,2005,25(7):4-7.

[17] 梁全胜,刘震,党玉琪.柴达木盆地三湖地区第四系生物气成因类型的研究.中国西部油气地质,2005,1(1):66-69.

[18] 张晓宝,胡勇,段毅,等.柴达木盆地第三系生物气的地质地球化学证据.石油勘探与开发,2002,29(1):39-41.

[19] 谢展.裂谷盆地仍是今后油气勘探的重要领域.中国石油勘探,2007,12(1):4-11.

[20] 张景廉,朱炳泉,陈义贤,等.Pb,Sr,Nd同位素与辽河油田油源对比.地学前缘,2000,7(2):345-352.

[21] 戚厚发.开滦煤田岳各庄气藏形成条件讨论.石油勘探与开发,1984,11(3):11-15.

[22] 戴金星,戴春森,宋岩,等.中国一些地区温泉中天然气的地球化学特征及碳、氦同位素组成.中国科学(B辑),1994,24(4):426-433.

[23] 孙永祥.鉴别生物成因气体主要地化指标的再认识.地学前缘,1999,6(增刊):216-220.

[24] Mattavelli L, Ricchiuto T, Grignani D, et al. Geology and Habitat of Natural Gases in the Po Basin, Northern Italy. AAPG Bull., 1983, 67(12): 2239-2254.

[25] Jeffrey A W, Kaplan I R. Hydrocarbons and Inorganic Gases in the Gravberg-1 Well, Siljan Ring, Sweden. Chemical Geology, 1988, 71: 237-255.

[26] Jenden P D, Hilton O R, Kaplan I R, et al. Abiogenic Hydrocarbons and Mantle Helium in Oil and Gas Fields. The future of Energy Gases. Washington: U. S. Gov. Prin. Office, 1993: 31-56.

[27] MacDonald G. The Many Origins of Natural Gas. Journal of Petroleum Geology, 1983, 5(4): 341-362.

[28] Horita J, Berndt M E. Abiogenic Methane Formation and Isotopic Fractionation under Hydrothermal Conditions. Science, 1999, 285: 1055-1057.

[29] 胡桂兴,欧阳自远,王先彬.原始太阳星云条件下费—托反应中的碳同位素分馏.中国科学(D辑),1997,27(5):395-400.

[30] Lancet M. Carbon Isotope Fractionation in Fischer-Tropsch Synthesis and in Meteorites. Science, 1970, 170: 980-982.

[31] Lancet M. Carbon Isotope Fractionation in Fischer-Tropsch Reaction and Noble Gas Solubilities in Magnetite Implications for the Origin of Organic Matter and Primordial Gases in Meteorites. Chicago: University of Chicago, 1972: 145.

[32] 钱贻伯,连莉文,张文正.等.生物气形成过程中CH_4碳同位素变化规律的研究.石油学报,1998,19(1):29-33.

[33] 张洪年,连莉文.生物气模拟实验地质应用.成都:成都农业部沼气研究所,1991:74.

[34] 崔作舟,李秋生,吴朝东,等,格尔木—额济纳旗地学断面的地壳结构和深部构造.地球物理学报,

1995，38（增刊）：15-28.

［35］ 王有学，韩果花，袁学诚，等．阿尔金—龙门山地学断面的地壳纵波速度结构∥中国大陆地球深部结构与动力学研究—庆贺滕吉文院士从事地球物理研究50周年．北京：科学出版社，2004：134-146.

［36］ 徐常芳．中国大陆壳内与上地幔高导层成因及唐山地震机理研究．地学前缘，2003，10（特刊）：101-111.

［37］ 张景廉，于均民．论中地壳及其地质意义．新疆石油地质，2004，25（1）：90-94.

［38］ 沃里沃夫斯基 Б С，萨尔基索夫 Ю М．世界最大含油气盆地．任俞，译．北京：石油工业出版社，1991：196.

［39］ 吕功煊，丑凌军，张兵，等．深层及非生物烃的催化机制．天然气地球科学，2006，17（1）：14-18.

［40］ 薛新克，王廷栋，张景廉，等．准噶尔盆地深部地壳构造特征与油气勘探方向．天然气工业，2006，26（10）：37-41.

［41］ 林隆栋．新疆克拉玛依油区油气勘探新思维．中国石油勘探，2007，12（2）：76-89.

［42］ 徐永昌，刘文汇，王先彬，等．天然成因理论及应用．北京：科学出版社，1994：102-121.

［43］ 王万春，刘文汇，刘全有．浅层混源天然气判识的碳同位素地球化学分析．天然气地球科学，2003，14（6）：469-473.

［44］ 张虎权，卫平生，张景廉．煤层气成因讨论．石油学报，2007，28（2）：29-34.

普光气田的天然气可能是无机成因的

石兰亭[1,2]　郑荣才[1]　张景廉[2]　卫平生[2]　张虎权[2]

（1. 成都理工大学，四川成都 610059；2. 中国石油勘探开发研究院西北分院，甘肃兰州 730020）

摘　要：普光气田天然气的成因由于地质储量和气源等认识有待深入而备受关注。普光气田的深部中地壳存在一个低速层，该低速层是一个塑性层，具流变性质，是充满气体及离子的热液流体。一方面，热液流体与橄榄岩等超基性岩发生蚀变反应，生成 Fe^{2+}、Mg^{2+} 及 V、Ni 等；另一方面，CO_2（或 CO）与 H_2 在中地壳的恰当温度、压力下，在 V、Ni 等金属的催化下，发生费—托合成烃的反应。这时，携带 K^+、Na^+、Cl^-、Fe^{2+}、Mg^{2+} 的热液体上升到沉积地层，当遇到碳酸盐岩时，便发生 Mg^{2+} 交代或 Fe^{2+}、Mg^{2+} 交代形成铁白云石及盐岩等，当遇到碎屑岩（硅酸盐）时，便发生绿泥石化（Mg^{2+} 交代）、伊利石化（K^+ 交代）、蒙皂石化（Mg^{2+} 交代）作用并生成盐类矿物。费—托反应生成的烃可沿断裂系统上升到储层中（如白云岩及砂岩）而成藏。研究结果表明，普光气田天然气的成因及成藏模式可能就是通过上述途径实现的，即普光气田的天然气可能是无机成因的。川东地区还是一个地球强烈排气的区域，那些尚没有圈闭成藏的天然气影响了当地气候（如酷热、森林大火等）。结论认为：寻找普光气田型的天然气藏（生物礁—白云岩—膏盐组合）是 21 世纪四川盆地天然气勘探的主要目标。

关键词：普光气田；气藏形成；无机成因；低速带；塑性流体；费—托反应；生物礁；白云岩

最近，马永生教授撰文，论述了"四川盆地普光大型气田的形成机制"[1]，笔者拟从新的视角来分析普光气田的深部地质、地球物理背景，并论述普光气田的天然气可能是无机成因的。

自普光气田发现以来，以马永生教授为主的项目组先后在《地质论评》、《地质学报》、《石油实验地质》、《石油大学学报》、《石油与天然气地质》、《地学前缘》、《海相油气地质》等刊物发表了一系列论文[2—12]，全面论述了普光气田的沉积、层序地层、储层、礁滩及成藏模式，也有专门论述二叠系长兴组生物礁的[13]。但深入讨论普光气田气源的文章则还没有。蔡勋育等从沥青地球化学的角度认为该气田气体源于上二叠统烃源岩干酪根[7]；马永生根据烃源岩的演化史、储层流体包裹体分析资料所确定的油气成藏期，提出普光气田的主力烃源岩为中、下志留统及二叠系[1—12]，但这种分析有诸多的不确定性。马永生在文献[12]中认为，普光气田天然气干燥系数大，乙烷含量过低，无法准确分析碳同位素组成，而天然气又受到 TSR 的蚀变和改造。因此仅凭甲烷的碳同位素值难以确定其气源。

鉴于上述情况，金之钧教授等曾撰文认为"普光气田的气源不清"[14]。并指出这是海相

---

* 本文曾发表于《天然气工业》2008 年第 28 卷第 11 期。

油气勘探的主要问题之一。因此，深入探讨普光气田天然气的气源及成因十分必要。

1 普光气田的储层与盖层

普光气田是一个生物礁滩型气田。

1.1 白云岩储层

普光构造位于碳酸盐岩台地边缘，主要发育鲕粒白云岩、残余鲕粒白云岩和糖粒状残余鲕粒白云岩。这种白云岩总厚度约250m，为普光气田的主力储层。如此巨厚的白云岩，Mg^{2+}的来源一直困惑着沉积学家及石油地质学家（孙枢，张景廉，《白云石、白云岩成因研究述评》，2004）。根据笔者的研究，当地幔热液上升到底辟于花岗岩层与玄武岩层的超基性岩时，会发生广泛的蛇纹石化，释放出大量的Mg^{2+}与Fe^{2+}。这种热液继续上升，如进入碳酸盐岩地层便发生白云石化、铁白云石化；如上升到硅酸盐岩地层则发生绿泥石化；而当陆相地层也有碳酸盐岩时，则会发生白云石化，如柴达木盆地西部的古近系、济阳坳陷古近系、江汉盆地古近系、南阳盆地古近系及酒泉盆地下白垩统的白云岩[15]。在普光气田，埋深5000m的白云岩孔隙度最大可达27.9%，最大渗透率可达1000mD，而这种热液交代的白云岩在国内尚不多见[14]。

1.2 膏盐盖层

四川盆地的三叠纪是一个主要的成盐期。对于膏盐，一直被认为是蒸发成因的，几乎从未被怀疑过。

随着油气勘探的深入，发现含盐盆地的古气候并非干旱，而是十分湿热，盐岩分布受深大断裂控制；滨里海盆地十分发育的盐穿刺构造，北非中生代盆地的盐底辟、盐穿刺构造，西南非Aptian期盆地的盐构造等均表明，这些盐可能是热的浓卤水所生成的，它们由富含Na^+、K^+、Cl^-的地幔流体所生成，这便是热卤水成盐模式[16]。因此目前在沉积相研究中，常常把膏盐认作是干旱环境形成的蒸发岩，这显然是一个错误，需要予以更正。正是这种热卤水形成的膏盐对油气藏起到了十分重要的封盖作用。

1.3 生物礁（滩）—白云岩—膏盐

根据上述白云岩、膏盐的形成模式，以及国外碳酸盐岩油气勘探的经验，张景廉等陆续发表了3篇论文，论述了在中国西部寻找古生代大型油气田的勘探方向，即要在碳酸盐岩地区寻找大油气田，第一需要找生物礁滩（有好的构造），第二找礁体内白云岩（好的储集体），第三找巨厚的膏盐（好的封盖层）[17—19]。普光气田就满足上述条件。

2 普光气田深部地壳构造特征

2.1 宣汉—灵宝地质地球物理剖面

20世纪80年代，原地质矿产部第一综合物探大队、第二综合物探大队进行了四川宣汉到河南灵宝剖面的地质、地球物理调查工作[20]。

从图1可以看出：(1) 商丹断裂一带有正磁异常；(2) 在宣汉一带有一个重力低异常；(3) 从四川宣汉到陕西山阳，在深20~25km处有一个较稳定的低速层，其$v=5.7~6.0$km/s，其上部$v=6.3~6.5$km/s（地质解释为角闪岩相），下部$v=6.5~6.7$km/s（地质解释为麻粒岩相）。在图1中我们注意到，在山阳深约25km处有一条断层，沿低速层平缓延伸直到宣汉地区附近，看来这是一个拆离构造，它在深部遇到低速层（塑性层），角度变得十分平缓。

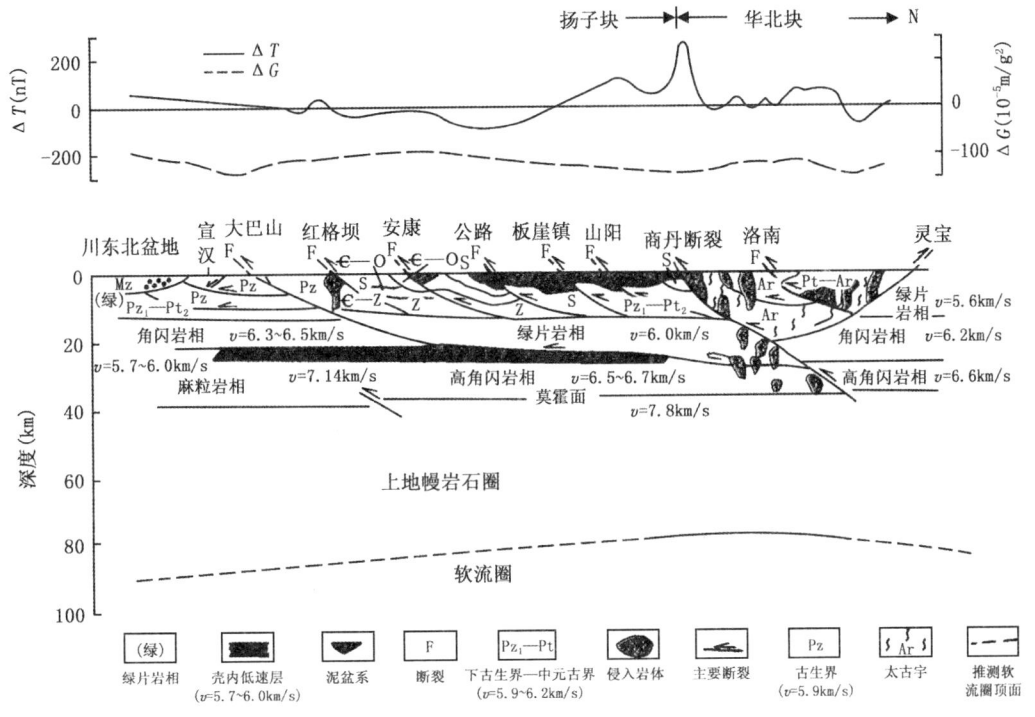

图1　宣汉—灵宝地质地球物理综合解释剖面图
（据地矿部第一综合物探大队，1986；地矿部第二综合物探大队，1987，改编）

2.2　中地壳低速层与天然气生成模式

根据沃里沃夫斯基、萨尔基索夫对世界上9个大油气田的研究表明，这种盆地的深部中地壳断续分布有低速—高导层。对这种低速—高导层有诸多不同的地质解释，沃里沃夫斯基等认为，上地幔的超基性岩浆上升底辟到花岗岩与玄武岩"层"中，由于地幔热液的蚀变，超基性岩成为蛇纹石，即所谓蛇纹石化橄榄岩[21]。这种地幔热液通常是富含卤素的卤水，富含K^+、Na^+、CO_2（或CO）、H_2等[22]。在超基性的橄榄岩蚀变成蛇纹石的过程中，释放出大量的Fe、Mg、Ni、V等金属离子。

因此，富含CO_2（或CO）、H_2的流体在Fe、Ni和V等金属元素的催化作用下（在中地壳合适的温度与压力下）可发生费—托合成烃的反应。CO_2（或CO）、H_2的比例不同，金属催化剂的种类不同，反应的温度，压力不同均会影响产物烃的组成，并且影响到烃的碳同位素组成[23,24]。详细论述可见张景廉等（2004）[25]。

上述模式可解释碳酸盐岩不能成为有效烃源岩的困惑[24]，也解释了普光气田如此一个大气田"气源不清"的疑惑[14]。

2.3 低速层与白云岩、膏盐的生成

另一方面，Mg^{2+}、K^+、Na^+及卤素等上升到上地壳的沉积地层，当有碳酸盐时，便发生Mg^{2+}交代，形成白云石（岩），K^+、Na^+及卤素便形成盐岩等；当进入硅酸盐等泥质矿物时，Mg^{2+}则形成绿泥石及蒙皂石，K^+交代形成伊利石，Na^+交代则形成钠长石（如酒泉盆地）。

这一模式成功地解释了巨厚白云岩及膏盐的生成，更解释了白云岩不仅存在于海相地层，也可存在于陆相地层的现象。这一模式还解释了陆相碎屑地层广泛发育的伊利石化、蒙皂石化、高岭石化等。

2.4 天然气成藏模式

图1可解释普光气田天然气的成藏模式。中地壳的低速层为天然气的发生器；所生成的天然气沿断层上升，当有合适的圈闭便可形成气藏（图2）。若断层开启，直到地表便造成天然气的大量泄漏（下节会讨论）。而图2的大湾构造与毛坝场构造的F_{12}、F_9、F_7断裂如果与普光构造F_{14}断裂是同一个系统，就会有气藏。因此，笔者认为，川东地区石炭系的天然气，也可用上述模式来解释其形成机理。关键是构造、圈闭、储层以及盖层的耦合。

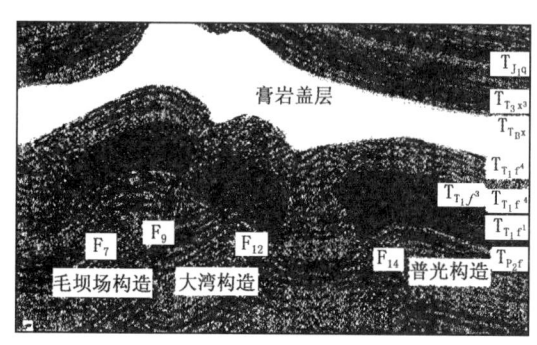

图2　普光—大湾—毛坝场构造成藏模式剖面图（据马永生）

普光气田不仅储量大，其丰度也远远高出川东其他气田[1]，就在于它的优质储层（白云岩）、优质盖层（膏盐）和有效圈闭（生物礁滩），更重要的是有充足的无机成因的气体。

2.5 成藏模式讨论

张景廉曾就克拉2气田、威远气田的成藏模式进行了讨论[26,27]，相比起来，普光气田与克拉2气田和威远气田有一些共同之处。克拉2构造储集了$2800×10^8 m^3$的优质天然气，储层是砂岩（少量白云岩），盖层是厚逾200m的膏盐层；威远气田则储集于震旦系藻白云岩中，也可称作为藻礁，基底为一个花岗岩体，此岩体富含烃。上述两个气田天然气均源于中地壳，且中地壳均有低速、高导层。

3 川东地区是一个地球强烈排气区

2006年，川东地区接连发生一些特异的自然现象及地质灾害，值得关注。
（1）森林大火。
2006年8月28日，重庆大足县玉龙镇南家煤矿区发生森林大火，当地政府曾组织两千余名军民扑火；2006年8月30日，重庆北碚和渝北区交界的大耳镇发生森林大火，威逼相国寺气田相4井，曾有20余米高的火舌，大火到9月2日方被扑灭。

(2) 瓦斯爆炸。

2006年5月20日，四川达州市一家低瓦斯煤矿发生了瓦斯爆炸。

(3) 酷热。

据报道，重庆市2006年夏季有持续近2个月的酷热，最高温度曾达到44.5℃。酷热导致大旱，农业生产遭受严重损失。这种酷热难以用传统的气象学理论予以合理解释。

(4) 天然气井喷、井漏及溢流。

2003年12月23日，四川开县罗家16H井发生特大H_2S井喷事故。与罗家16H井同属一个气田、同一气藏的罗家11H井测试日产气量达$300×10^4 m^3$，无阻流量超过$1000×10^4 m^3/d$；2006年3月25日，四川开县高桥镇罗家2号井发生井漏，与上述事故发生地相隔仅几米；2006年12月21日，四川宣汉清溪1井发生天然气溢流事件，直到2007年1月3日第3次压封井，才使溢流得到控制。

(5) 川东地区深部地球排气。

上述现象看似互不相关，实际上它们是互相有联系的。张景廉分析了大兴安岭地区及广东三水地区的森林大火，可能与地球深部气体有关[28,29]；而酷热，作为一种自然灾害，杜乐天教授认为是地球排气作用所致[30]（杜乐天．《对当代西方地球科学理论的怀疑与新见》，《地学哲学通讯》，2006（1）：11-18）。上已述及的森林大火中20余米高的火舌，显然有燃烧的天然气参与。四川开县、宣汉地区的天然气井喷、井漏、溢流事件表明，该地区深部有强大的气源体，一方面表现为高压气流，另一方面表明了天然气是可以再生的[31]。

综上可以认为，川东地区是一个地球强烈排气区。事实上，在中央电视台的天气预报节目中，我们不时可看到川东地区的森林火险预报（或兴安岭地区），那是卫星热红外探测的情报，表明这里正在排气，其原因便在于中地壳是一个巨大的气源，一部分气体储集于构造中成为气藏、气田，而另外相当一部分气体则到达地表而散失了。

据赵文智等[32]的研究，目前我们在川东地区共发现气田14个，探明天然气地质储量$5950×10^8 m^3$，尚没有包括H_2S、CO_2的储量；这些便是参加成藏作用的天然气，更多的天然气则是参与了上述自燃现象。据计算，四川盆地（江油—渠县以南，华蓥山断褶带以西，隆川—自贡—沐川一线以北）的下古生界海相地层在阳新世前的油气散失量为$256×10^{12} m^3$[33]。这种计算包括了剥蚀作用对早期油气藏的破坏，但至少表明了油气散失是十分严重的。

(6) 川东地区天然气的碳同位素组成。

戴金星院士在北京"中国油气论坛2007"会议上公布了川东北地区一些气田的碳同位素数据；普光气田甲烷$\delta^{13}C_1$大于$-29‰$，毛坝气田甲烷$\delta^{13}C_1$为$-28‰ \sim -23‰$，河坝气藏甲烷$\delta^{13}C_1$为$-26‰$，LG气藏甲烷$\delta^{13}C_1$为$-23‰$；他认为，这些甲烷的碳同位素组成相当重，为煤成气（戴金星，《中国天然气勘探的现状及其特征》，"中国油气论坛2007"，北京，2007）。

据马永生研究成果[34]，宣汉—达州地区天然气甲烷的碳同位素组成较重，大多集中在$-34‰ \sim -29‰$之间；东岳寨气田有3个气样的碳同位素组成呈反序分布$\delta^{13}C_1 > \delta^{13}C_2 > \delta^{13}C_3$。上述现象曾被解释为高成熟度[35]或混源作用[36]。

笔者认为，川东地区天然气甲烷的碳同位素组成特征恰恰表明了这些气体可能为无机成因的。碳同位素组成用于判断天然气的成因尚存在诸多问题，笔者拟另文讨论。

4 勘探前景

据最新报道,普光气田大湾2井在飞仙关组一段—二段,井深4804.4~4900m获日产58.6×10^{4}m^{3}的天然气流。普光气田储量进一步扩大。截至2007年2月,普光气田探明储量达到3561×10^{8}m^3[37],预计探明储量还将进一步增加。

按天然气的无机成因观点,川东地区将会有更大发现。一方面生物礁常呈带状分布[19],还会有更多生物礁体被发现;另一方面,油气是可以再生的[31],如前所讨论的川东地区地球强烈排气区。目前在川东找到的气田,如滚子坪、罗家寨、铁山坡、渡口河、铁山、福成寨、卧龙河、大池干井、沙坪场、五百梯、龙门、西河口、高峰场及普光气田等均是被圈闭成藏的天然气,而更多的天然气可能都已散失。普光气田之所以在诸多气田中"鹤立鸡群",在于它有优质的储层及盖层,外加有一个优良的生物礁构造。这在陆相地层也如此,克拉2气田便是由于巨厚的膏盐封盖而保存了巨量的天然气[38,39]。推而广之,川东地区的石炭系作为储层的气田也均是无机成因的,为同一气源。

如果说,20世纪50年代以来的半个世纪,我们的石油工业是靠浅部地震找构造发展到20世纪90年代的利用地震—测井—层序地层等找岩性地层圈闭而进行油气勘探的话,那么到了21世纪,我们的石油工业将靠深部地震(超过10km)探测中地壳的低速—高导层,进而寻找大型、超大型油气田。凭借这一创新思维,中国及世界的油气前景将迎来第二次革命。重要的是,生物礁中的白云岩作为储层,不会随深度增加而使储层物性变差。因此,在生物礁中找油气将是21世纪油气藏勘探的主要目标之一。鄂尔多斯、塔里木盆地的下古生界也是如此[19-40]。

5 结 论

普光气田深部的中地壳有低速—高导层,这是无机油气的发生器,重要的是有断层把低速—高导层与上地壳的P—T地层连通,白云岩作为优质储层,膏盐作为优质盖层,又有生物礁作为一个构造,使普光气田的储量丰度达到55×10^{8}m^3/km^2,居川东各气田之首,探明地质储量也位列川东各气田之首。川东地区的石炭系、二叠系、三叠系的气田均为同一气源,为无机成因。川东地区是地球强烈排气区,这些天然气是尚未被圈闭的天然气。川东地区将有更大的气田被发现,而川东地区深部生物礁大气田的勘探将是未来的主要目标之一。

参考文献

[1] 马永生. 四川盆地普光超大型气田的形成机制. 石油学报, 2007, 28(2): 9-14.
[2] 马永生, 郭旭升, 郭彤楼, 等. 四川盆地普光大型气田的发现与勘探启示. 地质论评, 2005, 51(4): 477-480.
[3] 马永生, 蔡勋育, 李国雄. 四川盆地普光大型气藏基本特征及成藏富集规律. 地质学报, 2005, 79(6): 858-865.
[4] 马永生, 傅强, 郭彤楼. 川东北地区普光气田长兴—飞仙关气藏成藏模式与成藏过程. 石油实验地质, 2005, 27(5): 455-460.
[5] 蔡立国, 饶丹, 潘文蕾. 川东北地区普光气田成藏模式研究. 石油实验地质, 2005, 27(5): 462-467.

[6] 马永生，牟传龙，郭彤楼．四川盆地东北部长兴组层序地层与储层分布．地学前缘，2005，12（3）：179-185.
[7] 蔡勋育，马永生，李国雄．普光气田下三叠统飞仙关组储层特征．石油大学学报，2005，27（1）：43-45.
[8] 马永生，牟传龙，郭旭升．川东北地区长兴组沉积特征与沉积格局．地质论评，2006，52（1）：25-29.
[9] 蔡勋育，朱扬明，黄仁春．普光气田沥青地球化学特征与成因．石油与天然气地质，2006，27（3）：340-347.
[10] 刘殊，唐建明，马永生，等．川东北地区长兴组—飞仙关组礁滩相储层预测．石油与天然气地质，2005，27（3）：332-339.
[11] 马永生，牟传龙，谭钦银，等．关于开江—梁平海槽的认识．石油与天然气地质，2006，27（3）：326-331.
[12] 马永生．四川盆地普光大气田的发现与勘探．海相油气地质，2006，11（2）：35-40.
[13] 孙珍芹．四川盆地普光气田长兴组生物礁研究．南方油气，2006，19（2-3）：15-18.
[14] 金之钧，蔡立国．中国海相油气勘探前景、主要问题与对策．石油与天然气地质，2001，27（6）：722-730.
[15] 张景廉，曹正林，于均民．白云岩成因初探．海相油气地质，2003，8（1/2）：109-115.
[16] 张景廉，郭彦如，卫平生，等．三论油气与金属（非金属）矿床的关系：油气与膏盐．新疆石油地质，1999，20（4）：310-313.
[17] 张景廉．生物礁与油气田、金属矿床的相互关系讨论．海相油气地质，2001，6（1）：53-59.
[18] 张景廉．从滨里海盆地上古生界油气探索中国海相碳酸盐岩油气勘探科学思维．海相油气地质，2002，7（3）：50-58.
[19] 卫平生，刘全新，张景廉，等．再论生物礁与大油气田的关系．石油学报，2006，27（2）：38-42.
[20] 孙肇才．碰撞山链与前陆盆地的演化∥孙肇才，张渝昌．中国含油气盆地分析——朱夏学术思想研讨文集．北京：石油工业出版社，1993：60-86.
[21] 沃里沃夫斯基 Б С，萨尔基索夫 Ю М．世界最大含油气盆地．任俞，译．北京：石油工业出版社，1991：1-71.
[22] 杜乐天．烃碱流体地球化学原理．北京：科学出版社，1996：383-399.
[23] 吕功煊，丑凌军，张兵，等．深层及非生物成烃的催化机制．天然气地球科学，2006，17（1）：14-18.
[24] 张景廉．论石油的无机成因．北京：石油工业出版社，2001.
[25] 张景廉，于均民．论中地壳及其地质意义．新疆石油地质，2004，25（1）：90-94.
[26] 张景廉．克拉2大气田成因讨论．新疆石油地质，2002，23（1）：71-73.
[27] 张虎权，卫平生，张景廉．也谈威远气田气源——与戴金星院士商榷．天然气工业，2005，25（7）：4-7.
[28] 张景廉．阿尔山森林大火兴许天然气作怪．中国矿业报，1998-07-29（3）．
[29] 张景廉．森林大火后的思考．地学前缘，1999，6（增刊）：257.
[30] 杜乐天，欧光习．盆地形成及成矿与地幔流体间的成因联系．地学前缘，2007，14（2）：215-224.
[31] 方乐华，张景廉．油气是可以再生的．石油勘探与开发，2007，34（4）：508-511.
[32] 赵文智，汪泽成，王红军，等．近年来我国发现大中型气田的地质特点与21世纪初天然气勘探前景．天然气地球科学，2005，16（6）：687-692.
[33] 康义昌．论四川加里东古隆起形成大中型气田的有利地质条件与勘探目标∥胡朝元．中国中部大气田研究与勘探．北京：石油工业出版社，1995：136-145.
[34] 马永生．普光气田天然气地球化学特征及气源探讨．天然气地球科学，2008，19（1）：1-6.

[35] 黄籍中．再论四川盆地天然气地球化学特征．地球化学，1990，20（1）：32-43．
[36] 王世谦．四川盆地侏罗系—震旦系天然气的地球化学特征．天然气工业，1994，14（6）：1-5．
[37] 王孝祥．海相油气勘探成果获国家科技进步一等奖．中国石油石化，2007（5）：14．
[38] 张朝军，田在艺．塔里木盆地库车坳陷第三系盐构造与油气．石油学报，1998，19（1）：6-10．
[39] 陈书平，汤良杰，贾承造，等．库车坳陷西段盐构造及其与油气的关系．石油学报，2004，25（1）：30-34．
[40] 郑和荣，吴茂炳，邬兴威，等．塔里木盆地下古生界白云岩储层油气勘探前景．石油学报，2007，28（2）：1-8．

海相、陆相油气及其成因概述

石兰亭[1,2]　郑荣才[1]　张景廉[2]　卫平生[2]　马龙[2]

(1. 成都理工大学"油气藏地质与开发工程"国家重点实验室，四川成都 610059；
2. 中国石油勘探开发研究院西北分院，甘肃兰州 730020)

摘　要：国外油气主要在海相地层中发现，而中国油气主要在陆相地层中找到，根本原因在于地层形成顺序两者相反，前者浅层以海相为主，后者浅层则以陆相为主，大量油气是通过壳深断裂从深部垂直向上运移所形成，储集于浅部的首先被勘探开发。中国海相油气勘探中面临三大问题：(1) 海相碳酸盐岩的有机碳含量均很低，难以形成大规模的烃源岩；(2) 无法解决碳酸盐岩中的油气运移问题；(3) 一些海相地层油气田的油气来源存在争议。共可归纳出 3 种油气生成模式，即壳源有机质、壳—幔相互作用以及费—托合成。目前人们过于执着于壳源有机质生成，而对费—托合成模式还没有足够认识和重视，这种思维定式阻碍了油气勘探在理论和实践上的进一步发展。大量油气是在地幔深部通过费—托合成或在地壳深部通过壳—幔相互作用形成，并沿深大断裂向上运移，除了浅部有大量聚集，在地壳深部的花岗岩、火山岩、变质岩等基岩中，在我国深部的海相地层和国外深部的陆相地层中同样可以大量聚集。

关键词：陆相地层；海相地层；油气分布；油气成因

20 世纪初，中东、北美、欧洲及苏联的油气大多是在海相地层中发现的，因此，那些地方的石油地质学家们几乎无一例外地认为只有海相沉积地层才能生成油气，这便是所谓的海相地层生油论[1]。其中有一些石油地质学家（如富勒、克拉普等）还来中国作过石油地质调查，当看到中国大陆地表地层大多为陆相地层时，便认为"中国自石炭纪以后的地层主要是陆相成因，绝大部分地层缺少能够生成大量石油的富含有机质的页岩"[2]，并在后来的出版物中把中国与日本、澳大利亚、土耳其等列为石油远景最差的国家[1]。这种观点一度影响了中国石油地质学界，几乎阻碍了中国石油工业的正常发展。可幸的是中国石油地质学家没有被海相生油论所禁锢。潘钟祥、谢家荣、翁文灏、孙健初等对"非海相不能生油"的理论提出了质疑。最早提出"陆相生油"的是潘钟祥，而后黄汲清、翁文波、李春昱、陈贲、尹赞勋、阮维周、王尚文、高振西等学者先后都论述了石油同陆相沉积的关系[1]。

新中国成立后，我们在松辽平原、华北平原进行了大规模的油气勘探，终于在陆相地层中发现了大庆油田、大港油田、华北油田、辽河油田、胜利油田、中原油田等油田，用勘探实践确立了陆相地层生油论，这是中国石油人对世界石油地质学理论的重大贡献。

本文讨论了陆相油气、海相油气的分布，并论述了它们可能的成因联系。考虑到陆相油气在中国讨论颇多，本文侧重于讨论海相油气。

---

* 本文曾发表在《海相油气地质》2009 年第 14 卷第 1 期。

1 什么是海相油气

对于什么是海相油气这个看似十分简单的问题，人们有着截然不同的见解。

据李德生等的统计[3—5]，中国已发现了一大批海相油气田，它们分布于塔里木盆地、鄂尔多斯盆地、四川盆地、渤海湾盆地等（表1）。

表1 中国海相沉积油气田（据金顺爱，2005，2007；李国玉，2007编制）

盆地	油气田	层位	岩性	探明地质储量		
				原油（10^4t）	天然气（$10^8 m^3$）	凝析油（10^4t）
塔里木	塔中4油田	C, D		3725	—	—
	塔河油田	O		55000		
	哈德4油田	C		3068		
	和田河气田	C, O		—	616	
鄂尔多斯	长庆气田	O, P	白云岩	—	5417	
	苏里格气田	P			3200	
四川	威远气田	Z	白云岩		408	
	卧龙河气田	T, P, C	白云岩		380	
	五百梯气田	T, P, C	白云岩		587	
	沙坪坝气田	C	白云岩		397	
	普光气田	T, P	白云岩		3560	
渤海湾	任丘油田	Z	白云岩	40000	—	
	雁翎油田	Z	白云岩	1695		
	义和庄油田	T, P, O		1764		
	千米桥油气田	O		—	358	1000

而据田在艺院士，中国海相油气田没找到几个，仅塔北隆起的油是海相的，除此以外都是陆相的。他认为中国99%的油气是陆相的[6]。根据油源对比，渤海湾盆地储集于震旦系、奥陶系的原油大多源于古近系，即所谓"新生古储"；即使是三大克拉通盆地的油气，经油气源对比，表明均源于碎屑岩地层（主要是煤系地层），而不是源于海相碳酸盐岩[7]，从而否定了中国海相地层的油气与海相碳酸盐岩有亲缘关系的说法。

近年来，在海相地层中发现了塔河大油田、普光大气田。塔河大油田仅奥陶系储层探明石油地质储量就达 $5.875×10^8$t，天然气 $183.98×10^8 m^3$；普光气田的天然气储量已增加至 $3560.875×10^8 m^3$，而且还有不断扩大的趋势。这是中国石化集团公司油气勘探的重大突破[3]。但是，在进行我国海相油气勘探中，仍有一些基础性地质问题尚未解决[8,9]。

2 海相油气勘探中的主要问题

2.1 海相碳酸盐岩作为烃源岩的有机碳指标

中国海相碳酸盐岩的有机碳含量均很低，碳酸盐岩能否作为烃源岩颇让中国有机地球化学家费尽心思。曾把有机碳指标定在0.2%，后来把它改为0.1%，更后来把有机碳指标定在0.05%[10]；1999年，在杭州召开了"海相碳酸盐岩与油气国际研讨会"，会上把碳酸盐岩烃源岩有机碳下限确定为0.5%，并认为，碳酸盐岩不是所有相都可作为烃源岩，只有一些相带才能成为烃源岩[7]。这样，把一大批碳酸盐岩均排斥在烃源岩之外。

按照这个标准，中国一些盆地的海相碳酸盐岩均不能被认为是烃源岩。表2是宋岩等[11]对中国主要盆地碳酸盐岩沉积环境和有机碳含量的统计。

表2 中国主要盆地碳酸盐岩沉积环境和有机碳含量表[11]

地层	层位	沉积环境	有机碳含量（%）
四川盆地	T_{1+2}	浅水台地	0.12（1168）①
	P_2	海陆过渡（生物灰岩）	0.48（309）
	P_1	较深水台地	0.41（1101）
	Z	浅水台地	0.14（1156）
鄂尔多斯盆地中东部	O_1	浅水台地	0.18（548）（剔除风化壳样品）
	ε	浅水台地	0.14（88）
	Pt	浅水台地	0.09（13）
华北地区	O	浅水台地	0.23（130）
	∈	浅水台地	0.11（52）
	Pt	浅水台地、海槽	0.20（380）
塔里木盆地	P	浅水台地	0.38（33）
	C	浅水台地	0.22（280）
		台缘斜坡	0.62
	O	浅水台地	0.14（575）
	∈	台缘斜坡	0.42~0.93
	Z_2	台地边缘、潟湖	0.64（102）
		深水盆地	1.2~3.5

①括号内数字为样品数。

2.2 碳酸盐岩与油气运移

李明诚在1987年出版的《石油与天然气运移》一书中仅对碎屑岩作了论述，没有提到碳酸盐岩中的油气运移[12]，可见其研究之薄弱及难度之大！他在该书第二版中讨论了碳酸盐岩中油气运移问题[13]。由于碳酸盐岩的胶结作用、重结晶作用常常发生在沉积有机质生烃之前，而成岩作用过程中也不可能或很少有机械压实作用[13]，致使即便有生烃作用发生，也只能滞留于碳酸盐岩中。人们常见到的沥青灰岩可能就是这种情况。总之，碳酸盐岩化学成岩作用总是与有机质生烃作用不能达到匹配。至于石灰岩中也常见到裂隙、裂缝面上的一些沥青，这是没有排出的证据，而不是残留的产物。更何况，由于碳酸盐岩有机质丰度低，泥质含量低，即使有烃类生成，其量也是很低的，更不足以形成什么异常压力。

李明诚还总结了两个令人困惑不解的主要问题：第一，从现代沉积来看许多碳酸盐岩沉积物是在强氧化环境中沉积,虽然这种环境有机质比较丰富,但水动力的破坏、生物的扰动、地下水的循环,使有机质难以进一步保存并形成烃源岩;第二,碳酸盐沉积物的早期胶结作用,表明在成岩过程中不可能或很少有机械压实作用,这一点与碎屑岩(或黏土岩)有根本的不同,烃类流体如何从源岩中排出就成为问题[13]。

Ferguson 承认,"碳酸盐的排驱机理是一个不易解决的问题,正如大多数复杂的问题那样,并无简单唯一的答案,可能有多种机理在起作用。看来这个问题大多与碳酸盐岩的压缩性、胶结作用的形式与时间及生油时代有关系。"他还说,"未解决的主要问题是原油运移的时代及排驱机理"[14]。实际上,Ferguson 还是不明白或不知道碳酸盐岩的排驱机理。

田在艺院士曾指出:"油气运移机制的研究至今仍是石油地质学中难度最大的课题。"张厚福[15,16]也认为:"多年来,油气运移一直是石油地质学科领域中研究最薄弱的环节。"黄第藩在为《油气运移研究》一书所写的序中也承认:"在油气排驱和运移问题基本解决之前,石油有机成因和油气成藏理论体系,仍然是不完善的。"[17] 最近,傅家谟等在回顾有机地球化学进展时也承认:"烃类运移的研究,特别是石油在生油岩中初次运移的机理及运移排烃效率的研究是当前石油成因理论中关键而又较为落后的一环。"[18]

吕修祥等则更为直率:"油气运移机制是石油地质工作无法回避的问题,也是石油地质学中难度最大的课题,而这也恰是石油地质学研究中最为薄弱的环节;因而油气藏的形成机理及模式也就受到约束,而这又恰恰是石油地质的核心问题。"[19]

笔者以为,似乎应该这样来理解,只要油气生成机理没有弄清楚,那么油气运移便会始终困扰着石油地质学家,油气运移问题解决不了,则油气成藏问题便如"纸上谈兵"。

按有机生烃理论,在一个上万乃至十几万平方千米的沉积盆地内,分散有机质在低温的影响下,其生成的一点一滴石油可以摆脱岩石颗粒的束缚而沿一定的通道,以不同的方向和速度向似乎预先约定的同一地点集中运移,再沿水平方向运移数百乃至上千千米并在一个似乎也是预先设计好的圈闭中储集而成藏。这种"分散生油,定向运移,集中储存"的模式显然是人们臆造的[20],特别是它无法解释有几亿吨乃至几十亿吨储量的大型、超大型油田,如任丘油田、大庆油田!

2.3 海相油气的来源之争

在有机地球化学界,对海相地层的油气来源一直有不同的观点。如塔里木盆地下古生界的油气源于寒武系、下奥陶统还是中—上奥陶统之争;鄂尔多斯盆地长庆气田的天然气源于奥陶系还是石炭系—二叠系煤系地层之争;四川盆地威远气田的天然气源于寒武系还是震旦系之争;等等。争论双方(或各方)均有地球化学证据,如生物标记化合物、碳同位素组成等。

在我国东部,松辽盆地大庆油田白垩系"自生自储",渤海湾盆地诸油田古近系"自生自储"油源对比合情合理,可为什么一到西部叠合盆地,油源对比的一些地球化学指标就不那么灵验了呢?

一些石油地质学家注意到中国海相油气地质的主要问题,并提出了一些对策[9,21-23]。金之钧等在谈到中国石化集团公司发现的塔河大油田、普光大气田时指出,这两个油气田的油气源认识不清,油气成藏期认识不一,主力成藏期不清,并认为这制约了油气勘探的进一步拓展[22]。

随着四川盆地普光气田的发现,中国海相碳酸盐岩层系的油气格外引人注目。《地质学报》2007年第8期、《科学通报》2007年增刊等均以专辑形式较系统地刊登了关于海相碳酸盐岩油气方面的论文，但在一些根本性问题上仍未获得一致的认识，如碳酸盐岩作为烃源岩的评价、碳酸盐岩油气的运移、油气源对比等。

3 国内外海相、陆相地层油气分布的差异

国外油气主要储集于海相地层，而中国油气则主要储集于陆相地层，为什么会有这样的差异？难道这油气也具有"中国特色"？

考察中国地质发展史表明，中—新元古代和古生代，中国绝大部分为海相沉积。中国克拉通在中三叠世，海水从华南退出，晚三叠世，海水从华北退出。随着海西褶皱带的形成，海水全部退出中朝古陆，中国陆地面积大幅增加。自印支运动以来，海水进一步退出中国大陆，除台湾、西藏、华北南部、新疆和东北的局部地区外，中国绝大部分地区变成陆地。因此，自三叠纪以来，中国主要发育的是中—新生代陆相沉积，并形成了所谓的"叠合盆地"。

但是，中东、俄罗斯、美国、欧洲等却与中国地质发育史恰好相反，先是陆相沉积，后为海相沉积。

作为油气勘探的顺序，当然是先浅后深，先易后难，这就造成了国外多为海相地层油气而中国油气则多储集于陆相地层。

现在中国开始重视深部的海相地层，而国外却开始重视深部的陆相油气，这正是客观规律的一种反映。1995年10月，美国石油地质学家协会（AAPG）在我国胜利油田召开了"中国、东南亚湖相盆地油气勘探国际学术讨论会"，十几家外国石油公司和研究单位都派专家前来参加，说明他们也重视陆相找油了[3]。俄罗斯特拉菲穆克院士还号召俄罗斯地质学家向中国地质学家学习如何在陆相地层找油。

随着油气勘探的不断深入，勘探目的层也不断加深，从新近系、古近系到白垩系、侏罗系，又进入二叠系、石炭系，直到志留系、奥陶系、寒武系，塔里木盆地便是一个极好的案例。在塔里木盆地，几乎所有层系均有油气成藏。志留系海相砂岩中储集有 917×10^8 t 的固体沥青，这些巨量的沥青是如何生成的，颇费有机地球化学家心思。盆地寒武系、奥陶系的全部有机质也生成不了这么巨量的沥青！

塔里木盆地油气藏分布有两个重要特征，一是油气田或油气井无一例外地出现在断裂附近，二是这些断层断开的最高层位也是油气藏出现的最高层位[24]。

张之一最近指出："石油有纵向分布特征，从上部油藏一直到下部基岩有一系列油藏，表明石油是由下而上垂直运移的，而这些均是通过深断裂来实现的。"[25]

薛超也谈到，深大断裂不仅是地球能量和地幔物质的通道，也是深部烃类向地壳运移的唯一通道[26]。深入认识深大断裂与大油气田的相互关系，对未来的油气勘探将有现实指导意义。

在克拉玛依油田从事油气勘探50年的石油地质学家林隆栋最近深刻指出："克—乌油区的油气是沿超壳深大断裂、逆掩断裂带及其裂隙系统向上运移到储层的，玛湖断裂与达尔布特断裂之间是整个油气富集带，西北缘火山岩油气藏勘探证实了这个勘探新思路。"[27]

上述勘探实践表明，盆地油气可能均源于深部而通过断裂系统垂直向上运移。那么，深部油气究竟又源于何处呢？

4 海相、陆相油气成因

根据笔者10余年来研究的成果,油气生成模式可归纳为下列几种。

（1）油气可由壳源有机质生成。Pb 同位素证据表明,贵州东部与汞矿共存的沥青便是有机成因[28]。

（2）油气可由壳—幔相互作用生成,由地幔流体对沉积有机质的加热、催化作用而生成。如辽河断陷古近系的油气[29—31]。

（3）油气还可通过费—托合成反应而生成,如克拉玛依油田的原油,塔里木盆地志留系砂岩的沥青[32,33]。

上述后两种模式形成的深部油气是通过断裂体系向上运移到合适的层位而聚集成藏,但也可能由于断层开启到地表而使大量油气散失。这一模式解释了为什么在中国以陆相油气藏为主,而国外则以海相油气藏为主,同时也指明了勘探方向,即在中国油气勘探要向深层拓展,即向海相地层或基底、花岗岩、火山岩拓展。近几年,四川盆地普光生物礁气田、松辽盆地庆深火山岩气田的发现便是典型的成功勘探实例。国外的油气勘探向深部陆相地层发展也将是必然趋势。

杜乐天认为,"所谓'海相生油',实质是大陆边缘裂谷生油,所谓'陆相生油',实质是大陆内部裂谷生油,其实深部因素都是软流层上隆和烃碱流体上涌。盐（还有碱、膏、硝）—油—气—金属矿床四者多处紧密共生,乃是地球内部 HACONS 或烃碱流体最雄辩的证明"[34]。杜乐天等[35,36]进一步阐述了油气矿床与金属矿床都是热液矿床,在成因上没有截然的区别,而且油气中也有大量金属成分,这些均与地幔流体碱交代作用有关,结晶基底中油气藏的不断发现,表明油气主要是自下而上迁移的。

张之一也指出:"石油勘探需要从生油岩概念的桎梏中解放出来,才能使油气勘探工作高速发展"[37]。

5 油气成因理论的科学发展观

在石油工业开始,人们认定油气是由海相地层有机质生成的,并发展、奠定了海相油气成因论。

20世纪50年代末,中国在松辽盆地大平原上找到了震惊世界的陆相大油田——大庆油田,并因此奠定了中国陆相油气成因理论。需要指出的是,如前所述,1941年潘钟祥在 AAPG 上便指出,陆相可以生油,但是能否形成大油田,则尚没有哪个石油地质学家指出过。应该说,1959年大庆油田的发现带有某种偶然性,如果说大庆油田是在陆相生油理论指导下发现的,则缺乏事实根据。但是大庆油田的发现是中国地质学家、地球物理学家共同努力的成果。

石宝珩曾指出:"我国陆相生油理论研究从20世纪60年代后期到70年代中期没有多大进展"[1]。只是70年代中期开始大量引进先进的仪器设备,才使陆相生油理论研究进入了全面发展的新时期,为地质和地球化学家们所接受,并用于指导石油勘探[1]。

在21世纪的今天,笔者倡导油气的无机成因理论,不仅仅是我们发现了石油、沥青无机成因的 Pb、Sr、Nd 同位素证据和微量金属元素的证据,发现了原油中 C—Si 键有机化合物的无机成因证据[29—33]，而且还在于根据原油的无机成因理论，笔者很好地解释了中国大陆大中型油气田分布规律，并能指导未来的油气勘探[38]。作为无机油气论者，笔者并没有全盘否定有机论，只是希望勘探家在进入油气勘探决策时，开拓思路，多一种选择。

在油气有机成因论"一统天下"的今天，石油地质学家太笃信有机论了。古生物学及地层学家殷鸿福院士指出："中国人思维趋同，趋中庸，表现为对权威的崇拜，甚至明知其有错，也要'为尊者讳'，人云亦云，对离经叛道的小人物，往往嗤之以鼻，而对失势者则'墙倒众人推'。在国际学术新潮中，西方往往领先，而我们则跟着走，思维定式恐怕是原因之一。所以必须注意改变思维的定式化或直线化"[39]。他认为没有不变的理论体系，一个学科体系统治百年而不变，绝不是什么好现象，它意味着该学科的僵化，但同时也必然孕育着变革的萌芽。蓄之既久，发之也速。当一个理论占统治地位时，人们的思想在趋同时，最好"趋异"一下，要看到当时主流理论的弱点，预做准备，未雨绸缪，超前思维[39]。

6 结束语

综上所述，石油储集于海相地层还是陆相地层，这与地质发展史中海水退出大陆的事件早晚有关；油气大多是沿超壳大断裂由深部垂直向上运移的，由于沉积地层储集性质优越，油气优先储集于沉积地层中；根据勘探的先易后难、先浅后深原则，油气更多地在浅层先被发现；油气不仅可储集于浅部的海相、陆相地层，也可储集于深部的花岗岩、火山岩、变质岩等基岩中。中国的石油地质学家没有因为陆相地层有大油气田而排斥海相成因论，倒是海相、陆相的成因争论给中国石油事业带来了辉煌。

今天，笔者提倡油气无机成因论，但并不反对和摈弃油气有机成因论，只是强调在油气勘探中增加一种思维方式，从而增加找到油气的可能性。在笔者看来，重视这种可能性是极其重要的，否则可能会贻误发现大油气田的时机。

参 考 文 献

[1] 石宝珩. 我国陆相生油理论的历史、现状和问题//杨万里，石宝珩，高瑞祺. 中国含油气盆地烃源岩评价. 北京：石油工业出版社，1989：21-43.

[2] Fuller M L, Clapp F G. Oil Prospects in Northern China. AAPG Bull, 1926, 10：1073-1080.

[3] 金顺爱. 中国海相油气地质勘探与研究——访李德生院士. 海相油气地质，2005，10（2）：1-8.

[4] 金顺爱. 塔里木盆地古生界海相油气勘探——访康玉柱院士. 海相油气地质，2007.12（3）：1-4.

[5] 李国玉. 海相沉积岩是中国石油工业未来的希望. 海相油气地质，2007，10（1）：5-12.

[6] 张跃平. 中国海相油气地质工作如何展开——田在艺院士访谈. 海相油气地质，2005，10（1）：1-4.

[7] 戴金星. 在'99海相碳酸盐岩与油气国际研讨会上的闭幕词. 海相油气地质，2000，5（1-2）：3-4.

[8] 马永生. 中国海相碳酸盐岩油气资源勘探重大科技问题及对策. 海相油气地质，2000，5（1-2）：15.

[9] 李晋超，马永生，张大江，等. 中国海相油气勘探若干重大科学问题. 石油勘探与开发，1998，25（5）：1-2.

[10] 夏新宇，陶士振，戴金星. 中国海相碳酸盐岩油气田的现状和若干特征. 海相油气地质，2000，5（1-2）：6-11.

[11] 宋岩，赵文智，夏新宇，等. 论我国天然气勘探方向的转移. 天然气工业，2000，20（2）：3-7.

[12] 李明诚. 石油与天然气运移. 北京，石油工业出版社，1987：165.

[13] 李明诚. 石油与天然气运移（第2版）. 北京. 石油工业出版社，1994：1-250.

[14] Ferguson J. 关于海相碳酸盐岩层序中原油生成与运移的综述. 陈松乔, 译. 地质地球化学, 1990, 18 (6): 31-38.
[15] 张厚福. 油气运移. 东营: 石油大学出版社, 1993.
[16] 张厚福. 中国油气运移研究现状与今后的发展方向//张一伟. 油气成藏机理及油气资源评价国际研讨会论文集. 北京: 石油工业出版社, 1997: 237-241.
[17] 汪本善, 程克明, 马万怡. 油气运移研究——泌阳盆地剖析. 北京: 石油工业出版社, 1994: 1-17.
[18] 傅家谟, 盛国英. 有机地球化学//中国科学院地球化学研究所. 高等地球化学. 北京: 科学出版社. 1998: 329-378.
[19] 吕修祥, 吴元燕, 何登发, 等. 中国油气勘探面临的理论及研究方法问题. 地质地球化学, 1996, 24 (4): 70-72.
[20] 周俊. 同源说与石油成因. 化石, 1997, (4): 25-27.
[21] 汤良杰, 吕修祥, 金之钧, 等. 中国海相碳酸盐岩层序油气地质特点、战略选区思考及需要解决的主要地质问题. 地质通报, 2006, 25 (9-10): 1032-1035.
[22] 金之钧, 蔡立国. 中国海相油气勘探前景: 主要问题与对策. 石油与天然气地质, 2006, 27 (6): 722-730.
[23] 金之钧, 蔡立国. 中国海相层序油气地质理论的继承与创新, 地质学报, 2007, 81 (8): 1012-1024.
[24] 王秋明, 张纪易. 塔里木盆地四十年油气勘探的回顾展望//童晓光, 梁狄刚. 塔里木盆地油气勘探文集. 乌鲁木齐: 新疆科技卫生出版社, 1992: 1-16.
[25] 张之一. 关于石油深部起源的若干问题. 新疆石油地质. 2006, 27 (1): 112-117.
[26] 薛超, 薛玲. "两转一断"与地球烃. 石油实验地质, 2006, 27 (6): 640-648.
[27] 林隆栋. 新疆克拉玛依油区油气勘探新思路. 中国油气勘探, 2007, 12 (2): 76-81.
[28] Zhu Bingquan, Zhang Jinglian, Tu Xianlin, et al. Pb, Sr and Nd Isotopic Features in Organic Matter from China and their Implications for Petroleum Generation and Migration. Geochimica et Cosmochimica Acta, 2001, 65 (15): 2555-2570.
[29] 陈义贤, 朱炳泉, 张景廉. 辽河断陷原油生成环境与演化. 北京: 石油工业出版社, 1999: 100.
[30] 张景廉, 朱炳泉, 陈义贤, 等. 辽河断陷下第三系烃源岩有机质 Pb、Sr 同位素研究. 科学通报, 1999, 44 (11): 1222-1225.
[31] 张景廉, 朱炳泉, 陈义贤, 等. Pb、Sr、Nd 同位素与辽河油田油源对比. 地学前缘. 2000, 7 (2): 345-352.
[32] 张景廉, 朱炳泉, 张平中, 等. 克拉玛依乌尔禾沥青脉 Ph—Sr—Nd 同位素地球化学. 中国科学 (D辑: 地球科学), 1997, 27 (4): 325-330.
[33] 张景廉, 朱炳泉, 张平中, 等. 塔里木盆地干酪根、沥青的 Pb—Sr—Nd 同位素体系及其成因演化. 地质科学, 1998, 33 (3): 310-317.
[34] 杜乐天. 烃碱流体地球化学原理. 北京: 科学出版社, 1996.
[35] 杜乐天. 地球排气作用的重大意义及研究进展. 地质论评, 2005 (12): 174-180.
[36] 杜乐天, 欧光习. 盆地形成及成矿与地幔流体间的成因联系. 地学前缘, 2007, 14 (2): 215-224.
[37] 张之一. 更新勘探观念, 开拓深层油气新领域. 石油与天然气地质, 2005. 26 (2): 193-196.
[38] 张景廉. 论石油的无机成因. 北京: 石油工业出版社, 2001: 305.
[39] 院士思维编委会. 院士思维. 合肥: 安徽教育出版社, 1998.

鄂尔多斯盆地深部地壳构造特征与油气成藏

（为庆祝塔里木油田石油会战20周年而作）

张景廉[1]　石兰亭[1]　卫平生[1]　张虎权[1]　陈启林[1]　李扬鉴[2]

(1. 中国石油勘探开发研究院西北分院，甘肃兰州 730020；
2. 中国石化地质矿山局地质研究所，河北涿州 072754)

摘　要：根据鄂尔多斯盆地基底性质、基底断裂带分布、盆地巨厚白云岩分布，以及膏盐（特别是钾盐）和大量金属热液矿物，认为盆地曾有地幔流体的强烈活动。对鄂尔多斯盆地及西缘盆地（银川盆地、六盘山盆地）的深部地壳结构的研究表明，尽管鄂尔多斯盆地深部没有中地壳低速层，但银川盆地、六盘山盆地中地壳广泛发育低速高导层。地幔流体在银川盆地的中地壳低速高导层发生费—托合成生成天然气；而在六盘山盆地的中地壳低速高导层发生费—托合成生成石油。中生代晚期发生了强大的构造挤压推覆作用，中生界石油沥青的稀土元素分配模式、古生界天然气的碳、氢同位素特征均表明有地幔流体的参与。根据这一模式推测，鄂尔多斯盆地下古生界生物礁（白云岩为储层，膏盐为盖层）是未来寻找大气田的主要靶区；盆地北部伊盟隆起的东胜地区深部中地壳有低速高导层，因此东胜砂岩铀矿下部可能有大油气田。最近，伊盟隆起中元古界钻遇天然气，表明了盆地北部基岩有良好的油气勘探前景。

关键词：鄂尔多斯盆地；油气成藏；地幔流体；中地壳；低速高导层；费—托合成；勘探靶区

鄂尔多斯盆地是中国乃至东南亚最为稳定的构造单元之一。在如此稳定的盆地中，油气是如何生成、运移、成藏的，成了人们关注的热点。

本文试图从盆地基底性质、基底断裂、深部流体、古地温、深部地壳构造等角度探讨盆地油气田的成因，并指出鄂尔多斯盆地寻找大油气田的方向。

1　盆地基底构造

根据区域航磁资料和盆地周边地层的出露情况判断，本区最古老的基底地层可能相当于吕梁山一带出露的太古宇、古元古界。在基底岩系之上，依次覆盖着长城系、蓟县系，青白口系缺失。到蓟县纪，盆地范围内的沉积全部变为稳定型。蓟县系主要是白云岩，含燧石条带，燧石团块，厚705~2243m。长城系为白色石英岩，下部夹紫红色页岩，厚14~428m。

据航磁资料，鄂尔多斯盆地中央有一东西向的壳深大断裂，即大同—吴起壳深大断裂带，它是一种变质杂岩体内的缝合线，属壳深大断裂性质。这种焊接缝合线，一侧以负磁场为主，另一侧以正磁场为主，这意味着基底岩相的差异有不同的构造环境[1]。王同和等注

---

* 本文曾发表在《新疆石油地质》2009年第30卷第2期。

意到，盆地内存在吴堡—绥德—子洲—靖边—定边—天池一线的东西向断裂构造带，它控制盆地地貌、沉积、构造及矿产，被简称为38°带。此带向东延伸到太原、石家庄，与郯庐断裂带相交[2]。李思田等指出，被认为基底最稳定的鄂尔多斯盆地也已发现了基底中的北东向断裂，它们对盆地的沉降和岩相的分异起着控制作用[3]。最近赵文智等依据航磁资料，注意到基底断裂对盆地、三叠系石油、上古生界天然气成藏的影响[4,5]。潘爱芳等也强调了基底断裂与能源矿床的相互关系，并特别注意到深部流体与成藏的关系[6—8]。

方国庆等指出，鄂尔多斯盆地具有丰富的线性影像特征，线性断裂构造影像清晰，表明该盆地内部新构造活动较为显著，而盆地南部有一巨大的环形影像，这与传统的认识有所不同[9]。这种基底断裂是地幔流体运移的通道，并可能对油气生成有重要意义。

2 盆地的深部地幔流体及热事件

（1）下奥陶统碳酸盐岩的白云石化。鄂尔多斯盆地奥陶系马家沟组主体细晶白云岩，包裹体均一温度为104～355℃（未经校正），通常认为是深埋环境下的热水交代成因。但按该地区古地温梯度3.98℃/100m计算，104℃的温度相当于埋藏深度大约2600m；而355℃的温度则相当于埋深8900m，这显然与当时的沉积环境相悖，这种中高温只能是源于深部地质流体的热液交代作用[10]。

鄂尔多斯盆地奥陶系的热液交代作用还有伊利石的K交代，部分则发生了蒙皂石化（Mg交代）。

（2）盆地奥陶系的膏盐及地下卤水。据陈郁华等报道，在陕北米脂、绥德、佳县一带奥陶系发现含钾石盐、光卤石（$KCl \cdot MgCl_2 \cdot 6H_2O$）、钾铁盐（$2KCl \cdot NaCl \cdot FeCl_2$），属世界罕见[11]。因为在地质历史上奥陶纪不是一个成盐时代，奥陶纪膏盐总量只占所有地质年代的0.8%，且多数为石膏盆地，但鄂尔多斯盆地却堆积了大量盐类物质，而且是钾盐（KCl）、钾镁盐（光卤石）。

马家沟组五段的地层水为$CaCl_2$型，矿化度130～230g/L，Cl^-含量83000～103000mg/L，最高达170g/L，比海水浓缩了8.8倍，Mg^{2+}含量为1200～3390mg/L，NH_4^+含量为250mg/L，鄂尔多斯盆地白垩系上部也有石膏，上三叠统上部居民掘井汲取盐水（卤水）晒盐❶。

盆地奥陶系广泛发育的膏盐（特别是钾盐）是地幔富碱流体交代作用的产物[12,13]。

（3）奥陶系储层中的金属热液矿物。在天然气钻探过程中，一些重要的金属热液矿物在奥陶系储层中被发现，除了方解石、白云石、异型白云石外，还有黄铁矿、石英、萤石、方铅矿、闪锌矿等，并有碳质沥青[13]，在盆地中下侏罗统包尔汉图群中发现有玄武岩、安山岩、凝灰岩。

（4）生物礁。在富平—陇县的渭北地区奥陶系发育较全，其中分布200km长的生物礁，生物礁位于中上奥陶统潮坪相中，而早奥陶世分布白云岩，这种呈东西向分布的生物礁及白云岩的分布，可能与断裂的分布有关，且是大型油气田储集的极好场所[14]。

（5）热事件。裂变径迹、热释光、流体包裹体等方法的综合研究表明，在晚侏罗世至早白垩世，盆地曾广泛发生了构造热事件，并伴随有热液活动[15—17]。

---

❶ 潘钟祥. 中国西部陆相生油问题，1957。

3 鄂尔多斯盆地深部地壳构造特征

截至目前,共有 3 条地学断面和 1 条地震测深剖面通过鄂尔多斯盆地(图1),它们是江苏响水至内蒙古满都拉地学断面(包头—榆林段)(Ⅰ);上海奉贤至内蒙古阿拉善左旗地学断面(银川—临汾段)(Ⅱ);青海门源至福建宁德地学断面(西吉—渭南段)(Ⅲ)和青海玛沁—兰州—靖边剖面(Ⅳ),这些剖面揭示了深部构造特征。

杨俊杰讨论了上述 3 条地学断面,认为鄂尔多斯盆地缺乏地幔上隆与中地壳低速层,因而石油是有机成因,而天然气可以有机—无机混合成因。同时他也感到困惑,鄂尔多斯盆地为什么有丰富的油气聚集[18]。

(1)响水—满都拉地学断面(榆林—包头段)。包头—榆林段的深部地壳,按层速度 v_p 可分为上、中、下 3 层(图2),上地壳的 v_p 为 5.6~6.4 km/s;中地壳的 v_p 为 6.1~6.2km/s;下地壳的 v_p 为 6.4~8.0 km/s。

在深度 20~30km 有高导层,与地震给出的低速层基本一致(深度和部位)。张振法指出,中地壳层速度 v_p 为 6.1~6.2km/s,为一低速高导层,推断为蛇纹石化超基性岩,岩层破碎、裂缝纵横,并有矿化水充填[19]。

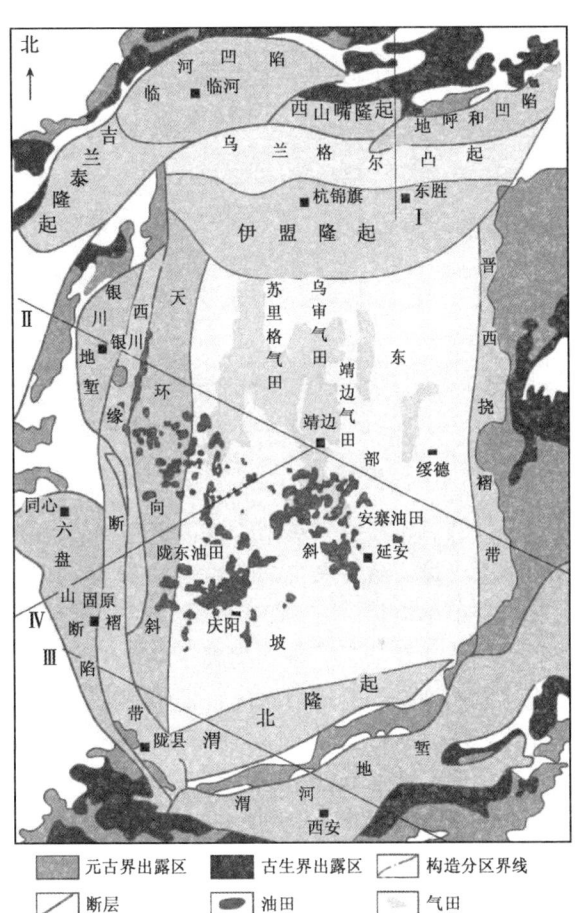

图 1 鄂尔多斯盆地地学断面位置及油气田分布

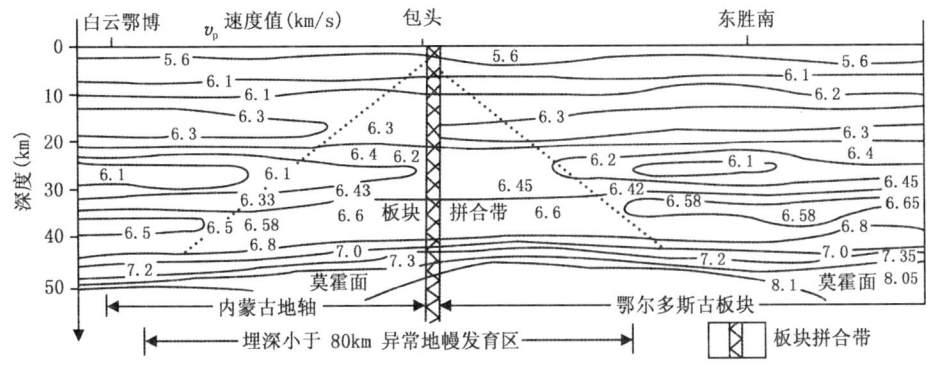

图 2 白云鄂博—东胜南地球物理剖面(据张振法,1995)

（2）奉贤至阿拉善断面（银川段）。在阿拉善左旗至银川段（相当于银川盆地）的 30km 深度有一层速度 v_p 为 6.0km/s 的低速层（图 3），该图还展示了这个低速层与震源的分布关系[20]。

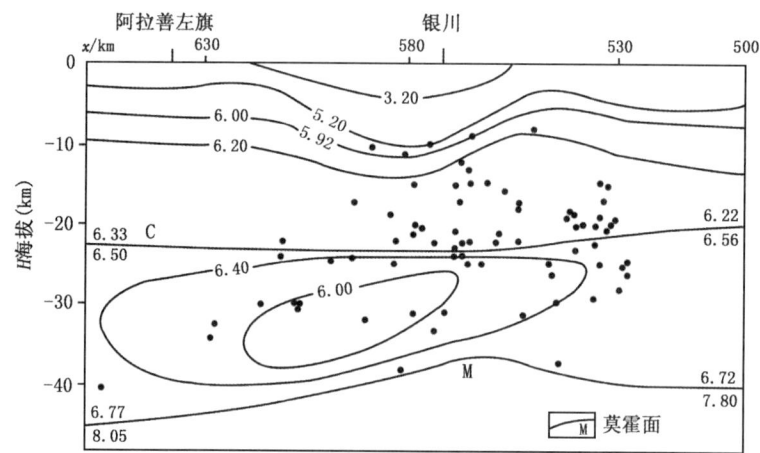

图 3　银川地区壳幔速度结构与震源分布（据杨文采，1999）
（图中数字为 P 波速度，单位：km/s）

魏荣强等详细研究了该地学剖面后指出，在 30km 深部不仅有低速层，也有高导层，二者分布范围大体一致；该高导层向东南延伸到鄂尔多斯盆地。这个低速高导层也是低黏度区，其中有很多流体[21]。这种流体在银川盆地可表现为强烈排气，如 2006 年 7 月 4 日，台风碧利斯在福建登陆，后来却拐到宁夏银川地区，使银川突降暴雨，造成巨大灾害，这是由于银川盆地强烈排气造成减压区，把碧利斯台风"勾引"到银川上空，两股强大气流相遇，强降暴雨。1975 年，强台风拐到河南，进入南阳盆地、周口盆地强烈排气造成的减压区，两大气流相遇导致河南暴雨成灾❶。

（3）门源至宁德断面（西吉—渭南段）。该地学断面显示在平凉—庆阳地区下地壳也有一高导层（3～4Ω·m）。

（4）玛沁—兰州—靖边地震测深剖面及电性结构。中国地震局地球物理勘探中心地质所曾布设了一条近 1000km 长的玛沁—兰州—靖边综合地球物理探测剖面，以研究青藏高原东北边缘和鄂尔多斯地块的相互关系，并了解海原 8.5 级地震（发生于 1920 年）与深部构造的关系。该剖面恰好通过六盘山盆地，借以了解六盘山盆地的深部地壳构造，并讨论它与油气的相互关系（图 4）。

从图 4 可看出，在海原—同心近于中地壳的 20km 深部存在一 v_p 为 6.1 km/s 的低速层，其 50 km 深部莫霍面起伏较大，且有上拱现象。

另据青海门源至福建宁德的地学断面，西吉—六盘山—平凉的中地壳有一 11km 厚、100km 长的层速度 v_p 为 5.9 km/s 的低速高导层（电阻率仅 1～2.9Ω·m），与上述结果大体一致。

地震学家认为，海原 8.5 级地震与中地壳的低速高导层有关，作者则认为这个低速高导

---

❶ 杜乐天．对西方当代地球科学理论的怀疑与新见．地球哲学通讯，2006（1）：11-18。

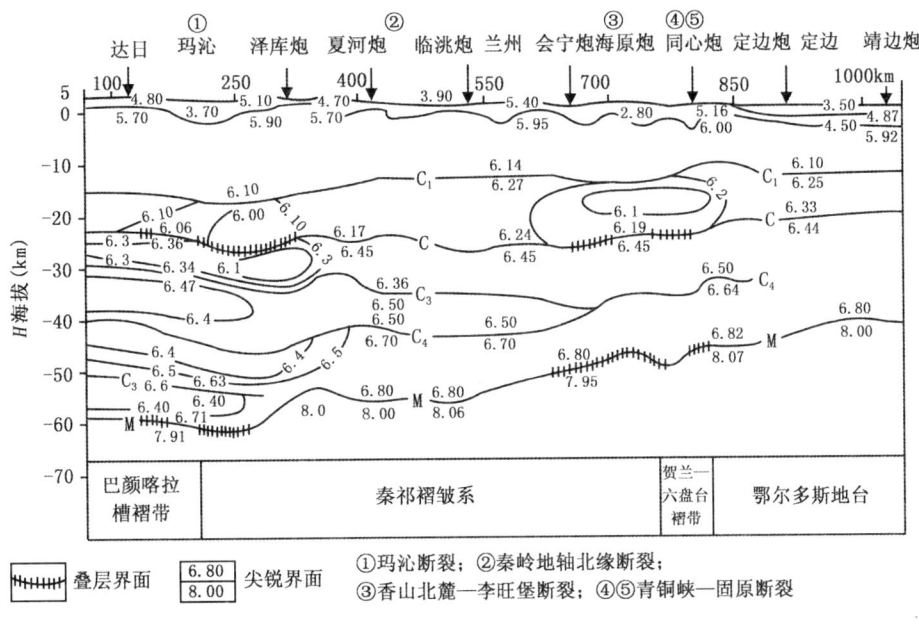

图4 玛沁—靖边地震测深剖面二维地壳速度结构（据李松林等，2002）

层可能与油气生成有关，如同辽河盆地的低速高导层与海城地震有关，也与辽河的油气生成有关。

4 油气成藏

如前所述，鄂尔多斯盆地是一个稳定的克拉通盆地，中地壳没有低速层，也没有地幔上隆，那么盆地丰富的石油、天然气是如何生成的呢？

（1）油气的生成。地球物理电磁和导电率测深揭示出的深部高导层以及由地震反射推断的岩石圈低速带都认为可能是富含流体和流体强烈活动的表现[23]。

关于中地壳的低速高导层，目前有多种地质解释。俄罗斯学者沃里沃夫斯基等提出了一个超基性岩底辟说[24]，他们认为陆壳的结晶岩部分不全由高变质的层状结晶岩组成，在花岗岩（花岗片麻岩）与玄武岩中间夹有具可塑性的超基性蛇纹岩。在地壳发展早期是双层结构，即花岗岩与玄武岩，后来由于超基性岩浆挤入，使上下层分离，并发生破裂，即所谓的"超基性岩底辟说"。又由于以后的热液交代作用，这种超基性岩变成蛇纹石化橄榄岩，在地球物理学上表现为低速高导等特征。当地幔脱气生成的 CO_2、H_2 上升，沿玄武岩破裂带上升到超基性蛇纹岩带，便发生了著名的费—托合成反应。费—托合成的烃类伴随构造运动（或岩浆运动）沿地壳中花岗岩缺失的通道上升，并运移到储层形成油气藏。

张景廉等在综合了国内外含油气盆地、褶皱带的中地壳低速高导层的特征与油气、金属矿床的关系时认为，当地震纵波速度 $v_p \leq 6.1 km/s$ 时，盆地有石油、天然气，而当 $v_p > 6.1 km/s$ 时，则有金属矿床；至于 v_p 与地震的关系则显示了 v_p 的范围似乎更大些[25]。

在费—托合成烃的反应中，地幔流体中的 CO_2（或 CO）与 H_2 的比例不同，反应温度不同，催化剂性质的不同均对反应产物及其碳同位素组成有所影响，可以生成不同类型的烃

（包括液态烃）[26]。这方面的研究在国外已成为一个热点，因为这不仅与油气的无机成因有关，更与生命的起源、生物圈的演化有关[23,24]。需要指出的是，光合作用中的碳同位素分馏作用同样可在费—托合成的无机反应中发生。正因为如此，Jenden 等的判识天然气有机、无机成因的 $\delta^{13}C$ 准则便不是十分可靠[27]。

需要指出的是，天然气地球化学家常根据 $^3He/^4He$ 的比值来判据天然气的有机、无机成因。戴金星院士等根据鄂尔多斯盆地 46 个气样的 He 同位素分析，$^3He/^4He$ 值为 3.1×10^{-8} ~ 1.2×10^{-7}，平均值为 4.36×10^{-8}，R/R_a 值为 0.022 ~ 0.085，认为是壳源 He[28]，但是，另据 33 口探井的自然伽马能谱测井曲线表明，盆地上古生界石盒子组到本溪组，有明显的高 Th 异常，Th 含量为 $(22~30)\times10^{-6}$，U 含量为 10×10^{-6}；而对天然气的成分分析表明❶，有 8 口井的 He 含量超过工业品位 0.1%，He 最高含量为 7.1%。显然低的 $^3He/^4He$ 比值是由于高异常 Th、U 的蜕变所生成的 ^4He 所致，这并不能排除天然气的深部来源[29]。

杨文采院士提出："胜利油田下方中地壳低速层，是不是深部正在形成的天然气源？"[20]。在银川盆地下方的中地壳低速高导层生成的天然气一方面参与了汝箕沟煤矿的生成[30]，另一方面向东运移形成了盆地中部的气田群；2006 年夏，碧利斯台风登陆拐到银川上空，造成特大暴雨则是银川盆地深部正在排气的具体表现。而在六盘山盆地，地幔流体在中地壳低速高导层发生费—托合成石油的反应，这些石油便是鄂尔多斯盆地南部中生界油田群的来源。

（2）油气的运移与成藏。莫宣学等最近指出，大量地球物理资料支持软流圈地幔与深部地壳层次上的横向物质流动的认识，并已提出了许多模型；根据门源—平凉—渭南地震测深剖面，显示了西部物质向东部流动的迹象[31]，另一些学者则注意到祁连构造带向东蠕散，致使鄂尔多斯盆地形成热异常。Xia Wenchen 等则明确指出，柴达木盆地的中地壳低速高导层向西侧造山带有明显增厚趋势，中地壳存在强烈拆离伸展作用，盆地深部中地壳物质沿此低速层（拆离物质）流变到造山带下部，造成中地壳内部物质亏空，并导致上地壳发生裂陷作用[32]。李相博等注意到柴达木盆地深部中地壳塑性层对盆地形成的动力学影响，中地壳物质的流动形成了盆山的耦合，并提出了柴达木盆地"深层伸展，浅层压扭"的构造模式[33]。

作为贺兰山—六盘山断陷盆地西侧的断隆山的阿拉善古陆和六盘山西南古隆起，在印支运动自西向东的纬向惯性的强烈推挤下，向东侧断陷盆地相对应变空间仰冲、推覆，形成一条长 600km，近南北向的仰冲型冲叠造山带。而鄂尔多斯盆地周边的秦岭和贺兰山—六盘山等断陷盆地，在发生了印支冲叠造山运动之后，地壳大大增厚，从而把深部隆升的异常地幔压下去，促使其物质侧向迂回周边地区，引起鄂尔多斯盆地整体抬升剥蚀；直到早侏罗世晚期，才在剥蚀风化残丘上接受了富县组沉积[2]。在上述的逆冲断层带的南段、北段都可发现中—新元古界海源群或其他前寒武系变质岩推覆在不同时代的新地层之上[34]，并发现玄武岩、辉绿岩、花岗斑岩、安山玄武岩及一些金属矿床[35]，表明这些断层有的是切入了中地壳塑性层的厚皮构造。它们在自西向东仰冲过程中，其上盘上地壳势必抬升，从而在其下伏的中地壳塑性层顶部出现虚脱空间，引起该部位的围压急剧下降，产生强烈的吸入作用，

---

❶ 魏新善，李雪梅，王正雄．从地化特征分析鄂尔多斯盆地氦气成藏的可能性．第九届全国有机地球化学学术会议论文摘要汇编，2002．

导致地幔流体沿着前身断陷盆地时期形成的岩石圈地幔和下地壳张性断裂涌入中地壳塑性层。一方面富含 CO_2、CO、H_2 的地幔流体在中地壳发生费—托合成油气的反应，另一方面，它们通过上地壳逆冲断层和逆冲断层带下盘保存下来的上地壳正断层下段进入上地壳，形成无机、有机成因的油气田。

这种黏度小，活动性强的地幔流体（携带着石油、天然气）进入上地壳后，沿着遍布整个鄂尔多斯盆地的三大不整合面向古中央隆起带以及北东向构造裂缝流动，活动范围遍及盆地中、西部并形成了满盆油气的分布格局。这三大不整合面是：①侏罗系与三叠系之间的不整合面（源自六盘山盆地中地壳的石油形成了中生代的油田群）；②石炭系（本溪组）与奥陶系（马家沟组）之间的不整合（源自银川盆地中地壳的天然气形成了中部古生代的气田群）；③寒武系（馒头组）与中元古界（蓟县系）之间的不整合面，这个系统的油气由于埋藏太深，目前尚未钻遇。根据上述分析，在这不整合面附近，应该有大型天然气气田。

王震亮等在分析鄂尔多斯油气运移时指出，盆地抬升作用形成区域不整合，而构造反转作用形成断裂系统，它们构成了油气运移的主要通道，其中区域性不整合是油气运移的"高速公路"；他们还注意到，在白垩纪和新生代，油气有向东运移迹象[36]。

魏永佩等也注意到油气从西向东运移，不过他们认为运移时间是中新世，而不是早白垩世，这是由于中新世时的抬升，才使盆地地层发生区域性西倾[37]。

看来，油气自西向东运移是客观存在的。笔者认为，油气不是源于断裂带[38]，而是源于更西侧的银川盆地与六盘山盆地。至于为什么银川盆地的中地壳生成天然气，而六盘山盆地的中地壳生成石油，则是尚需深入研究的课题。

5　讨　论

鄂尔多斯盆地为一稳定的克拉通盆地，但其周缘发育逆冲褶皱带、深大断裂、燕山期岩浆岩体及各种热液金属矿化，这些现象表明了在中生代晚期，鄂尔多斯盆地中、西部深部热液活动十分发育。特别是：（1）盆地西缘的深大断裂（有壳断裂，也有岩石圈断裂），使沉积盖层与中下地壳可以沟通，为深部流体垂向运移提供了通道；（2）遍布整个盆地的侏罗系与三叠系，石炭系与奥陶系之间的不整合（假整合）以及大量构造裂缝为热液流体与油、气的横向运移提供了条件；（3）中生代晚期盆地西侧强大的构造挤压、推覆作用为深部油气的横向运移提供了不可缺少的动力。

银川盆地中地壳低速高导层所生成的天然气通过上述输导系统沿石炭系与奥陶系之间的不整合面到达鄂尔多斯盆地中部，形成奥陶系及石炭系、二叠系大气田；鄂尔多斯盆地天然气聚集区带分布，自西向东依次为：银川盆地—西缘气聚集带—天环气聚集带—苏里格聚集带—中部聚集带—东部聚集带，天然气运移便是自西向东进行。

杜乐天等注意到，鄂尔多斯盆地的中生代砂岩普遍发现有沥青球珠，它们切层呈长条状分布，它们原来是砂岩中的油珠、油条、油脉风化而成；盆地中生代的砂岩、泥岩还强烈褪色为浅青白色，这是气还原所致；盆地白垩系可见奇特的褐红—浅青—姜黄等各种风化色层，研究表明这好似被破坏的古油藏；盆地砂岩碳酸盐胶结物中酸解烃含量高；几乎所有中生代砂岩都有荧光反映[39]。所有这些表明，鄂尔多斯盆地后期的油气活动几乎是全盆地性的，一直到今天，还在强烈向空中排气。

六盘山盆地中地壳低速高导层所生成的石油，沿侏罗系与三叠系之间的不整合面在盆地的西部、南部形成三叠系、侏罗系大油田。

本文前面谈到的白云岩化、膏盐、浓卤水、金属矿物等的发现，其原因可能均来自西缘的地幔流体。

笔者认为，分析研究盆地油气资源不能局限在小于6km的盆地沉积盖层，要深入到盆地基底乃至中、下地壳来分析盆地油气前景；事实上，上述思路成功解释了鄂尔多斯盆地"北气南油"的分布格局，解释了中部古生界气田的石炭系—二叠系与奥陶系气源之争，澄清了天然气"倒灌"的说法，解决了中生界油田油源的困惑。同时也解释了鄂尔多斯盆地奥陶系堆积了大量膏盐的客观存在。

最近，李传亮等从理论上论述了"油气倒灌"是不存在的，原因是缺少基本的动力驱动[40]。

鄂尔多斯盆地古生界、中生界垂向断层不发育，这也是油气可以在横向上长距离运移，并造成了今天"满盆油气"的分布格局。

鄂尔多斯盆地是一个石油、天然气、煤、油页岩、铀矿（还有钾盐、天然碱等）多种能源矿藏共存成藏（矿）的巨型聚宝盆地，得益于它的"有机、无机"左右逢源的特殊地质环境。我们在讨论盆地多种能源矿产共存成藏（矿）时，特别要注意盆地深部地壳的构造特征及深部流体的作用，这在民和盆地油、气、煤、铀共存成藏（矿）机理研究时，表现得特别重要。根据上述模式，张景廉等解释了克拉2气田、威远气田、胜利油田、克拉玛依油田等的石油成因与分布[29,41-43]，并对辽宁义县—北票地区、苏南地区、松潘—甘孜褶皱带的油气前景作了预测[44-46]，并预测了伊盟隆起的东胜地区深部有大油气田[47]。

最近，有两份研究成果值得关注。

（1）潘爱芳等对鄂尔多斯盆地中生界石油的沥青抽提物进行了稀土元素分析，结果表明，13个抽样中的11个样品的稀土元素模式图表明了有深部来源的物质，石油沥青的稀土元素分配模式与幔源花岗岩十分相似，并认为，这与盆地基底断裂带活动相对强烈有关，深部流体与石油的成藏关系密切[48]。

（2）万丛礼等根据鄂尔多斯盆地一些井的甲烷及其同系物的碳同位素出现部分反序，以及任11井的He含量及$^3He/^4He$比值，认为盆地上古生界有少量深源的无机气[35]。

笔者在完成本文时获悉，最近中国石化华北分公司在鄂尔多斯盆地伊盟隆起杭锦旗地区钻探了锦13井、锦3井，在中元古界钻遇天然气，并在锦13井点火成功。笔者认为，杭锦旗地区中元古界的天然气来源可能有二：一来自银川盆地的中地壳低速高导层，二来自东胜地区深部中地壳的低速高导层。如果有良好的圈闭和储层，杭锦旗地区将有大气田发现。

参 考 文 献

[1] 朱英. 壳深大断裂和油气聚集//朱夏. 中国中新生代盆地构造和演化. 北京：科学出版社，1983：55-64.

[2] 王同和，王喜双，韩宇春，等. 华北克拉通构造演化与油气聚集. 北京：石油工业出版社，1999.

[3] 李思田，李祯，杨士恭，等. 中国中新生代沉积盆地演化和煤聚集规律//朱夏，徐旺. 中国中新生代沉积盆地. 北京：石油工业出版社，1990：298-308.

[4] 赵文智，胡素云，汪泽成，等. 鄂尔多斯盆地基底断裂在上三叠统延长组石油聚集中的控制作用. 石油勘探与开发，2003，30（5）：1-5.

[5] 汪泽成，赵文智，门相勇，等. 基底断裂稳定活动对鄂尔多斯盆地上古生界天然气成藏的作用. 石油勘探与开发，2005，32（1）：9-13.

[6] 潘爱芳，赫英，马润勇．鄂尔多斯盆地地壳元素地球化学场与能源矿产关系初探．石油勘探与开发，2004，25（6）：629-633．

[7] 潘爱芳，赫英，黎荣钊，等．鄂尔多斯盆地基底断裂与能源矿产的成藏成矿关系．大地构造与成矿学，2005，29（4）：245-250．

[8] 潘爱芳，赫英，徐宝亮，等．鄂尔多斯盆地基底断裂地球化学特征研究．西北大学学报，2005，35（4）：440-444．

[9] 方国庆，王中波．陕甘宁盆地遥感地质特征．煤田地质与勘探，2005，33（4）：1-5．

[10] 张景廉，曹正林，于均民．白云岩成因初探．海相油气地质，2003，8（1-2）：109-115．

[11] 陈郁华，袁鹤然，杜之岳．陕北奥陶系钾盐层位的发现与研究．地质论评，1998，44（1）：100-104．

[12] 张景廉，郭彦如，卫平生，等．三论油气与金属（非金属）矿床的关系：油气与膏盐．新疆石油地质，1999，20（4）：310-313．

[13] 李振宏，郑聪斌．古岩溶演化过程及其对油气聚集空间的影响——以鄂尔多斯盆地奥陶系为例．天然气地球科学，2004，15（3）：247-253．

[14] 张景廉．生物礁与油气、金属矿床关系讨论．海相油气地质，2001，6（1）：53-59．

[15] 孙少华，李小明，龚革联，等．鄂尔多斯盆地构造热事件研究．科学通报，1997，42（3）：306-309．

[16] 任战利，赵重远．鄂尔多斯盆地与沁水盆地中生代晚期地温场对比研究．沉积学报，1997，15（2）：134-137．

[17] 赵宏刚．鄂尔多斯盆地构造热演化与砂岩型铀成矿．铀矿地质，2005，21（5）：275-282．

[18] 杨俊杰．鄂尔多斯盆地构造演化与油气分布规律．北京：石油工业出版社，2002：6-19．

[19] 张振法．阴山山链隆起机制及有关问题探讨．内蒙古地质，1995，（1）：17-35．

[20] 杨文采．后板块地球内部物理学导论．北京：地质出版社，1999：107-122．

[21] 魏荣强，臧绍先，孙武城．奉贤至阿拉善左旗地学断面的流变结构及其动力学意义//张中杰，高锐，吕盛田，等．中国大陆地球深部结构与动力学研究．北京：科学出版社，2004：539-555．

[22] 李松林，张先康，张成科，等．玛沁—兰州—靖边地震测深剖面地壳速度结构的初步研究．地球物理学报，2002，45（2）：210-217．

[23] 刘丛强．流体作用地质地球化学//欧阳自远．世纪之交的矿物学岩石学地球化学的回顾与展望．北京：原子能出版社，1998：284-289．

[24] 沃里沃夫斯基 Б С，萨尔基索夫 Ю М．世界最大含油气盆地．任俞，译．北京：石油工业出版社，1991．

[25] 张景廉，于均民．论中地壳及其地质意义．新疆石油地质，2004，25（1）：90-94．

[26] 吕功煊，丑凌军，张兵，等．深层及非生物成烃的催化机制．天然气地球科学，206，17（1）：14-18．

[27] McCollom T M, Seewald J S. Carbon Isotope Composition of Organic Compounds Produced by Abiotic Synthesis under Hydrothermal Conditions. Earth and Planetary Science Letters, 2006, 243: 74-84.

[28] 戴金星，李剑，候路．鄂尔多斯盆地氦同位素的特征．高校地质学报，2005，11（4）：473-478．

[29] 张虎权，卫平生，张景廉．也谈威远气田气源——与戴金星院士商榷．天然气工业，2005，25（7）：4-7．

[30] 张虎权，张景廉，卫平生，等．汝箕沟煤矿的热液活动与煤炭成因．新疆石油地质，2008，29（2）：155-158．

[31] 莫宣学，赵志丹，邓晋福，等．青藏新生代钾质火山活动的时空运移及向东部玄武岩省的进度：壳幔深部物质流的暗示．现代地质，2007，2（2）：255-264．

[32] Xia Wenchen, Zhang Ning, Yuan Xiaoping, et al. Cenozoic Qaidam basin, China: a Strong Tectonic Inversed Extensional Rifted Basin. AAPG Bull., 2001, 85 (4): 715-736.

[33] 李相博，袁剑英，陈启林，等．柴达木盆地新生代成盆动力学模式．石油学报，2006，27（3）：6-

10.
- [34] 杨俊杰. 鄂尔多斯盆地构造演化与油气分布规律. 北京：石油工业出版社，2002：1-60.
- [35] 万丛礼，周瑶琪，陈勇，等. 鄂尔多斯盆地中西部深部流体活动及其对奥陶系天然气形成的热作用. 地学前缘，2006，13（3）：122-128.
- [36] 王震亮，陈荷立，王飞燕，等. 鄂尔多斯盆地中部上古生界天然气运移特征分析. 石油勘探与开发，1998，25（6）：1-7.
- [37] 魏永佩，王毅. 鄂尔多斯盆地多种能源矿产富集规律的比较. 石油与天然气地质，2004，25（4）：385-392.
- [38] 黄第藩，梁狄刚. 关于油气勘探中石油生成的理论基础问题——与无机生油论者商榷. 石油勘探与开发，2005，32（5）：1-10.
- [39] 杜乐天，欧光习. 盆地形成及成矿与地幔流体间的成因联系. 地学前缘，2007，14（2）：215-224.
- [40] 李传亮，张景廉，杜志敏. 油气初次运移理论新探. 地学前缘，2007，14（4）：132-142.
- [41] 张景廉. 克拉2大气田成因讨论. 新疆石油地质，2002，23（1）：71-73.
- [42] 岳伏生，张景廉，杜乐天. 济阳坳陷深部热流活动与成岩成矿. 石油勘探与开发，2003，30（4）：29-31.
- [43] 薛新克，王廷栋，张虎权，等. 准噶尔盆地深部地壳构造特征与油气勘探方向. 天然气工业，2006，26（10）：37-41.
- [44] 张景廉. 辽宁义县—北票地区深部地壳构造特征及油气远景——兼论珍稀动物产生与大面积物种死亡之谜. 新疆石油地质，2005，26（4）：445-449.
- [45] 张景廉，李斌，李相博，等. 苏南块体深部地壳构造特征与油气远景. 海相油气地质，2006，11（1）：40-44.
- [46] 李碧宁，焦养泉，张景廉. 四川松潘—甘孜褶皱带深部地壳构造特征与油气前景. 新疆石油地质，2006，27（6）：655-659.
- [47] 张景廉，卫平生，张虎权，等. 再论石油与金属矿床相互关系——四论油气与金属（非金属）矿床的相互关系. 新疆石油地质，2006，27（4）：493-497.
- [48] 潘爱芳，黎容剑，赫英. 鄂尔多斯盆地石油氯仿沥青稀土元素地球化学特征. 大地构造与成矿学，2007，31（2）：245-250.

松辽盆地天然气成因探讨*

（为庆祝《新疆石油地质》创刊30周年而作）

魏志平[1]　张景廉[2]　方乐华[2]　杜玉潭[2]

(1. 中国石油大学（北京）资源与信息学院，北京 102249；
2. 中国石油勘探开发研究院西北分院，甘肃兰州 730020)

摘　要：松辽盆地徐家围子断陷的天然气成因备受争议，焦点是有机成因气还是无机成因气。费—托合成烃的反应可以发生如光合作用那样的碳同位素分馏作用，但未必显示碳同位素的反序分布。热液条件下费—托反应在自然界更普遍，但其碳氢同位素的动力学分馏特征尚不十分清楚，碳同位素组成用于油气物源示踪识别仍有很大的不确定性。松辽盆地深部地壳特征表明，中地壳有一低速高导层，地幔流体 CO_2、H_2 可在此进行费—托合成烃的反应，这种超临界的流体的反应可形成烃和烃类化合物。根据这一思路，松辽盆地深部（不仅仅是火山岩，还有花岗岩等基底岩石）有更多的天然气尚待勘探与发现，也可在其他盆地寻找大油气田。

关键词：松辽盆地；天然气；无机成因；费—托合成反应；碳同位素；中地壳；低速高导层；地幔流体

在松辽盆地徐家围子断陷发现了以火山岩为主要储层的庆深气田。至2006年底，庆深气田共探明地质储量 $1258\times10^8 m^3$，新增控制储量 $1849\times10^8 m^3$。但是到目前为止，徐家围子断陷的天然气成因仍有有机成因和无机成因之争；有机成因气中又有成熟气、煤成气、浅变质成因气之不同。对天然气成因不同看法与争论是极正常的事，这种争论至今仍在继续着[1-3]。刘文汇最近指出，"现有的气源示踪指标，不足以解决存在的主要问题，理论基础仍有待完善。"[4] 鄂尔多斯盆地东部奥陶系盐下龙探1井天然气碳同位素组成的异常情况也证实了气源示踪的指标不足[5]。考虑到庆深气田是我国东部陆上最大的气田，因此，有必要回顾一下关于该地区天然气成因的认识并作深入讨论，这对未来勘探有重要意义。

1　深层有机成因气的提出

高瑞祺等（1989）最早对汪家屯、肇州西一些井的天然气组分及碳同位素进行了测定，从碳同位素组分上把这些烷烃气划分为3种类型：（1）无机成因气（如升501井）；（2）煤成气（升58-1井）；（3）无机成因气与煤成气的混合（如升66井、肇深1井）。

黄福堂等（1992）注意到松辽盆地北部深层天然气的烃类气体组成及碳同位素组成特征，并注意到天然气中 CO_2 及 He 的分布，认为深层天然气的 $\delta^{13}C_1$ 偏重及烷烃气 $\delta^{13}C_1$ 的

---

* 本文曾发表于《新疆石油地质》2009年第30卷第4期。

"逆转"（即呈反序）是形成成熟煤型气的重要特征。

李永康（1992）谈到松辽盆地有两种类型天然气：(1) 北部泰康地区的天然气 $\delta^{13}C_1$ 为 $-50‰$，是属原油蚀变的生物气；(2) 北部昌德气田的 $\delta^{13}C_1$ 为 $-22‰\sim-18‰$，且 $\delta^{13}C_1>\delta^{13}C_2>\delta^{13}C_3>\delta^{13}C_4$，他认为气源为有机深源，来自石炭系—二叠系板岩。

高瑞祺等（1994）指出，在松辽盆地深部基岩风化岩及裂缝发现了一种新的天然气，被称之为"有机深源气"，这种天然气与侏罗系、白垩系烃源岩无明显相关关系，特征如下：(1) 天然气甲烷的 $\delta^{13}C$ 重，最高可达$-17‰$；(2) 天然气烷烃组分的 $\delta^{13}C$ 呈反转序列，即 $\delta^{13}C_1>\delta^{13}C_2>\delta^{13}C_3>\delta^{13}C_4$；(3) 部分天然气中 H_2、He 含量高，且有少量烯烃；(4) 由氩同位素推算的气源岩年龄高于基岩之上的已知气源岩的年龄；(5) 酸解烃气的 $\delta^{13}C_1$ 为 $-23.32‰\sim-17.42‰$。因此，认为这些天然气可能源自深部的浅变质板岩及千枚岩。

2 深部无机成因气

郭占谦等（1994）针对松辽盆地昌德地区天然气的碳同位素组成及氦、氩同位素特征指出，松辽盆地是一个克拉通的裂谷盆地，发育深大断裂，盆地中新生代火山岩发育，地层水具幔源特征，认为松辽盆地存在非生物成因天然气，并可以形成具有商业价值的天然气藏。郭占谦等（1997）进一步探讨了这种非生物成因气的成藏特征。这是我国首次报道有确凿地球化学证据的非生物成因且具商业价值的天然气藏，这在世界上也属首次。

胡桂兴等（1997）还模拟了在原始太阳星云条件下的费—托合成烃的实验。

对同样一组天然气的地球化学数据，郭占谦、王先彬等得出了与上述学者截然不同的结论。尔后，大庆油田杨玉峰、侯启军等相继认为徐家围子断陷的天然气为无机成因[11—14]。付晓飞、宋岩等（2005）研究了松辽盆地无机成因气的气源模式及富集规律[15,16]。

在 2005 年 10 月举行的第 265 次香山科学会议上，戴金星院士认为，松辽盆地仅芳深 1 井、芳深 2 井的天然气是无机成因的，气藏虽探明储量不大，但其发现和探明具有重大的实践和科学意义[17]。

在这次会议上，王先彬则认为，通过地质、地球化学和地球物理的综合研究，确认昌德、肇州西、汪家屯、升平、宋站、四一五站和徐家围子等气藏天然气储量超过了 $500\times10^8 m^3$，具有非生物成因特征[18]。

戴金星院士认为徐家围子地区的天然气中有 $400\times10^8 m^3$ 是无机成因气[19]。

至此，似乎天然气的成因问题有了一个比较明确的答案了。

3 风波又起——有机成因气再次被提出

随着松辽盆地天然气勘探的发展，徐深 1 井获得了一组天然气的同位素数据（表1）。甲烷及其同系物的碳同位素组成特征（$\delta^{13}C_1>-30‰$，$\delta^{13}C_1>\delta^{13}C_2$），进一步证实了上述关于松辽盆地无机成因天然气的结论。

但仍有不少人认为这些天然气是腐殖型有机质高—过成熟演化的结果，天然气来自沙河子组、火石岭组。否认石炭系—二叠系烃源岩的贡献，更否认无机成因气的贡献[20—26]。

2007 年 10 月在昆明召开的第十一届全国有机地球化学学术讨论会上，计有 20 篇文章涉及松辽盆地的天然气成因问题，其中包括 CO_2 气及烷烃气的成因。关于盆地 CO_2 气的幔源无机成因似乎没有什么异议,但对于烷烃的成因则存在十分严重的分歧,仍有近一半的论文作者坚持认为松辽盆地的天然气是有机的高成熟的煤型气❶。

表1　徐深1井天然气组成及天然气 $\delta^{13}C$

样号	井段 (m)	层位	CH_4 (%)	He (%)	$\delta^{13}C_1$ (‰)	$\delta^{13}C_2$ (‰)
1	3364~3379	K_1y	92	0.002	-28.43	-30.46
2	3447~3573	K_1y	93	0.022	-26.80	-30.10
3	3578~3715	K_1y	94	0.021	-26.54	-31.68
4	4435~4480	J_3h	96	0.020	-29.20	未检测到

中石化在松辽盆地长岭断陷达尔罕断凸带的腰英台构造高点钻探了区域性探井腰深1井。2006年7月,在登娄库组(3466~3495m)及营城组(3544~3750m)获天然气[27],其中营城组获日产天然气 $30×10^4m^3$,并提交控制与预测储量共计 $590×10^8m^3$。

对三肇凹陷一些气田(藏)碳同位素数据统计表明,(1) $\delta^{13}C_1 > -25‰$;(2) $\delta^{13}C_1 > \delta^{13}C_2 > \delta^{13}C_3 > \delta^{13}C_4$,属典型的无机成因气(表2)。但一些研究人员仍认为属过成熟的煤型气。他们还认为,登娄库组的 CO_2 气是有机成因,而营城组的 CO_2 气为无机成因[27,28]。

表2　腰深1井营城组天然气藏碳同位素分析结果

层　位	井段 (m)	$\delta^{13}C$ (‰,PDB)				
		二氧化碳	甲烷	乙烷	丙烷	正丁烷
登娄库组	3466~3495	-14.8	-20.4			
		-15.3	-20.8	-24.7		
		-7.7	-23.6	-26.4	-26.4	-33.4
营城组	3544~3750	-7.9	-21.2	-26.5	-26.7	-33.2
		-6.3	-23.78			

为什么会出现如此对立的不同观点呢?问题在于虽然面对的是同一套数据,但对这些数据的判识有所不同,而有些数据往往有重叠的现象,致使判识时发生多解,关键在于对碳同位素的认识上还存在诸多问题。

4　讨　论

4.1　自然界一些天然气的成因分类解释

自然界广泛分布一些煤层气、生物成因气、水溶气、天然气水合物等,笔者有下列不同看法:

(1)煤层气(煤矿瓦斯)通常被认为与煤岩有关,可煤层气的 $\delta^{13}C_1$ 为 -90‰~-10‰,

---

❶ 梁狄刚,黄第藩主编. 第十一届全国有机地球化学学术会议论文摘要汇编. 中国昆明,2007.

由于有的煤层气的碳同位素组成很轻，曾被认作生物成因的次生煤层气。笔者从多个侧面剖析了煤层气产出的地质环境及其地球化学特征，认为煤层气可能为地球深部排气作用所致，而与煤岩无关[29]。

（2）生物成因气常指甲烷 $\delta^{13}C_1 \leqslant -65‰$ 的天然气，可柴达木盆地东部气田的 $\delta^{13}C_1$ 为 $-65‰ \sim -30‰$，结合柴达木盆地深部地壳结构，笔者提出了柴达木盆地东部天然气可能为无机成因的观点[3]。

（3）天然气水合物有较大的地质储量，由于海底洋底沉积物往往缺失或很少，碳同位素组成变化范围也十分大，根据其分布特点，笔者提出了天然气水合物可能为无机成因[4]。

（4）非洲大裂谷分布了许多湖泊，其中基伍湖（Kivu Lake）有天然气，据计算，湖水中有 $5.7 \times 10^{16} m^3$ 的甲烷气，由于甲烷的 $\delta^{13}C_1$ 为 $-65‰ \sim -45‰$，曾被认为是生物成因气。但 MacDonald 根据湖水中较高的 $^3He/^4He$ 比值认为，此乃无机成因气[30]。

还有两个很典型的例子：

一是长白山地热区有甲烷的 $\delta^{13}C_1$ 为 $-36‰ \sim -35‰$，若从碳同位素组成看，应是有机成因气。但戴金星认为，结合温泉周围地质条件，十分可能是无机成因气[31]。

二是瑞典 Silijan 构造的科学钻井。瑞典国土沉积岩分布极少，瑞典政府请美国 Gold 教授设计钻井，试图寻找天然气。Gold 教授在古老地盾的前寒武系花岗岩上设计了 Gravberg-1 井，结果没有获得工业油气流，但是获得了 13t 原油及少量天然气，天然气的 $\delta^{13}C_1$ 却小于 $-30‰$，最轻的达 $-38‰$[32]。这种气若按传统的判识准则应是有机成因气，但地质条件表明这种甲烷气只能是无机成因气。

上述实例表明，仅凭碳同位素组成进行天然气的物源判识存在太多的不确定性。

4.2 费—托合成烷的碳同位素组成及分馏作用

（1）Horita 与 Berndt 的热液条件下的费—托合成烃实验表明，反应获得甲烷的 $\delta^{13}C_1$ 为 $-53‰ \sim -43‰$[33]。

（2）胡桂兴等模拟太阳星云条件下的费—托合成反应[34]，产物甲烷 $\delta^{13}C_1$ 为 $-51‰ \sim -40‰$，反应中观察到烷烃同系物碳同位素反序分布，但是实验中仅 1 个样呈反序分布，其他均表现出部分反序，而且碳同位素组成很轻（$\delta^{13}C_1 \leqslant -40‰$）。

（3）Lancet 等的费—托合成烷烃反应中[35]，也发现了甲烷 $\delta^{13}C_1$ 为 $-65‰$。

（4）McCollom-Seewald 在热液条件下进行的费—托合成烃的实验表明，甲烷及其同系物的 $\delta^{13}C_1$ 既不呈正序也不呈反序，但碳同位素组成十分轻[36]。

（5）杜建国等对南宁盆地褐煤的高温、高压热解实验（$500 \sim 700℃$，$1 \sim 3GPa$）结果表明：（1）$\delta^{13}C_1$ 为 $-28.9‰ \sim -20.6‰$（$>-30‰$）。（2）$\delta^{13}C_1 > \delta^{13}C_2 > \delta^{13}C_3 > \delta^{13}C_4$（呈反序）。（3）$\delta^{13}C_1$ 约为 $-22.0‰$，$\delta^{13}CO_2$ 约为 $-22.3‰$；$\delta^{13}C_1$ 约为 $-20.6‰$，$\delta^{13}CO_2$ 约为 $-21.1‰$。显示了 CO_2 的 $\delta^{13}C$ 比甲烷的 $\delta^{13}C$ 轻[37]。

事实上，唐修义等对黄县褐煤的热解实验也出现过 $\delta^{13}C_1$ 很重的现象：温度为 $500℃$ 时，$\delta^{13}C_1$ 约为 $-26.40‰$；温度为 $600℃$ 时，$\delta^{13}C_1$ 约为 $-27.62‰$，$\delta^{13}C_2$ 约为 $-29.11‰$，在这里 $\delta^{13}C_1 > \delta^{13}C_2$（反序）[38]。

通常认为，在气相 CO_2 与 H_2 的合成烃的过程中，根据亚甲基反应原理，由于含 ^{12}C 键分子的键能低于含 ^{13}C 键分子的，因此，在反应中，总是含有 ^{12}C 的键优先被"打开"进行链增长，轻的^{12}C趋于优先富集在更大的分子产物中，从而形成了C_2H_6、C_3H_8和C_4H_{10}之间的碳同位素反序分布模式。但是在热液条件下CO_2与H_2的反应中，烷烃产物的碳同位素组成相似，彼此之间并没有明显的碳同位素分馏[36]。由于热液条件下CO_2与H_2形成烷烃的反应过程和机理尚不清楚，所以，该过程烷烃产物的碳同位素分布特征还有待查明。

事实上，在自然条件下，热液条件下的费—托合成烃反应更普遍，因此，如何对地质环境中的CO_2与H_2反应形成的烷烃进行识别，是目前亟须解决的一个问题。碳同位素成分对判识自然界由CO_2与H_2反应形成的烷烃并不可靠，氢同位素的判识作用也需要加以研究[37]。由于在非生物反应合成烃的过程中，动力学是控制同位素分馏的重要因素，并且反应过程和机理决定了同位素分配模式的特征，因此，深入研究热液条件下CO_2与H_2反应形成烷烃的过程和机理，揭示烷烃碳、氢同位素的动力分馏特征，尝试建立识别自然界由CO_2与H_2反应形成的烷烃的碳、氢同位素综合判识指标，是个十分有意义并富有挑战性的课题。

需要指出的是，前述关于褐煤的高温高压热解的实验实际上也是一种CO_2与H_2的费—托合成反应，而不应理解为有机质的热解[38]。

4.3 地球深部排气作用的碳同位素分馏作用

地球深部排气事件会引起保留在储库内的物质碳同位素组成的变化，从而影响不同排气作用所形成的天然气同位素组成。根据瑞利分馏模式对下地壳位置（例如600℃）发生CO_2排气进行模拟，逸出CO_2的值可以从约−30‰变化到+5‰左右，CH_4的碳同位素值可以从−40‰变化到0‰。若排气发生在地幔位置（例如1000℃），逸出CO_2的碳同位素值可以从约−20‰变化到+3‰左右，CH_4的碳同位素值可以从约−25‰变化到−5‰[39]。

Jenden等在1993年提出了判识无机成因天然气的3个地球化学指标，即甲烷$\delta^{13}C \geq -25‰$；甲烷同系物碳同位素值呈反序分布（$\delta^{13}C_1 > \delta^{13}C_2 > \delta^{13}C_3 > \delta^{13}C_4$）；氦同位素比值为$0.1R_a$（大气值）[40]。这个综合判识指标目前被国内学者广泛使用。

笔者认为，满足上述3个指标的虽然可判识为无机成因气；但没有满足上述3个指标的就不一定不是无机成因气，如上面在自然界及实验室模拟实验可得到的那样。碳同位素组成用于油气物源示踪有太多的不确定性，所以还有许多工作需要深入探讨[41,42]。

5 松辽盆地天然气成因再讨论

关于松辽盆地的无机成因天然气的形成机制，郭占谦等认为，盆地地壳存在一低密度流体，是一个岩浆房，无机成因气由岩浆房生成，通过深大断裂与地震活动，这些无机成因气可进入沉积盆地成藏[8,9]。

付晓飞等认为，松辽盆地热流底辟体岩浆房及火山岩在空间上的叠置是无机成因气的气源[15,16]。

笔者则认为，盆地中地壳的低速高导层的存在是无机天然气生成的关键。中地壳低速高导层的地质属性可解释为充满流体的塑性体，其中有蛇纹岩化的超铁镁基性岩。富含CO_2与H_2的地幔流体上升到中地壳低速高导层，可以在这里发生著名的费—托合成烃的反应（在合适的温度、压力下）[43—46]。特别需要指出的是，中地壳可能存在流体跨越临界态的物理化学现象（温度 300~450℃，压力 1.5~2.5 kPa），可形成大量矿石堆积[47]，也可生成大量的烃类物质。对这个问题，笔者曾作过详细的讨论[44—46]，这里不再赘述。

中国满洲里—绥芬河地学断面的深部地球物理研究表明，松辽盆地深约 15km 的中地壳有一低速—高导层[48—50]，许多逆冲推覆断裂均收敛于 15~25km 深处的地壳内低速高导层[50]，显示了中地壳低速高导层的流变性质（图1）。

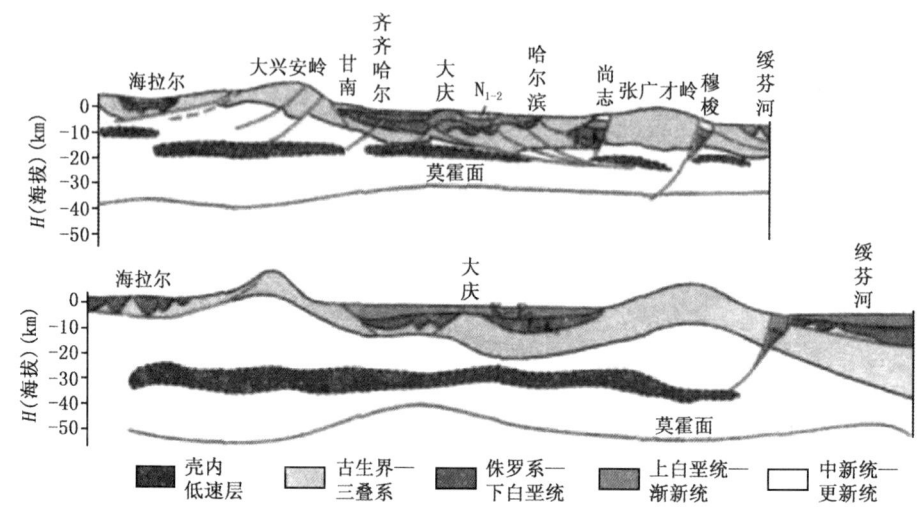

图1 满洲里—绥芬河地学断面演化轮廓解释剖面（据葛肖红等，2007）

最近，大庆采油厂输出的原油中发现了新增加的 H_2S 气体[51]，表明油田开发后期有新物质补给。大庆长垣伴生气 CO_2 的含量自 20 世纪 90 年代开始大幅度增加，2003 年伴生气 CO_2 的含量达 2.87%，与 20 世纪 80 年代相比，增加了约一个数量级，而且还有继续升高的趋势[52]。郭占谦等也认为这种情况反映了油田深部正在发生着某种变化[53]。

马志红等发现大庆长垣油田气油比持续升高，预测长垣深部有一个大气田在不断补充天然气[54]。

笔者认为，上述天然气组分的变化恰恰表明了油气也是可以再生的，这也是无机成因气的一个特征[55]。

最近，张水昌等在论述中国大中型气田成因时认为，徐深大气田的煤成气为主要成分，混有一定量的无机气[56]。之所以会有不同认识，在于煤成气的 $\delta^{13}C_1$ 与无机气的 $\delta^{13}C_1$ 的判别标准是重叠的，即当 $\delta^{13}C_1 \geq -30‰$，既可判定为无机气，也可判定为煤成气。而同为煤所生成的煤矿瓦斯（煤层气）的 CH_4 的 $\delta^{13}C$ 都可以十分轻，乃至可以达到-75‰。不过松辽盆地 CO_2 的 $\delta^{13}C_{CO_2}$ 为-15‰~-2‰，为无机成因，这已为大多数地球化学家所认同。

问题是，在一个盆地、一个气田中，CO_2 是无机成因的，而 CH_4 却是有机成因的，显然这里有诸多矛盾的观点。

还有一点需强调的是，徐家围子火山岩天然气中 He 的含量极高，可达到 2.743%，如此高的 He 含量往往是由于 U、Th 的放射性衰变所致，由于有较高的 ^4He，从而使 ^3He 与 ^4He 的比值大大降低。一些地球化学家常据此认为天然气不是幔源的而是壳源的，其实烷烃气与氦气是不同来源、不同成因的气体，不可同日而语。

中国的油气分布与太平洋型微陆块的边缘盆地密切相关。松辽盆地即位于太平洋型块体的佳木斯块体[57]。朱炳泉深刻指出，太平洋型块体的分布是指导油气勘探的第一重要制约因素。

需要指出的是，沿同位素地球化学急变带可发现油气与石墨矿常呈对称分布。佳木斯地块西部是松辽裂谷盆地形成的大庆超大型油气田，而东部集中分布了萝北云山、鸡西柳毛、勃利佛岭、穆棱光义等4个超大型石墨矿。这些石墨矿产于古元古界（或新太古界）麻山群中的高级变质岩中[52]。从广义上讲，油气与石墨均为碳矿床，石墨与超临界水反应，可以很快转化为烷烃，而油气则由于脱氢转化为石墨。从这个意义上，大庆的油气与其东边的4个超大型石墨矿的碳可能均源于深部，值得深入研究。无独有偶，渤海湾盆地的胜利油田与山东半岛大型石墨矿（平度、莱西、牟平、烟台）也呈对称分布，在其过渡带还有蒙阴的金刚石（也是碳矿床），而金刚石普遍认为源自地幔。因此，油气—石墨—金刚石之间的相互关系应该是未来研究的热点，也是深入了解油气成因的切入点。

参 考 文 献

[1] 张景廉. 克拉2大气田成因讨论. 新疆石油地质, 2002, 23（1）: 71-73.

[2] 张虎权, 卫平生, 张景廉. 也谈威远气田气源——与戴金星院士商榷. 天然气工业, 2005, 25（7）: 4-7.

[3] 张景廉, 石兰亭, 卫平生, 等. 鄂尔多斯盆地及西缘盆地的深部地壳与流体特征及油气成藏模式. 新疆石油地质, 2009, 30（2）: 272-278.

[4] 刘文汇. 海相层系多种烃源及其示踪体系研究进展. 天然气地球科学, 2009, 20（1）: 1-7.

[5] 杨华, 张文正, 昝川莉, 等. 鄂尔多斯盆地东部奥陶系盐下天然气地球化学特征及其对靖边气田气源再认识. 天然气地球科学, 2009, 20（1）: 8-14.

[6] 黄福堂, 王军. 松辽盆地北部深层天然气的化学组成特征. 大庆石油地质与开发, 1992, 11（2）: 11-17.

[7] 高瑞祺, 冯子辉, 孔庆方, 等. 松辽盆地的一个潜在气源岩层——基底浅变质板岩、千枚岩地层//欧阳自远. 中国矿物岩石地球化学研究新进展. 兰州: 兰州大学出版社, 1994: 183-186.

[8] 郭占谦, 王先彬. 松辽盆地非生物成因气的探讨. 中国科学（B辑）, 1994, 24（3）: 304-309.

[9] 郭占谦, 刘文彪, 王先彬. 松辽盆地非生物成因气的成藏特征. 中国科学（D辑）, 1997, 27（2）: 143-148.

[10] 胡桂兴, 欧阳自远, 王先彬, 等. 原始太阳星云条件下费—托反应中的碳同位素分馏. 中国科学（D辑）, 1997, 27（5）: 395-400.

[11] 杨玉峰, 张秋, 黄海平. 松辽盆地徐家围子断陷无机成因天然气及其成藏模式. 地学前缘, 2000, 7（4）: 523-533.

[12] 侯启军, 杨玉峰. 松辽盆地无机成因气及勘探方向探讨. 天然气工业, 2002, 22（3）: 5-10.

[13] 侯启军, 冯志强, 林铁峰. 大气探区油气勘探新进展. 大气石油地质与开发, 2004, 23（5）: 4-9.

[14] 霍秋立, 杨步增, 付丽. 松辽盆地北部昌德东气藏天然气成因. 石油勘探与开发, 1998, 25（4）: 17-19.

[15] 付晓飞, 宋岩. 松辽盆地无机成因及气源模式. 石油学报, 2005, 26（4）: 23-28.

[16] 付晓飞, 云金表, 卢双舫, 等. 松辽盆地无机成因气富集规律研究. 天然气工业, 2005, 25（10）: 14-17.

[17] 戴金星. 非生物天然气资源的特征与前景. 天然气地球科学, 2006, 17（1）: 1-6.

[18] 王先彬, 妥进才, 周世新, 等. 论天然气形成机制与相关地球科学问题. 天然气地球科学, 2006, 17（1）: 7-13.

[19] 戴金星, 胡安平, 杨春, 等. 中国天然气勘探及其地学理论的主要新进展. 天然气工业, 2006, 26

(6): 1-5.

[20] 任延广, 朱德丰, 丁传彪. 松辽盆地徐家围子断陷天然气聚集规律及下步勘探方向. 大庆石油地质与开发, 2004, 13 (5): 26-29.

[21] 张居和, 李景坤, 阎燕. 徐深1井深层天然气地球化学特征与各类气源岩的贡献. 石油与天然气地质, 2005, 26 (4): 501-504.

[22] 付广, 孟庆芬. 徐家围子地区 (K_1sh+K_1yc) – K_1d_2 含油气系统研究与评价. 特种油气藏, 2005, 12 (5): 14-18.

[23] 付广, 石巍. 徐家围子地区深层天然气成藏机制及有利勘探区预测. 大气石油地质与开发, 2006, 25 (3): 23-26.

[24] 杨辉, 张研, 邹才能, 等. 松辽盆地深层火山岩天然气勘探方向. 石油勘探与开发, 2006, 33 (3): 274-281.

[25] 江涛, 唐振兴, 党立宏, 等. 松辽盆地南部岩性油气藏勘探潜力与技术对策. 中国石油勘探, 2006, 11 (3): 24-29.

[26] 刘朝露, 李剑, 夏斌, 等. 松辽盆地南部深层天然气藏地化特征. 天然气工业, 2006, 26 (2): 36-39.

[27] 杨友胜. 松辽盆地南部深层火山岩天然气勘探与开发综述. 华东油气勘探, 2006, 24 (3): 54-58.

[28] 曹海虹, 余文瑞, 马楚杰. 腰英台深层构造腰深1井营城组天然气类型及成因类型. 华东油气勘探, 2007, 25 (3): 24-32.

[29] 张虎权, 王廷栋, 卫平生, 等. 煤层气成因讨论. 石油学报, 2007, 28 (2): 29-34.

[30] MacDonald G. The many Origins of Natural Gas. Journal of Petroleum Geology, 1983, 5 (4): 341-362.

[31] 戴金星, 戴春森, 宋岩, 等. 中国一些地区温泉中天然气的地球化学特征及碳、氦同位素组成. 中国科学 (B辑), 1994, 24 (4): 426-433.

[32] Jeffrey A W, Kaplan I R. Hydrocarbons and Inorganic Gases in the Gravberg-1 Well, Silijan Ring, Sweden. Chemical Geology, 1988, 71: 237-255.

[33] Horita J, Berndt M E. Abiogenic Methane Formation and Isotopic Fractionation under Hydrothermal Conditions. Science, 1999, 285: 1055-1057.

[34] Hu Guixing, Ou Yang Ziyuan, Wang Xianbin, et al. Carbon Isotope Fractionation in the Process of Fischer-Tropsch Reaction in Primitive Solar Nebula. Science in China (series D), 1998, 41 (2): 202-207.

[35] Lancet M S, Anders M S. Carbon Isotope Fractionation in the Fischer-Tropsch Synthesis and in Meteorites. Science, 1970, 170: 980-982.

[36] MaCollom T M, Seewald J S. Carhon Isotope Fractionation of Organic Compounds Produced by Abiotic Synthesis under Hydrothermal Conditions. Earth and Planetary Science Letters, 2006. 243: 74-84.

[37] Du Jianguo, Jin Zhijun, Xie Hongsen, et al. Stable Carbon Isotope Composition of Gaseous Hydrocarbons Produced from High Pressure and High Temperature Pyrolysis of Ligyuite. Organic Geochemistry, 2003, 34: 97-104.

[38] 唐修义, 杨宜春, 刘冬梅, 等. 关于煤成气组分和甲烷同位素的几个问题//中国科学院兰州地质研究所生物、气体地球化学开发研究实验室研究年报. 兰州: 甘肃科学技术出版社, 1998: 240-252.

[39] 张学华, 郑永飞. 无机成因天然气同位素组成变化的理论模式. 矿物岩石地球化学通报, 1997, 16 (2): 81-85.

[40] Jenden P D, Hilton D R, Kaplan I R, et al. Abiogenic Hydrocarbon and Mantle Helium in Oil and Gas Field //Howell D G. The Future of Energy Gases. US Geological Survey Professional Paper 1570, 1993: 31-56.

[41] 张景廉, 刘小琦, 张平中, 等. 碳同位素与油气物源示踪. 地质地球化学, 1998, 26 (2): 63-69.

[42] Дмитриевский А Н, Ваданюк И Е, Сорхтин О Г, и др. 洋壳蛇纹岩——生烃源. 新疆石油地质, 2003, 24 (3): 268-271.

[43] 沃里沃夫斯基 Б С，萨尔基索夫 Ю M. 世界最大含油气盆地．任俞，译．北京：石油工业出版社，1991：76.
[44] 张景廉，赵应成，王新民．等．大气田形成的一些控制因素探讨．海相油气地质，1999，4（1）：43-48.
[45] 张景廉．中国一些含油气盆地深部地壳结构与油气田关系的探讨．天然气地球科学，1998，9（5）：28-36.
[46] 张景廉，于均民．论中地壳及其地质意义．新疆石油地质，2004，25（1）：90-94.
[47] 张荣华，胡书敏，王军，等，实验研究岩石圈深部流体及相关科学问题．地球学报，2004，25（1）：17-24.
[48] 杨宝俊，穆石敏，金旭，等．中国满洲里—绥芬河地学断面地球物理综合研究．地球物理学报，1996，39（6）：772-782.
[49] 迟元林，云金表，蒙启安，等．松辽盆地深部结构及成盆动力学与油气聚集．北京：石油工业出版社，2002：143-192.
[50] 葛肖红，马文璞．东北亚南中区—新生代大地构造轮廓．中国地质，2007，34（2）：212-228.
[51] 郭占谦．大庆成为百年油田的理论和实践根据．大庆石油地质与开发，2005，24（1）：1-4.
[52] 王连生，郭占谦，马志红，等．大庆长垣伴生气中二氧化碳含量的变化及原因．新疆石油地质，2005，26（6）：612-613.
[53] 郭占谦，刘俊峰，李贵顺．对大庆油田深层气源的讨论．石油与天然气地质，2007，28（4）：441-448.
[54] 马志红，王连生，郭占谦，等．大庆长垣喇、萨、杏油田天然气动态机制及深部气源．吉林大学学报（地球科学版），2008，38（5）：726-730.
[55] 方乐华，张景廉．油气是可以再生的．石油勘探与开发，2007，34（4）：508-512.
[56] 张水昌，朱光有．中国沉积盆地大中型气田分布与天然气成因．中国科学（D辑）：地球科学，2007，37（增刊Ⅱ）：1-11.
[57] 朱炳泉．地球化学省与地球化学急变带．北京：科学出版社，2001：68-80.

油气"倒灌"论质疑*

张景廉

(中国石油勘探开发研究院西北分院,甘肃兰州 730020)

摘 要:油气运移是石油地质学的重要课题,而油气"倒灌"成藏则是备受争议的议题之一。该文以3个盆地4个油气藏(层)(四川盆地威远气田、鄂尔多斯盆地的西峰油田与靖远气田、松辽盆地扶杨油层)为例,分析了在这些盆地油气藏存在深部油气向上运移成藏的可能性。相比之下,油气"倒灌"违背物理学基本定律,即油气总是在浮力作用下自下而上运移的。确立油气深部来源的观点,可以解放思想,拓宽勘探领域,特别是为基岩油气藏的勘探提供了理论基础。

关键词:油气运移;油气"倒灌";勘探领域;基岩油气藏;质疑

油气运移是石油地质学中十分重要的内容,油气运移问题不能很好地解决,油气成藏也便如"纸上谈兵"。但是油气运移机制的研究至今仍是石油地质学中难度最大的课题之一,也是石油地质学研究中最为薄弱的环节[1]。而油气"倒灌"(即油气向下运移)又是在油气运移中颇具争议的问题之一。

2009年,《岩性油气藏》期刊对油气"倒灌"展开学术讨论[2-4],这当然是好事。

自潘钟祥于1982年在AAPG上发表《基岩油藏》(Petroleum in Basement Rocks)[5]一文以来,油气"新生古储"、"上生下储"、"油气倒灌"的论点逐渐被石油地质界接受,并认为是油气成藏的一种方式。但是仔细分析油气"倒灌"的一些实例,却发现有诸多疑窦。

笔者以3个盆地4个油气藏(层)(四川盆地威远气田、鄂尔多斯盆地的西峰油田与靖边气田、松辽盆地扶杨油层)为例,讨论油气的运移问题。

1 四川盆地威远气田

四川威远气田是我国储层时代最老的气田。天然气主要储集于震旦系灯影组,灯影组以白云岩为主,有机碳平均含量为0.12%(图1)[6]。

关于威远气田气源的争论一直在进行着。王先彬最早提出,天然气源于地球深部,为无机成因[7]。而主张有机成因的又分为3种不同观点:(1)来自震旦系灯影组白云岩[8];(2)来自寒武系九老洞组泥页岩[9];(3)来自灯影组与九老洞组[10]。

寒武系九老洞组泥页岩生成天然气则需向下"倒灌"而运移。下面分析一下"倒灌"的可能性。

---

* 本文曾发表于《岩性油气藏》2009年第21卷第3期。

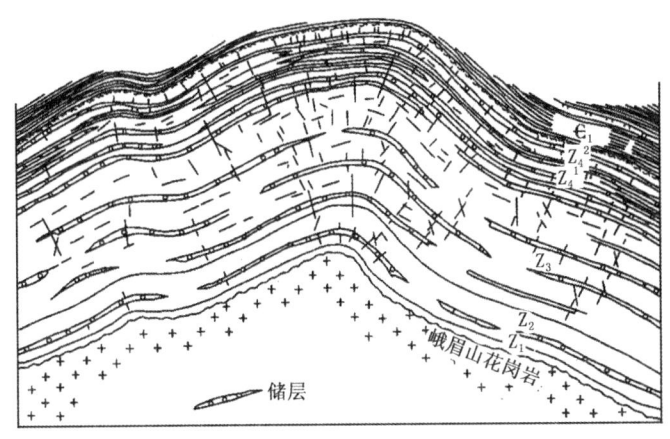

图1 威远气田上震旦统灯影组气藏储层剖面图[6]

1.1 花岗岩裂隙气与灯影组储层天然气的碳同位素组成

据陈文正（1992），威28井不同井段的天然气碳同位素组成见表1。

表1 威28井不同井段天然气碳同位素组成　　　　　　　　单位:‰

井深（m）	$\delta^{13}C_1$	$\delta^{13}C_2$	$\delta^{13}C_{CO_2}$	储层
2820~2905	-32.53	-31.61	-12.51	灯影组
3226~3736	-32.35	-31.91	-12.51	花岗岩

表1的天然气碳同位素组成表明，灯影组的天然气与花岗岩裂隙的天然气可能是同源的。因此有人便认为，花岗岩中的天然气是由灯影组的天然气向下运移来的[9]，即向下运移了406~831m。如果从寒武系九老洞组源岩开始，那么向下运移的距离可能要1000m，可为什么不是相反的情况呢？即灯影组的天然气是花岗岩向上运移的吗？

据戴金星等（1995），威远细粒花岗岩（峨眉山花岗岩）中石英包裹体的气体组分见表2，石英包裹体中除了有CO_2外，还有CH_4，C_2H_6，C_3H_8，C_4H_4等，4个样品的总烃含量为0.715~1.575μg/g，显然这些烃类气体不是灯影组储层天然气"倒灌"的。

如果灯影组下伏的峨眉山花岗岩是S型花岗岩的话，那么在花岗岩化过程中，沉积岩有机质可转化成烃；而如果是I型花岗岩，那么这些烃可能有更深的来源。

表2 峨眉山花岗岩中石英包裹体气相组分　　　　　　　　单位：μg/g

CO_2	CH_4	C_2H_6	C_3H_8	C_4H_{10}	$\sum C_1-C_4$
1.099	0.085	0.029	0.150	0.835	+1.099
1.850	0.020	0.045	0.305	1.480	+1.545
1.740	0.260	0.017	0.120	1.178	+1.575
1.920	0.070	0.035	0.190	0.480	+0.775

无独有偶，越南湄公河三角洲大陆架的白虎油田位于花岗岩及其风化壳上。花岗岩及上覆新近系、古近系中均有油藏，越南石油地质学家认为石油为新近系、古近系所生成，而俄

罗斯学者则认为源自花岗岩。俄罗斯学者根据对花岗岩矿物包裹体气相组分的分析认为，束缚于花岗岩矿物包裹体的总烃量为$10\times10^{12}m^3$[12]（该花岗岩体积为$2\times10^5km^3$）。因此，它们足以提供新近系、古近系与花岗岩风化壳的原油。

显然，如果我们有峨眉山花岗岩的体积数据，并有足够的花岗岩石英包裹体气体组分的数据，同样也可以计算出束缚于峨眉山花岗岩矿物包裹体中的总烃量。

1.2 灯影组天然气中的氦含量、$^3He/^4He$ 比值、$^{40}Ar/^{36}Ar$ 比值

威远气田灯影组天然气中氦含量很高，可达0.2%，有工业价值，$^3He/^4He$ 比值为$(2.9\sim3.0)\times10^{-8}$，$R/R_a=0.021\sim0.022$。

据 $^3He/^4He$ 比值及 R/R_a 比值，认为这些天然气为壳源、有机成因气[9]。

但是有机论者忽略了一个基本的事实，即灯影组下面有一个巨大的花岗岩，其地质年龄为740Ma，在漫长的地质历史中花岗岩中的U和Th衰变生成了大量的 ^4He，正是这些 ^4He 使 $^3He/^4He$ 比值大大降低，同时也使天然气中氦含量高达0.2%。

灯影组天然气 $^{40}Ar/^{36}Ar$ 比值也较高，为 $7232\sim9255$，^{40}Ar 高含量显然与峨眉山花岗岩中高钾的含量有关，即这里的 ^{40}Ar 主要是由花岗岩中的钾长石 ^{40}K 衰变而来。

1.3 盆地深部热液活动

盆地发育3套白云岩（震旦系、奥陶系、三叠系—二叠系）及三叠系盐岩、卤水，这些均是地幔热液流体活动的证据[13]。据四川黑水—北碚地壳测深剖面，盆地深部中地壳有低速层，$v_p=5.95km/s$，这个低速层是油气的生成地带[13]。

威远气田东邻华蓥山断裂带，西靠龙泉山深大断裂带，南为威远基底断裂，内部断层发育，而震旦系正好处于深部断裂的交会地带[7]。

1.4 讨论

威远气田天然气的来源问题，本来是十分清楚的事，地球化学数据也均十分明确，地幔流体活动十分活跃，中地壳有低速层，且有深大断裂沟通，但由于学者们对威远气田下伏峨眉山花岗岩的认识不同，导致了对气体来源的认识迥异。

威远气田探明天然气地质储量 $408.61\times10^8m^3$，可采储量 $147.82\times10^8m^3$。至2001年底，历年累计采出天然气 $145.94\times10^8m^3$，剩余可采储量 $1.88\times10^8m^3$，是一个接近枯竭的大气田[9]。

据悉，威远气田威93井、威52井在新储层分别获 $5\times10^4m^3/d$ 和 $6.7\times10^4m^3/d$ 的新发现，使开发40多年的威远气田焕发青春，表明了天然气是可以再生的[14]。

根据上述分析，笔者认为，在震旦系与峨眉山花岗岩的不整合面附近（风化壳），可能有更大气田。

2 鄂尔多斯盆地

鄂尔多斯盆地如今是满盆油气的"聚宝盆"。油气分布具有"北气南油"、"中油古气"（中生界油、古生界气）的特点；不仅如此，鄂尔多斯盆地还是一个油、气、煤、铀等多种矿产共存的盆地[15]。由于一些油气田缺失烃源岩，因而也造成了油气"倒灌"成藏说法，

现分别讨论。

2.1 靖边气田

1992年，陕北奥陶系马家沟组白云岩及风化壳发现了地质储量为 $3411\times10^8 m^3$ 的靖边大气田。由于靖边气田奥陶系白云岩和石灰岩的有机碳含量太低，干酪根类型差，一些学者（如戴金星、张文正、夏新宇等）便提出靖边气田的天然气主要源于上覆石炭系—二叠系的煤系地层[16—18]。另一些学者（黄第藩、陈安定等）认为靖边气田的天然气主要源于奥陶系石灰岩[19,20]。双方均有天然气碳同位素的数据等作为证据。

2.2 西峰油田

2001年，甘肃省陇东地区延长组油气勘探取得重大进展，发现了以长8油层组为主要目的层的大型油气田——西峰油田。随后在长9油层组也获工业油流。由于长8、长9缺失好的烃源岩，长7优质烃源岩生成的油气"倒灌"到长8、长9成藏的观点便随之形成[21—23]。

2.3 讨论

作为贺兰山—六盘山断陷盆地西侧断隆山的阿拉善古陆和六盘山西南古隆起，在印支运动自西向东纬向惯性的强烈推挤下，向东侧断陷盆地仰冲、推覆，形成一条长600km，近南北向的仰冲型冲叠造山带。而鄂尔多斯盆地周边的秦岭和贺兰山—六盘山等断陷盆地，在发生了印支冲叠造山运动之后，地壳大大增厚，从而把深部隆升的异常地幔压下去，促使其物质侧向运移至周边地区，引起鄂尔多斯盆地整体抬升剥蚀；直到早侏罗世晚期，才在剥蚀风化残丘上接受了富县组沉积。在上述的逆冲断层带的南段、北段都可发现中—新元古界海源群或其他前寒武系变质岩推覆在不同时代的新地层之上，并发现玄武岩、辉绿岩、花岗斑岩、安山玄武岩及一些金属矿床，表明这些断层有的是切入了中地壳塑性层的厚皮构造。它们在自西向东仰冲过程中，其上盘上地壳势必抬升，从而在其下伏的中地壳塑性层顶部出现虚脱空间，引起该部位的围压急剧下降，产生强烈的吸入作用，导致地幔流体沿着前身断陷盆地时期形成的岩石圈地幔和下地壳张性断裂涌入中地壳塑性层。一方面富含 CO_2、CO 和 H_2 的地幔流体在中地壳发生费—托合成油气的反应；另一方面，它们通过上地壳逆冲断层和逆冲断层带下盘保存下来的上地壳正断层下段进入上地壳。形成无机、有机成因的油气田。

这种黏度小、活动性强的地幔流体（携带着石油、天然气）进入上地壳后，沿着遍布整个鄂尔多斯盆地的三大不整合面向古中央隆起带，以及北东向构造裂缝活动，活动范围遍及盆地中、西部，并形成了满盆油气的分布格局。这三大不整合面是：（1）侏罗系与三叠系之间的不整合面，形成了中生代的油田群，这是源自六盘山盆地中地壳形成的石油；（2）石炭系（本溪组）与奥陶系（马家沟组）之间的不整合面，由此形成了中部古生代的气田群，这是源自银川盆地的中地壳形成的天然气；（3）寒武系（馒头组）与中元古界（蓟县系）之间的不整合面，近期勘探表明，在寒武系白云岩发现有天然气，值得重视。根据上述分析，在这些不整合面附近，应该有大型天然气气田。鄂尔多斯盆地油气运移、成藏模式见图2。

鄂尔多斯盆地为一稳定的克拉通盆地，但其周缘发育逆冲褶皱带、深大断裂、燕山期岩浆岩体及各种热液金属矿化，这些现象表明了在中生代晚期，鄂尔多斯盆地中、西部深部热液活动十分发育。特别是：（1）盆地西缘的深大断裂（有壳断裂，也有岩石圈断裂），使沉积盖层与中下地壳沟通，为深部流体垂向运移提供了通道；（2）遍布整个盆地的三叠系/侏罗系、奥陶系/石炭系不整合（假整合）以及大量构造裂缝为热液流体与油、气的横向运移提供了条件；（3）中生代晚期盆地西侧强大的构造挤压、推覆作用为深部油气的横向运移提供了不可缺少的动力。

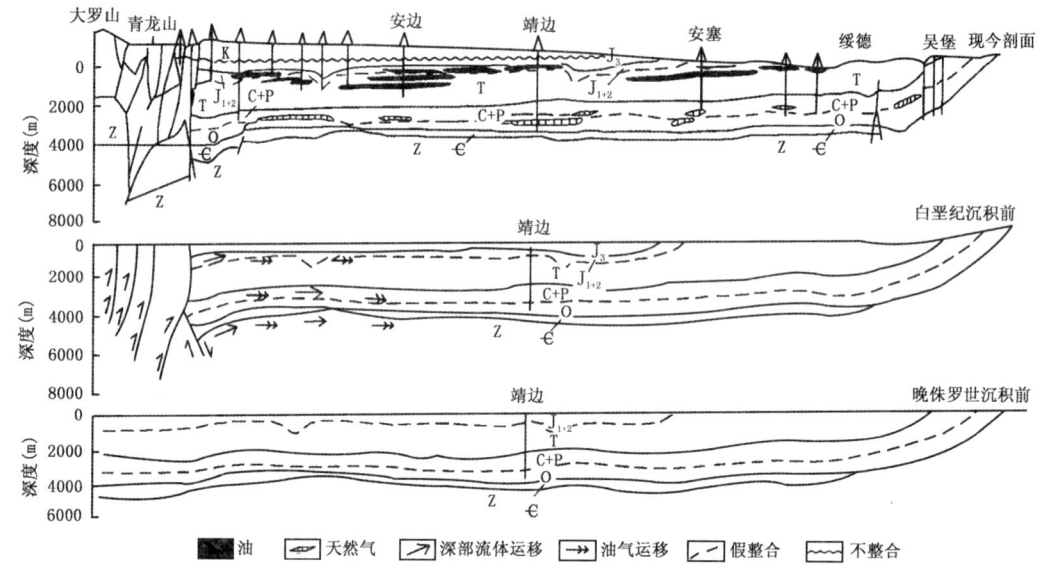

图 2　鄂尔多斯盆地油气运移、成藏模式图（据万丛礼等，2006，修改）

银川盆地中地壳低速、高导层所生成的天然气通过上述输导系统沿奥陶系/石炭系的不整合面到达鄂尔多斯盆地中部，形成奥陶系及石炭系、二叠系大气田；鄂尔多斯盆地天然气聚集区带分布，自西向东依次为：银川盆地—西缘气聚集带—天环气聚集带—苏里格聚集带—中部聚集带—东部聚集带，天然气运移便是自西向东进行。

六盘山盆地中地壳低速、高导层所生成的石油则是沿三叠系/侏罗系不整合面在盆地的西部、南部形成三叠系、侏罗系大油田。

盆地白云岩、膏盐、卤水、金属矿物等的发现，其原因可能均来自西缘的地幔流体。

诚然，笔者提出鄂尔多斯盆地（稳定的克拉通盆地）丰富的石油、天然气资源来自西缘的银川盆地、六盘山盆地的中地壳低速、高导层的看法是有一些风险，但是，这种思路至少有两点是有启迪性的：（1）我们分析研究盆地油气资源不能局限在小于 6km 的盆地沉积层，要深入到盆地基底乃至中、下地壳来分析盆地油气前景；（2）我们不能满足于"就盆地论盆地"，这种"只见树木，不见森林"的认识严重限制了油气勘探的思路。事实上，上述思路成功解释了鄂尔多斯盆地"北气南油"的分布格局，解释了中部古生界气田的石炭系—二叠系与奥陶系气源之争，澄清了天然气"倒灌"的说法，解释了中生界油田油源的困惑，同时解释了鄂尔多斯盆地奥陶系堆积了大量膏盐的客观存在。

鄂尔多斯盆地古生界、中生界垂向断层不发育，这也是油气可以在横向上长距离运移，并造成了今天"满盆油气"的分布格局。

事实上，盆地油气向东运移早就引起石油地质学家的关注[25,26]。

黄第藩等在谈到鄂尔多斯盆地的油气田时说："笔者对鄂尔多斯盆地油气作过许多地球化学分析和研究，没有发现幔源特征。从无机生油论者的观点来看，不知是借助于一种什么力量，把绝大部分油气田都从盆地周缘的断裂带推向了盆地中部的广大台块区，也许是'上帝之手'吧。"[27]

笔者并没有因黄第藩等学者的这种说法而中断对油气成因的研究，相反，在长期研究的基础上，提出了鄂尔多斯盆地油气成藏的新模式[28]。

3 松辽盆地扶杨油层

松辽盆地（大庆油田、吉林油田）白垩系青山口组一段泥页岩是烃源岩，在青一段之上有高台子油层、葡萄花油层、萨尔图油层、黑帝庙油层；青一段之下有扶余油层、杨大城子油层。前者是大庆油田的主力产层，后者则是吉林油田储量分布最多的层位。由于扶余、杨大城子油层以下的泉头组、登娄库组缺失烃源岩，通常认为扶余、杨大城子油层为青山口组一段生成的油气向下"倒灌"而成藏；又由于青山口组一段泥岩超压大，而平面上正是青山口组一段的超压分布控制了扶余油层的分布（图3）[29]。对于扶余、杨大城子油层倒灌成藏的模式几乎没有人提出过疑问[2,32-38]。以下讨论一下扶余、杨大城子原油能否从深部向上运移而来。

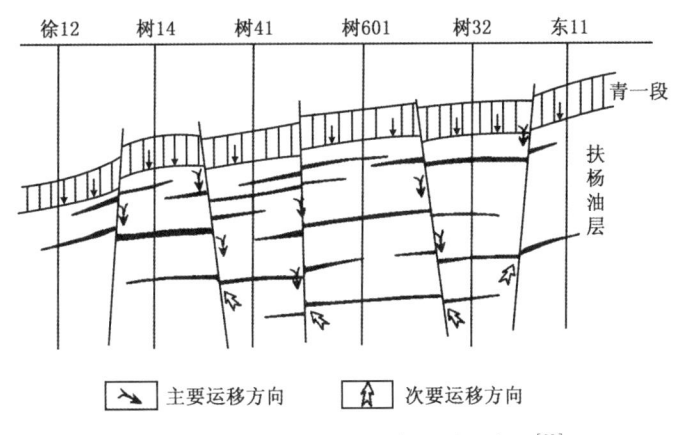

图 3 三肇地区扶杨油层油气运移示意图[29]

3.1 盆地地幔流体

经研究，松辽盆地热流高，存在热流底辟网络；盆地中、新生代火山岩广泛发育；富Na和K流体的交代作用发育（如钠长石化、伊利石化等）；白云石的 Mg^{2+} 交代作用；楣石的钠铁闪石化；油田水多为 $CaCl_2$ 型、$MgCl_2$ 型。上述特征均表明松辽盆地地幔流体活动十分发育[39]。

3.2 盆地原油的异常特征

大庆原油有异常高含量的金属铼，还有17种生物体中未检测到的金属微量元素，铼是公认的核幔来源元素。大庆原油的 V/Ni 比有一相对恒定的值，为0.19，这与辽河原油的

V/Ni 比值的相对恒定（0.02~0.04）很相似，张景廉等[40]论证了原油 V/Ni 恒定比值与无机生成的关系。

3.3 盆地天然气的无机成因

松辽盆地徐家围子坳陷营城组火山岩发现了地质储量为 $1018×10^8 m^3$ 的徐深气田[41]。一些学者根据天然气碳同位素组成及 $^3He/^4He$ 比值等地球化学指标，论证了这些天然气为无机成因气[42—45]。大庆原油中 H_2S 及其他组分近年来呈增加趋势，使天然气中 CO_2 含量也有大幅增加，表明了油气是可以再生的，这从一个侧面论证了油气的无机成因[14]。

3.4 盆地深部地壳构造特征

满洲里—绥芬河地学断面揭示了松辽盆地深部中地壳有一低速、高导层，中地壳以上的断层大多在这里收敛。因此，由中地壳生成的油气可通过断层上升到沉积地层或火成岩中而形成油气藏。

3.5 讨论

松辽盆地的深部地质构造环境利于无机油气的生成与成藏，根据上述事实，扶余、杨大城子原油极有可能为深部生成而不是"倒灌"生成[39]。

4 讨 论

4.1 油气"倒灌"违背物理学基本定律

最近，李传亮根据固体力学和流体力学的有关理论，研究了岩石在压缩阶段的体积变化关系后明确指出，岩石在压缩阶段（即传统论的"欠压实阶段"）不能排水，也不能排烃，并深刻指出，石油科学中有诸多未经证实的假设，"欠压实"就是其中之一。压实作用对油气运移的影响，在过去显然被夸大了。烃源岩是否因生烃而憋压，从来没有被证实过（而这恰是"倒灌"论者的主要依据），因为烃源岩的孔隙压力无法实测[46—48]。

油气是在浮力的作用下向上运移的，浮力总是牵着油滴向上运移。浮力在油气运移过程中起了至关重要的作用。空气中的露珠永远向下落，水或湖泥中的气泡永远向上升。相反的情况从来没有发生过；若发生了，物理学定律就可能改写。事实上，油滴向下运移的可能性几乎是不存在的[49]。

因此，油气"倒灌"现象是不存在的，它缺少基本的动力驱动；"顶生式"生储盖组合实际上是不存在的，迄今为止没有人真正看到过"顶生式"油气藏[3]。

有机地球化学家常根据油源对比来确定石油、天然气的来源。如根据地球化学指标（同位素组成、生物标记化合物等），储层的油气与上方的烃源岩有某些相似之处，就确定这些油气的来源。但是为什么不可能是另外一种情况呢？即油气向上运移过程中与烃源岩的相互作用呢？如我们在鄂尔多斯盆地看到的长 7 油页岩，松辽盆地看到的青山口组一段的油页岩。

4.2 "万能"的烃源岩是不存在的

有一个现象值得大家思考：鄂尔多斯盆地的长 7 油页岩不仅为长 6、长 3、长 2 提供油源（向上运移），还为长8、长9和长10提供油源（向下运移）；石炭系—二叠系的煤系地层不仅为苏里格气田、大牛地气田、乌审旗气田、子洲气田、榆林气田等提供气源（这5个气田的地质储量为$11529×10^8m^3$）[4]，也为靖边气田（地质储量为$3431×10^8m^3$）[41]提供了气源，也就是说，石炭系—二叠系这套煤系地层至少生成了$14960×10^8m^3$的煤成气。

而在松辽盆地，青山口组一段油页岩不仅为高台子油层、葡萄花油层、萨尔图油层、黑帝庙油层提供了油源（向上运移），也为扶余油层、杨大城子油层提供了油源（向下运移），据最近统计，扶余、杨大城子油层的地质储量已达$20×10^8t$。也就是说，长7油页岩和青一段油页岩在地质历史时期生成了巨量的原油，可是今天我们根据有机地球化学分析方法所获得的数据表明，长7油页岩的产油率可达400g（烃）/kg（有机质）（加热到600℃所获得）[50]，这种结论难道不让人怀疑吗？这表明要么是方法有问题，要么是有机地球化学的原理有问题。

笔者认为，油页岩中的"油"不是泥页岩生成的，而是深部油气上升过程中被吸附的（有待证明）。不过有两点值得引起重视：（1）目前我们在中国大陆沉积盆地所发现的油页岩，它们的镜质组反射率很低，通常是低熟—未熟；（2）目前我们在盆地中所见的优质泥页岩（有机碳含量高、类型好），它们点不着，而劣质的油页岩却可以点燃。

4.3 需要多少压力才能使油气"倒灌"并成藏

到目前为止，还没有见任何实验或计算机模拟进行油气"倒灌"的研究工作，这些工作应包括：在不同地质条件下[有断层（不同性质的断层）、裂隙（不同孔、渗条件）]，不同压力下对油气"倒灌"的研究；不仅是向下运移到某一深度，而且要成藏，形成几亿吨（如西峰油田）、几十亿吨（如扶杨油层）的油藏（田）。

事实上，按有机地球化学理论，烃源岩生烃过程是点点滴滴形成的。在这个过程中，不可能造成巨大的压力；而如果有压力，烃便不可能排出。

其实，只要认真思考油气"倒灌"问题便会发现：这种情况是不可能发生的。

5 结 论

（1）四川盆地威远气田、鄂尔多斯盆地中生代油藏和古生代气藏、松辽盆地扶杨油层的深部地质构造环境的研究表明，油气可以在深部通过无机合成而生成，它们可以由深部向上运移并聚集成藏。

（2）物理学基本定律告诉我们，油气总是在浮力作用下由下向上运移的。

（3）油气"倒灌"的运移方式制约了勘探思路，油气可以是多种生成的结论将大大拓宽勘探领域。

参 考 文 献

[1] 石兰亭，郑荣才，张景廉，等. 海相、陆相油气及其成因概述. 海相油气地质，2009，14（1）：71-76.

[2] 付广，李晓伟. 源外上生下储成藏主控因素及有利区预测——以松辽盆地尚家地区泉二段为例. 岩性油气藏，2009，21（1）：1-5.

[3] 李传亮. 油气倒灌不可能发生. 岩性油气藏，2009，21（1）：6-10.

[4] 潘树新,王天琦,田光荣,等.松辽盆地扶杨油层成藏动力探讨.岩性油气藏,2009,21(2):126-132.

[5] Pan C H. Petroleum in Basement Rocks. AAPG Bullent, 1982, 62 (10): 1597-1643.

[6] 徐永昌,沈平,刘文汇,等.天然气成因理论及应用.北京:科学出版社,1994.

[7] 王先彬.地球深部来源的天然气.科学通报,1982,27(17):1069-1071.

[8] 徐永昌,沈平,李玉成.中国最古老的气藏——四川威远震旦纪气藏.沉积学报,1989,7(4):1-11.

[9] 戴金星.威远气田成藏期及气源.石油实验地质,2003,25(5):473-479.

[10] 陈文正.再论四川盆地威远震旦系气藏的气源.天然气工业,1992,12(6):28-32.

[11] 戴金星,宋岩,戴春森,等.中国东部无机成因气及其气藏形成条件.北京:科学出版社,1995.

[12] 加弗里洛夫 B П.基岩中石油生成和聚集的可能模式//王涛.中俄石油地质学术交流会论文集.北京:石油工业出版社,2004:113-126.

[13] 张虎权,卫平生,张景廉.也谈威远气田气源——与戴金星院士商榷.天然气工业,2005,25(7):4-6.

[14] 方乐华,张景廉.油气是可以再生的.石油勘探与开发,2007,34(4):508-512.

[15] 刘池洋.盆地多种能源矿产共存富集成藏(矿)研究进展.北京:科学出版社,2005.

[16] 戴金星,钟宁宁,刘德汉,等.中国煤成大中型气田的形成条件.北京:石油工业出版社,2000.

[17] 张文正,裴戈,关德师.鄂尔多斯盆地中、古生界原油轻烃单体系列碳同位素研究.科学通报,1992,37(3):248-253.

[18] 夏新宇.碳酸盐岩生烃与长庆气田气源.北京:石油工业出版社,2000.

[19] 黄第藩,熊传武,杨俊杰,等.鄂尔多斯盆地中部气田气源判识和天然气成因类型.天然气工业,1996,16(6):1-5.

[20] 陈安定.陕甘宁盆地中部气田奥陶系天然气的成因及运移.石油学报,1994,15(2):1-10.

[21] 付金华,罗安湘,喻建,等.西峰油田成藏地质特征与勘探方向.石油学报,2004,25(1):25-29.

[22] 段毅,吴保祥,张辉,等.鄂尔多斯盆地西峰油田原油地球化学特征及其成因.地质学报,2006,80(2):301-310.

[23] 段毅,于文修,刘显阳,等.鄂尔多斯盆地长9油层组石油运聚规律研究.地质学报,2009,83(6):855-860.

[24] 万丛礼,周瑶琪,陈勇,等.鄂尔多斯盆地中西部深部流体活动及其对奥陶系天然气形成的热作用.地学前缘,2006,13(3):122-128.

[25] 王震亮,陈荷立,王飞燕,等.鄂尔多斯盆地中部上古生界天然气运移特征分析.石油勘探与开发,1998,25(6):1-7.

[26] 魏永佩,王毅.鄂尔多斯盆地多种能源矿产富集规律的比较.石油与天然气地质,2004,25(4):385-392.

[27] 黄第藩,梁狄刚.关于油气勘探中石油生成的理论基础问题——与无机生油论者商榷.石油勘探与开发,2005,32(5):1-10.

[28] 张景廉,石兰亭,卫平生,等.鄂尔多斯盆地与西缘盆地深部地壳构造特征与油气成藏.新疆石油地质,2009,30(2):272-278.

[29] 杨喜贵,付广.松辽盆地北部扶杨油层油气成藏与分布的主控因素.特种油气藏,2002,9(2):8-11.

[30] 霍秋立,冯子辉,付丽.松辽盆地三肇凹陷扶杨油层石油运移方式.地质学报,1999,26(3):25-27.

[31] 迟元林,萧德铭,殷进垠.松辽盆地三肇地区上生下储"注入式"成藏机制.地质学报,2000,74

（4）：371-377.
[32] 张华，林景晔．松辽盆地西部扶杨油层成藏条件和勘探潜力．大庆石油地质与开发，2003，23（3）：33-38.
[33] 林景晔，张华，汤应杰，等．大庆长垣扶余、杨大城子油层勘探潜力分析．大庆石油地质与开发，2003，12（3）：16-18.
[34] 付广，王有功．三肇凹陷青山口组源岩生成油向下"倒灌"运移层位及其研究意义．沉积学报，2008，26（2）：355-360.
[35] 孟繁有．滨北地区扶杨油层油气供给条件及成藏分布有利区预测．大庆石油学院学报，2008，32（6）：1-4.
[36] 吕延防，李建民，付晓飞，等．松辽盆地三肇凹陷油气下排地质条件及找油方向．地质学报，2009，44（2）：525-533.
[37] 张雷，卢双舫，王伟明．松辽盆地朝阳沟阶地扶余—杨大城子油层油源分析与油气运移模式．地质科学，2009，44（2）：560-570.
[38] 付晓飞，平贵东，范瑞东，等．三肇凹陷扶杨油层油气"倒灌"运聚成藏规律研究．沉积学报，2009，27（3）：558-566.
[39] 卫平生，张景廉，张虎权，等．松辽盆地深部地壳构造特征与无机油气生成模式．地球物理学进展，2008，23（5）：1507-1513.
[40] 张景廉，朱炳泉，陈义贤，等．辽河断陷石油无机成因的地球化学证据．石油与天然气地质，1999，20（3）：192-194.
[41] 戴金星，邹才能，陶士振，等．中国大气田形成条件和主控因素．天然气地球科学，2007，18（4）：473-484.
[42] 王先彬．地球深部来源的天然气．科学通报，1982，27（17）：1069-1071.
[43] 郭占谦，王先彬．松辽盆地非生物成因探讨．中国科学（D辑：地球科学），1994，24（3）：304-309.
[44] 郭占谦，王先彬，刘文龙．松辽盆地非生物成因气的成藏特征．中国科学（D辑：地球科学），1997，27（2）：143-148
[45] 王先彬，郭占谦，妥进才，等．中国松辽盆地商业天然气的非生物成因烷烃气体．中国科学（D辑：地球科学），2009，39（5）：602-614.
[46] 李传亮．地层压力异常原因分析．新疆石油地质，2004，25（4）：443-445.
[47] 李传亮．岩石欠压实概念质疑——兼谈岩石压缩阶段排烃的不可能性．新疆石油地质，2005，26（4）：540-452.
[48] 李传亮．油气初次运移机理分析．新疆石油地质，2005，26（3）：331-335.
[49] 李传亮，张景廉，杜志敏．油气初次运移理论新探．地学前缘，2007，14（4）：132-142.
[50] 张文正，杨华，李剑锋，等．论鄂尔多斯盆地长7段优质烃源岩在低渗透油气成藏富集中的主导作用——强排烃特征及机理分析．石油勘探与开发，2006，33（3）：289-293.

汝箕沟煤矿的热液活动与煤炭成因[*]

张虎权[1]　张景廉[1]　卫平生[1]　陈启林[1]　吴五同[2]

（1. 中国石油石油勘探开发科学研究院西北分院，甘肃兰州 730020；
2. 甘肃煤炭地质研究所，甘肃兰州 730020）

摘　要：鄂尔多斯盆地西缘汝箕沟煤矿的热液活动：石英脉（硅化）、白云石化、绿泥石化、伊利石化、黄铁矿化，特别是煤矿中广泛分布的玄武岩，均表明了裂谷的拉张构造环境；认为盆地中存在着地幔流体活动。地学断面揭示了盆地的深部地壳有一低速高导层，富含大量的 Na^+、K^+、Mg^{2+} 等碱金属、碱土金属离子，还有大量的烃。这些流体不仅提供了一些金属离子与金属矿物，而且提供了大量的碳元素，这些碳元素构成了煤的主要组成并形成了高变质的无烟煤。结论指出，煤不仅可以由植物而形成，也可以通过深部流体而生成。

关键词：鄂尔多斯盆地；煤；成因；碳堆积；地球排气作用；中地壳；低速—高导层

宁夏汝箕沟煤矿因产世界上最优质的低灰、低硫无烟煤而闻名中外。汝箕沟煤矿地处鄂尔多斯盆地西缘。研究汝箕沟煤矿必须了解鄂尔多斯盆地西缘逆冲推覆带的构造属性[1—3]，石油地质学家则希望了解西缘的油气勘探前景[4]。刘光鼎院士提出南北向的贺兰山—龙门山的构造带是重力场中的密集梯度带，具有特殊的大地构造意义，并且与矿产分布有很大关系[5]。

近年来，由于燃煤造成的环境污染日益加剧，地球化学家把注意力集中到煤中金属矿物及微量元素的研究上，而这些研究却为我们研究含煤盆地热液流体的地球化学行为提供了资料，笔者结合盆地的深部地壳构造特征，探讨了煤炭（特别是汝箕沟的煤炭）非植物成因的可能性。

1　汝箕沟煤矿地质特征与热液活动

汝箕沟煤矿是贺兰山褶断带中段的一个侏罗纪山间半地堑盆地。盆地周围被断裂环绕，西以小松山逆断层为界，南有正义关断裂，东邻银川断陷，南为一隐伏断裂。

出露地层有奥陶系、石炭系、二叠系、三叠系、侏罗系，其中侏罗系出露面积最广。含煤地层为下、中侏罗统，煤层几乎全是无烟煤，是贺兰山煤田变质程度最高的煤矿。主采煤层原煤灰分小于 10%，硫分为 0.13%～0.60%，煤田镜质体反射率为 2.15%～3.87%，为世界少有的低灰、低硫优质无烟煤。

汝箕沟煤矿含煤地层（中侏罗统延安组）及下伏延长群中有大量热液石英脉及其他热

---

[*] 本文曾发表于《新疆石油地质》2008 年第 29 卷第 2 期。

液蚀变现象，还广泛发育玄武岩，这些特殊的地质现象揭示了与煤炭成因有关的一些重要信息。

（1）石英脉。从延长组到安定组均发育有石英脉，推测石英脉形成于晚侏罗世—早白垩世[6—9]。石英脉的流体包裹体均一温度为125～355℃，平均为171～355℃，这个温度高于中国西部甘肃九条岭、青海热水矿区、新疆艾维尔沟、京西地区等煤矿的流体包裹体的均一温度，也高于用煤的镜质体反射率求得的古地温（150～250℃）。石英流体包裹的$\delta^{18}O$为11.4‰～12.7‰，δD为53%～111‰。

（2）白云石化。汝箕沟煤矿煤系中有方解石脉，其包裹体均一化温度为50～266℃。吴传荣等（1995）用X射线衍射法鉴定出在煤层夹矸中有白云石，白云石形成温度为200℃，此乃Mg^{2+}交代的产物。电子探针还表明了煤中有白云石、铁白云石，白云石中Mg的含量为19.04%，铁白云石中Mg的含量为6.18%。

（3）绿泥石化。绿泥石化多与泥质物质有关，并与石英脉、碳酸盐脉共生[10]。绿泥石也是含Mg^{2+}热液交代反应的结果，绿泥石化与硅化一样，在高变质煤地区发育较好。

（4）伊利石化。杨起等（1985）早就注意到，随煤级的增高，黏土矿物组合中有高岭石含量减少、伊利石增加的趋势。汝箕沟煤矿泥质岩中伊利石高达72%，在黏土矿物中占绝对优势。吴传荣等（1995）认为伊利石为低变质矿物，却与无烟煤相伴生，这不是偶然现象，二者有成因联系[10]。笔者认为，伊利石的形成乃含K^+热液上升过程中K^+交代的结果，如同发生白云石、绿泥石的Mg^{2+}交代一样。

（5）黄铁矿化。黄铁矿是汝箕沟煤矿常见的硫化物，呈0.05～0.1mm左右的立方体黄铁矿，黄铁矿中富含微量元素：含As（600～1700）×10^{-6}，含Co（400～900）×10^{-6}，含Ni 400×10^{-6}，含Cu（200～400）×10^{-6}，含Se（100～900）×10^{-6}，均高于同生型黄铁矿中的微量元素，显示了热液活动的特征。

2 中生代玄武岩与煤的变质作用

汝箕沟西南鼓鼓台有玄武岩分布，面积约为$2km^2$，厚为36.5m，该玄武岩整合覆盖在上三叠统延长群顶部，与上覆的下侏罗统安定组呈微角度不整合。

玄武岩的K—Ar同位素年龄为229Ma，锆石裂变径迹年龄为193Ma，因此，它的形成时代可定为晚三叠世末期—中侏罗世末期[11,12]。

根据微量元素、稀土元素的地球化学判识，汝箕沟玄武岩为大陆裂谷拉斑玄武岩，为拉张大地构造环境的产物[13]。

3 汝箕沟盆地的深部地壳结构

根据上海奉贤至内蒙古阿拉善左旗地学断面[14]，在阿拉善左旗—银川段的30km的深度（相当于下地壳上部）有一纵波速度为6.0km/s的低速层（图1），图1还展示了这个低速层与震源的分布关系。

据魏荣强等的研究[15]，在阿拉善左旗银川段30km深部不仅有低速层，而且有高导层，二者大体一致，并且该高导层还可向东南延伸到鄂尔多斯盆地（图2）。这个低速高导层也延伸至汝箕沟盆地范围内。魏荣强等认为，这个低速高导层，其中含有很多低黏流体[15]，

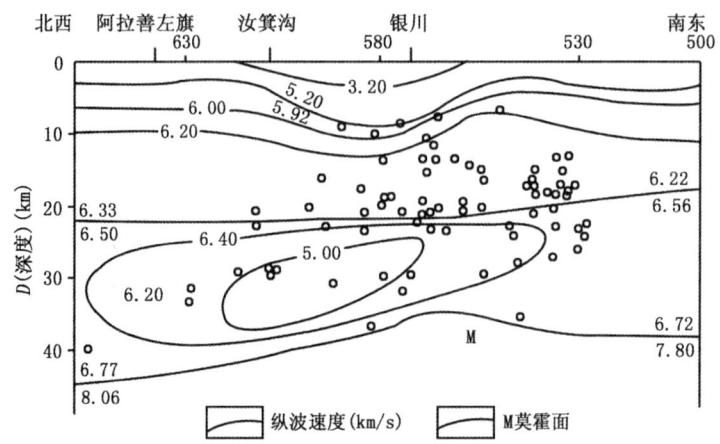

图1 银川地区壳幔速度结构与震源分布

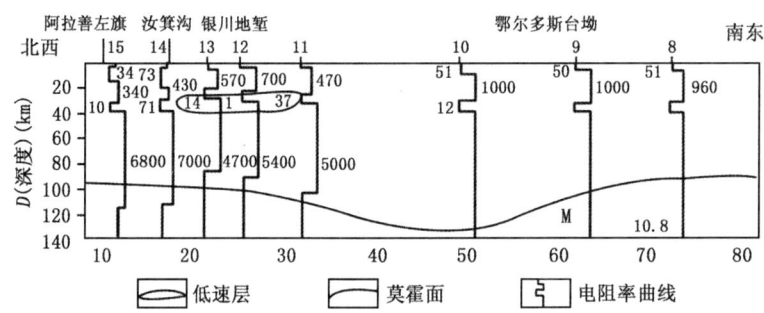

图2 断面临汾—阿拉善左旗段电性结构、地震低速层关系（据魏荣强等，2004，有修改）

这与我们先前的认识是一致的，即具低速高导性质的中地壳是充满地幔流体的，有时这种地幔流体（如 CO_2、CO、H_2）已合成烃类（包括 CH_4 气体），正是这种烃类在上升过程中对煤炭的形成起了重要的作用。

1975 年强台风在中国大陆登陆，由于当时河南南阳盆地强烈喷气，造成减压区，吸引台风，在驻马店地区与南下冷空气相遇，集中强降大雨，堤坝冲垮，酿成大灾[1]！

无独有偶，2006 年 7 月 4 号，台风碧利斯在福建登陆，后来却拐到宁夏银川盆地，使银川地区突降暴雨，造成灾害，这与银川盆地（包括汝箕沟矿区）的强烈喷气有关，而根源却是深部中地壳的低速高导层。

4 讨 论

汝箕沟煤矿的煤几乎全是无烟煤，含煤地层时代为早中侏罗世，与其相邻的鄂尔多斯盆地西缘的灵武煤田，中生代煤系属长焰煤和不黏煤。

为什么汝箕沟煤矿的煤变质程度如此之高，且灰分极低，通常认为，深部的磁异常为岩

---

[1] 杜乐天. 对西方当代地球科学理论的怀疑与新见（84 个问题）. 地学哲学通讯，2006（1）：11–18.

浆侵入体，热源正是这个隐伏岩体的热液活动[16]。

陈儒庆等的研究表明：（1）岩浆热液、热卤水、变质热液均可使煤发生变质作用；（2）国内外金属矿床（如墨西哥杜兰戈州 Tayoltita 脉状 Ag—Au 矿）矿物包裹体有瓦斯成分；（3）金属矿床与高变质煤（如无烟煤）关系密切[17]。

华北、黔西地区晚古生代煤系样品电离耦合等离子体质谱仪（ICP-MS）的分析表明，煤中铂族元素主要通过岩浆热液活动、低温热液流体同沉积火山作用所形成，显示了煤中铂族元素主要以无机状态存在[18—20]。

对淮北煤田煤矿黄铁矿的 Re—Os 同位素定年测定表明，其形成年龄为 233Ma，对应于二叠纪晚期，与整个煤田形成年代石炭纪—二叠纪范围一致，这说明煤矿的形成与产生硫化物的岩浆热液作用相关[21]。

梁汉东近期的三大发现应引起地球化学家关注[22—26]：（1）在贵州六枝矿区 K_3 煤层（高硫无烟煤）有机相中观测到分子氯（Cl_2）的团簇负离子，从而首次获得分子氯在原煤中存在的实验证据。梁汉东认为其来源可能与地球排气作用与原煤富含纳米孔隙性质和化学还原微环境密切相关。（2）在云南禄丰煤岩和围岩中用高效液相色谱方法，从定性角度有两个样品确实存在富勒烯（Fullerence）。认为进一步研究需探索 C_{60} 是否来源于地球深部的"地气"。禄丰恐龙的地史灾变事件与 C_{60} 的关系值得关注。在长兴煤山剖面的 P—T 界面也发现了 C_{60}。（3）煤岩自然释放氢气，有一定普遍性，显然这也是地幔排气作用所致。

张虎权等（2006）对煤层气的研究表明，煤层气不是由煤或煤系地层所生成，而更多地与地幔流体有关[27]。因此，"油气、煤层气要放在地球排气的大背景下重新加以认识"，"天然气藏、石油油藏实质是地球排气的热液作用产物"[28]。笔者以为煤炭中相当一部分碳也来自地球排气作用。

100 多米厚的煤层的连续沉积，绝不是巨大原始森林深埋成煤作用所能解释得了的；泥炭成煤作用也解释不了大量泥质矿物流向何处。煤中金属热液矿物及其微量元素的深入研究提示了深部流体不可忽视的作用，煤层气中高含量的 Hg 正是深部气体的一个重要特征，显然煤的有机成因正遭遇巨大的挑战。

汝箕沟煤矿广泛发育的伊利石化、绿泥石化、白云石化正是地幔流体 K^+ 交代、Mg^{2+} 交代的产物；而大量的石英脉正是碱交代排硅作用的结果[29]。

沙赫诺夫斯基也否认了煤来自热带森林的观点，也不同意煤田泥炭生成的观点，他认为："煤由地幔沥青流体沿深部断裂带上升而形成，没有深部碳参与煤的聚集，煤是不可能有如此高的含碳量的。"他还指出："甲烷的聚集不仅是天然气从煤中长期生成的，而且还有深部天然气沿断裂带加入所致[30]"。

刘志坚多次深刻指出，有些煤田内地质构造简单，无深大断裂带。而煤层中未发现有岩浆岩侵入，但煤的变质程度很高，有的已成为无烟煤，这类煤的变质，显然是传统的深成（区域）、动力、岩浆接触等变质作用类型难以解释的。他认为这类高变质烟煤和无烟煤是在高温气成热液作用下形成的[31—34]。

他还指出，甘肃九条岭煤田、宁夏汝箕沟煤田、黑龙江双鸭山煤田等均与气成热液变质作用有关。刘志坚曾因这一创新观点获得第二届地洼学说奖二等奖。这一观点与本文有些相似，但笔者以为，这种气成热液流体不仅提供了热源，更提供物质来源（碳）。

5 结 论

汝箕沟煤矿广泛发育热液蚀变作用：石英脉、伊利石化、白云石化、绿泥石化、黄铁矿化等，并有大量中生代玄武岩喷发，表明了深部地幔流体在汝箕沟盆地的发育，并在煤炭形成过程中起了重要作用。汝箕沟煤矿（盆地）深部地震揭示了中下地壳有低速高导层，这种低速高导层充满地幔流体，其组成为富含 H、CH_4、CO_2、CO、Na、K、Mg 卤素，被称为 HACONS 的流体，这种流体对成煤有很大作用，而且还提供烃类气体和石油，因此，汝箕沟煤矿及银川盆地深部可能有石油天然气，值得重视。

近年来，油气的无机成因已有深入研究[35]，石油与铀矿床的关系也已被新资料重新认识[36]，通常认为与煤有关的煤层气的成因逐渐被揭开神秘面纱[27]。

随着煤炭金属微量元素分析的深入进行，将有更多的证据支持煤的非生物成因观点，盆地石油、天然气、煤、铀共存成矿（藏）机理的研究也将开创一个新的局面，并将为上述矿产（藏）的勘探与开发起到十分重要的作用。

最后需要指出的是，本文绝非否定煤炭的植物成因，煤中大量的植物化石是谁也无法否认的事实；本文只是从另外的角度分析煤炭中巨量碳的堆积（尤其是 100m 以上巨厚煤层，如在民和盆地的井田区）可能有其他成因，以开拓我们的思维。上述观点仅是一家之言，一孔之见，请专家学者批评指正。

参 考 文 献

[1] 杨俊杰. 鄂尔多斯盆地西缘掩冲带构造与油气. 兰州：甘肃科学技术出版社，1990：1-160.

[2] 汤锡元，郭思铭，陈荷立. 陕甘宁盆地西缘逆冲推覆构造与油气勘探. 西安：西北大学出版社，1992.

[3] 刘池洋，赵红格，王峰，等. 鄂尔多斯盆地西缘（部）中生代构造属性. 地质学报，2005，79（6）：737-747.

[4] 白云来，王新民，刘化清，等. 鄂尔多斯盆地西部边界的确定及地球动力学背景. 地质学报，2006，80（6）：792-813.

[5] 刘光鼎，郝天珧，刘伊克. 中国大陆的宏观格架及其与矿产资源的关系. 科学通报，1997，42（2）：113-118.

[6] 张慧，晋香兰，张泓，等. 鄂尔多斯盆地西缘汝箕沟煤矿区的石英脉及其地质意义. 地质学报，2006，80（5）：768-773.

[7] 张慧，吴传荣，李小彦，等. 汝箕沟煤系脉石英包体与煤变质研究. 煤田地质与勘探，1994，22（3）：23-26.

[8] 张慧，吴传荣，李小彦. 西北中生代煤系岩脉发育特征与煤变质关系. 煤炭学报，1995，20（2）：218-222.

[9] 张慧，李小彦. 汝箕沟煤中矿物研究及其意义. 矿物学报，1993，13（4）：10-16.

[10] 吴传荣，张慧，李远忠，等. 西北早—中侏罗世煤岩，煤质与煤变质研究. 北京：煤炭工业出版社，1995：64-102.

[11] 高山林，李芳，李天斌，等. 汝箕沟晚中生代玄武岩确定与煤变质作用关系简论. 煤田地质与勘探，2003，31（3）：8-10.

[12] 王锋，刘池阳，杨兴科，等. 贺兰山汝箕沟玄武岩地质地球化学特征及其构造环境意义. 大庆石油地质与开发，2005，24（4）：25-27.

[13] 王锋，刘池洋，赵红格，等. 贺兰山盆地与鄂尔多斯盆地的关系. 石油学报，2006，27（4）：15-

17.

[14] 孙武城，徐杰，杨主恩，等．上海奉贤至内蒙阿拉善左旗地学断面说明书．北京：地震出版社，1992．

[15] 魏荣强，臧绍先，孙武城．奉贤至阿拉善左旗地学断面的流变结构及其动力学意义//张中杰，高锐，吕庆田，等．中国大陆地球深部结构与动力学研究——庆贺滕吉文院士从事地球物理研究50周年．北京：科学出版社，2004．

[16] 李小彦．也论汝箕沟无烟煤的岩浆热变质成因．中国煤田地质，1994，6（1）：22-27．

[17] 陈儒庆，袁奎荣．煤的热液变质作用与金属矿床的关系//中国科学院矿床地球化学开放实验室主编．矿床地质与矿床地球化学研究新进展．兰州：兰州大学出版社，1990：34-35．

[18] 代世峰，任德贻，李生盛，等．华北地台晚古生代煤中微量元素及As的分布．中国矿业大学学报，2003，32（2）：111-114．

[19] Dai S F, Li D H, Ren D Y, et al. Geochemistry of the Late Permian No. 30 coal seam, Zhijin coalfield of Southwest China: Influence of the Siliceous Low-temperature HydroThermal Fluid. Applied Geochemistry, 2004, 19: 1315-1330.

[20] Dai S F, Chor C L, Yue M, et al. Mineralogy and Geochemistry of a Late Permian coal in the Dafang Coalfield, Guizhou, China: Influence from Siliceous and Iron-rich Calcichy-Drothermal Fluids. International Journal of Coal Geology, 2005, 61: 241-258.

[21] 刘桂建，彭子成，杨刚，等．煤中黄铁矿的铼—锇同位素含量及其地质意义．地学前缘，2006，13（1）：211-215．

[22] 梁汉东．中国典型超高硫煤有机相中分子氯存在的实验证据．燃料化学学报，2001，29（5）：385-389．

[23] 梁汉东，李艳芳，刘敦一，等．云南禄丰煤岩和围岩中富勒烯（C_{60}）物质的初步探索．岩石学报，2002，18（3）：419-423．

[24] Li Yanfang, Liang Handong, Yin Hongfu, et al. Determination of C_{60}/C_{70} from the Permian-Triassic boundary is the Meishan section of South China. Acta Geologica Sinica, 2005, 79 (1): 11-15.

[25] 梁汉东．煤岩自然释放氢气与瓦斯突出关系初探．煤炭学报，2001，26（6）：637-642．

[26] 梁汉东，丁梯平．中国煤山剖面二叠/三叠系的事件界线地层中石膏的负硫同位素异常．地球学报，2004，25（1）：33-37．

[27] 张虎权，卫平生，张景廉．煤层气成因研究．石油学报，2007，28（2）：29-34．

[28] 郭万奎，编译．地球排气作用与大地构造（序一）．上海：辞书出版社，2003：1-7．

[29] 杜乐天．烃碱流体地球化学原理．北京：科学出版社，1996．

[30] Шахновский И М. 石油地质学中几个有争议的问题．任俞，译．新疆石油地质，2004，25（2）：219-224．

[31] 刘志坚．地洼区煤的变质作用初探．大地构造与成矿学，1984，8（1）：84-89．

[32] 刘志坚．浅析煤的气成热液变质机理和特征．煤田地质与勘探，1988，16（5）：34-36．

[33] 刘志坚．中国成煤大地构造演化与煤变质刍议．中国煤田地质，1983，5（3）：11-13．

[34] 刘志坚．大地构造型煤田煤的变质特征和成因探讨．中国科学院长沙大地构造研究所编．活化构造理论（地洼学说）的应用和发展——"地洼学说奖"历届获奖论文选集．北京：地震出版社，1999：239-246．

[35] 张景廉．论石油的无机成因．北京：石油工业出版社，2001．

[36] 张景廉，卫平生，张虎权，等．再论石油与铀矿的相互关系——四论油气与金属（非金属）矿床的相互关系．新疆石油地质，2006，27（4）：493-497．

关于沉积盆地分类与油气成因的新观点

马 龙[1,2]，陈洪德[1]，张景廉[2]，石兰亭[2]，卫平生[2]

(1. 成都理工大学沉积学院，四川成都 610059；
2. 中国石油石油勘探开发科学研究院西北分院，甘肃兰州 730020)

摘要：以一种新的视角对沉积盆地的分类进行了评论，提出了一些新的分类方法和3类生成模型：李德生模型、滕吉文模型和沃里沃夫斯基—萨尔基索夫模型。对沃里沃夫斯基—萨尔基索夫模型的研究表明，油气的生成与聚集多与盆地中地壳低速高导层有关，要特别重视与强调中地壳低速高导层对油气生成的影响，这应是未来油气勘探的一个准则。目前的地震技术为深层油气勘探提供了重要的技术保障，未来中国的油气前景将会更好。

关键词：沉积盆地；分类；形成；机理；低速带

Perrodon（1980）有句名言："没有盆地，就没有石油。"有关沉积盆地的分类往往与油气生成、聚集、分布联系在一起，并据此对含油气盆地进行评价，以指导油气勘探。但几十年的石油地质勘探实践却似乎没有完全按照人们的意愿发展。本文试图以不同的视角来探讨盆地的含油气性，强调盆地深部构造特征与油气的关系，特别是盆地中地壳的低速高导层与油气的关系。希望得到石油地质学界同仁的批评指正。

1 沉积盆地分类的回顾

在苏联，有哈因（1954）、布劳德（1964）、维索斯基（1979）、乌沙科夫、库狄卢夫（1982）等的沉积盆地分类。在西方，有 Holbouty（1970）、Dickison（1976）、Klemme（1971、1975、1983）、Bally–Snelson（1980）、Miall（1990）、Perrodon（1980）、Kingston（1983）等的分类。

我国石油地质学家也对盆地进行了深入研究，如朱夏（1965，1983）、张厚福（1979）、叶连俊和孙枢（1980）、刘和甫（1983）、田在艺（1993）、甘克文、王东坡、孙肇才、陈沪生、赵文智等。最近，翟光明等根据盆地形成的4种构造环境将盆地分成16种类型[1]。20世纪后期AAPG组织当今世界著名的石油地质学家推出了5套论文集，分别论述了离散—被动边缘盆地、内克拉通盆地、活动边缘盆地、前陆盆地与褶皱带和内裂谷盆地[2-6]，试图把油气藏（田）的形成及分布与盆地类型联系起来，但是这种尝试并未获得预想效果。

诚如《前陆盆地与褶皱带》编者在"总结和结论"一章中承认："油气生成与分布是一个问题，前陆盆地拥有西方世界石油资源的20%，而扎格里斯一个前陆盆地便占了其中3/4

---

* 本文曾发表在《新疆石油地质》2008年第29卷第3期。

以上，而中东型的构造在世界上只有一个。控制巨型油气田分布的因素是什么，目前所知的最佳配置状态是否会在其他地区重现，或我们目前根本并没有识别出！"为此，他们建议，"以能代表20世纪90年代水平的地质学、地球物理学、地球化学方面的新认识来补充、完善控制巨型油田的成藏条件！"他们还提到，巨大的西加拿大盆地油砂，东委内瑞拉盆地沥青资源的成因问题，尽管作了有机地球化学研究，它们的烃源岩问题至今仍没有满意的结论[5]！

松辽盆地油气勘探开发历时50多年，但关于松辽盆地类型、性质的争论一直在继续着。如朱夏、李德生的板内坳陷盆地；杨万里、杨继良、高瑞祺等的克拉通内复合盆地；陈学儒、刘和甫、Klemme、童崇光、郭占谦等的裂谷盆地；高名修、杨祖序、Bally 等的弧后盆地；赵重远的中国型板块侧缘盆地；陈发景的克拉通内凹陷盆地；郭成铠的长期发育叠合盆地；徐旺的缝合带型盆地等[7]。看来盆地类型演化十分复杂，不同学者对同一地质现象的观察提出不同的盆地类型，这也是很正常的。

2 关于沉积盆地与油气分布的另类声音

著名石油地球物理学家陈沪生早在1988年就提出了"寻找石油必须研究沉积盆地，研究沉积盆地必须研究深部地质"这一指导思想[8]。在下扬子地区的HQ-13线的综合地球物理调查中，发现了在深达20km左右处存在低速高导层，横向上不均一。他认为这是"晚近构造运动的活跃层"。根据HQ-13线的最新地球物理资料的解释，张景廉等认为，苏南常州—昆山一带深部有大油气田。目前，在常州句容盆地所见到的油气显示与发现大油气田仅一步之遥[9]。

石油地球物理学家邵学钟也强调油气勘探与地壳深部构造的关系，并认为应作为盆地油气资源评价的一个准则[10,11]。赵重远深刻指出："只有将沉积盆地与岩石圈构造连为一体通盘考虑时才能揭示沉积盆地形成演化和在地壳中分布的规律，同时也就揭示了油气在地壳中分布的规律[12]"。

刘池洋指出，中国沉积盆地的特点是"后期改造强烈"，"深部作用活跃"[13,14]。只有重视深部作用，才能把握问题的实质，而其中深部流体则是关键之所在。

李扬鉴等深刻指出中地壳塑性层对大陆地壳构造的重要性：向上，它控制上地壳正断层所形成的盆山系和由盆山系演变而成的重叠造山带等厚皮构造；向下，它引起软流层和莫霍面的上拱和下地壳、岩石圈地幔张裂、分离、扩张，使盆山系厚皮构造演变成过渡壳构造（优地槽、晚期裂谷）和板块构造[15]。

最近，李相博等提出了柴达木盆地"深层伸展，浅层压扭"的构造模式[16]。正是强调了中地壳在盆地、构造演化中的作用。

一些石油构造地质学家如张恺强调盆地形成与深部地幔的关系[17,18]，罗志立则强调地幔柱、地幔运动与盆地油气的关系[19]，张之一最近也一直强调深部基底的含油气性，并提出更新勘探观念，开拓深层油气新领域[20,21]。

石油地球物理学家、中国工程院院士李庆忠则旗帜鲜明地指出："沉积盆地—生油层—油气"的思路值得商榷，认为油气更多地来自深部[22,23]。

综上所述，"就盆地论油气"的指导思想可能忽略了更为重要的深部地质作用，特别是深部地质流体的作用。

3 沉积盆地及油气藏形成的新探索

（1）李德生模型。我国著名石油地质学家李德生院士于1981年提出了渤海湾盆地的地质模型（图1），强调了地幔上隆导致盆地热流值增高并对有机质生烃起重要作用[24]，即地幔柱所带来的力与热力作用。他还把中国含油气盆地分成3种：①东部拉张型盆地；②中部过渡型盆地；③西部挤压型盆地。

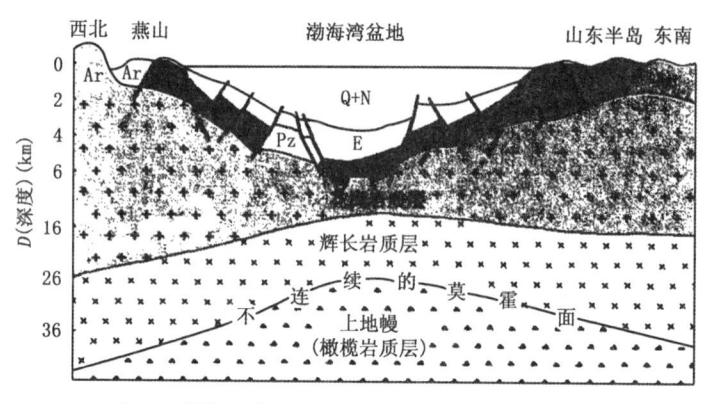

图1　渤海湾盆地地质模型（据李德生，1981）

（2）滕吉文模型。1995年，中国著名地球物理学家滕吉文院士等提出了有石油远景的沉积盆地的地质模型（图2），他们认为，有油气远景的沉积盆地的地壳底部均有上隆，且比周边造山带要薄5~10km，地温梯度、热流值高，重力场、航磁场有异常等[25]。

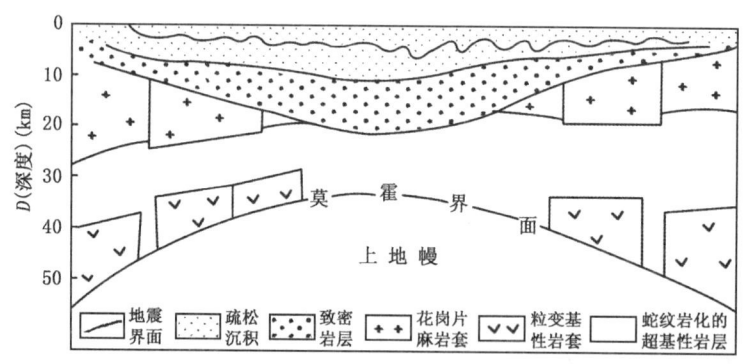

图2　有含油气远景沉积盆地地区的岩石层结构概念性模式（据滕吉文等，1995）

（3）沃里沃夫斯基—萨尔基索夫模型。1991年，俄罗斯地球物理学家沃里沃夫斯基博士，俄罗斯地质学家萨尔基索夫博士联合提出了"超基性岩底辟"模型，或称"双层砖"模型[24]（图3）。他们认为陆壳的结晶岩部分不全由高变质的层状结晶岩组成，在花岗岩（花岗片麻岩）与玄武岩中间夹有具可塑性的超基性蛇纹岩。在地壳发展早期是双层结构，即花岗岩与玄武岩，后来由于超基性岩浆挤入，使上下层分离，并发生破裂，即所谓的"超基性岩底辟说"。又由于以后的热液交代作用，这种超基性岩变成蛇纹石化橄榄岩，在地球物理学上表现为低速高导等特征。当地幔脱气生成的CO_2、H_2沿玄武岩破裂带上升到超基性蛇纹岩带，便发生了著名的费—托合成反应。费—托合成的烃类伴随构造运动（或岩浆运动）沿地壳中花岗岩缺失的通道上升，并运移到储层形成油气藏。相比之下沉积盆地的储层物性好于其他地质构造单元，所以油气多储集在沉积盆地，但也可储集到花岗岩、火山岩、变质岩中，形成基岩油气藏。

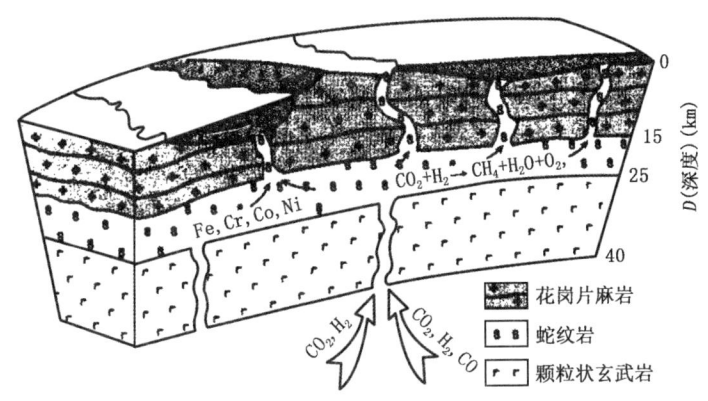

图 3　油气生成的新模型（据沃里沃夫斯基等，1991）

由此，我们可以形象地称蛇纹石化橄榄岩（即中地壳低速高导层）为油气生成的"发生器"，费—托反应在这里发生，且蛇纹石化橄榄岩本身还为费—托反应提供必需的 Fe、CO、Ni 或 V 等催化材料；上地幔是生成油气的"原料库"，提供费—托反应所需的 CO_2、H_2 等成烃原料；沉积盆地则是油气藏形成的"存储器"，它有好的储层，如砂岩、白云岩等。这种解释彻底摆脱了"烃类无法存在于上地幔的高温条件"这个困境，为油气无机生成理论注入了新的活力[27—29]。

这个模型成功地解释了世界九大海相油气田的形成地质条件[26]，也很好地解释了中国一些大型陆相油气田的形成[27]。因此，如果将沉积盆地分类与油气富集联系起来，则必须考虑到盆地的（深部地壳）构造特征，特别是盆地中地壳低速高导层的发育与否；并应视作评价沉积盆地含油气性的一个重要准则。

张景廉在 2001 年出版的《论石油的无机成因》一书中充分肯定了俄罗斯学者关于无花岗岩型盆地（即盆地深部中地壳有低速高导层）对油气生成的重要意义[27]。2004 年，张景廉等在总结全球沉积盆地的中地壳低速高导层与大、中油气田分布时也发现了二者之间的相互关系，不论盆地形成的构造环境（如裂陷构造、聚敛构造、走滑断裂构造、克拉通构造[1]），也不论盆地形成的地质时代，当纵波速度 $v_p \leqslant 6.1$ km/s 时，这种盆地为含油气盆地，而当纵波速度 $v_p > 6.1$ km/s 时，这种盆地为含金属矿床的盆地；还有一点可以肯定，凡发生地震的盆地，均有中地壳的低速高导层[28]。最近对松辽盆地庆深气田、四川盆地普光气田、柴达木盆地涩北气田[29]的深部地壳的研究表明，在这些气田深部中地壳均有低速高导层，这一事实应引起我们的高度关注。

4　讨　论

中国著名石油地质学家甘克文最近撰文指出："不能幻想某种沉积盆地分类对预测油气量有重要意义"（引用 Bally 的话），并认为"油气勘探家不要过分偏爱某类盆地或某种构造"[30]。这是他对全球不同类型盆地、不同时代（新元古代至早古生代、晚古生代、中生代、新生代）的油气分布总结出来的经验之谈。不过，这是基于目前浅层石油地质的理论和认识，如果透视到深部，即透视到中地壳，便会进入"柳暗花明又一村"的境界。

20 世纪 50—60 年代，中国石油地质学家已感到纯依附于地槽—地台学说的盆地分类在中国难以奏效；70 年代末，以朱夏先生为代表的一些地质学家试图用板块构造理论（已成为中国主流学术思潮）来建立中国特色的石油构造地质体系[31,32]。但是，诚如朱夏先生在晚年所说："原来希望据板块理论的分类，能识别和判断油气远景，没有取得预想的结果。盆地理论研究在经过一段高潮以后，于 20 世纪 80 年代晚期已变得相对沉寂，目前人们正在考虑如何提出新的见解。"朱夏先生倾尽毕生的精力和智慧研究沉积盆地与油气的关系，看来，他与世界一些著名的石油地质学家一样，没有找到答案。最近，任纪舜院士等讨论了中国与世界油气区的大地构造特征，并强调油气勘探要特别注意多思路，切忌单打一，防止一种倾向掩盖另一种倾向，因此勘探开发的指导思路必须作一系列重大转变[33]。

如果说 20 世纪全球油气勘探仅局限于浅层勘探的话（<6km），那么在 21 世纪的今天，我们的油气勘探（主要是先行的地震勘探）需向深部拓展（>6km），不仅仅是油气多从深部而来，更重要的是深部同样有大油气田。杨文采院士最近指出："充分提取地球物理信息来揭示沉积盆地深层油气赋存的空间和规模，进行油气盆地中浅层油气藏的定位研究，发展第四代油气地震勘探采集、处理和定量解释方法技术，乃是迎接深层油气勘探的挑战，实现中国油气第二次创业的必由之路[34]。"

石油地质理论的创新为 21 世纪的油气勘探指明了方向，而地球物理勘探技术则为深层油气勘探提供了技术保证，因此我们有理由深信，中国乃至世界油气勘探的前景将更好。

目前在松辽盆地发现的庆深火山岩气藏（地质储量达 $1000\times10^8 m^3$），在四川盆地发现的普光生物礁气田（地质储量达 $3560\times10^8 m^3$），在塔里木盆地发现的塔河油田（三级储量 $23.4\times10^8 t$，其中探明储量 $7.2\times10^8 t$）等便是油气重大发现的前奏或序曲。

参 考 文 献

[1] 翟光明. 中国石油地质志（第一卷）. 北京：石油工业出版社，1987.

[2] Edwards J D, Santogrossi P A. 离散或被动大陆边缘盆地. 梁绍全，译. 北京：石油工业出版社，2000：5-72.

[3] Leighton M W, Kolata D R, Oltz D F, 等. 内克拉通盆地. 刘里斌，译. 北京：石油工业出版社，2000：699-730.

[4] Biddle K T. 活动边缘盆地. 穆献中，译. 北京：石油工业出版社，2000.

[5] Macqueen R W, Leckie D A. 前陆盆地和褶皱带. 黄忠范，译. 北京：石油工业出版社，2001：334-369.

[6] Landon S M. 内裂谷盆地. 刘忠，鲁兵，译. 北京：石油工业出版社，2001：7-123.

[7] 迟元林，云金表，蒙启安，等. 松辽盆地深部结构及成盆动力学与油气聚集. 北京：石油工业出版社，2002.

[8] 陈沪生. 下扬子地区 HQ-13 线的综合地球物理调查及其地质意义. 石油与天然气地质，1988，9（3）：211-222.

[9] 张景廉，李斌，李相博，等. 苏南块体深部地壳构造特征与油气前景. 海相油气地质，2006，11（1）：40-44.

[10] 邵学钟，张家茹，殷秀华. 油气勘探与地壳深部构造研究. 石油勘探与开发，1999，26（2）：11-14.

[11] 邵学钟,徐树宝,周东延,等.塔里木盆地地壳结构特征.石油勘探与开发,1997,24(2):1-5.
[12] 赵重远.石油地质学发展:反思和展望.石油与天然气地质,1998,19(1):8-14.
[13] 刘池洋.后期改造强烈——中国沉积盆地的重要特点之一.石油与天然气地质,1996,17(4):255-260.
[14] 刘池洋,赵重远,杨兴科.活动性强,深部作用活跃——中国沉积盆地的两个重要特点.石油与天然气地质,2000,21(1):1-6.
[15] 李扬鉴,张星亮,陈延成.大陆层控构造导论.北京:地质出版社,1996.
[16] 李相博,袁剑英,陈启林,等.柴达木盆地新生代成盆动力学模式.石油学报,2006,27(3):6-10.
[17] 张恺.板块构造与油气成因二元论.北京:石油工业出版社,1989:402.
[18] 张恺.中国大陆板块构造与含油气盆地评价.北京:石油工业出版社,1997:224.
[19] 罗志立.地裂运动与中国油气分布.北京:石油工业出版社,1991.
[20] 张之一.更新勘探观念,开拓深层油气新领域.石油与天然气地质,2005,16(2):193-196.
[21] 张之一.关于石油深部起源的若干问题.新疆石油地质,2006,27(1):112-117.
[22] 李庆忠.打破思想禁锢,重新审视生油理论——关于生油理论的争鸣.新疆石油地质,2003,24(1):75-83.
[23] 李庆忠.生油理论值得重新审视——答黄第藩,梁狄刚《关于油气勘探中石油生成的理论基础问题》一文.石油勘探与开发,2005,32(6):13-17.
[24] 李德生.渤海湾含油气盆地的地质构造特征与油气田分布规律.海洋地质研究,1981,1(1):1-11.
[25] 滕吉文,胡家富,张中杰,等.中国西北地区岩石层瑞利波三维速度结构与沉积盆地.地球物理学报,1995,38(6):737-749.
[26] 沃里沃夫斯基 Б С,萨尔基索夫 Ю М 著.世界最大含油气盆地.任俞,译.北京:石油工业出版社,1991.
[27] 张景廉.论石油的无机成因.北京:石油工业出版社,2001.
[28] 张景廉,于均民.论中地壳及地质意义.新疆石油地质,2004,25(1):90-94.
[29] 德米特里耶夫斯基 А Н,巴朗纽克 И Е,索尔赫金 О Г,等.洋壳蛇纹岩——生烃源.新疆石油地质,2003,24(3):268-271.
[30] 甘克文.概论全球油气分布.石油科技论坛,2007,26(3):27-32.
[31] 朱夏主编.中国中新生代盆地构造和演化.北京:石油工业出版社,1983.
[32] 朱夏.朱夏论中国含油气盆地构造.北京:石油工业出版社,1986.
[33] 任纪舜,邓平,肖薇薇,等.中国与世界主要含油气区大地构造比较分析.地质学报,2006,80(10):1491-1500.
[34] 于常青,杨午阳,杨文采.关于油气地震勘探的基础研究问题.岩性油气藏,2007,19(2):117-120.

第四篇　森林大火、地震、地球气候变暖与无机油气关系

阿尔山森林大火兴许天然气作怪

张景廉

(中国石油勘探开发研究院西北分院，甘肃兰州 730020)

今年5月内蒙古兴安岭阿尔山林区森林大火，引起国内外注目。据报载，这场自5月13日引发的大火，经4000多森林卫士的全力抢救，终于在5月22日被扑灭。

据中央电视台《焦点访谈》介绍，这次大火的原因：一是今年春天该地区一直干旱少雨，冬季又少雪，林区特别干燥；二是林区"负载"太重，即林区历年的枯枝败叶积淀太多、太厚，而林区地面的木材堆积太多；三是5月13日的一场电击，引起明火，最终导致大火。

透过《焦点访谈》介绍，笔者注意到4个极其重要的线索，这就是：（1）火区地面是熔岩区（即玄武岩熔岩，为火山岩），火苗均沿岩石裂缝冒出，当明火扑灭了，经风一吹，灰烬中又萌发明火，火苗又冒出。看来裂缝下有"可燃性气体"涌出，致使这一过程反复了3次。（2）有"过路火"，即路这边的火苗会突然穿过路面蔓延到路那边，这显然由于路那边也有可燃性气体。（3）我们在荧屏上看到，这种火苗可直窜，犹如打开的打火机火苗。据森林卫士讲，这种火苗可上窜20多米。这种火苗同样表明了在其下部有可燃性气体的"冲出"。（4）我们在荧屏上多次看到，森林大火不是呈面形，而是呈线状分布，据笔者推测，这是一条大的断裂构造带，沿这条断裂带，均有可燃性气体的"泄漏"与"涌出"。因此，所谓"森林大火"，实质是天然气燃烧，这无疑给这场大火的扑灭工作带来了极大的困难。

从上述4点，我们可以肯定地说，该森林火场（熔岩覆盖区）下面有丰富的天然气资源，它沿断裂带一直不断地在释放天然气，如有明火，仍有火灾危险。因此，这一地区需划为"禁区"，地方政府原想规划旅游区，一旦建成，火灾危险更大，这是一。

第二，对于丰富的天然气资源，需派遣几个小分队，到火场进行实地勘查。可装备城市煤气公司的煤气泄漏检测仪，一片一片勘查，并就地采样分析，弄清该断裂带的分布范围及天然气浓度分布，可初步计算出每年释放到大气圈的天然气量。另据了解，阿尔山附近沿断裂带常有多处温泉出露分布。温泉不断释放地下气体，如 CO_2、H_2、CH_4、He、Rn 等，这已为研究证实。研究表明，地下释放气体有波动，有高有低，需长期观测。

第三，由附近的油田勘探研究院（如大庆）进行地球物理及地球化学勘查，并进行钻探，彻底弄清地下的天然气资源及储量。

通过上述分析，我们同样有理由可以怀疑，去年印尼的森林大火以及前几年我国兴安岭的森林大火，可能是泄漏的天然气在燃烧！这就存在一个如何防患于未"燃"的问题。建

---

* 本文曾发表在《中国矿业报》1998年7月29日。

议政府有关部门做一些切实的工作，避免森林大火的再次发生（这不仅是防火，更是一项资源勘查，可谓一举两得）！因为每次大火，不仅烧毁了森林，烧毁了绿色长城，烧毁了良好的生态环境，同时又破坏了生态环境，造成极大的污染！

森林大火后的思考

张景廉

（中国石油天热气集团公司西北地质研究所，甘肃兰州 730020）

笔者曾就 1998 年内蒙古阿尔山森林大火可能与天然气有关发表了看法（张景廉，1998），尔后《天然气地球科学》（1998 年 5 期）、《新疆石油地质》（1998 年 6 期）等刊物相继作了转载。如果说，阿尔山森林大火与天然气有关尚有疑窦，那么，1999 年 1 月广东清远—三水一带的森林大火为天然气所为便十分清楚了！

大火从广东清远烧到三水，恰与仁化—英德—三水的新华夏断裂相吻合；此外，众所周知三水盆地有天然气，唐忠驭（1980，1983，1984）、杜建国等（1989，1990）、关效如（1990）、戴金星等（1995）曾有过不少研究。三水盆地不仅有烃类气藏，还有无机成因的 CO_2 气藏（健力宝饮料公司为就地取材，厂址便设在三水）。烃类气体与火山活动的关系也有人专门讨论（罗丰全，1982；唐忠驭，1984）三水盆地以白垩与古近纪湖相沉积为主，中心部位广泛发育古近纪火山活动；火山岩岩性多变，从基性到酸性包括拉斑玄武岩、安山岩、粗面岩、流纹岩与流纹斑岩。朱炳泉等（1991）对三水盆地的火山岩进行了 Nd—Sr—Pb 同位素研究，结果表明，火山岩源区为中国南部不同地体在缝合过程中产生的华南大陆内的古俯冲带。电视报道中同样见到有两条带状的大火分布，分明是沿断裂带的天然气燃烧的表现；此大火也曾扑灭而又复燃过一次，只是由于三水盆地还有 CO_2 气体，甲烷气浓度不是太高，致使大火不如阿尔山那么猛烈！事实上，杜乐天（1996）早就指出，大兴安岭森林大火与微震条件下地球深部 CH_4 等可燃气体渗出有关。

地球放气作用不仅限于火山喷发、岩浆侵入作用，活动断裂带也是地球气体排放的主要通道（杜乐天，1996，1998；朱永峰，1997，1998；克罗波特金，1980；科兹洛夫斯基，1989；李伟源，1996）。伴随地震而排气，也被科学家们注意到，如 1970 年苏联高加索发生 6.0 级地震，气体采样发现，大气中 CH_4、CO_2 呈 1～3 个数量级增加，而 H_2 呈 4～5 个数量级增加；1981 年格鲁吉亚 4.2 级地震，巴库地区大气 CH_4 比正常值高 1 倍；1989 年大同地震前后，北京郊区光华井和小汤山井中 H_2 质量分数突然高达 $1000×10^{-6}$～$1500×10^{-6}$；1990 年北京沙河地震前塔院水气观测站地下释放 CO_2 及 CH_4 等气体，且 $\varphi(CO_2)/\varphi(Ar)$ 比值比平时高出 10 倍。利用卫星遥感热红外大气高空热异常进行临震预报已多次成功（强祖基等，1992，1997，1998）。地震学家正是利用地震与地壳的放气关系在作地震预报的探索，并取得了一些重要进展，如 1998 年 1 月 10 日河北省张北—尚义 M_s 为 6.2 级的地震震前短临预报成功便是一例，从而为国际地震学者关于"地震不能预报"这一暗区拨开了一缕曙光（车用太等，1998）。事实上，地震震源的通常深度在 15km 左右，这个深度正是中地壳

---

* 本文曾发表于《地学前缘》1999 年第 6 卷增刊。

的低速—高导层的产出部位，沃里沃夫斯基、萨尔基索夫称之为"蛇纹石化橄榄岩层"（沃里沃夫斯基等，1991；张景廉等，1997，1998），此带与杜乐天指出的"中地壳气圈"大体相当。它不仅与地震有关，而且可能与无机油气的生成有关。

因此，笔者认为对森林火灾、地震、油气勘查的综合研究将会为人类解决21世纪资源、环境、减灾问题作出贡献。

瓦斯爆炸、森林大火、地震及其他

张景廉

（中国石油勘探开发研究院西北分院，甘肃兰州 730020）

摘 要：去年以来，全国各地煤矿接二连三发生瓦斯爆炸，有的是违法小煤矿，有的是国营大煤矿，如 2003 年"五·一三"安徽淮北芦岭煤矿的特大瓦斯爆炸，死 86 人。据称瓦斯检测器正常，那么瓦斯源在哪里？不清楚。据报道，该煤矿去年曾经有一次瓦斯爆炸，死 13 人。按理，这个国营煤矿该汲取教训，可仍防不胜防。看来需要从另外角度来分析问题。

关键词：瓦斯爆炸；森林大火；地震

今以东北煤矿瓦斯爆炸为例。2002 年 6 月 7 日，黑龙江鸡西瓦斯爆炸，2002 年 7 月 4 日，吉林白山市瓦斯爆炸，2002 年 7 月 8 日，黑龙江鹤岗瓦斯爆炸。到 2003 年 1 月 20 日，黑龙江鸡西又有瓦斯爆炸；3 月 30 日，辽宁抚顺瓦斯爆炸；5 月 18 日辽宁辽阳瓦斯爆炸。而 2002 年 6 月 28 日有吉林汪清 7.2 级地震。2003 年 4 月 25 日，黑龙江伊春市小兴安岭森林大火；2003 年 3 月下旬至 4 月初的黑龙江大兴安岭松岭区、呼玛县森林大火，2003 年 5 月 5 日，黑龙江大兴安岭又森林大火。注意松岭区、呼玛县的大火发生在草甸。我们注意到，1984 年 7 月 2 日吉林营城煤矿，1986 年 1 月，吉林和龙煤矿有 CO_2 气体突出事件，吉林万金塔有 CO_2 气田。而这些 CO_2 气体已证明为幔源气体。张景廉（1998）曾指出，1998 年阿尔山森林大火与天然气有关，当时的火势呈线状分布。无独有偶，2003 年昆明笔架山森林大火火线长达 10km，而 2003 年 5 月 2 日甘肃永靖县大岺山森林大火有 5km 长龙，显然与深部线状断裂带有关，大火源自深部天然气。另据报道，四川雅江地震引发了 2003 年 2 月 25 日的森林大火，此大火烧了 9 天才被扑灭。地震释放天然气，从而导致森林大火。中新网 2003 年 7 月 5 日消息，7 月 4 日内蒙古牙克石市以南 29km 的牙克石煤矿发生瓦斯爆炸，死 22 人。牙克石南东方向阿尔山曾于 1998 年 5 月发生森林大火，而牙克石东北方向金河于 2003 年 5 月 5 日大火，此火不在林区，而在草甸。阿尔山再往南东方向便是开鲁盆地的油—铀矿区。上述这 4 个点恰好在北北东向的构造线上。我们认为这是深部气体沿北北东向构造带排放的极好证明。看似不相干的事件，实际上是相互联系的。

有分析表明，2002 年 6 月上述谈到的瓦斯爆炸、地震的时间恰逢月亮近地潮和太阳潮半日形变最大值的夏至日附近，这是地球形变和排气强烈时段。

另外，2003 年 4 月 3 日新疆乌鲁木齐县一煤矿的中毒事件也是地球排气的反映。

杜乐天等（2000）深刻指出，不仅热灾（森林大火、瓦斯爆炸等）与地球深部气流有关，就是沙尘暴、干旱、缺水沙漠化等也与地球深部气流有关。笔者以为，这些可能均与中

---

* 本文曾收录于《中国地球物理.2003——中国地球物理学会第十九届年会论文集》。

地壳的低速、高导层有关。煤矿瓦斯不一定与煤有关！南非、加拿大元古宙砾岩型 Au—U 矿井中有 CH_4 气、H_2 等。杜乐天在 1989 年澳大利亚 Golden Mile 矿山参观中也发现有 CH_4 气体监测仪。瓦斯不是煤矿独有。正是在这个问题上，需重新审视所谓的煤层气。

研究探讨自然灾害不仅仅是气象学家、林业科学家、地震学家的事，更是地质学家、地球物理学家、地球化学家的事。全国相关学科的科学家联合起来，协同作战，研究各种自然灾害的原因，从而制定相应的预防措施，有效地减少经济损失，减少人员伤亡。据报道，2002 年全国煤矿死于瓦斯爆炸的多达 7000 人。当然，更重要的是，需运用翁文波的"预测论"来预测各种天灾，看来，瓦斯爆炸、森林大火、地震等天灾既不遵从周期律，也不是非线性，而是一种混沌，需用创新思维进行深入研究。

人类活动与地球排气作用孰主孰次

张景廉[1]　徐建山[2]

(1. 中国石油天然气集团公司西北地质所，甘肃兰州 730020；
2. 中国石油集团经济技术研究中心，北京 100011)

摘　要：地球大气环境不断恶化的原因需重新讨论。科学、正确地评价人类活动在地球大气环境演化中的作用是当务之急。目前普遍认为：影响地球大气评价的因素重要是 CO_2 和 CH_4 气体的浓度，这些气体有温室效应，然而对此须加分析。

关键词：人类活动；地球排气

1　CO_2 气体

地球大气圈中气体 CO_2 含量的增加是人类利用化石燃料不断增加所致，这似成共识。诚然，我们有不少数据表明了上述关系。但是，一个不争的事实是：火山喷发所释放的 CO_2 量是十分惊人的；地球上不少气藏、气田至今一直不断地在泄漏 CO_2 气体（如广东三水盆地水深 9 井曾获高产 CO_2 气流，日喷气达 $437\times10^4 m^3$，发生井喷 87 天喷高达百米以上，CO_2 含量达 99% 以上）；一些断裂带也在不断排出 CO_2 气体……认识上述这些现象对于我们正确对待、科学评价人类利用化石燃料所增加的 CO_2 量与地球排气作用所释放的 CO_2 量之间的关系有重要意义。人们千万不要一味指责中国燃烧煤炭导致地球大气圈 CO_2 含量的增加发生的温室效应。而事实可能是：与地球排气作用相比，人类利用化石燃料所增加的 CO_2 量可以忽略不计，或仅占一小部分。

2　CH_4 气体

（1）地球各地不断有森林大火的发生。杜乐天最早指出，1987 年大兴安岭为天然气燃烧所致。2004 年 11 月，香港大屿山也发生了森林大火，电视画面表明大火带状分布；12 月 4 日大埔八仙岭又有山火，尚未扑灭。笔者也曾指出，内蒙古阿尔山森林大火、广东清远—三水森林大火均可能是沿断裂带释放甲烷燃烧的结果。卫星红外照片清晰无误表明了大火前那里有热场，而这正是地球排气的显示。

（2）最近，中国一些煤矿接连有瓦斯爆炸，这与矿主追求利润，视矿工生命如草芥有关，并暴露我们在安全生产、以人为本方面存在诸多问题，这是必须严肃对待的。笔者认为，有的时候，煤矿瓦斯含量突然增加可能是一些微地震诱发断裂释放甲烷气所致。这不是

---

* 本文曾收录于《中国地球物理学会第二十一届年会论文集》。

人力所预测到的。在这种情况下，追究责任事故可能造成错案。事实上瓦斯爆炸不是煤矿所独有，国外金矿也有这种实例。中国河北前段时期一金矿大火是否是甲烷燃烧所造成的呢？

（3）最近云南曲靖一钻井发生甲烷井喷，所幸未造成人员伤亡；而10年前1994年6月1日曲靖南部的陆良也曾发生天然气井喷；附近的昆明盆地、杨林盆地也有天然气喷出；在2003年12月8日曲靖一煤矿曾发生瓦斯爆炸。看来滇东的曲靖、陆良、昆明一带有天然气是不争的事实，而地壳深部结构研究表明，陆良一带中地壳有低速层，这是天然气生成的源。这种天然气可形成很高的压力而造成井喷。一旦圈闭和储层的落实，我们可在滇东找气田。

3 结束语

地球排气作用不易被人们观察到，因而也不被人们所注意。现在是到了应该对这些地球排气作用引起重视的时候。我们不能再"熟视无睹"，而应该科学地观察、研究，并掌握这个自然规律。我们必须对地球大气环境演化、恶化作出科学、客观定量评价，即人类活动与地球排气作用相比较究竟孰主孰次？而认识地球排气规律，对油气勘探也有指导意义。

松潘—甘孜褶皱带的深部地壳构造特征及油气前景

李碧宁[1,2]　焦养泉[1]　张景廉[2]

(1. 中国地质大学，湖北武汉 430074；
2. 中国石油石油勘探开发科学研究院西北分院，甘肃兰州 730020)

摘　要：四川松潘—甘孜褶皱带一直是地球科学家关注的一个焦点。近年来，石油地质学家也对它表现出了很大的兴趣。根据地震测深、重、磁、电等的探查，发现该褶皱带深部有一低速高导层，而对大火成岩省—峨眉玄武岩喷溢—地幔柱的认识深化均表明，四川松潘—甘孜褶皱带是可望获得油气勘探突破的靶区，重要的是断裂构造、圈闭、储层的耦合与优化。

关键词：四川；甘孜；地幔；低速带；油气勘探

松潘—甘孜褶皱带位于青藏高原东缘，是青藏高原与扬子地台的过渡带，对研究青藏高原演化、隆升机制有重大意义，这是构造地质学家的兴趣所在，也是近年来气象学家关注的地区；因其是中国大陆地震强烈发生的地区，这里还是地震学家的重点研究区之一。20世纪50—60年代，石油地质学家曾在这里进行过油气勘探，近年来则希望在这里获得油气勘探的突破。

自20世纪80年代以来，人工地震测深剖面、布格重力异常等探测不断深化，使人们对该地区的地壳深部结构有了较全面的了解；近年来，伴随金属矿产勘查而引发的对峨眉玄武岩地质地球化学的研究，特别是对该区地幔柱认识的深入，使我们有可能通过地球物理、地球化学的方法，加深对该区地质的认识，并在此基础上，有可能讨论这个地区的油气勘探的潜力。所不同的是，本文从油气无机生成的角度来讨论这个问题，供油气勘探决策者参考。

古生代，松潘—甘孜地区处于扬子板块西缘；晚古生代—中生代早期，因地幔上隆作用形成陆内裂谷式裂陷槽，晚二叠世是其高潮期，发生大面积玄武岩浆喷溢。三叠纪中期，伴随古特提斯洋（金沙江带）向东俯冲，在义敦地区形成岛弧，松潘—甘孜地区强烈扩张，形成弧后盆地（以理塘蛇绿混杂岩为代表），沉积了以浊流相为主的上三叠统巨厚陆源碎屑岩。晚三叠世晚期—早中侏罗世初期，随着古特提斯洋关闭，弧后盆地消失，形成闭塞台地相白云岩、石灰岩及石膏、石盐等沉积，并产生强烈挤压褶皱、冲断及推覆作用，发生中酸性岩浆岩侵入及区域变质作用；龙门山崛起，形成了叠置于海相碳酸盐岩盆地之上的川西前陆盆地[1-3]。

---

* 本文曾发表于《新疆石油地质》2006年第27卷第6期。

1 褶皱带的深部地壳构造特征

1.1 黑水—北碚地壳测深剖面[4]

根据四川黑水—北碚地壳测深和地震层析成像结果可知,四川盆地东部的地壳厚度约40km,向西缓慢地加厚,到盆地西缘,地壳厚度达到44.5km。壳内分层明显(图1)。图1中 R_1 为结晶基底顶面(地震波速 $v_p \approx 5.85 \sim 6.07$km/s), R_2 为花岗岩层顶面($v_p \approx 6.20 \sim 6.26$km/s), R_3 为壳内低速层顶面($v_p \approx 5.95$km/s), R_4 为玄武岩层顶面($v_p \approx 6.6$km/s), R_5 为下地壳顶面, R_6 为莫霍面。

盆地西缘有一些超壳深大断裂存在,是四川盆地与川西高原的分界线,地表则对应为龙门山推覆造山带。图1中还显示在北碚地区地壳中部出现地震波速突变,表明有壳内深断裂,这些断裂控制了地表的华蓥山褶皱带。

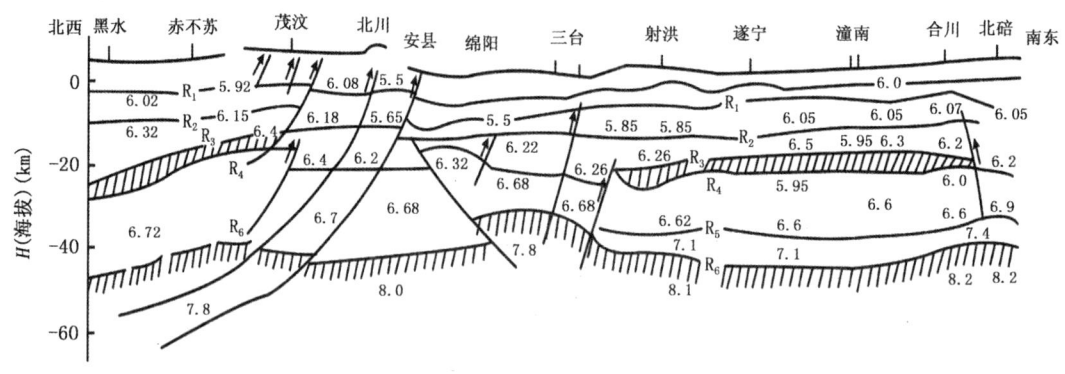

图1 黑水—北碚地壳测深剖面(据宋鸿彪等,1995。图中数字为地震波速,km/s)

由图1可以看出,东部的射洪—合川一带20km深部有一个5.95km/s的低速带,这正是川中油气区,而西部的茂汶—黑水一带的20~30km深部同样有一个5.95km/s的低速带,这个低速带向西下倾到30km深,这恰好进入松潘—甘孜地区。

图2为地球物理的综合解释剖面,在黑水至潼南爆炸地震剖面上,深部有西倾的4条断裂,从构造几何学观点,可分别与灌县—安县、映秀—北川、茂汶—汶川断裂相连。从空间展布显示,地面出露的茂汶杂岩体可能是中地壳被错断再推挤到地面上的;茂汶—汶川韧性剪切断裂带下延则与中地壳底部低速层(波速5.95km/s)相连,显示深部低速层可能是剪切作用引起的糜棱岩带[5]。另据阿坝—简阳段大地电磁测深(MT)剖面[图2(b)],西部理县往西,壳内低阻层发育(6~50Ω·m),主要存在于松潘—甘孜地区,它与爆破地震中地壳底部的低速层大致相对应。

根据上述中地壳低速高导层,推测松潘—甘孜地区可能有油气。

地表茂汶杂岩体在桃关至耿达一带可见大量华力西运动期的辉长岩脉贯入[5],一方面表明有深部流体的活动,另一方面表明它们与中地壳的低速高导层有联系。

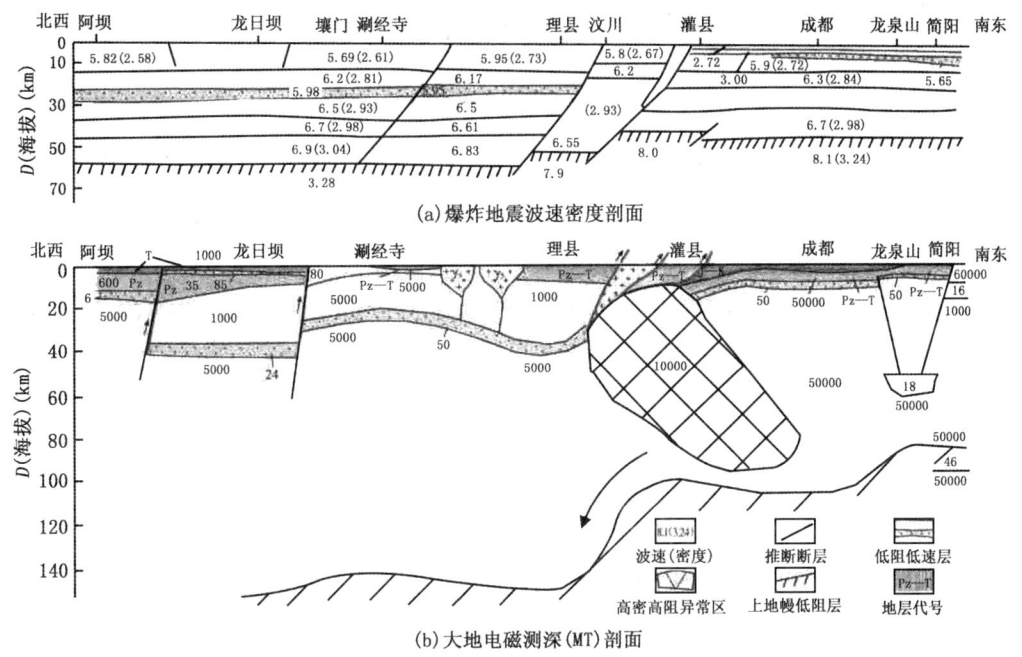

图 2　四川阿坝—简阳深部地球物理解释剖面（据罗志立等，1996）

1.2　奔子栏—唐克剖面

王椿镛等于 2000 年作了奔子栏—唐克深地震测深剖面，该剖面以北北东走向穿越了松潘—甘孜褶皱带，提供了深部地壳构造的珍贵资料[6]（图3、图4）。

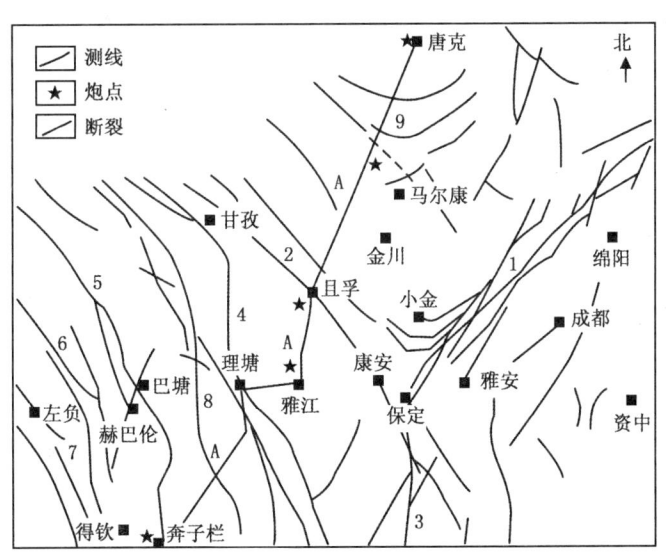

图 3　奔子栏—唐克深地震测深剖面位置示意[6]

1—龙门山断裂；2—鲜水河断裂；3—安宁河断裂；4—甘孜—理塘断裂；5—金沙江断裂；6—澜沧江断裂；7—怒江断裂；8—邓河—乡城断裂；9—龙日坝断裂；A—奔子栏—唐克深地震测深测线

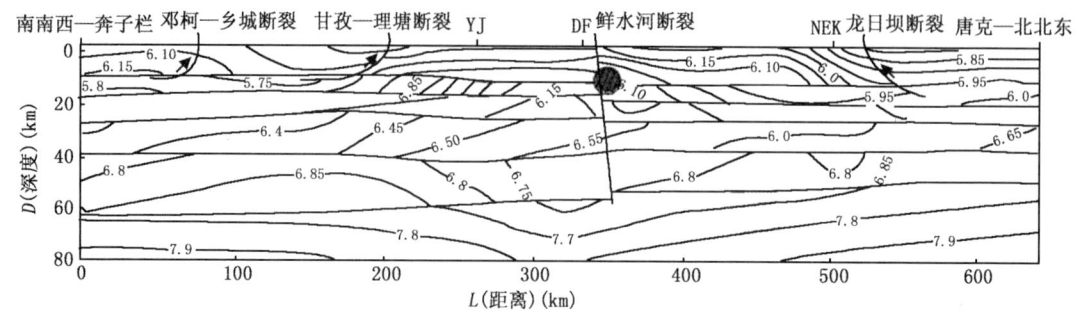

图 4 沿测线的二维地壳速度结构（红圈点为近期鲜水河断裂上发生强烈地震源位置[6]）

从图 4 可以看出，剖面上共有 4 条大断裂：龙日坝断裂、鲜水河断裂、甘孜—理塘断裂、邓柯—乡城断裂。龙日坝断裂与位于 20km 下的中地壳低速层（$v_p \approx 5.9 \sim 5.95$km/s）相通；甘孜—理塘断裂，邓柯—乡城断裂与中地壳的低速层（$v_p \approx 5.75$km/s）相通。

林中洋等（1993）也曾指出，松潘—甘孜褶皱系上地壳厚 25km 左右，中地壳厚 10km 左右，可能也是一个低速层；下地壳厚度增大至 22km（$v_p \approx 6.70 \sim 7.10$km/s）。由于上、下地壳增厚，使这里的地壳总厚度增大到 58km[7]。

中地壳的低速层与大地电磁测深的结果一致[7]。

蔡学林等的四川黑水—台湾花莲断面研究，也揭示了松潘—甘孜地块以下的 20km 深部地壳有低速带[8]。

2 峨眉地幔柱与油气的关系

四川、云南、贵州地区于晚二叠世喷溢大量玄武岩，其面积至少有 $30×10^4$km^2，也有人说面积达 $56×10^4$km^2，玄武岩厚度在盐源—丽江地区可达 $2 \sim 3$km，比印度德干高原玄武岩要厚得多；在岳川上仓剖面最厚达 5384m，玄武岩的时空分布，有由西而东，从早到晚由海相转为陆相的特征。峨眉玄武岩喷发始于早二叠世，但主喷发期在晚二叠世，同位素年龄为 $253 \sim 218$Ma，根据岩石学、古生物学、古构造学特征，罗志立曾在 20 世纪 80 年代把这一玄武岩喷发事件命名为"峨眉地裂运动"，与地幔热隆作用有关[9,10]。最近，罗志立等指出，峨眉地幔柱不仅是金属成矿期（如铜矿、铂矿、钒钛磁铁矿等），而且是油气成藏期（不仅四川盆地的气藏与此有关，塔里木盆地也是如此）[10]。20 世纪 90 年代，国内一些地球化学家从近代岩石学，微量元素地球化学等方面论证了峨眉玄武岩的大规模喷发与地幔柱活动有关[11,12]。国外对地幔柱的研究也纷纷介入这个热点[13-15]。

在中国，与峨眉玄武岩有关的金属矿藏有：金宝山、杨柳坪的铂矿与钯矿，力马河的镍矿，滇黔边界的铜矿。朱炳泉等近年来运用同位素地球化学边界理论在滇黔边境发现了与峨眉玄武岩有关的自然铜矿床，其中鲁甸河铜矿铜含量为 0.5% ~20%，该矿床可与美国苏必利尔湖的基韦诺（Keweenaw）自然铜铜矿相比，成为世界第二例基韦诺型自然铜矿床。美国基韦诺铜矿床的勘查表明，不仅发现了油气显示，而且有油气勘探前景[16-19]。

无独有偶，近年来俄罗斯西伯利亚 Norilsk 发现的 Ni—Cu—PGM 矿以及加拿大拉布拉多 Voisey 湾 Ni—Cu—Co 大型硫化物矿床均与地幔柱环境下的溢流玄武岩有关，引人注意的是，美国地质调查局1997年以来在密歇根的大陆裂谷开展了两项资源调查计划，一是Cu、Ni、Pt和Pd的调查，一是油气勘查。也就是说，在同一地区，把金属勘查与油气勘查结合起来[19]。显然这是一个富有创意的计划。

以下分析一下峨眉地幔柱、峨眉玄武岩地区是否有这种可能性？（1）罗志立等指出，分布于云、贵、川交界的峨眉玄武岩中普遍发育沥青—自然铜矿化，其中沥青质含量一般大于5%，最高达40%，沥青成矿与铜成矿的关系值得充分重视[13]；（2）在咸宁峨眉玄武岩所构成的乌蒙山向斜中出现很厚的油页岩—沥青砂岩；（3）楚雄盆地砂岩型铜矿中（大姚、牟定）也存在沥青化，楚雄盆地油气勘探表明深部有厚层沥青。为此朱炳泉提出了峨眉玄武岩层展开Cu—Ni—Pt—Pd—油气的一体化勘查[18]。可以想象，正是在这个意义上，该区的油气前景值得注意。

笔者注意到，近年来有不少学者注意到地幔柱—玄武岩喷发—油气生成之间的关系。

王登红等注意到，印度德干火成岩省中新生代玄武岩喷发覆盖面积占了印度面积的2/3，与德干玄武岩有关的孟买盆地，原油可采储量$9×10^8$t，天然气可采储量$5368×10^8 m^3$，孟买隆起大油田可采储量5.5×10^8t石油，2264×$10^8 m^3$天然气。

国外有人认为，北大西洋的石油与古近—新近纪地幔柱火山岩有关。中东石油可能也与德干—留尼汪等地的地幔柱有关。墨西哥湾石油与新生代岩浆作用，中国渤海湾油田与地幔柱有关等[20,21]。

3 讨 论

3.1 中地壳的地质属性

根据茂汶—黑水的地学剖面，深部中地壳有低速层（$v_p ≈ 5.95$km/s）；而奔子栏—雅江、马尔康—唐克剖面的深部中地壳也有低速层，前者$v_p ≈ 5.75 \sim 5.90$km/s，后者$v_p ≈ 5.90 \sim 5.95$km/s。

在深部中地壳，速度（v_p）的分布是不均一的，仅在局部地区才出现低速层，尽管对这种低速层的解释多种多样，但有一点可能是共有的，这是一个"塑性层"，不过塑性层的地质属性尚不是十分清楚。根据苏联学者沃里沃夫斯基和萨尔基索夫的观点，这个低速层是一个蛇纹石化的橄榄岩，即上地幔的超基性岩浆上升底辟到花岗岩与玄武岩"层"中，后由于热水溶液的蚀变，超基性岩成为蛇纹石。这种热液通常富含卤素的盐水溶液，橄榄岩蚀变释放出大量的Fe、Ni、V和Mg离子。当再一次地幔流体上升，这时地幔流体富含CO_2、CO、H_2……它们进入到中地壳，便在合适的温度、压力、催化条件下，发生了著名的费—托合成烃反应，因此，中地壳的低速层恰是烃类的发生器。这解释了为什么中地壳低速层上部往往有油气田的道理[22-24]。最近，刘树根等也强调壳内低速高导层（塑性层）的作用[25]。

3.2 地幔柱—玄武岩喷溢—油气

玄武岩，特别是地幔柱与油气的关系目前尚不清楚。但是世界上大量含油气盆地往往有玄武岩，且有的油气藏就与玄武岩有关，有的在玄武岩之下，也有的在玄武岩之上。最著名的例子是西西伯利亚暗色岩系（玄武岩）与超巨型油气区、利比亚的玄武岩与大型油气田、前述印度德干玄武岩与孟买的大油田等。

勘探家把玄武岩作为一种基岩储层而选择靶区。事实上玄武岩特别是地幔柱玄武岩与油气、与中地壳低速层是否有某种成因关系,是值得深入研究的一个重要课题。

涂光炽院士注意到,峨眉山地幔柱和塔里木地幔柱的存在对周边找矿的重大意义。

最近王德滋院士也注意到,峨眉火成岩中心是Cu、Ni硫化物和钒钛磁铁矿等岩浆矿床,外围是热液型Pb—Zn矿、卡林型金矿,更外围出现油气,它们是否构成一个温度由高往低的成矿系统[26]?

作为一种尝试,笔者认为,松潘—甘孜褶皱带是一个值得勘探的选区。

3.3 勘探思路

据悉,中国石化南方勘探公司已在松潘—甘孜地区的若尔盖地块上打了一口红参1井,设计井深6000m,已钻3000m,在三叠纪浅变质岩中(罗志立,2005年9月通讯)。

笔者尚不清楚中国石化南方勘探公司的勘探思路。按笔者的看法,根据上述地震测深所建立的剖面,查清中地壳低速高导层与深大断裂(与中地壳低速高导层沟通)的关系,并查清这深大断裂与圈闭、沉积岩储层(特别是白云岩)的配套关系,是该区油气勘探的关键。重要的是地震解释的可靠与深大断裂位置的准确标定,由此即可圈定勘探靶区。在笔者看来,江苏东海的中国大陆科学钻探井没有钻遇工业油气便是在这方面缺乏精细的工作,尽管在前2000m已钻遇3层天然气[27]。

希望通过这一勘探工程,一方面揭开"中国地质百慕大之谜"[28],同时对与喷溢玄武岩有关的油气勘探获得重大突破。重要的是转变勘探思路,提高勘探技术。

本文是笔者对辽西、苏南油气勘探预测[29]后又一次尝试,在笔者看来,不论红参1井是否钻遇油气,该地区仍是一个值得勘探的靶区。

参 考 文 献

[1] 贾承造,何登发,雷振宇,等. 前陆冲断带油气勘探. 北京:石油工业出版社,2000:56-57;175-176.

[2] 郭正吾,邓康龄,韩永辉,等. 四川盆地形成与演化. 北京:地质出版社,1996:89-102.

[3] 许志琴,侯立玮,王宗秀,等. 中国松潘—甘孜造山带的造山过程. 北京:地质出版社,1992.

[4] 宋鸿彪,罗志立. 四川盆地基底及深部地质结构研究进展. 地学前缘,1995,2(3-4):231-237.

[5] 罗志立,刘树根. 试论龙门山冲断带大陆科学钻探选址问题//许志琴,耿瑞伦,肖庆辉,等. 中国大陆科学钻探先行研究. 北京:冶金工业出版社,1996:189-197.

[6] 王椿镛,韩渭宾,吴建平,等. 松潘—甘孜造山带地壳结构. 地震学报,2003,25(3):229-241.

[7] 林中洋,胡鸿翔,张文彬,等. 滇西地区地壳上地幔速度结构特征的研究. 地震学报,1993,15(4):427-440.

[8] 蔡学林,朱介寿,曹家敏,等. 四川黑水—台湾花莲断面岩石圈与软流圈结构. 成都理工大学学报,2004,31(5):445-459.

[9] 罗志立. 地裂运动与中国油气分布. 北京:石油工业出版社,1992:146.

[10] 罗志立,雍自权,刘树根,等. "峨眉地裂运动"对扬子古板块和塔里木古板块的离散作用及其地质意义. 新疆石油地质,2004,25(1):1-7.

[11] 李凯明,汪洋,赵建华,等. 地幔柱、大火成岩省及大陆裂解——兼论中国东部中、新生代地幔柱问题. 地震学报,2003,25(3):314-323.

[12] 张招崇，王福生，郝艳丽，等．峨眉山大火成岩省中苦橄岩与其共生岩石的地球化学特征及其对源区的约束．地质学报，2004，78（2）：171-180.
[13] Rampino M R, Stothers R B. Flood Basalt Volcanism During the Past 250 Million Years. Science, 1988, 241: 663-668.
[14] Calderia K, Rampino M R. The Mid-Cretaceous Super Plume, Carbon Dioxide, and Global Warming. Geophysical Research Letters, 1991, 18 (6): 987-990.
[15] Larson R L. Geological Consequences of Superplumes. Geology, 1991. 19: 963-966.
[16] 朱炳泉，胡耀国，张正伟，等．滇黔地球化学边界似基韦诺（Keweenaw）型铜矿床的发现．中国科学（D辑），2002，32（增刊）：49-59.
[17] 朱炳泉，常向阳，胡耀国，等．滇黔边界鲁甸沿河铜矿床的发现与峨眉大火成岩省找矿思路．地球科学进展，2000，17（6）：912-917.
[18] 朱炳泉．关于峨眉山溢流玄武岩省资源勘查的几个问题．中国地质，2003，30（4）：406-412.
[19] 朱炳泉，常向阳，胡耀国，等．地球化学急变带与地幔柱资源系统．矿物岩石地球化学通报，2003，22（4）：1-8.
[20] 王登红．地幔柱及其成矿作用．北京：地震出版社，1998：120-135.
[21] 王登红，陈振宇，李建康．中新生代以来地幔柱活动的全球响应//张中杰，高锐，吕庆田．中国大陆地球深部结构与动力学研究——庆贺滕吉文院士从事地球物理研究50周年．北京：科学出版社，2004：391-396.
[22] 沃里沃夫斯基 Б С，萨尔基索夫 Ю М．世界最大含油气盆地．任俞，译．北京：石油工业出版社，1991.
[23] 张景廉，论石油的无机成因．北京：石油工业出版社，2001.
[24] 张景廉，于均民．论中地壳及其地质意义．新疆石油地质，2004，25（1）：90-94.
[25] 刘树根，罗志立，赵锡奎，等，龙门山造山带与川西前陆盆地系统形成的动力学模式及模拟研究．石油实验地质，2003，25（5）：432-438.
[26] 王德滋，周金城．大火成岩省研究新进展．高校地质学报，2005，11（1）：1-8.
[27] 张景廉，李相博，吴梁宇．天然气在中国大陆科学探索井的发现及其科学意义．新疆石油地质，2003，24（3）：193-194,
[28] 罗志立．试解"中国地质百慕大之谜"．新疆石油地质，2006，27（1）：1-4.
[29] 张景廉．辽宁义县—北票地区深部地壳构造特征及油气远景——兼论珍稀动物产生与大面积物种死亡之谜．新疆石油地质，2005，26（4）：445-449.

汶川大地震与中地壳低速、高导层的成因关系初探[*]

张景廉[1]　杜乐天[2]　张虎权[1]　石兰亭[1]

(1. 中国石油勘探开发研究院西北分院，甘肃兰州 730020；
2. 中国核工业北京地质研究院，北京 100029)

摘　要：四川汶川大地震给人们留下诸多困惑：大地震究竟是如何发生的？大地震能否避免？本文根据松潘—甘孜褶皱带的深部地壳构造特征表明，松潘—甘孜褶皱带的茂县（1933年）、松潘—平武（1976年）、汶川（2008年）大地震震源深度与中地壳低速、高导层深度大体一致，可能成因上相关。历史上一些大地震如银川地震、海原地震、渭南地震、海城地震、唐山地震等也均与中地壳低速、高导层有关，这一切均可能与地球排气作用有关。而通过地震、森林大火、油气资源的一体化勘查，可查明地震可能发生的区域。通过油气的勘查、开发、排放，可有效减少地震发生的可能性。

关键词：地震；成因；震源；中地壳低速高导层；壳幔韧性剪切带；地球排气作用；汶川大地震

2008年5月12日14点28分，中国四川汶川发生强烈大地震。目前全国军民在党中央、国务院的领导下正奋力抗震救灾。作为地球科学工作者，我们必须认真思考以下3个问题：（1）汶川大地震是如何发生的？（2）汶川大地震能否预测？（3）大地震能否避免？

2008年5月18日，中国地质调查局召开汶川地震分析会，专家们对汶川地震的形成机制初步形成3个结论：(1)印度板块向亚洲板块俯冲，向东挤压，在龙门山北山—映秀镇一带突出释放；(2)这是一种逆冲、右旋、挤压型断层地震；(3)这是一个浅源地震，深约10~20km。

对汶川大地震及其他一些中国大陆上的历史大震的成因，笔者根据多年的研究，提出一些不同于主流观点的看法，求教于地震、地质界同仁。

1 松潘—甘孜地区的深部地壳构造特征

笔者在2006年曾发表一篇文章《松潘—甘孜褶皱带的深部地壳构造特征及油气前景》，根据黑水—北碚地壳测深剖面（图1）指出，在茂汶—黑水段的深部中地壳有一低速（v_p = 5.95km/s）的低速层，特别在茂汶附近有一大断层收敛于这个低速层。当时认为该地区有丰富的油气资源前景[1]。

尔后笔者获悉，2005年12月22日在都江堰至汶川的一个公路隧道施工中，曾发生过瓦斯爆炸。据查该地区主要为前寒武纪结晶基底[3]，这种瓦斯爆炸极可能是无机成因天然

---

[*] 本文曾发表于《西北地震学报》2008年第30卷第4期。

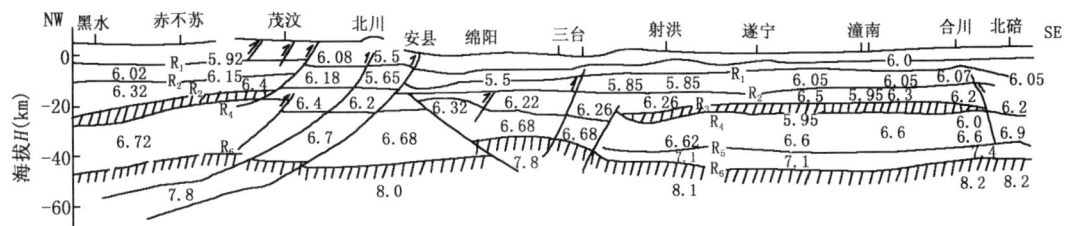

图1 黑水—北碚地壳测深剖面（据宋鸿彪等，1995。图中数字为地震波速，km/s）

气所造成。

图2是关于龙门山造山带北段的地震测深剖面及构造解析剖面[4]。从图中看出，从黑水至绵阳在20 km左右有一壳内低速层，有4条逆冲断裂带均收敛于这个低速层，它们是：汶川早期逆冲断裂带，晚期伸展正断裂带；北川—九顶山逆冲断裂带；映秀逆冲断裂带；彭灌逆冲断裂带。

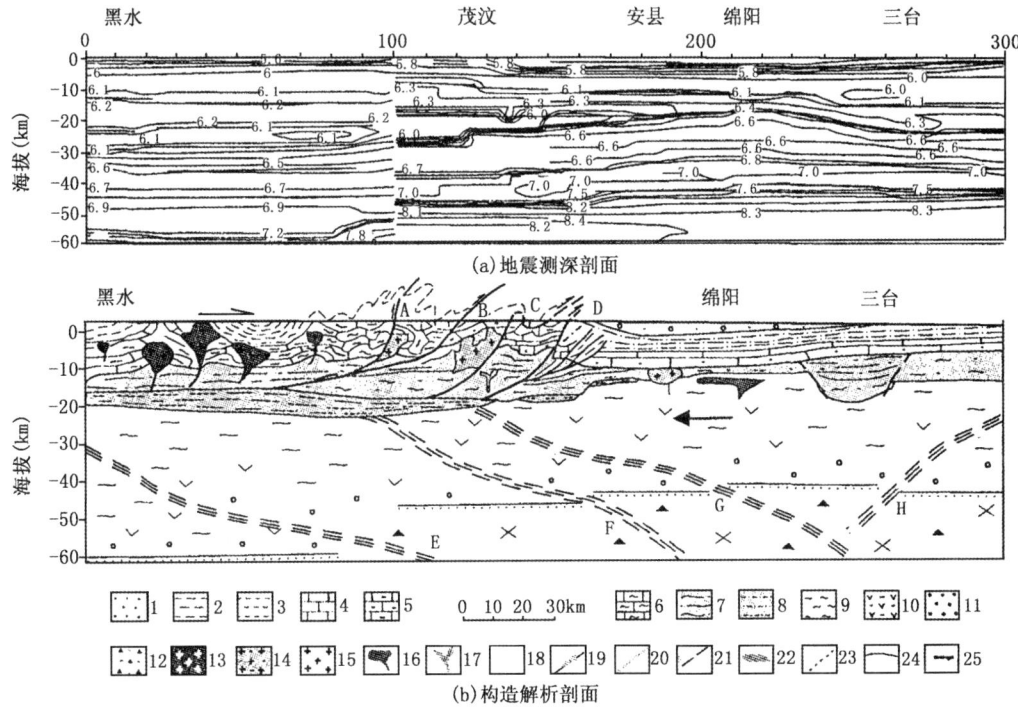

图2 龙门山造山带北段岩石圈楔状构造剖面图（据蔡学林等，2007）

1—白垩系—新近系沉积岩系；2—上三叠统—侏罗系沉积岩系；3—三叠系浅变质岩系；4—泥盆系—中三叠统碎屑—碳酸盐岩系；5—震旦系—志留系碎屑—碳酸盐岩系；6—震旦系—志留系浅变质沉积岩系；7—中元古界—新元古界下部浅变质岩系；8—古元古界中浅变质岩系；9—太古宙深变质岩系；10—中下地壳闪长质变质岩类；11—下地壳基性麻粒岩类；12—岩石圈上地幔尖晶石二辉橄榄岩；13—燕山期花岗岩类；14—晋宁期花岗岩类；15—中条期花岗岩类；16—太古宙基性岩类；17—中条期超基性岩类；18—二叠系标志层；19—逆冲断裂带；20—早期逆冲断裂带，晚期伸展正断裂带；21—伸展正断裂带；22—壳内低速层；23—壳幔韧性剪切带；24—莫霍界面；25—块体相对运移方向；A—汶川早期逆冲断裂带，晚期伸展正断裂带；B—北川—九顶山逆冲断裂带；C—映秀逆冲断裂带；D—彭灌逆冲断裂带；E—黑水壳幔韧性剪切带；F—安县壳幔韧性剪切带；G—绵阳壳幔韧性剪切带；H—龙泉山壳幔韧性剪切带汶川大地震可能与映秀逆冲断裂带有关，而映秀逆冲断裂带由于与中地壳低速层相连，这个中地壳低速层是一个巨大的气体库，它是重大自然灾害（也是地震）的内在孕灾体[5,6]。

中国地震台网中心首席预报员孙士鋐在 CCTV 曾谈到："唐山地震前，台风路径因地震发生改变，缅甸飓风的路径在地震前也发生突然改变。"孙士鋐只认为灾害是具有链条效应的，他不知这是由于地球排气造成的。唐山地震位于冀东—华北油气区，缅甸伊洛瓦底江也是一个油气区，笔者以为是油气区深部排气使台风、飓风路径发生改变。杜乐天曾谈到，1975年河南漯河地区的特大暴雨与南阳盆地的排气有关，南阳盆地的天然气释放致使台风改变路径[7]。笔者也曾谈到，2006年7月4日由于银川盆地排气导致碧利斯台风拐到银川地区，致使银川暴风成灾！[1]

汶川大地震后接连有雨，可能也与排气有关。笔者以为汶川地区深部应有巨大的天然气储库，如果早些投入勘探开发，由于气体的开采，就不会有今日的压力突然巨量释放，造成今日的地震。

以上我们讨论了汶川大地震与中地壳低速高导层的可能联系，以下我们讨论中国近几十年来发生的大地震（7级以上）与中地壳低速高导层的联系。

2 盆地中地壳低速高导层与地震关系的实例

2.1 陕西渭河盆地

渭河盆地是中国强震活动区之一。有史记载的3000多年来已发生5级以上地震32次，1556年华县还发生了8级大地震。该地区也是断裂、滑坡等环境地质灾害的多发区。但是根据地球物理测深资料，控制该盆地的断裂都是上地壳正断层，它们均消失于埋深10~20km、厚6~8km的中地壳塑性层中（图3），无明显的岩浆活动，震源一般也位于12~

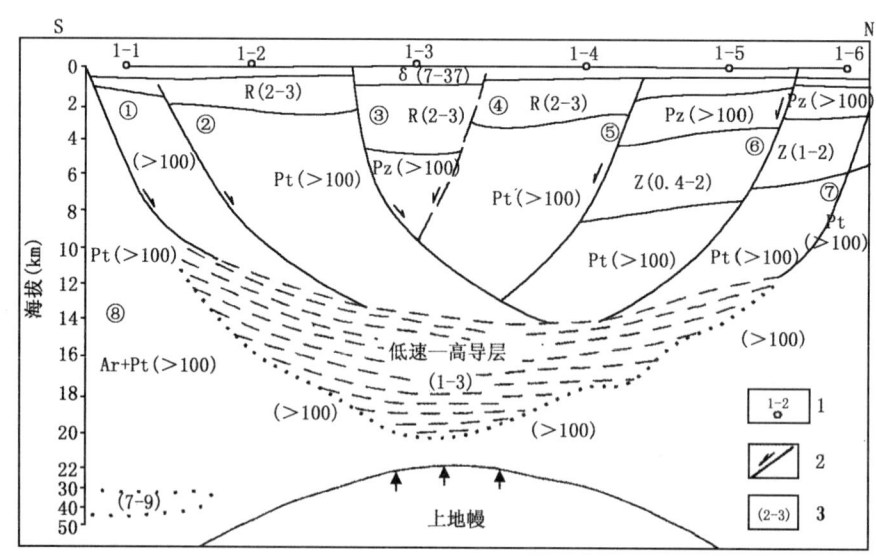

图3 渭河盆地大地电磁电性分层解释图（据彭建兵等，1992，修改简化）

1—大地电磁测深点位；2—断层及运动方向；3—电阻率变化范围，单位：Ω·m
①—秦岭北缘断裂；②—余下断裂；③—渭河断裂；④—渭河北岸断裂；⑤—口镇—关山断裂；
⑥—礼泉—合阳断裂；⑦—盆地北缘断裂

20km深处。该塑性层为P波速度6.35km/s的低速层和电阻率1~3Ω·m的低阻层,居里等温面深度也与它相当,隐示该塑性层处于部分熔融状态,而成为上地壳正断层向下错动极其有利的应变空间,故而造成该地区盆—山系升降运动及地震活动十分强烈。大陆内部切穿地壳、岩石圈的深断裂罕见,地壳稳定性主要受上地壳断裂控制,所以如果我们漠视上地壳正断层对人类生存环境的危害性,可能会造成严重的后果[9]。

2.2 宁夏六盘山盆地

中国地震局地球物理勘探中心曾布设了一条近1000km长的玛沁—兰州—靖边综合地球物理探测剖面,以研究青藏高原东北边缘和鄂尔多斯地块的相互关系,并了解海原8.5级地震(发生于1920年)与深部构造的关系[10]。由于该剖面恰好通过六盘山盆地,因此我们可以了解六盘山盆地的深部地壳构造,并讨论它与油气的相互关系(图4)。

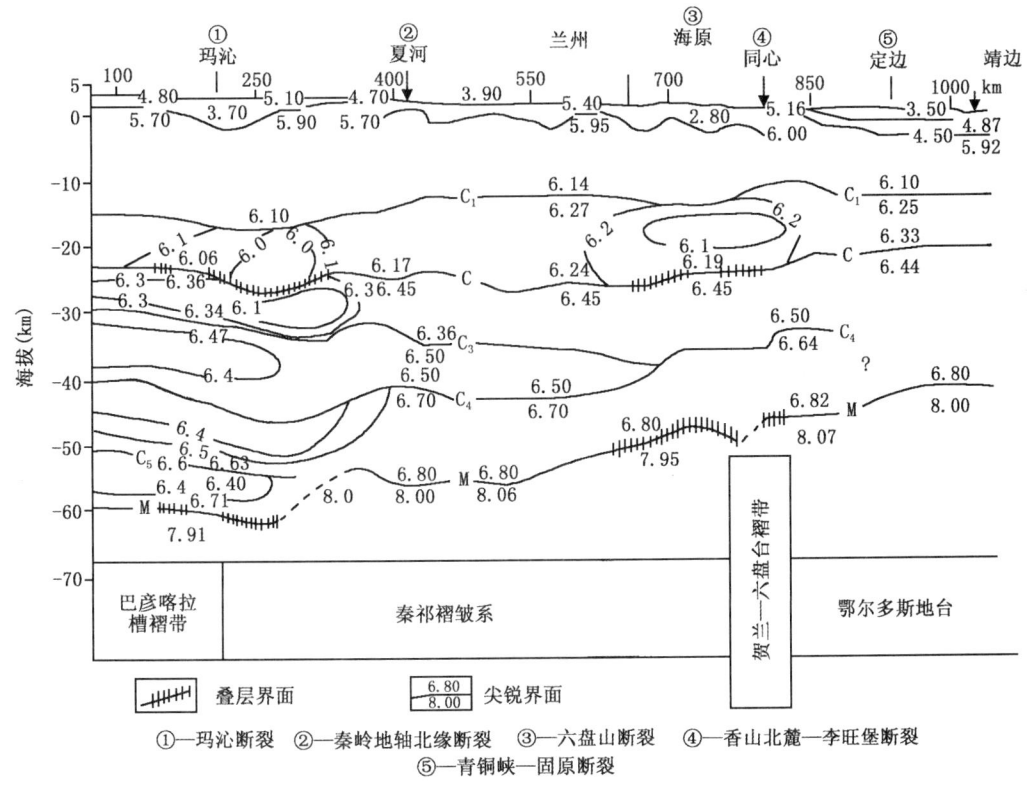

图4 玛沁—靖边地震测深剖面二维地壳速度结构图[10]

从图4可以看出,在海原—同心近于中地壳的20km深部存在一$v_p=6.1$km/s的低速层,其50km深部莫霍面起伏较大,且有上拱现象。另据青海门源至福建宁德的地学断面,西吉—六盘山—平凉的中地壳有一11km厚、100km长的速度为5.9km/s的低速层,也是高导层(电阻率仅1~2.9Ω·m),与上述结果大体一致[11]。

地震学家认为海原8.5级地震与中地壳的低速、高导层有关,作者则以为这个低速、高导层还可能与油气生成有关[12]。

2.3 银川盆地

根据上海奉贤至内蒙古阿拉善左旗地学断面，在阿拉善左旗至银川段（相当于银川盆地）的30km深度有一 $v_p=6.0$ km/s 的低速层（图5），该图还展示了这个低速层与震源的分布关系[13]。

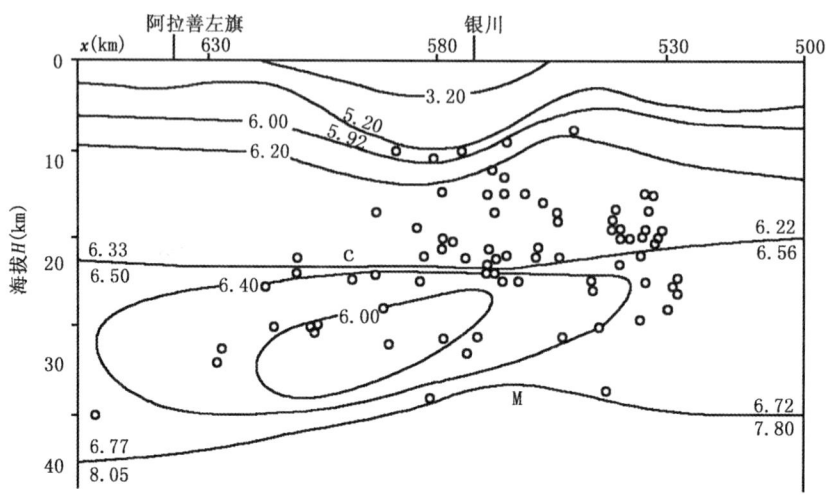

图5　银川地区壳幔速度结构与震源分布[13]
(图中数字为P波速度，单位：km/s)

最近魏荣强等对阿拉善左旗至银川段的精细研究也表明，在30km深部不仅有低速层，也有高导层，两者分布范围大体一致。该高导层还可向东南延伸到鄂尔多斯盆地。这个低速、高导层也是低黏度区，其中有很多流体[14]。如前所述这种流体在银川盆地可表现为强烈排气，如2006年7月4日台风碧利斯在福建登陆，后来却拐到宁夏银川地区，使银川突降暴雨，造成巨大灾害，原因便是银川盆地强烈排气造成减压区，把碧利斯台风"勾引"到银川上空，两股强大气流相遇，强降暴雨[15]。

2.4 渤海湾盆地Ⅰ—唐山地震

徐常芳对渤海湾盆地深部地壳特征与地震关系有深入研究。他认为唐山地区位于上地幔高导层埋深的高梯度上，壳内高导层比较发育。由于通常壳内高导层与低速层有很好的对应关系，所以，徐常芳用壳内低速层来探讨唐山地震的孕育发生机理。他把两条人工地震测深剖面简化拼合为一张立体图（图6）。

从图6可以看出，这里中下地壳均有低速层，称双层低速构造。中地壳的纵波速度 $v_p=5.6\sim6.0$ km/s，下地壳 $v_p=6.2$ km/s。他认为地壳低速层的形成与上地幔上隆及地幔流体有关，唐山地震的孕育和发生与流体释放有关。伴随唐山地震有地温增高、油井压力增大、地光、重力场等现象可作为佐证[16,17]。

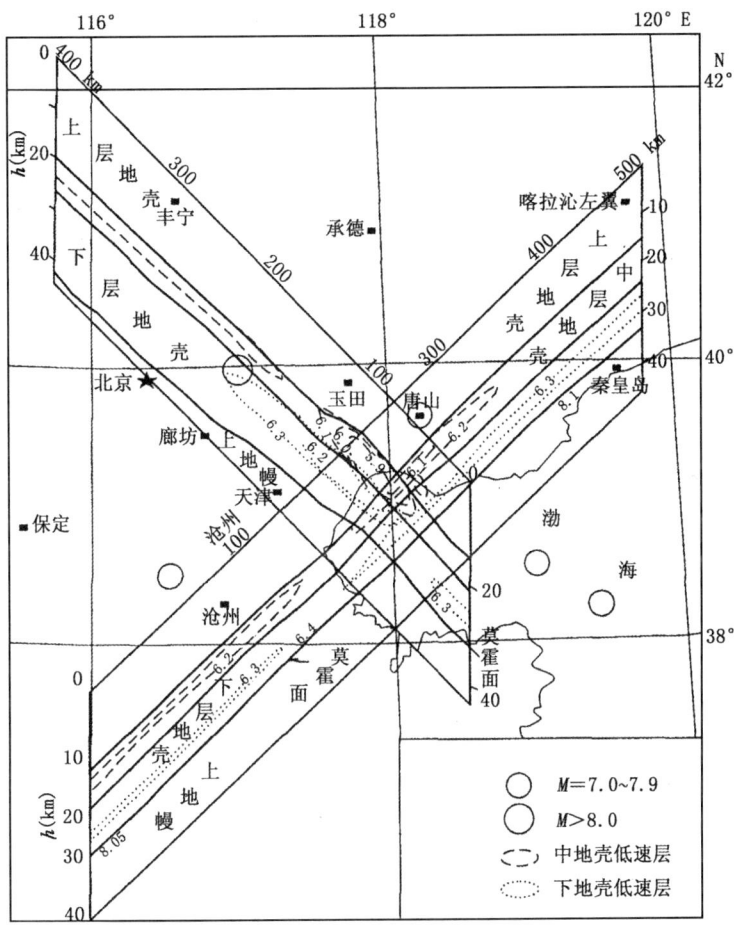

图 6　唐山地震和壳内低速层的关系[17]

2.5　渤海湾盆地 II—海城地震

1975 年 2 月 5 日辽宁海城发生大地震，震中海城深部中地壳也有一个低速高导层[18]。

3　大地震的成因讨论

3.1　深部气体、中地壳与地震关系

汶川主震发生以后发生了大量的余震，至 2008 年 5 月 26 日为止发生 6 级以上强余震有 5 次。强余震的发生表明那里存在断层，但是为什么主震发生以后即主应力释放之后这些断层才开始活动呢？而且震中的位置发生了迁移，从汶川（8.0 级）到青川（6.4 级）。这表明，主震发生并不意味着主应力的释放，而且表明深部主震震源区热流体（主要是气体）的不断上涌。

在松潘—甘孜褶皱带近 60 多年来发生了 3 次大地震，1933 年 8 月的茂县 7.5 级地震、1976 年 8 月的松潘—平武地震（7.2 级）和 2008 年 5 月 12 日的汶川大地震（8.0 级），笔

207

者以为都与深部的中地壳低速、高导层的流体上涌有关。

据载，1933年8月25日茂县地震发生时，"中午，天空中突然冒出一条火龙，发生霹雳一声巨响，大地开始猛烈摇晃，地震发出巨大响声……"注意这一条火龙正是气体爆炸燃烧，是气体引发了地震。按我们的分析，此次震中深度约为20km。

3.2 壳幔韧性剪切带、中地壳与地震关系

上面讨论了地震与中地壳低速高导层的可能联系。但是中地壳低速高导层中的流体是如何生成的，以前的一些地震测深剖面大多没有对深部断裂进行构造解析，因此也无法了解深部流体的运移轨迹。

蔡学林等对我国30多年来完成的中国大陆123条总长56000km的地震测深剖面进行了系统的构造解析，在建立起中国大陆岩石圈地壳三维结构模型[4]基础上结合天然地震面波层析成像的构造解析和深源岩石包体构造学和岩石地球化学研究，首次编制出中国大陆壳幔过渡带横向v_p速度突变带（断点）分布图和中国大陆岩石圈壳幔韧性剪切带分布图[19]。随着地震活动区深地震反射探测研究的深入，发现一些地震活动带的发震构造并不完全是地震活动断裂带向深部延伸扩展的结果，而是切割莫霍界面的壳幔韧性剪切带由地壳下部向地壳中、上部扩展，由能量聚集与释放破裂引起的，因此蔡学林等认为，壳幔韧性剪切带可能是地震活动区的发震构造。他们以1966年7.2级邢台地震和1679年三河—平谷8.0级地震为例阐述了这一研究思路[19]。

这样地震形成机制的系统或模式便完成了：（1）地幔流体（以气体为主）通过壳幔韧性剪切带（安县壳幔韧性剪切带，绵阳壳幔韧性剪切带，图2）进入中地壳，并形成低速高导层；（2）当中地壳低速高导层的流体通过地壳表层断裂带将能量传输到地表并造成地震。在这里，壳幔韧性剪切带、中地壳低速高导层、地壳表层断裂带三者缺一不可。而地幔流体则源于地球排气作用[5-7,20]。

蔡学林等总结了中国大陆岩石圈壳幔韧性剪切带与地壳表层断裂带几何关系模式[19]，这个模式图对于我们判识地震的形成或无机油气的生成可能有重要意义。

3.3 深部气体致震

事实上，断裂带中的流体与地震的关系已引起了关注[21,22]。美国San Andeas地震的成因也引起了地球化学家的重视，Kennedy和Kharaka认为San Andreas断裂带的流体可能是幔源成因，并指出来自深源气体的释放也可能造成地震的发生。模拟发现给定适当的参数，仅幔源或地壳深处释放的二氧化碳气体在断裂带快速流动造成的孔隙压力升高，就足以在断裂带的某些地段触发地震[23,24]。

但流体对围岩及断层岩的作用，以及由此造成的应力转化，裂隙生成、断层黏滑、摩擦失稳等力学机制还不是十分清楚，还需进行更详细的野外调查及采样分析，结合实验及数值模拟，以提出更令人信服的模式以指导地震预测。但这可能是更值得研究的科学思路，并通过这一方向有望解开地震成因之谜。

颜丹平等最近指出，龙门山地区中生代伸展构造事件是通过中地壳的韧性流变层的流变作用来实现的[25]。李德威则谈到大陆下地壳低速高导层的渠流（Channel flow）与地震活动等的关系，并认为必须建立起超越板块构造学说的地球科学新理论[26]。这为我们认识地震成因提供了一个新的线索。2008年5月27日16时03分四川青川发生5.4级余震，16时37

分陕西宁强发生5.7级余震。为此中国地震台网中心首席预报员孙士鋐称"相隔不远的青川、宁强发生5.4级、5.7级余震实在让我感到困惑，现在看来需要对汶川地震的整个序列作出重新认识"，他还说："汶川地震后地震序列相当复杂，跟以往的序列经验与专家预期均不同"。看来用传统的地震理论解释不了汶川地震现象，而用气体流体致震则很好解释。

4 几点思考

4.1 地震成因与地震的避免

笔者在1999年发表的《森林大火后的思考》一文中曾谈到，如果对森林火灾、地震、油气勘查一体化综合研究，将会为人类解决21世纪资源、环境、减灾问题作出贡献[27]。按照这一思路，通过油气勘查与开发，减少了地下气体压力的积聚，从而减小了发生地震的可能性，也减少了CO_2、烃类气体向大气的排放，这是"一举多得"的大事。遗憾的是这一思路尚未获得有关部门人员的重视。

1975年、1976年的海城地震、唐山地震，由于辽河油田、冀东油田、大港油田的大规模开发，30多年来，辽宁、河北再没有发生地震。

杜乐天等在香山科学会议第133次学术讨论会上说过："如果掌握了地球排气规律与自然灾害的联系，就可以通过深钻给地球人工事先排气。如在地震、森林大火欲发区，事先进行不同深度的深钻放气使地震和大火不致发生或降低强度"[6]。笔者以为进行一体化综合研究与开发，使地下气体变废为宝。同时也最大限度地避免了地震的发生或延缓了地震发生的时间。

4.2 地震预测需百家争鸣

从1966年邢台地震以后，在周总理的倡议下中国专门设立了地震行政、研究机构，时至今日已42年，而我们对地震的预测始终没有突破。当年周总理曾为预报地震专门找了李四光与翁文波，交代了任务。翁文波在以后的近30年间致力于地震、水灾、旱灾等天灾的研究，并成功准确预测了1990年北京亚运会期间的地震，1991年江淮地区的洪涝，1992年、1993年、1994年美国和日本多次6级以上地震……但遗憾的是，这位老人的准确预测没有被有关当局所重视。

在这里特别需要指出的是，自海城地震特别是唐山地震后，我国有不少科研人员涉足地震领域的研究，由于这些研究往往不合当今中国、世界地震主流学派，他们的研究往往得不到有关部门的资助。但他们对科学事业的执着且矢志不渝，而且也作出了重要贡献，有的是突破性进展[28—34]。

2008年5月18日，温家宝总理在中国地震局召开抗震救灾总指挥部会议上说，总指挥部要成立"汶川地震专家委员会"。笔者以为这个委员会必须吸收上述不同学派的学者、专家参加，地震研究再也不能"一言堂"了，只有百家争鸣，集思广益，才能学术创新。面对地震成因这个世界级难题时，中国首席减灾专家王昂生作客CCTV科学教育频道《人物》节目（2008年5月28日）说："中国科学家一定要走在世界前面。"他认为中国是地震多发的国家，并说地震学界和社会各界有许多非主流学派，要很好吸收他们的长处。笔者以为这是作为一个科学大家应有的态度。

总之，中国地震局的职责绝不是在发生地震后出来说一句"冠冕堂皇"的话："地震预测是世界的科学难题，目前没有办法预测出来"。今天，在地震、海啸、厄尔尼诺、区域干旱、热灾、特大暴雨、瓦斯爆炸、森林大火、气候变暖等重大自然灾害的研究中，杜乐天教授力排众议，系统地提出了一系列创新的观点。这些观点集中地体现在近期即将出版的他的新著中："地球排气作用——巨大天然气体源和重大自然灾害的孕因"（北京：气象出版社，2008）[20]。但愿这个新思想、新观点逐步被人们接受。

诚然，本文仅是一家之言，仅供从事地震研究的专家、学者参考。关于中地壳与油气、矿产、地震之间的关系，有兴趣的读者可参阅笔者的"论中地壳及其地质意义"一文[35]。汶川大地震的发生将可能把松潘—甘孜褶皱带这个"地质百慕大"之谜得以解开[36]，同时，也可能加速对该地区的油气勘探与开发[1]。

根据国内几十年来发生的地震的初步研究，可得到以下结论：

（1）地震可能与地球排气作用有关；（2）地震的震源与中地壳的低速、高导层的顶部深度大体一致；（3）建议开展地震、森林大火、油气等一体化综合研究，通过人工排气（即油气开发）可以避免地震、森林大火的发生，这是一举多得的好事。

根据上述思路可进行地震预测，限于篇幅，笔者拟另文讨论。

致谢：笔者在成文过程中与郭增建研究员进行了有益的讨论，郭增建研究员对本文提出了一些建设性意见，我们表示衷心感谢！

参 考 文 献

[1] 李碧宁，焦养泉，张景廉．松潘—甘孜褶皱带的深部地壳构造特征及油气前景．新疆石油地质，2006，27（6）：655-659.

[2] 宋鸿彪，罗志立．四川盆地基底及深部地质结构研究进展．地学前缘，1995，2（3-4）：231-237.

[3] 罗志立，刘树根．试论龙门山冲断带大陆科学钻探选址问题//许志琴．中国大陆科学钻探先行研究．北京：冶金工业出版社，1996：189-197.

[4] 蔡学林，朱介寿，曹家敏，等．中国大陆及邻区岩石圈三维结构与动力学模式．中国地质，2007，34（4）：543-557.

[5] 杜乐天．地球排气作用——建立整体地球科学的一条统纲．地学前缘，2000，7（2）：381-390.

[6] 杜乐天，强祖基．特异自然灾害发生的内因——地球排气作用//（特大自然灾害预测的新途径、新方法）编委会．特大自然灾害预测的新途径、新方法．北京：科学出版社，2002：66-70.

[7] 杜乐天．对西方当代地球科学理论的怀疑与新见．地学哲学通讯，2006，（1）：11-18.

[8] 彭建兵，张骏，苏生瑞，等．渭河盆地活动断裂与地质灾害．西安：西北大学出版社，1992.

[9] 李扬鉴，张星亮，陈延成，编著．大陆层控构造导论．北京：地质出版社，1996.

[10] 李松林，张先康，张成科，等．玛沁—兰州—靖边地震测深剖面地壳速度结构初步研究．地球物理学报，2002，45（2）：210-217.

[11] 林中洋，蔡文伯，陈学波，等．青海门源—福建宁德地学断面．北京：地震出版社，1993.

[12] 张景廉．论石油的无机成因．北京：石油工业出版社，2001.

[13] 杨文采．后板块地球内部物理学导论．北京：地质出版社，1996：61-62.

[14] 魏荣强，臧少先，孙武城．奉贤至阿拉善左旗地学断面的流变结构及其动力学意义//张中杰，高锐，吕盛田，等．中国大陆地球深部结构与动力学研究——庆贺滕吉文院士从事地球物理研究50周年．北京：科学出版社，2004：539-555.

[15] 张虎权，张景廉，卫平生，等．汝箕沟煤矿的热液活动与煤炭成因．新疆石油地质，2008，29（2）：

155-158.
- [16] 徐常芳. 中国大陆岩石圈结构、盆地构造和油气运移探讨. 地学前缘, 2003, 10 (3): 115-127.
- [17] 徐常芳. 中国大陆壳内与上地幔高导层成因及唐山地震机理研究. 地学前缘, 2003, 10 (特刊): 101-111.
- [18] 卢造勋, 夏怀宽. 内蒙古东乌珠穆沁旗至辽宁东沟地学断面. 北京: 地震出版社, 1992.
- [19] 蔡学林, 曹家敏, 朱介寿, 等. 中国大陆岩石圈壳幔韧性剪切带系统. 地学前缘, 2008, 15 (3): 36-54.
- [20] 杜乐天. 地球排气作用——巨大天然气能源和重大自然灾害的孕因. 北京: 气象出版社, 2008.
- [21] 刘亮明. 断裂带中超压流体及其在地震和成矿中的作用. 地球科学进展, 2001, 16 (2): 238-243.
- [22] 车用太, 王吉易, 李一兵, 等. 首都圈地下流体监测与地震预测. 北京: 气象出版社 2004.
- [23] Kennedy B M, Kharaka Y K, Evans W C et al. Mantle Fluids in the San Andreas Fault System, California. Science, 1997, 278: 1278-1281.
- [24] Kharaka Y K, Thordsen J, Evans W C. Geochemistry and Hydro Mechanical Interaction of Fluids Associated with the San Andreas Fault System, California//Haneberg, et al. Faults and Subsurface Fluid Flow in the Shallow Crust. American Geophysical Union Geophysical Monograph, Series, 1999, 13: 129-148.
- [25] 颜丹平, 刘鹤, 魏国庆, 等. 龙门山后山震旦系—古生界变形变质作用——松潘—甘孜造山带中生代伸展垮塌下的中地壳韧性流变层. 地学前缘, 2008, 15 (3): 186-198.
- [26] 李德威. 大陆下地壳流动: 渠流还是层流. 地学前缘, 2008, 15 (3): 130-139.
- [27] 张景廉. 森林大火后的思考. 地学前缘, 1999, 6 (增刊): 257.
- [28] 郭增建, 郭安红. 对2006年川渝特大旱灾成因的新看法. 西北地震学报, 2007, 29 (2): 200.
- [29] 郭增建. 地球自由振荡与全球气温变化. 西北地震学报, 2006, 28 (4): 354.
- [30] 郭增建. 巨型大震与全球变化. 科技导报, 2005, 23 (10): 65-70.
- [31] 郭增建, 秦保燕. 灾害物理学. 西安: 陕西科学出版社, 1989.
- [32] 郭增建, 秦保燕. 地震成因与地震预测. 北京: 地震出版社, 1991.
- [33] 宋贯一, 杨同林. 地壳"轧展"效应及地震方面的证据. 地震, 1991, 11 (4): 49-56.
- [34] 宋贯一. 地壳"轧展"效应对地震成因的解释. 地震, 1998, 18 (1): 89-96.
- [35] 张景廉, 于均民. 论中地壳及其地质意义. 新疆石油地质, 2004, 25 (1): 90-94.
- [36] 罗志立, 姚军辉, 孙玮, 等. 试解"中国地质百慕大"之谜. 新疆石油地质, 2006, 27 (1): 1-4.

再论汶川大地震与深部气体的关系[*]
——汶川地震 2 周年祭

张景廉[1]　杜乐天[2]　曹正林[1]　阎存凤[1]　王斌婷[1]

(1. 中国石油勘探开发研究院西北分院，甘肃兰州 730020；
2. 核工业北京地质研究院，北京 100029)

摘　要：汶川地震震后两年，关于地震的成因和机理仍然扑朔迷离、众说纷纭，亟须重新审视。根据汶川地震震中幸存者对地震事发现场的口述，汶川地震应是深部气体突出、爆炸而引起的。卫星热红外异常观测以及众多地震的宏观异常的观察与分析均证实了上述观点是正确的。国内外一些学者对地震与气体的关系的论述值得引起关注与重视。

关键词：地震；成因；宏观异常；深部气体

汶川地震前，2007 年 11 月笔者撰文指出，四川松潘—甘孜褶皱带深部存在油气资源，而这种油气与深部地壳的低速、高导层有关[1]。2008 年 5 月 12 日，汶川地震后，笔者在上文基础上，综合陕西渭河盆地、宁夏六盘山盆地、银川盆地的地震及渤海湾盆地海城地震、唐山地震等实例，进一步讨论了这些地震与中地壳低速、高导层的关系，并指出，地震区多为油气区；汶川地震更是如此，汶川地震与中地壳低速、高导层的天然气有关[2]。

在汶川地震后两年的时间里，国内地震学者及相关学科的研究人员对汶川地震从不同角度讨论了地震的成因及机理，发表了很多颇有见地的论文[3-5]。徐锡伟等（2008）注意到龙门山块体下地壳的低速体，但没有弄清它与地震的成因关系。

"气体致震"的机理是非主流观点，目前还不被主流学派承认，笔者认为有必要作进一步讨论。

1　汶川地震震中现场的调查

2008 年 5 月 12 日汶川地震后，数十万解放军、武警官兵与志愿者前去救灾。而成千上万的科技工作者则奔赴现场，进行调查研究。这些调查研究多侧重于地质构造的研究。

2008 年 5 月 12 日汶川地震后，贵州省地矿检测中心的曾明果高级工程师等注意到 CCTV-1 的现场报道：幸存者指着满沟乱石说"这么多石头都是从地洞里像大炮一样打出来的，不是垮山垮的……"曾明果高级工程师为了查证上述说法，曾数次去映秀镇蔡家杠村牛眠沟和莲花心沟，咨询了"5·12"地震爆发时幸存的村民，村民"众口一词"，述说了当时场景（现全文录下）："5·12"上午大晴天，10 点天空发昏，溪水带煤油味，中午天转

---
[*] 本文曾发表于《西北地震学报》2011 年第 1 期。

昏暗，下午两点过天昏黑，2点28分沟北头三声震耳欲聋闷响；数秒钟内拖着黑烟，闪着火光的石流，铺天盖地从半空中抛射向东边1500m外的牛眠沟，瞬间$2000×10^4m^3$石粉夹杂直径数米巨砾填满了两条共2.5km山谷，将30余户房屋及当时在家村民全数埋在数十米厚喷发石流下，面积数十平方公里的昏黑烟罩里，人们头顶白灰，能见度不足50m；映秀镇索桥下半断流岷江底部，喷涌出高1m黑水翻滚向上游倒流；至夜黑烟未净，空中仍存硫黄味；19时强烈余震，填平的沟壑中从未见过的花岗岩块仍带余温。零时近1小时瓢泼大雨，黑烟散净。5月13日下午强烈余震接连不止[6]。

笔者认为，这段描述有如下几点值得重视：（1）溪水带煤油味（含烃）；（2）三声震耳欲聋闷响（爆炸）；（3）拖着黑烟，闪着火光（燃烧）；（4）岩石流从空中抛射向东边1500m外（冲击力之大）；（5）$2000×10^4m^3$石粉夹杂直径数米巨砾填满了两条共2.5km山谷（冲击力之大）；（6）数十平方公里黑烟笼罩（燃烧）；（7）岷江底部喷涌出高1m黑水翻滚向上游倒流（气体喷涌）；（8）至夜黑烟未净，空中仍存硫黄味（含硫）。

这些活生生的证据明白无误地证实了汶川地震是气体爆炸所造成的。这些气体中含有烃类气体、含硫；这种爆炸犹如煤矿坑道中的"瓦斯突出"或"CO_2突出"。其爆炸力、冲击力是十分惊人的，也唯有高压气体才有如此的冲击力。

曾明果后来补充道，震中曾由于高压气体爆炸发生连续声响；震中的巨厚花岗岩被炸成细粉及砾石（含巨砾）；天然气喷发的流体每秒达几百万立方米；并把2000万立方米的石块喷出千米之外，震中由于甲烷气燃烧，黑烟笼罩面积达数十平方公里，局部喷涌黑水，并带油味[7]。

地震过程中的喷火、闪光、火球及爆炸现象表明地震喷发的气体往往是易燃的，可能来自地球深部的甲烷等气体。1976年5月29日发生的云南龙陵地震，$M=7.5$，震源深度20km，在临震和发震时，沿构造带分布出现大量火球和闪光，由于裂缝中冒火，发光，将基岩烧红。1976年8月16日四川松潘地震，$M=7.2$，震源深度10~20km，震前出现大量火球，并烧毁一些农作物。地震时发生四处冒火，火球的分布与构造带相当，沿断层分布[8]。

笔者在2008年撰写《汶川大地震与中地壳低速高导层的成因关系初探》一文时曾引用了1933年8月25日茂县地震发生时的情景："中午，天空中突然冒出一条火龙，发生霹雳一声巨响，大地开始强烈晃动，地震发出巨大响声……"[2]。同处龙门山褶皱带的几次地震发生情景何其相似乃尔！请那些"构造运动致震论"的专家读一下曾明果等的这两篇文章。

李德威明确提出，板块构造学说不能解释汶川的板内地震，汶川地震与太平洋板块和印度洋板块的作用没有直接关系；他注意到大陆下地壳的低速异常带，并提出层流构造假说来解释大陆板内地震；并认为地壳分层作用及其断裂活动会产生释放CO_2、CH_4、H_2、N_2等，并产生热异常，从而可检测预报地震[9]。他的观点与笔者的想法是一致的，但在对下地壳低速异常的成因及气体的来源不尽相同。

罗文行、李德威等对青藏高原板内地震震源深度分布统计表明，地震集中分布于中地壳10~40km范围内，其中30~33km深度为峰值。并认为："青藏高原地震震源显然不是沿着青藏高原某一早已消亡的板块碰撞带或俯冲带分布，而是沿着地壳内活动的壳层之间分布"[10]。

我们认为，上述深度恰是青藏高原的中地壳。这与张景廉等（2008）所列举的实例是一致的。

2010 年 4 月 14 日青海玉树发生 7.1 级地震。目前尚无玉树地震成因分析。据共和—玉树地震剖面，玉树地区深 14~21km 有一低速层，v_p 为 5.8km/s，14km 以上的 v_p 为 6.1 km/s，而 21km 以下的 v_p 为 6.1km/s[11]。玉树地震的震源深度为 14km（以前认定为 33km），这个深度与我们上述的低速层的深度是一致的[12]。

中国科学院地质与地球物理研究所青藏高原研究室深部物理场与动力学学科组白登海研究员等在东喜马拉雅山构造结及周围地区实施了连续 6 年的大地电磁观测，获得了青藏高原东部岩石圈电性结构的初步认识。观测结果发现，在青藏高原存在两条巨大的中下地壳低阻异常带，通过理论计算任务是两条中下地壳的弱物质流：一条从拉萨地块沿雅鲁藏布江缝合带向东延伸，环绕东喜马拉雅构造结向南转折，最后通过腾冲火山；另一条从羌塘地体沿金沙江断裂带、鲜水河断裂带向东延伸，在四川盆地西缘转向南，最后通过小江断裂和红河断裂之间的川滇菱形地块。结合地面构造及 GPS 观测成果，他们提出了该区岩石圈"双地壳+边界剪切"变形的新模式。该模型认为，青藏高原深部以两个中下地壳弱物质流的快速塑性变形为主，上地壳则以南北两个边界断层（异常体的边界，即雅鲁藏缝合带和金沙江—鲜水河断裂带）的走滑变形为主❶。

笔者认为，这种弱物质流也就是"塑性层"，是一种充满气体、液体的低速高导层（低阻层）。汶川地震与松潘—甘孜褶皱带的鲜水河断裂系有关。这种中下地壳的双低阻异常带，我们在渤海湾盆地也是见到过的。

中国科学院遥感应用研究所微波遥感研究室主任邵芸谈到，"一些科学家到震区实地作了调查，认为这里的气体起了很重要的作用，地震中有一定气体爆炸，像气浪一样把物质喷发出来"❷。并指出："汶川大地震造成的滑坡之多，规模之大，危害之重，史所罕见。如此多的物质运移显然需要巨大的能量，而仅仅是地震所提供如此多能量吗？显然需要更为深入的研究，才能更合理地解释发生于地震灾区的这些巨型灾难的滑坡。"

《科学时报》首席评论员王中宇于 2009 年 5 月 26 日在《科学时报》撰文谈地震的预测方法，文中花了相当的篇幅引述了笔者两篇文中的主要内容[1,2]。

据 2009 年 2 月 12 日新华网，中国地质大学王成善根据当地老乡的发现，认为四川青川县青竹河红光乡东河口村至前进乡黑家段的可燃气体为天然气（并有硫黄味），显然这是由于"5·12"地震使原有气藏构造破坏而逃逸到地表的气苗。笔者认为如果进行地球化学测量，可能还有更多的油气苗被发现。另据东方卫视（2010 年 6 月 14 日），北川陈家坝乡龙坪村一座大山地震时被崩塌，"飞"过河岸形成巨大堆积体。自地震发生至今两年多，这里一直在往外冒烟，岩石温度超过了 200℃。看来这是天然气在燃烧。

2 地震前的卫星热红外异常

强祖基等多次在地震发生前 7~9 天，探测到大面积卫星热红外亮温增温现象，并将这

---

❶ Bai D H, et al. Crustal Deformation of the Eastern Tibetan Plateau Reealed by Magnetotelluric Imaging, Nature Geoscience, 2010, doi: 10.1038/NGEO830.

❷ 王卉. 遥感解释捕捉到异常地震信息，有关专家认为需要更深入研究以给出合理解释. 科学时报，2009 年 5 月 19 日.

一技术成功地应用到地震短临震预报中；他们认为，临震前卫星热红外亮温增温异常现象是地球排气作用的结果[13—17]。根据这一思路，他们将卫星热红外遥感方法应用到陆上油气田及海上天然气水合物的勘探，森林火灾的预测等。

魏乐军等利用我国 FY-2C 红外一波段（10.3～11.3μm）的卫星遥感图像，通过解译和研究，发现"5·12"汶川地震前，出现了明显的孤立的卫星热红外异常现象[18,19]。北京师范大学减灾与应急管理研究院985工程首席科学家吴立新对汶川地震前10天的卫星热红外图像研究也发现有异常（北京科技报，2008年6月18日）。这些实例表明，地球排气放热不仅仅是地震的结果，更是地震发生的原因。虞震东认为，如果地壳低速层的波速降低（即高温区温度升高）相当程度，可引起大地震，但这个阀值到底是多少，有待于今后观测资料的积累[20]。

3 中国典型强震前宏观异常——气体喷出

震前宏观异常通常可分为动物、地下水、气象、地气味、地光和地声5种[21]，但是这些宏观异常中起主导作用的是气体异常与喷出，是它影响了动物异常反应，并引起地下水的喷涌及含量异常，还会导致气象（暴雨等）异常；气体异常与喷出导致地气味、地光和地声。以下讨论地震前的气体异常。

3.1 海城地震前的气体异常[21]

观察表明，地气味异常与断裂带有关。如在丹东附近异常沿鸭绿江断裂成串分布；在辽阳至本溪异常成带状沿太子河断裂分布；在断裂交错的下辽河平原，异常成大片状分布。出现地光较多的地区，主要是营口、海城以及下辽河平原一带。

另外，1975年1月24日，凤城县有一群小学生上午10时进山拾柴，在锅台沟看见有一股一股的白色气体往外冒，于是立即跑回家告诉大人，家长12时赶到现场时，冒气现象依然存在。1975年2月4日傍晚，有的公路地段上冒出股股白气；有人亲眼看到地面到处冒气，骤起大雾，并且嗅到划火柴似的气味；也有一些人看见雾气像海潮涌来一样，一潮接一潮。地气味的雾气多数贴近地面，颜色灰暗，能观测出带有轮廓的条带，由于明显看出是从地下冒出来的，在视觉上有滚滚而来之感。海城镇一位张女士1975年2月4日晚地震时往外跑，在距县招待所10m远处见一道白光，随后看见火球状红光由地面直冲天空，与此同时听到地裂声响，闻到怪气味。该镇另一位姓蒋的人在当晚地震时，在向外跑中踩到一条宽1cm的裂缝，当时看见从裂缝里冒出高约10cm的蓝白色火花。由于海城地震发生在冬天，所以地下气体上升到地表冷却即形成白色浓雾。

3.2 唐山大地震的大火燃烧

再看1976年唐山大地震，由于唐山大地震发生在深夜，目击者很少有报道。但唐山地震后，国家地震局、中国科学院等有关部门迅即赶到现场进行调查，发现现场黑乎乎一片，到处是大火燃烧的痕迹。显然地震发生过程中有（天然气）燃烧（周新华面告，2009）。2009年3月19日汤加大地震，震中的黑蘑菇状烟云（CCTV视频）也是这种气体爆炸的燃烧（不完全）的真实场景！

3.3　1966年邢台地震

1966年6月8日，邢台6.8级地震前，河北省南部47个县市有地声，11个县市发现地光，天空出现火光，白光，蓝光，暗红光。3月22日，7.2级地震前，38个县市有地声，9个县市有发光现象[22]。

3.4　1920年海原地震

1920年12月16日20时6分，宁夏海原发生8.5级地震，死亡20多万人，释放能量相当于11.2个唐山地震。有关海原大地震的传说保存下来的不多，但有一则很重要："地震时，有一个农村妇女怀抱着婴儿坐在炕上，一阵地动山摇之后，她还不知道发生了什么事，一阵冷风吹来，她抬头一看，看见的是满天星斗，不知房顶掀到什么地方去了。"（据《古潜山》，2009（1）：53-54）显然这是一阵巨大气流把房顶刮走了。

3.5　清朝康熙年间的4次7级以上地震

我们再来回溯一下清朝康熙年间发生的4次7级以上大地震：（1）1668年山东郯城8.5级地震；（2）1679年京师8级地震；（3）1695年山西临汾8级地震；（4）1709年宁夏中卫7级地震。康熙在去世前一年（即1721年）曾专门写了一篇关于地震的文章，说："大凡地震，皆有积气而所致"，"既震之后，积气已发，断无再大震之理"（见马承钧《重庆晚报》2009年2月12日）。尽管康熙不是地震学家，但他亲历了4次7级以上大地震，读了不少地方呈送上的奏折，他的这些话，至今仍有重要的参考价值。

3.6　讨论

全世界每年发生数以万计的大大小小的地震，伴随着地震有大量气体释放与排出却不为人们所知道。夜间地震时有发生，发生时有巨响，这是气体爆炸；地震前动物往往有奇异行为，可能是气体渗漏溢出所致，一些动物对气体（如H_2S等）十分敏感；1960年智利大地震，沿岸450km地带的观察者报告说，大海沸腾，显然这是地震事发的天然气在作怪，一些海啸的巨大破坏力也可以这样来理解。1970年，高加索山区发生6.6级地震时，气体采样发现，大气中甲烷、二氧化碳浓度呈1~3个数量级增加，而氢气则是4个数量级增加。1981年，格鲁吉亚发生4.2级地震，巴库大气中甲烷的浓度比正常值高了1倍。据汪成民等，我国唐山、海城、大同等地震前后井水中及大气中氢气浓度均急剧增加[23]。

另据报道，2004年12月21日，苏门答腊发生8.7级地震，2005年3月28日，东南亚发生8.5级地震。在震前均有大量放气现象。

Gold指出，由于大地震而释放的气体，是地球排气作用的一部分，他估计，每年由于地震而排出的甲烷气体$(100 \sim 300) \times 10^8 m^3$[24]。

以上几个案例是笔者收集的有关地震与气体相互关系的报道。

需要指出的是，以往的报道通常认为，气体排放是地震发生时的伴生现象，而我们的研究表明，正是气体导致了地震的发生[2]，至少有相当一部分的地震与中地壳的气体有关。遗憾的是，这一观点尚不被接受和重视，当然也不会有课题对这类气体进行采集与相关研究。

4 俄罗斯学者对地震与深部流体、气体相互关系的观点

2002年独联体的学者在莫斯科召开了《地球排气作用：地球动力学、地球流体，石油与天然气》的学术讨论会[25]。其中有一些学者专门讨论了地震与深部流体（气体）的关系。

俄罗斯莫斯科全俄矿物原料科学研究所的普罗宁等指出，深部流体的高能转变是地震和其他（脉冲）式地质灾害的主要成因之一，他们包括绝热膨胀沸腾、化学爆炸反应、高压下重烃分解；还会引发煤矿、金属矿区甲烷等天然气的爆炸及有毒物质向水圈、大气圈排放以及海啸、地下水动态急剧变化，滑坡等工程地质现象[25]。

俄罗斯科学院地球物理所帕夫连科娃认为地球流体可形成高热流岩浆、火山及喷气以及地震活动[25]。

西伯利亚地质学地球物理和矿物原材料科学研究所叶皮法诺夫指出，1908年6月30日清晨，在西伯利亚发生的通古斯事件（相当于50个百万吨级氢弹爆炸，冲击波遍及全球，爆炸中心大于15km半径内的森林全部烧光……）与地震排烃有关。通古斯爆炸是震惊世界的重大灾变事件[25]。

苏联的别尔基切夫斯基等通过研究，贝加尔裂谷事件20km深度的一次强震的余震分布证明，应力在15～20km的深度沿着水平方向释放，和壳内高导低速层有相关关系（毛桐恩等，1999）。

5 结束语

杜乐天从"烃碱地幔流体"，"地球5个气圈"，"气体地球动力学"到"从固体地球观要向流体（特别是气体）地球观进行概念更新"等一系列重大理论创新的基础上[27—31]，深刻指出了："很明显，如果忽视地球内部气体（哪怕只占地球的1%体积）及地球排气作用就不可能找到大地构造运动及海陆形成的真正内因；就不可能发现中地壳和上地幔还存在尚待开发的巨大油气资源；不可能破译众多重大自然灾害，如地震、大旱、大水（来自突发的特大暴雨）、台风突然转向、森林草原区域性大火、沙漠化、热灾、沙尘暴、霾雾、臭氧洞、厄尔尼诺、赤潮、海啸以及许多海难、空难等的原因。""地震是在热动力作用下地球排气中的氢原子、氦原子及氢分子这自然界三大破裂能手在地下岩块的闭锁部位通过气裂气胀使岩块断裂造成的。这已被卫星热红外多年数万张监测图像所证明"。

最近，张之一教授对"地幔流体"作了进一步诠释[32]，他认为："幔汁一身三任焉，既具有重大的地球化学功能，又具有重大的地球物理和地球动力学功能。幔汁宛若病毒，只要有1%（体积）自下向上的渗入，就可以使原本为固体的地幔和地壳发生几百万、几千万立方千米体积的腐烂、溃变、肿胀。这是地球内部不安定并将产生各种大地构造动乱的根本原因，是地球动力学中最关键的解谜切入点。幔汁在地球动力学中的奇特作用是"四两拨千斤"。它的巧妙之处在于量小作用大。通过幔壳溃变以严重降低岩石强度、黏度、密度等，大大加快应变速率，打乱地球内部重力、圈层自转速度与天体作用力三大基本动力之间原来的平衡。在重力、地球自转颤动和天体作用力的联合控制下最终导致大陆漂移、海底扩张、岩浆构造活化、大规模多层球面滑脱、拆离、推覆、逆冲等。值得注意的是国外学者在

地球排气作用方面的研究在大方向上与此不谋而合，得出几乎相近的结论。"

目前，我们对幔汁的"四两拨千斤"的"特异功能"还知之甚少。对它的重大的地球化学功能、地球物理功能和地球动力学功能尚缺乏深入系统研究。实验地球化学家张荣华在超临界流体的地球化学行为曾作过详细的研究[33]。胡宝群等对临界状态下的研究表明，水的相变可导致物理化学性质发生突变，并可发生热液成矿作用[34]。正是在这个意义上，我们要认真践行杜乐天的"气体地球动力学"与"气体地球观"的科学思路。这必将起到"四两拨千斤"的巨大功能，这里的"四两拨千斤"指的是对地质学各个领域（如岩浆作用、热液作用、变质作用、大地构造学，乃至重大自然灾害的成因等）的彻底革命。而地震学仅是其中的一个分支学科而已。

致谢 感谢两位审稿专家的意见。

参 考 文 献

[1] 李碧宁，焦养泉，张景廉．松潘—甘孜褶皱带的深部地壳构造特征及油气前景．新疆石油地质，2006，27（6）：655-659.

[2] 张景廉，杜乐天，张虎权，等．四川汶川大地震与地层低速，高导层的成因关系初探．西北地震学报，2008，30（4）：405-412.

[3] 徐锡伟，闻学泽，陈桂华，等．巴颜克拉地块东部龙田坝断裂带的发现及其大地构造意义．中国科学（D辑：地球科学），2008，38（5）：529-542.

[4] 荣代路，李亚荣．汶川8.0级地震前地震空间相关长度变化特征．西北地震学报，2010，32（1）：54-58.

[5] 肖武军，关华平．汶川8.0级地震以及其他大震前的地电阻率异常特征．西北地震学报，2009，31（4）：349-354.

[6] 曾明果，悦辉，符广，等．汶川大地震震中喷发气后的"爆裂式泥火山"场景．四川地质学报，2009，29（2）：250-251.

[7] 曾明果．地震的超临界水流体退相爆发成因——以汶川大地震中"爆裂式泥火山"场景为例．四川地质学报，2009，29（3）：371-377.

[8] 王先彬．稀有气体同位素地球化学和宇宙化学．北京：科学出版社，1989：225-226.

[9] 李德威．大陆板内地震的发震机理与地震预报——以汶川地震为例，地质科技情报，2008，27（5）：1-6.

[10] 罗文行，李德威，汪校锋．青藏高原板内地震震源深度分布规律及其成因．地球科学—中国地质大学学报，2009，33（5）：618-626.

[11] 王有学，钱辉．青海东部地壳速度结构特征研究．地学前缘，2000，7（4）：568-579.

[12] 张景廉，石兰亭，陈启林，等．柴达木盆地壳深部构造特征及油气勘探新领域．岩性油气藏，2008，20（2）：29-36.

[13] 强祖基，孔会昌，李玲芝，等．地震与卫星热红外异常——气热说//北京大学地质系．北京大学国际地质科学学术研讨会论文集．北京：地震出版社，1998：176-185.

[14] 强祖基，徐秀登，赁常恭．卫星热红外异常与临震前兆．科学通报，1998，35（17）：1324-1326.

[15] 强祖基，赁常恭，李玲芝，等．卫星热红外图像亮温异常——短临震兆．中国科学（D辑），1998，28（6）：564-574.

[16] 强祖基，姚清林，魏乐军，等．震前卫星红外环形应力场特征．地球学报，2008，29（4）：486-494.

[17] 张元生，沈文荣，徐辉．青新8.1级地震前卫星热红外异常．西北地震学报，2002，24（1）：1-4.

[18] 魏乐军，郭坚峰，蔡慧，等．卫星热红外异常——四川汶川 Ms8.0 级大地震短临震兆．地球学报，2008，29（8）：583-591.

[19] 马晓静，邓志辉，陈梅花，等．从卫星红外亮温与大地热流的关系看地震前的热红外异常．地球物理学报，2009，52（11）：246-275.

[20] 虞震东．汶川 8.0 级地震的根源和成因．大地测量与地球动力学，2009，29（增刊）：66-71.

[21] 聂永安，姚兰予，赵国敏．大震前宏观异常的机理研究．西北地震学报，2009，31（2）：196-200.

[22] 林乐志．邢台地震对策及其社会学研究．北京：地震出版社，1993：1-484.

[23] 汪成民．断层气测量在地震科学中的应用．北京：地震出版社，1991.

[24] Gold. T. Terrestral Sources of Carbon and Earthquake Outgassing. Journal of Petroleum Geology, 1979, 1(3)：1-10.

[25] 黄学，牛彦良，陈树耀，编译．地球排气作用，地球动力学，地球流体，石油与天然气．上海：上海远东出版社，2008：34-35.

[26] 毛桐恩，刘新美，姚家榴，等，震源层与地震流体//杨玉荣，杜乐天，等．流体地球科学进展．北京：地震出版社，1999，27-35.

[27] 杜乐天．地球排气作用——重大自然灾害孕因和地下巨大天然气来源．中国人口，资源与环境，2008，18（专刊）：584-594.

[28] 杜乐天，强祖基．气体致震——一个可能的地震成因//杨玉荣，杜乐天，等．流体地球科学进展．北京：地震出版社，1999：67-75.

[29] 杜乐天．地球排气作用——巨大天然气能源和重大自然灾害孕因．北京：气象出版社，2010.

[30] 杜乐天．从新世纪独联体有关地球排气和油气成因理论进展可得到的启示．岩性油气藏，2009，21（4）：1-9.

[31] 杜乐天．对西方当代地球科学理论的怀疑与新见．地学哲学通讯，2006（1）：11-18.

[32] 张之一．石油深部起源研究进展．岩性油气藏，2010，22（1）：134-138.

[33] 张荣华，张雪彤，胡书敏，等．中地壳的水—岩作用对相关的地球物理性质影响．岩石学报，2007，23（11）：2943-2954.

[34] 胡宝群，吕古贤，王方正，等．水临界奇异性及其对热液铀成矿作用的意义．铀矿地质，2008，24（3）：129-136.

地球温室气体（CO_2 与 CH_4）来源别解[*]

张景廉[1]　杜乐天[2]　范天来[3]　李相博[1]

(1. 中国石油勘探开发研究院西北分院，甘肃兰州 730020；
2. 中国核工业集团公司北京地质研究院，北京 100029；
3. 兰州大学资源环境学院，甘肃兰州 730000)

摘　要：通常认为，导致地球大气圈 CO_2 温室气体增加主要是人类对化石燃料的燃烧，《京都议定书》便是一个控制排放温室气体的国际公约。笔者的研究表明，导致地球大气圈 CO_2 气体的增加还有更重要的来源，即自然因素。它们是火山气体、泥火山气体、矿床中的气体（金属矿、盐矿、煤矿、石油天然气藏等），与地震、海啸、洋中脊、洋壳蛇纹石化有关的气体，与森林大火有关的地球排气等。而海洋—大气的碳循环，土壤—大气的碳循环作为 CO_2 与 CH_4 的汇涉及 CO_2、CH_4 的演化与循环。提出了地球碳的地球化学循环。重要的是观测研究 CO_2、CH_4 气体的源与汇及其通量，进而对温室气体 CO_2 与 CH_4 作半定量、定量的评价，这不是一个人、一个项目、一个国家所能完成得了的，需要全世界不同学科科学家统力合作，坚持不懈的努力，最终确定人类活动与地球排气对环境的影响孰主孰次。尽管地质历史时期地球深部排气量的确定（特别是火山、地震、海啸排放的气体量）仍是一个难题，但值得作深入全面的研究，因为这不仅仅是一个科学理论问题，更是关系到全人类生存环境的重大问题。

关键词：二氧化碳；甲烷；温室气体；人类活动；地球排气；源与汇；评估

2003 年全国语文高考试题有一篇作文谈"全球变暖"，由于全球变暖，将使地球上数以百万计的人由于海岸线受侵蚀、海岸被淹没和农业生产遭破坏而被迫离开家园。通常认为，全球气候变暖是人类自身活动所造成的灾难，如工业革命以来人类开采和燃烧煤、石油、天然气等化石燃料，人类砍伐森林、放牧草原，致使森林、草原消失、沙漠扩大……这些无疑是正确的，但可能不是主要的。本文指出，除了人类活动以外，导致地球大气圈 CO_2 浓度升高还有一些自然的因素，如火山、地震等。问题是这些因素与人类活动相比孰主孰次，需要有个恰当的、科学的评估。以下将分别讨论自然的 CO_2 排气作用，而这些排气作用常常不为人们所注意，不易被观察到，而往往被忽略。本文讨论温室气体 CO_2 时还讨论 CH_4 的来源问题。

1　地球的 CO_2 与 CH_4

1.1　火山气体

火山喷发，伴随大量的熔融岩浆喷出、溢流，有大量气体喷出。最近，一些地质学家指

---

[*] 本文部分内容刊登在《中国科学院院刊》，2012，27（2）。

出，火山爆发是由地球内部气体引起的，即岩浆喷溢是由于高压气体所致。

苏联库页岛、堪察加半岛，日本，新西兰，印尼，美国阿拉斯加、夏威夷，墨西哥等火山气体的取样分析表明，气体成分以 H_2O 和 CO_2 为主，还有 H_2、CH_4、CO 和 SO_2，有的火山气体含 HCl。

1991 年 6 月 15 日菲律宾的 Mount Pinatubo 火山喷发时将 $2×10^8$ t CO_2 喷向空中，这是瞬间释放的；而意大利 Mount Etna 火山每年以宁静放气形式释放出 $2.5×10^8$ t CO_2。科托帕克西火山每年排出 CO_2 约 $100×10^9$ m^3。

资料表明，火山作用排出的天然气要比现在人类开发上地壳天然气（及石油）的总和可能要大 2~3 个数量级[1]。

Exxon 公司的 Huffman 计算表明，在产生 1000 km^3 火山熔岩（相当于哥伦比亚火山岩区一次典型的火山喷发体积）的同时，还要释放 $16×10^{12}$ kg CO_2（$16×10^{15}$ g CO_2），$3×10^{12}$ kg S（$3×10^{15}$ g CO_2），$30×10^8$ kg 卤素（$3×10^{13}$ g 卤素）。实际上，由地幔柱产生的这种喷发幕可达上千次。

据刘东生等（1990），火山活动每年排出的碳约 $9×10^8$ t，而中国 1988 年年碳排放量为 $6.2×10^8$ t[2]。

1.2 泥火山

巴库附近有很多泥火山，有的高数十米，直径数千米，这些泥火山往往沿断裂带分布，泥火山喷发往往与地震同时发生，其中喷发的气体大部分是甲烷。

据报道，1958 年马卡洛夫泥火山爆发，喷出约 $3×10^8$ m^3 气体，火焰柱直径 120m，高达 500m；1950 年，大恰尼日答嘎泥火山喷发 $1×10^8$ m^3；1947 年，陶拉盖依泥火山气喷 $4.95×10^8$ m^3；1965 年，奥特曼泥火山喷气 $4.5×10^8$ m^3。仅这 4 个泥火山喷气达 $13.45×10^8$ m^3。

据索科洛夫（1966），塔曼半岛卡腊别托夫卡泥火山 CH_4 含量 65.6%，CO_2 为 31.4%；舒戈泥火山 CH_4 为 80.2%，CO_2 为 19.2%；格尼拉亚泥火山 CH_4 为 98.2%；刻赤半岛塔腊罕群泥火山 CH_4 为 7.5%，CO_2 为 92.5%[1]。

中国新疆也有大量泥火山发现，特别是准噶尔盆地西北缘，不过泥火山所释放的气体尚未得到重视。

迄今为止，全球有 800 多个陆地泥火山和 900 多个海底泥火山，大多分布在板块构造的边缘和构造活动带，据 Etiope 等估计，每年全球泥火山释放的 CH_4 至少为（1~2）$×10^{12}$ g[3]。

Etiope 等 2004 年的分析，全球陆地、浅海泥火山排出的 CH_4 约为全球 CH_4 地质通量的 1/4，为 40Mt/a。东阿塞拜疆 CH_4 通量的直接测定则表明了泥火山是大气圈 CH_4 重要的源，其地质意义可能更大[4]！

1.3 地震与海啸

全世界每年发生数以万计的大大小小的地震，伴随地震有大量气体释放，却不为人们所知道。

夜间地震时有发生，发生时有巨响，这是气体爆炸。

地震前动物往往有奇异行为，可能是气体渗漏、溢出所致，一些动物对气体（如 H_2S）

十分敏感。

1960年智利大地震，沿岸450km地带的观察者报告说：大海"沸腾"了，显然这是地震释放的天然气在作怪，一些海啸的巨大破坏力也可这样来理解。

1970年高加索山区6.6级地震时，气体采样发现，大气中CH_4和CO_2浓度呈1~3个数量级增加，而H_2则是4个数量级增加；1981年，格鲁吉亚4.2级地震，巴库大气中CH_4浓度比正常值高1倍。遗憾的是，中国科学家尚没有在地震区进行气体采样分析的报道。

另据报道，2004年12月26日苏门答腊发生8.7级地震，2005年3月28日东南亚发生8.5级地震，在震前均有大量放气现象。

Gold指出，由于大地震而释放的气体，仅仅是地球排气作用的一小部分；他估计，每年由于地震而排放的甲烷气体（100~300）$\times 10^8 m^3$[5]。

2008年5月12日汶川大地震是一个十分典型的实例。笔者在2006年曾预测松潘—甘孜褶皱带有丰富的油气资源[6]，2008年分析了汶川大地震与中地壳低速高导层的成因关系，明确指出汶川大地震与天然气爆炸有关[7]。2009年曾明果等的汶川大地震震中现场幸存者的口述，表明汶川地震深部天然气爆炸燃烧可引起地震释放出了巨量的天然气[8,9]。

1.4 洋中脊释放气体

据报道，每年从地球深处流出的H_2和CH_4分别为$1.3\times 10^9 m^3$和$1.6\times 10^8 m^3$，如果从寒武纪算起，则从大洋中脊流出的甲烷总量为$5.7\times 10^{15} t$，是世界化石燃料的10倍[10]。

Ryskin（2003）则谈到地质历史中的几个全球事件中海洋共释放出甲烷为10^{18}~$10^{19} g$。而全球陆地生物质的碳也仅$2\times 10^{18} g$，里海溶解的甲烷量为$0.5\times 10^{18} g$[11]。

1.5 洋壳蛇纹岩化生成的气体

据德米特立夫斯基（2002）等引用Copoxkurt等（2001）的资料，Copoxkurt等认为，洋壳含铁超基性岩水化作用（含CO_2），在热液条件下，生成非生物成因甲烷和H_2，经理论计算的流体CH_4与H_2的浓度与实验资料符合程度好，他们把这一模式推广到整个蛇纹岩化层中。结果表明，洋壳蛇纹岩化层所生成的甲烷可达$6.5\times 10^6 t/a$，而玄武岩每年生成的甲烷低1/3~1/2。因此，洋壳每年可生成甲烷约$9\times 10^6 t$。若按现代海洋存在时间$150\times 10^6 a$的话，则共计生成甲烷$1.35\times 10^{15} t$。德米特立夫斯基等（2002）还认为，古巴的蒙切穆博、巴库兰诺等油田发现于边缘坳陷的边缘褶皱带，主要在蛇绿岩逆掩带。库页岛火山成因的蛇纹岩套中的油气，均是上述模式所生成[12]。

1.6 矿床中的气体

1.6.1 金属矿床中的气体

（1）铜镍矿。俄罗斯诺利尔斯克铜镍矿的气体有N_2、CH_4、CO_2和H_2，其中CH_4可达39%，CO_2可达66%（不同样品）；据资料，从1950年至1962年，坑道中约喷出了$0.13\times 10^8 m^3$的CH_4。

（2）含金黄铁矿。北高加索一含金黄铁矿的气体成分为：H_2 82%，N_2 12.4%，CO_2 3.95%，CH_4 0.5%。

（3）金矿。南非含金砾岩矿山中每年排放CH_4气$5\times 10^8 m^3$，澳大利亚卡尔古利金矿山

深部也含有 CH_4 与 H_2 气。Fritz 等（1987）曾指出，加拿大所有热液矿床均强烈排气，主要是 CH_4[13]。

1.6.2 煤矿 CO_2 气体

众所周知，中国有 3 座煤矿曾发生过 CO_2 "突出"事件，它们是吉林营城煤矿、吉林和龙煤矿和甘肃窑街煤矿。其中甘肃窑街煤矿曾发生过多次 CO_2 "突出"事件。2003 年 6 月 9 日，又发生一次 CO_2 "突出"事件，致使 19 名矿工遇难。煤矿地质人员曾对窑街地区侏罗系中 CO_2 气体作过储量计算，为 $18.39 \times 10^8 m^3$。研究表明，窑街地区突出 CO_2 气体为幔源成因[14]。

窑街煤矿发生多次 CO_2 "突出"事件表明，深部有一个大的 CO_2 储气库，它不断向地壳上部的煤层、砂岩中排放并储集 CO_2 气体，当达到临界点时便发生"突出"事件[15]。

1.6.3 煤矿瓦斯

近年来，我国一些煤矿接连发生瓦斯爆炸，有的是违法小煤矿，有的是国营大煤矿。张虎权等（2006）对煤层气的研究表明，煤层气（煤矿瓦斯）不是煤层所固有，更与地球深部排气作用有关；而煤矿瓦斯爆炸往往与地震诱发有关[19]。全球由于煤矿瓦斯突出与爆炸所释放的 CH_4 与 CO_2 同样不可忽视。

1.6.4 CO_2 气田（藏）

我国东部有一些 CO_2 气藏（田），它们大多发育于新近系、古近系或白垩系中，如松辽盆地万金塔 CO_2 气田储量 $30 \times 10^8 m^3$；黄骅坳陷翟庄子 CO_2 气田储量 $10 \times 10^8 m^3$；济阳坳陷 CO_2 气田（藏）；苏北盆地黄桥 CO_2 气田储量 $6 \times 10^{10} m^3$；三水盆地 CO_2 气田（藏）等[16]。这些 CO_2 气田大多已投入开发，如健力宝饮料公司便利用三水盆地 CO_2 气田的 CO_2。

需要指出的是，上述 CO_2 气体"突出"及 CO_2 气田（藏）均是导致灾害或是可以开发的 CO_2 富集地区，更有尚未导致灾害或尚不够工业开发的地区，在那里，CO_2 气体也在不断排放着。有的农民不清楚两块农田条件相当，为什么有一块农田的庄稼长得好、收成好。实际上收成好的那块农田有一断裂带迫近，那里在不断释放 CO_2 气体。

1.6.5 烃类气田

中国已发现一些大气田，如苏里格气田、普光气田、克拉 2 气田、庆深气田、威远气田等，这些气田自形成之日起便不断有天然气向上渗透。以克拉 2 气田为例，周兴熙注意到克拉 2 气田北缘有一断层断穿封隔层，天然气可泄露（浅部有明显的气显示），他根据克拉 2 气田天然气聚集与散失量的动态平衡计算，发现其补给量大于散失量[17]，上述实例也表明了"天然气是可以再生的"[18]。

1.6.6 非洲基伍湖中的天然气

据研究，东非大裂谷带有一个基伍湖，湖水 400m 以下有巨量的水溶性天然气，其中 CH_4 占 22%，CO_2 占 77%，经计算湖水中溶解 CH_4 的总量约 $5.7 \times 10^{16} m^3$[20]。CO_2 的总量为 $20 \times 10^{16} m^3$。如果有朝一日，这些水溶气释放到大气圈，后果不堪设想。而到 2005 年，全世界天然气剩余可采储量仅 $173 \times 10^{12} m^3$，2005 年全世界年产天然气 $2.78 \times 10^{12} m^3$。显然，这些数字与基伍湖的水溶甲烷相比（$5.7 \times 10^{16} m^3$），实在是小巫见大巫。重要的是有不少湖泊中的水溶气尚未调查清楚。

1.7 沼泽、湿地等的天然气

今天我们在沼泽、湿地等仍然可以看到有天然气在排出，到底有多少尚未见确切的数字。当然还有水稻田排放的 CH_4 气。当年西方媒体曾指责产稻大国中国过度种植水稻，致使 CH_4 排放量影响大气圈的空气质量。不过这是人为因素了。

1.8 森林大火与天然气

近年来，森林大火已严重威胁到世界人类生命安全及环境。

在中国，大兴安岭、小兴安岭林区频频发生大火：1987 年漠河大火、1988 年阿尔山大火、2003 年 3 月下旬松岭区呼玛县大火、2003 年 4 月 25 日伊春市大火、2003 年 5 月 5 日大兴安岭大火……如此频繁发生的大火究竟是什么造成的？

杜乐天最早指出，大兴安岭大火为天然气燃烧所致。张景廉（1998，1999）也认为，阿尔山森林大火、广东三水—清远一带的森林大火均与天然气燃烧有关，大火均呈线状分布，表明了与深部线状断裂带有关[21,22]。

郭广锰的研究表明，85% 的特大森林火灾靠近断裂、火山分布，特别是 1987 年的漠河大火，发生在 3 条断裂交会处[23]。

杜乐天等最近再次指出，区域性森林大火与地球排气作用有关，并以阿尔山火区的气体测量实际数据为证[24]。

2 CO_2 与 CH_4 的汇——演化与循环

2.1 海洋湖泊—大气圈的碳循环

最新的全球环流碳循环模式估计在 20 世纪 80 年代，每年海洋吸收大气 CO_2 为 $(1.5\sim2.2)\times10^9$ t 碳 [即 $(1.5\sim2.2)\times10^{15}$ g 碳][25]。

另据报道，全球海洋的生物固碳能力约为 40Gt（碳）/a[26]，即每年 40×10^{15} g（碳）；这个数字比人类活动每年排放到大气的 CO_2 [7Gt（碳）/a][27] 高出 5 倍。

2.2 土壤与大气之间的交换平衡

土壤圈储存的有机碳量约是目前大气储量的 2 倍，陆地植物储量的 3 倍[28]；土壤碳循环是陆地生态系统物质循环和能量流动的基础，也是全球碳循环的重要组成部分。每年土壤呼吸释放到大气中的 CO_2 是化石燃料燃烧释放的 CO_2 的 10 倍多[29]。其中土壤碳库大小的任何变化对改变大气 CO_2 浓度和全球气候具有巨大的潜力，可视为大气 CO_2 的重要的源和汇[30]。

这方面的计算由于方法与数据来源不同，结论不尽相同。这涉及土壤碳储存量和碳排放量、土壤有机碳的驻留时间、土壤有机质分解产生的 CO_2 通量等，但是，土壤碳循环时环境大气的质量是不容忽视的[31,32]。

据香山科学会议第 236 次学术讨论会，土壤是地球表层系统中最大而最活跃的碳库之一（1550×10^{15} g），约为大气圈和生物圈碳库的 2.5 倍。土壤固定和收集大气 CO_2 的容量与潜力成为最近二三十年间在未找到工业 CO_2 排放控制的替代技术前减缓大气 CO_2 浓度升高的关注点[33]。

2.3 森林在碳循环中的作用

2007年7月17日，国家林业局局长说，2004年全国森林吸收的CO_2量是全国化石燃料释放的CO_2总量的8%，显然这是一个不小的数字，这还没有包括其他植被所吸收的CO_2。最近，方精云等对中国陆地植被年均总碳汇的计算为0.069~0.106Pg（碳）/a（1981—2000年），相当于同期中国工业CO_2排放量的14.6%~16.1%；利用国外结果对中国土壤碳汇进行了概算，为0.04~0.07 Pg（碳）/a；因此陆地生态系统的总碳汇（植被和土壤）将相当于同期中国工业CO_2排放量的20.8%~26.8%[34]。这是目前对土壤、植被碳汇的比较客观的估算，尽管还有很大不确定性。

2.4 CO_2 在地质史期中的演化

Mark Pagani等于2005年6月17日出版的Science上发表了《古代：二氧化碳量和温度变化》一文，指出，在始新世期间，大气中CO_2含量为1000~1500mg/L，而到渐新世末，则减少到200~300mg/L；而到近代人类社会，1880年，大气中CO_2含量为280mg/L，1950年为310mg/L，1989年为352mg/L，1991年为383mg/L。

2009年7月在《自然—地球科学》网络版，美国夏威夷大学的海洋学家Richard Zeebe等对海洋和大气的碳循环进行了模拟。他们模拟了在PETM期间（古新世—始新世最热现象）当大气CO_2增加到2000mg/L时，大气温度增加了3.5℃；而海底岩心揭示，在PETM期间地球表面温度在1万年的时间里上升了9℃。因此，Zeebe认为，"可能有其他的温室气体，如甲烷，对PETM的变暖作出的贡献。"（科学时报，2009年7月7日）

上述结果表明：（1）在地球历史中，不仅有白垩纪的地球变暖期，古新世—始新世也有一个大的变暖期；（2）造成地球变暖的不仅有CO_2，还可能有CH_4及其他因素。因此，今天地球的变暖会不会仅仅是地球演化发展过程中的一个小插曲，而不是人类燃烧化石燃料所产生CO_2的结果！

看来，随着人类文明的发展，大气中CO_2的含量在增加，但仍远未超过始新世时大气中CO_2的含量。因此说"人类活动推动了气候变化"为时尚早。

3 地球碳的地球化学循环

根据上述讨论，可以看出，导致地球大气中CO_2增加的因素有：（1）地球排气作用，如火山作用、地震、海啸、煤矿CO_2突出、CO_2气藏的渗漏、森林大火CH_4的燃烧等；（2）人类作用，为化石燃料的燃烧，生物质的氧化等。

而导致CO_2减少的因素有：海洋、土壤与大气CO_2的平衡、植物光合作用、岩石圈的风化作用等（图1）。

在CO_2的增加与减少中，什么因素起主要作用，而在CO_2增加的因素中，地球排气与人类因素又究竟孰主孰次，这些均是亟待解决的难题。

碳循环研究的一个首要问题一直是要回答碳（包括自然和人为）是如何在大气圈、水圈（主要是海洋）和陆地生物圈分配和储存的。

海洋碳循环是其中的一部分，由于海洋是一个50多倍于大气碳的碳库，因此不少学者一直在进行着研究，研究CO_2在海洋中的转移和归宿，即海洋吸收、转移大气CO_2的能力

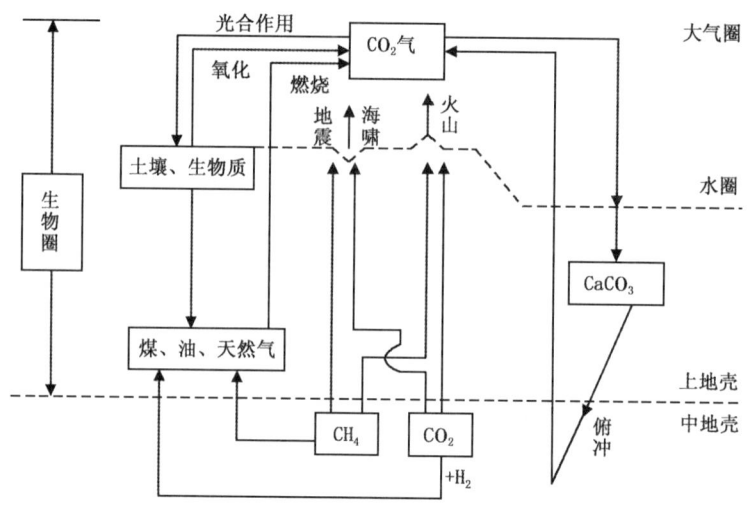

图 1 地球碳的地球化学循环（据 Gold, 1980, 修改）

及 CO_2 在海洋中的循环机制（物理、化学、生物作用过程）。

IPCC 在 2001 年发布了第三次评估报告，认为在过去的 42 万年中，大气中 CO_2 浓度从未超过目前大气 CO_2 的浓度，估计到 21 世纪中叶，大气中 CO_2 将比工业革命前增加 1 倍。工业革命以来，全球气温已增加 0.6℃，这主要是由于大气中人为温室气体（如 CO_2、CH_4、N_2O、CFGS）浓度增加所致，其中 CO_2 作用居首位[27,28]。

在这个链条中，硅酸盐矿物的化学风化也被认为可以消耗大气 CO_2 浓度而调节地质时间尺度全球气候。那么，又是什么制约了硅酸盐矿物的化学风化速率，是气候还是构造隆升作用？

2006 年召开的 279 次香山科学会议，主题是"温室气体（CO_2）控制技术及关键问题"，会议特别注意储存 CO_2 的问题，如用热带雨林、树木或农场的陆地封存、海洋储存、矿物封存、地质封存等。但美国科学家在 Science 及 Geology 上刊文指出，海洋储存 CO_2 将威胁珊瑚生存，海水 pH 值从 8.2 下降到 7.9；而地质封存 CO_2 则又导致溶解地下矿物质……看来问题远没有解决。

4 地质历史上的气候演化

4.1 白垩纪的热事件

到目前为止，白垩纪被公认为地球发展史中有一个重大的热事件，并被国际地球科学界视为研究地球系统科学的范例，被视为"白垩纪世界"；白垩纪大洋红层的缺氧事件在陆相的松辽盆地也有响应，并因此成为中国白垩纪"松科一井"钻探的目标之一。

4.2 古新世—始新世的热事件

本文 2.4 节谈到在古新世—始新世期间，若按海洋和大气的碳循环模拟，则大气温度增加 3.5℃；而海底岩心揭示，地球表面温度增加了 9℃。

4.3 3Ma 前的气候变化

据网易探索 2008 年 11 月 14 日讯,爱丁堡大学托马斯克·劳利和加拿大学者威廉·海德在《Nature》撰文,依据微小海洋化石和地球运行轨道转移的记录,他们认为过去 3 Ma 间,地球气候变化极为显著,出现炎热和极寒冷气候之间的变化,而地球运行轨道和 CO_2 含量减少是罪魁祸首。他们表示未来 1 万年到 10 万年间,将有大冰期到来,并将导致海平面下降 300m。劳利教授向路透社记者表示,上述发现并不意味着要取消对 CO_2 和 CH_4 气体的排放控制,也不是要向大气中排放更多的 CO_2,我们现在有很多时间来研究 CO_2、CH_4 等温室效应气体的含量到底多少才合适。

4.4 中国文明史记录的气候变化

(1) 据报道,中国科学院院士、郑州大学教授霍裕平说,几千年前,地球的气候比现在还热,所以近两年的气候变化,不可能归因于人类能源的消耗,他还说"全球变暖"恐慌是一些利益集团炒作,中国政府不应该为此降低能源消耗。

(2) 由施雅风院士主编的《中国气候与海面变化及其趋势和影响》系列之一《中国历史气候变化》一书的主编张丕远引用了 McBean G. A. 在 1992 年说过的一段话:"一个世纪以来,全球温度增加了 0.3~0.6℃,20 世纪 80 年代被认为是最暖的 10 年,这种升温是否能归诸温室气体增加,而不是自然的振动?这是很值得怀疑的。"[35]。张丕远在其主编的这本书的前言中说:"本书的目标就是探索这种气候的自然振动。"并用了近 78 万字的宏大篇幅论述了气候的自然振动。先引述其中一段话,在《大清圣祖仁皇帝实录》的康熙五十六年丁酉夏四月(1717 年 6 月)条下记载了康熙帝说过这样的话:"天时地气亦有转移,……从前(指康熙十年,1671 年)黑龙江地方冰冻有厚至八尺者,今却和暖,不似从前。又闻福建地方向来无雪,自本朝大兵到彼(指 1646 年)然后有雪。"从这段记载可以看出,黑龙江省 1717 年前后要比 1671 年前后温暖。而福建等地 1646 年以前冬季是比较暖和的,冬季一般无雪。但到 1646 年以后,气候变冷,冬季经常下雪。这一结论根据长江中下游洞庭湖、鄱阳湖、太湖三大湖泊结冰资料和中国热带地区下雪、降霜所得结果是一致的。

看来,不仅白垩纪时地球天气的变暖是由地球及其太阳系所致,在近 300 年的历史中,地球天气的变暖也不是由所谓的人为的 CO_2 气体所致。有兴趣的读者可参阅张丕远主编的这本书[35]。

4.5 地球气候变暖未必是灾难

(1) 许靖华(1998)对全球古气候的研究表明,全球变暖对人类是一个福音,相反,全球变冷会导致农业减产、饥荒、民族大迁移。他还明确指出,在过去 150 年里全球气温与大气中的温室效应并不是同步变化,气温变化与太阳黑子活动周期同步,这是坚信温室效应灾难的科学家们忽略的一个基本事实[36]。

(2) 2005 年 6 月 15 日,《科学时报》报道,施雅风院士认为,预估 2050 年前冰川变薄后退,有利于径流增加,而不是冰川退缩将导致水资源危机。施雅风院士最新一项研究表明(2005 年 7 月),从现在至 2050 年,中国西北地区将进入多雨丰水期,冰川融水量也将增加 50%,气候将向暖湿型转变。

(3) 甘肃河西走廊的地质历史也表明,在宋辽时期,由于寒冷干旱事件,导致全国政治动荡和战争动乱，引发全国饥荒，引发沙尘暴、生态环境破坏。在其前后的汉、唐、元、明，则由于气候温暖湿润，社会安定，人民丰衣足食[37]，看来，在媒体惊呼地球气候变暖是人类燃烧化石燃料所引起，而这将导致地球灾难（如本文开篇所谈到的）的一片呼声中，仍有一些不同的声音，不同的意见。

5 "地气排气"可能是全球气候变化的主要因素

苏联科学家近30多年来一直在探索"地球排气"这个前瞻性课题，1975年、1985年、1991年分别召开了第一届、第二届、第三届"全俄联盟地球排气及大地构造会议"[38]。2002年在莫斯科又专门召开了"地球排气作用：地球动力学、地球流体、石油和天然气"的纪念克罗泡特金的国际学术会议，300多位专家、学者向会议提交了198篇论文，可见地球排气作用已成为一个热点[39]。

杜乐天深刻指出，地球排气作用与地球动力学、成矿、成藏（金属、非金属矿床、油气藏）、自然灾害（地震、海啸、火山作用、大气圈温室气体、干旱、沙漠化、酷热、森林大火、煤矿瓦斯爆炸等）均有直接关系[40]。显然杜乐天的观点比俄罗斯学者涵盖的范围要广得多。我们能否以此为契机，开展这方面的深入研究呢？中国气象科学研究院任振球研究员也强调需用整体观来研究全球气候变暖成因，强调一些传统的科学思维方式需要改变，必须全方位考虑各种可能的影响因子（包括天地耦合），并注意其间的连锁关系[41]，马宗晋院士等强调特别要考虑到地球各圈层的相互作用[42]。

6 讨 论

本文提出地球排气作用（特别是排放 CO_2 和 CH_4）对全球气候的影响，并认为，联合国的《东京议定书》缺乏充足的科学依据。

就在笔者完稿之时，也传来一些相同、相似的全球变暖的另类解读的声音：

（1）台北市立教育大学教育系博士董德辉称，"即使关闭所有的石化燃料发电厂，禁止汽车与飞机的使用，地球气温仍然会持续变化。我们真正要担心的是，届时会不会已经民穷财尽，根本无力应付气候变迁所造成的后果"[43]。他还引用著名学者王阳明的一首诗："山近月远觉月小，便道此山大于月；若人有眼大如天，还见山高月更阔。"此诗颇有哲理，令人玩味。

（2）据新华网，俄罗斯媒体2006年11月23日报道，俄罗斯科学院天文观测总台的科学家们通过研究有关太阳辐射的资料得出结论称，50年后，全球变暖的趋势将有可能停止，地球随之进入全球变冷时代，到22世纪初开始，全球气候变暖周期又将重新来临。俄罗斯科学院天文观测总台太空研究室主任，数学—物理博士哈比布洛·阿布杜萨马托夫称，有关地球温室效应的《京都议定书》可以暂缓。

（3）涂光炽较早注意到 CO_2 在地质历史时期碳循环中的作用[44]。尽管他称不涉及当代全球变化问题，但是地质作用中 CO_2 的排放与人类燃烧化石燃料所排放的 CO_2 问题是不可回避的一个重大问题。这涉及《京都议定书》的法律约束、中国能源结构、燃煤的环境影响等。

（4）任振球的研究表明：①当代全球变暖的人为影响和自然因素都很重要，两者都不可偏废；②全球变暖的后果，并非都是坏事，而是有好有坏。他还指出，目前的一些全球变化计划，存在着过分强调全球变化的人为因素而轻视自然因素尤其是天文因素的倾向[45]。

据报道，2007年4月的国际媒体纷纷指责"中国是全球气候变暖的首要贡献国"，大有想把几百年来工业化活动积累起来的问题都怪罪到中国头上的势头。先不谈中国人均能源消耗只有欧洲的1/3，也不谈中国CO_2排放量尚不及美国，问题是，如前所述，CO_2和CH_4等温室气体的来源尚不清楚[46]，地球自然排放与人类化石燃料燃烧排放究竟孰主孰次也不清楚，便大讲特讲全球变暖如何如何，一些"科学家"把气候问题"好莱坞化"实在是不负责任的。当务之急是开展全球合作（这绝不是一个国家的事），把CO_2和CH_4的支出、收入（budget）弄清，然后再来评估。看来，温室气体的问题已不仅仅是个科学问题，而是涉及国家政治、外交等重大议题，在这其中，多学科的综合、交互研究固然是必要的，但地球科学家责无旁贷、义不容辞地要担当主要角色！重要的是全面、客观、科学地评估影响地球大气环境的各种因素，特别是人为的和自然的因素。尽管有《京都议定书》这个全球的国际公约，我们中国科学家也应有自己的看法与观点。退一步讲，温室气体如果导致全球气候变暖，我们也应客观、科学地评估全球变暖是好事，还是坏事（如前述许靖华、施雅风等学者所谈的）。总之，要全面、客观、公正、科学地评估全球环境变化！

在这里，特别要强调的是，据研究，甲烷所产生的温室效应是CO_2的21倍，CH_4对臭氧层的破坏作用则是CO_2的7倍。因此在讨论温室气体时，不能把焦点仅对准CO_2，还要特别考虑到CH_4的影响，而CO_2与CH_4是一对互为对立、矛盾的含碳化合物，CO_2中的C呈正4价，而CH_4中的C呈负4价，它们相互影响、互为消长，这在目前的科学家的研究中均是被忽略了的。

据《科学时报》记者徐建辉2007年6月6日报道，美国国家科学院、国家工程院、国立医学研究院和国家研究理事会联合组成的"过去2000年地表温度重建委员会"（这个委员会组织数十位学者，耗时一年），对过去2000年温度重建结果进行评估后认为，当前全球变暖的幅度是否超出自然变率的范围还有待商榷。人类究竟处于地球演变历史的哪个周期之中，它在地球演变历史上的地位和作用如何，科学家还有许多尚未解答的问题。

显然，我们对全球变化的认识和研究还有很长的路要走。

美国科学家在西班牙的巴伦西亚会议上仍坚持说："目前科学家对气候变化的危险没有明确的科学定义"；而布什政府和国会议员想保护美国的能源利益，反对对温室气体排放设置限制，他们对签署一个对自己不会带来切身利益的国际协议不感兴趣。

据最新报道，捷克总统克劳斯在2008年纽约召开全球气候变化的国际会议（有500名专家、学者参加）接受记者采访时说："没有任何证据显示气候变化是由人类引起的，京都议定书毫无意义，不会对改变气候变化的趋势有积极影响"；他还说："与欧洲一体化相比，气候变化简直就是个笑话"。

2007年11月17日联合国政府间气候变化专门委员会公布了第四份气候变化评估报告称：全球变暖可能造成"灾难性而且不可逆转的后果"❶。

联合国秘书长潘基文在西班牙巴伦西亚主持了这份报告的发布会，他说："世界正处于重大灾难的边缘"，他还说："人类是主因"。联合国政府间气候变化专门委员会在2007

---

❶ 杜乐天. 地球排气作用——巨大天然气能源与重大自然灾害的孕因. 北京：气象出版社，2009.

与美国前副总统戈尔共获诺贝尔和平奖使这份报告更具权威性。报告称，全球大气和海洋平均温度上升等观测表明，全球气候变暖已经是"明确的"事实，这是对的。但是全球气候变暖未必是人类行为所致，地球本身更要对这一事件负责，即地球排气作用可能才是全球变暖的元凶。如同地质历史白垩纪时期的全球变暖事件一样，因此目前的气候仅仅是地球历史发展中的一个小插曲而已。因此潘基文的"人类是主因"的说法还为时尚早。

诚然，作为人类，有义务开展"节能减排"，不要使本来已变暖的地球"雪上加霜"。

事实上，有关气候变暖的科学争议一直在进行着。

1904年，有科学家提出全球变暖的说法；20世纪70年代，世界上占主流地位的说法是全球气候"变冷说"；直到20世纪80年代，气候变暖说才形成一个热潮。

然而，事情却发展成中国成了争议中被人攻击的靶子之一。不过，也有专家认为，"要黄河以南大部分地区连冬天供暖还没实现的中国现在就停止发展是不公平的"，美国和其他发达国家比中国使用廉价能源的时间要长得多，他们对全球变暖应承担更大、更多的历史责任。中国人均能源消费只有美国的七分之一。

奇怪的是，现在气候变暖的政治温度却达到了白热化，这显然有人蓄意政治炒作，以温室气体排放等环境问题阻碍中国、印度等发展中国家的经济发展。

2007年11月27日，联合国开发计划署发布了一份名为"与气候变化作战"的《2007/2008人类发展报告》，第一次给发展中国家提出减排日程。28日，印度公开质疑这份报告，认为其体现了"对发展中国家的严重不公"，并表示对温室气体排放量的限制将可能会让印度消除贫困的目标变得更加艰难。

最近，美国能源部长朱棣文提出"碳关税"的概念，称"如果其他国家没有实施温室气体强制减排措施，美国将征收碳关税。"美国众议院后来通过了《清洁能源和安全法案》，能源部长的"碳关税"成了法律。

这是以环保名义堂而皇之直接把中国等发展中国家的财富纳入到发达国家的国库中的一个阴谋；显然对CO_2进行调控，不可避免地会对全球经济造成伤害，尤其是对那些正处于发展中并试图摆脱贫困的国家。

中国政府外交部副部长何亚非指出，中国坚决反对利用气候变化之名推行贸易保护主义。事实上，这是戴了绿色帽子的"贸易保护主义"！

按照碳排放计算法，中国大量产品将无法保持现有的对美价格优势，届时必然出现出口骤降的局面。如果到时欧盟各国仿效美国的"碳关税"，中国对外出口必将一片萧条，对中国出口将是一次灾难。

在这种背景下，中国科学家更应有理、有利、有节地全面阐述中国对全球变暖的观点。

7 最新研究值得关注

2009年9月22日，胡锦涛出席了联合国气候变化峰会，12月出席在哥本哈根举行的世界气候变化会议。

最近，面对这一人类备受关注的主题，有一些不同的声音。

7.1 科学界无法划定人为效应与自然效应的主次因素

丁仲礼等在《中国科学》杂志撰文指出，迄今为止，科学界并不具备可靠手段，来定量区分过去一个世纪来增温的人为效应与自然效应。虽然过去 30 年来，人类在利用数值模式预测气候系统变化的能力方面有较大提高，但即使目前世界上最先进模式的模拟结果仍然具有高度的不确定性。他们还认为："一些发达国家提出征收碳关税会损害全球消费者利益，因此，征收碳关税断不可行"[47]。

7.2 自然因素可能大于人类因素

孙枢、王成善在第四届全国沉积学大会上提出"深时（Deep Time）"研究[48]，他们引用"深时"倡导者 Soregham 等的观点，即"根据目前研究的结果，我们可以明显看出，自然因素作用的结果已经超出了人类活动所影响的限度，这对于探讨人类活动所影响的程度以及更加准确地进行未来的气候预测无疑是有重要意义的"[48]。并提出："气候变化可能是由于地球系统内部因素变化引起，也可能由外部因素导致"，"地球曾表现出'温室状态'与'冰室状态'交替出现的周期性，并以温室气候为主"；"温室气候"的代表是中生代白垩纪为最典型、最极端；而古新世—始新世最热事件（PETM, Paleocene-Eocene Thermal Maximum）也是一次全球性的气候突变事件。

越来越多的证据表明，气候变化不只是大气圈独立变化的结果，而是受大气圈、岩石圈、水圈、生物圈以及天文因素等共同作用的结果。

因此，为了全面了解地质历史时期地球的气候系统及对未来气候变化趋势进行预测，需要全球的地球科学家一起，进行包括沉积学与地层学、古生物学、构造地质学、大地构造学、地质年代学、地球化学、地球物理学与气候计算机模拟等相关学科，从"深时"古气候研究的视角，聚焦这一重大科学问题[48]。

7.3 目前的气候模型有太多的不确定性

周鑫与郭正堂对新生代气候与大气温室气体浓度的关系的分析研究表明：在第四纪气候变化的历史上，气候系统中其他一些因素对温度的作用有时会显著超越 CO_2 的温室效应，即引起温室效应的除温室气体 CO_2 外，还有比大气 CO_2 更重要的因素。气候系统其他内部过程对温度变化起到了更重要的作用，即使在考虑温室气体时，CH_4 的温室效应不应被忽视。目前的气候模型在理解气候变化和温室气体关系中仍有不确定性。如果考虑气候模型，除考虑温室气体外，自然因子必须考虑进去，而且有学者主张，自然因子可能起到重要作用，如太阳辐照度的变化。

总之，地质过程，尤其是地球深部过程，对地球碳循环的贡献必须予以重视[49]。

7.4 应对气候变化的行动战略

最近，陈泮勤等对气候变化的几个关键问题提出了质疑：
（1）人类活动的辐射强迫作用存在不确定性；全球增温幅度被高估了；（2）代用资料也不足以支持人类活动对全球变暖的贡献；（3）即使全球变暖，是利是弊仍不能作出结论；（4）气候预估存在不确定性。陈泮勤等提出应对气候的行动战略是："适应为主，减缓为辅"[50]。

7.5 地球科学家的尴尬

地球科学家无论如何也没有想到，在 21 世纪初期被政治、社会推到"风口浪尖"上，政治家、社会活动家们要地球科学家回答一个一直有争议而且是一个十分棘手的问题，即人类排放温室气体与地球排气作用相比，谁是"全球变暖"的主导因素？

一个奇怪的现象在发生，即当地球科学家们还没弄清谁是全球变暖的"元凶"时，我们的政治家们却迫不及待地坐在圆桌旁要讨论如何减少排放 CO_2 等温室气体的议题。也许与地球排气作用相比，人类排放的 CO_2 和 CH_4 等温室气体实在是微不足道的。就这样 2009 年 12 月各国政府首脑聚集在哥本哈根讨论一个尚未确定的议题，这究竟是人类的无知呢，还是人类的进步？"拯救地球"可能仅仅是善良的环保人士的梦想而已。

面对如此巨大政治压力，中国地球科学家应该理直气壮地表达自己的观点而不能人云亦云，这也便是本文的表述。

8 结 论

（1）至少到目前为止，地球大气圈中 CO_2 和 CH_4 气体增加的原因尚不清楚，即地球排气作用与人类活动相比孰主孰次需要作一个定量的、科学的评估，这个过程需要全世界科学家共同合作，这是一个漫长的过程。

（2）地球大气圈中 CO_2 和 CH_4 的增加一方面造成海平面上升、森林草原消失……，另一方面对人类却是一个福音，粮食增产、政通人和。两者相比也需要综合、全面的评估。

（3）我们不必因为西方一些媒体的炒作宣传而"无所适从"，因为限制发展中国家减少燃料的使用，对这些国家的经济将造成重大打击（如中国、印度等）。

（4）人们可能过高地估计了人类活动对地球环境的负面影响。也许目前气候变暖恰好是地球演化过程中的一个小插曲而已（如白垩纪时期的全球变暖），《京都议定书》只不过是一些学者、政要的一种臆想而已。

（5）人类不可能"拯救地球"，而只能适应地球的发展、演化，当然"低碳经济"、"节能减排"仍是人类必须遵守的原则。

参 考 文 献

[1] 杜乐天. 国外天然气地球科学研究成果介绍与分析. 天然气地球科学，2007，18（1）：1-18.

[2] 李院生，陈晓枫，张国平，等. 地球深部二氧化碳排放对全球碳循环及全球变化的影响的讨论//欧阳自远. 中国矿物学岩石学地球化学研究新进展. 兰州：兰州大学出版社，1994：279-280.

[3] Etiope G, Caracausi A, Favara R, et al. Methane emission from mud volcanoes of Sicily (Italy). Geophysics Res. Lett., 2002, 29 (8): 10.1029/0001GL074349, 56-3, 56-4.

[4] Etiope G, Feyzullayev A, Baciu C L, et al. Methane Emission from Mud Volcanoes in Eastern Azerbaijan. Geology, 2004, 32 (6): 465-468.

[5] Gold T, Soter S. The Deep Earth Gas hypothesis. Scientific American, 1980, 342: 154-161.

[6] 李碧宁，焦养泉，张景廉. 松潘—甘孜褶皱带的深部地壳构造特征及油气前景. 新疆石油地质，2006，27（6）：655-659.

[7] 张景廉，杜乐天，张虎权，等. 四川汶川大地震与中地壳低速、高导层的成因关系初探. 西北地震学报，2005，30（4）：405-412.

[8] 曾明果，悦辉，符广，等. 汶川大地震震中的喷发气后的"爆裂式泥火山场景". 四川地质学报，2009，29（2）：250-251.

[9] 曾明果. 地震的超临界水流体退相爆发成因——以汶川大地震震中"爆裂式泥火山"场景为例. 四川

地质学报，2009，29（3）：372-377.
[10] 杜乐天. 地气排气作用的重大意义及研究进展. 地质论评，2005，50（2）：174-180.
[11] Ryskin G. Mathane-driven Oceanic Eruptions and Mass Extinction. Geology, 2003, 31（9）: 741-744.
[12] 德米特立夫斯基 AH，巴兰尤克 ИЕ，沙尔克金 ОГ，等. 洋壳蛇纹岩—生烃源. 任俞，译. 新疆石油地质，2002，24（3）：268-271.
[13] 杜乐天. 烃碱流体地球化学原理. 北京：科学出版社，1996.
[14] 张景廉. 民和盆地天然气的地球化学特征及其成因. 油气勘探技术信息，1994，6（4）：1-10.
[15] 卫平生，张虎权，张景廉，等. 民和盆地油、气、煤、铀共存成藏（矿）机理研究. 北京：石油工业出版社，2007.
[16] 戴金星，宋岩，戴春森，等. 中国东部无机成因气及其气藏形成条件. 北京：科学出版社，1995：80-192.
[17] 周兴熙. 塔里木盆地克拉2气田成藏机制再认识. 天然气地球科学，2003，14（5）：354-360.
[18] 方乐华，张景廉. 油气是可以再生的. 石油勘探与开发，2007，34（4）：508-512.
[19] 张虎权，卫平生，张景廉. 煤层气成因讨论. 石油学报，2007，28（2）：29-34.
[20] MacDonald G. The many Origins of Natural Gas. Journal of Petroleum Geology, 1983, 5（4）: 341-362.
[21] 张景廉. 阿尔山森林大火兴许天然气作怪. 中国矿业报，1998-7-29，3版.
[22] 张景廉. 森林大火后的思考. 地学前缘，1999，6（增刊）：257.
[23] 郭广锰. 东北地区特大森林火灾的分布规律探讨. 地学前缘，2004，11（2）：524.
[24] 杜乐天，王驹，陈国梁，等. 区域性森林大火的真正成因. 地学前缘，2006，13（2）：224-227.
[25] 徐永福，浦一芬，赵亮. 海洋碳循环模式的研究进展. 地球科学进展，2005，20（10）：1106-1115.
[26] 王荣. 海洋生物泵与全球变化. 海洋科学，1992，99（1）：18-21.
[27] Siegenthaler V, Sarmiento JL. Atmosphere Carbon Dioxide and the Ocean. Nature, 1993, 365: 119-125.
[28] Schlesinger W H. Evidence from Chronosequence Studies for a Low Carbon-Storage Potential of Soils. Nature, 1990, 348（2）: 232-234.
[29] Raich J W, Potter C S. Global Patterns of Carbon Dioxide Emission from Soils. Global Biogeochemical Cycle, 1995, 9（1）: 23-36.
[30] Post W M, Emanual W R, Zinke P J, et al. Soil Carbon Pools and World Life zones. Nature, 1982, 298（2）: 156-159.
[31] 陶贞，沈承德，高金洲，等. 高原草甸土壤有机碳储量和CO_2通量. 中国科学（D辑），2007，37（4）：553-563.
[32] 于贵瑞，王绍强，陈泮勤，等. 碳同位素技术在土壤碳循环研究中的应用. 地球科学进展，2005，20（5）：568-577.
[33] 香山科学会议年报编委会主编. 香山科学会议年报（2004）. 北京：中国环境科学出版社，2005：127-134.
[34] 方精云，郭兆迪，朴世龙，等. 1981—2000年中国陆地植被碳汇的估算. 中国科学（D辑），2007，37（6）：804-811.
[35] 董德辉. 全球变暖的另类解读. 科学时报，2006-10-16.
[36] 涂光炽. 关于CO_2若干问题的讨论. 地学前缘，1996，3（3-4）：53-62.
[37] 许靖华. 太阳、气候、饥荒与民族大迁移. 中国科学（D辑），1998，28（4）：366-384.
[38] 张丕远. 中国历史气候变化. 济南：山东科学技术出版社，1996：226.
[39] 赫明林，曹兴山，曹炳媛. 河西走廊地质历史中宋辽干冷期突变事件及其影响. 甘肃地质，2006，15（1）：10-18.
[40] 任振球. 全球变化研究的新思维. 地学前缘，2002，9（1）：27-33.
[41] 张景廉. 地球大气环境评价：人类活动与地球排气作用孰主孰次//中国地球物理学会第21届学术年

会年刊, 2005.

[42] 郭万奎, 赵永胜, 陈树耀, 等编译. 地球排气作用与大地构造//第二届、第三届全俄联盟地球排气与大地构造会议论文集. 上海: 上海辞书出版社, 2003: 1-183.

[43] 黄学, 牛彦良, 陈树耀, 编译. 地球排气作用: 地球动力学、地球流体、石油与天然气. 上海: 上海远东出版社, 2008: 1-242.

[44] 任振球. 地球科学前沿与整体观方法论//王恒礼, 余际从, 李朝秀, 等. 创新思维与地球科学前沿. 北京: 中国大地出版社, 2002: 195-202.

[45] 马宗晋, 杜品仁, 卢苗安. 地球的多圈层相互作用. 地学前缘, 2001, 8 (1): 3-8.

[46] 杜乐天. 地球排气作用—巨大天然气能源与重大自然灾害的孕因. 北京: 气象出版社, 2010.

[47] 丁仲礼, 段晓男, 葛全胜, 张志强. 2050 年大气 CO_2 浓度控制: 各国排放权计算. 中国科学 (D辑: 地球科学), 2009, 39 (8): 1009-1027.

[48] 孙枢, 王成善. "深时 (Deep Time)" 研究与沉积学. 沉积学报, 2009, 27 (5): 792-810.

[49] 周鑫, 郭正堂. 浅析新生代气候变化与大气温室气体浓度的关系. 地学前缘, 2009, 16 (5): 15-28.

[50] 陈泮勤, 程邦波, 王芳, 曲建升. 全球气候变化的几个关键问题辨析. 地球科学进展, 2010, 25 (1): 69-75.

献）。不过这里特别强调的是，笔者在讲无机成因油气时也承认有机成因的干酪根在生烃过程中的作用，如《辽河断陷原油生成环境与演化》一书中阐述的油气生成模式图（原图9-1、图5-1、图6-2）[32]。

（4）此外，从"无机生油"及"油气可再生"的角度出发，笔者认为，无休无止的煤矿瓦斯爆炸事件、森林大火事件以及温室气体 CO_2 的排放问题[36—38]，可能无不与深部地壳无机气体物质源及不断供给有关。大气中 CO_2 的浓度升高，可能仅仅是地球演化中的地球排气作用和现象，而非仅人为因素使然。至少目前尚无法确切知道，在地球大气环境中，地球排气与人为因素孰主孰次。重要的是，先查清地球每年排气量，如 CO_2、CH_4、CO 和 H_2 等；而人为排气倒是可以计算的，总之先作调查研究[39]。人们需用更开阔的思路看待和分析这些现象。

6 结 论

基于对油气勘探开发中一些异常现象的分析讨论，笔者认为，石油与天然气是可以再生的，是可以不断补给的；Guaymas 盆地年轻的热液石油不是蒂索等的有机生烃论所能解释的；煤层 CO_2 突出、煤层瓦斯（甲烷）爆炸均表明煤层气也是可以不断补给的；煤矿瓦斯爆炸、森林大火、温室气体 CO_2 的排放等不可排除地球排气的作用；石油、天然气的再生表明它们是可以通过无机反应而生成的。

参 考 文 献

[1] 杨万里. 我国陆相生油理论研究与油气勘探//中国含油气盆地烃源岩评价. 北京：石油工业出版社，1989：1-20.

[2] 龚再升. 中国近海新生代盆地至今仍然是油气成藏的活跃期. 石油学报，2006，26（6）：1-6.

[3] 郭占谦. 关于中国油气资源可持续发展的思考. 大庆：大庆油田勘探开发研究院，1998.

[4] 李国玉，金之钧. 世界含油气盆地图集（上、下册）. 北京：石油工业出版社，2005.

[5] 索科洛夫 Б А. 油气地质学领域中3个有争议的问题. 夏明生，译. 国外油气勘探，1997，9（2）：182-192.

[6] 李庆忠. 打破思想禁锢，重新审视生油理论——关于生油理论的争鸣. 新疆石油地质，2003，24（1）：75-83.

[7] 李庆忠. 生油理论值得重新审视——答黄第藩、梁狄刚《关于油气勘探中石油生成的理论基础问题》一文. 石油勘探与开发，2005，32（6）：13-16.

[8] 高耀武，黄志龙，郝石生. 琼东南盆地天然气运聚的平衡研究. 中国海上油气（地质），1995，10（2）：77-81.

[9] 杜乐天，强祖基. 特异自然灾害发生的内因——地球排气作用//香山科学会议第133次学术讨论会论文集. 北京：科学出版社，2002：66-70.

[10] 周泽山. 风雨兼程市场"赶考". 中国石油石化，2005，（21）：48-49.

[11] 张虎权，卫平生，张景廉. 也谈威远气田气源——与戴金星院士商榷. 天然气工业，2005，25（7）：4-7.

[12] 郭占谦. 大庆成为百年油田的理论和实践根据. 大庆石油地质与开发，2005，24（1）：1-4.

[13] 王连生，郭占谦，马志红，等. 大庆长垣伴生气中二氧化碳含量的变化及原因. 新疆石油地质，2005，26（6）：612-613.

[14] 周兴熙. 塔里木盆地克拉2气田成藏机制再认识. 天然气地球科学，2003，14（5）：354-360.

[15] 张景廉. 克拉2大气田成因讨论. 新疆石油地质, 2000, 23 (1): 71-73.

[16] 李明诚, 单秀琴, 马成华, 等. 利用流体包裹体分析油气成藏期问题的探讨. 天然气, 2006, 2 (2): 9-13.

[17] 李明诚, 马成华, 胡国艺, 等. 油气藏的年龄. 石油勘探与开发, 2006, 33 (6): 653-656.

[18] Simoneit B R T, Lonsdate P F. Hydrothermal Petroleum in Mineralized Mounds at the Seabed of Guaymas Basin. Nature, 1982, 295 (5846): 198-202.

[19] Didgk B M, Simoneit B R T. Hydrothermal oil of Guaymas Basin and Implications for Petroleum Mechanisms. Nature, 1989, 342 (6245): 65-69

[20] Peter J M, Peltonen P, Scott S D, et al. ^{14}C ages of Hydrothermal Petroleum and Carbonate in Guaymas Basin, Gulf of California: Implications for Oil Generation, Expulsion and Migration. Geology, 1991, 19: 253-256.

[21] 张景廉, 王先彬, 曹正林. 热液烃的生成与深部油气藏. 地球科学进展, 2000, 15 (5): 545-552.

[22] 秦勇. 中国煤层气产业化面临的形势与挑战（Ⅰ）——当前所处的发展阶段. 天然气工业, 2006, 26 (1): 4-7.

[23] 秦勇. 中国煤层气产业化面临的形势与挑战（Ⅱ）——关键科学技术问题. 天然气工业, 2006, 26 (2): 6-10.

[24] 秦勇. 中国煤层气产业化面临的形势与挑战（Ⅲ）——走向与前瞻性探索. 天然气工业, 2006, 26 (3): 1-5.

[25] 张景廉. 实话实说中国油气资源现状. 石油科技论坛, 2005, (2): 27-31.

[26] 张景廉, 卫平生, 张虎权, 等. 再论石油与铀矿床的相互关系——四论油气与金属（非金属）矿床的相互关系. 新疆石油地质, 2006, 27 (4): 493-497.

[27] 张景廉, 朱炳泉, 陈义贤, 等. 辽河断陷石油无机成因的地球化学证据. 石油与天然气地质, 1999, 20 (3): 192-194.

[28] Zhu B Q, Zhang J L, Tu X L, et al. Pb, Sr and Nd Isotopic Features in Organic Matter from China and their Implications for Prtroleum Generation and Migration. Geochimica et Cosmochimica Acta, 2001, 65 (15): 2555-2570.

[29] 张景廉, 朱炳泉, 张平中, 等. 克拉玛依乌尔禾沥青脉 Pb—Sr—Nd 同位素地球化学. 中国科学（D辑）, 1997, 27 (4): 325-330.

[30] 张景廉, 朱炳泉, 张平中, 等. 塔里木盆地干酪根沥青的 Pb—Sr—Nd 同位素体系及其成因演化. 地质科学, 1998, 33 (3): 310-317.

[31] Zhang J L, Zhu B Q, Chen Y X, et al. Pb, Sr Isotopic Study of the Lower Tertiary Sedimentary Organic Matter in Liaohe Depression. China Science Bulletin, 1999, 44 (23): 192-194.

[32] 陈义贤, 朱炳泉, 张景廉. 辽河断陷原油生成环境与演化. 北京: 石油工业出版社, 1999.

[33] 张景廉, 朱炳泉, 陈义贤, 等. Pb, Sr, Nd 同位素与辽河油田油源对比. 地学前缘, 2000, 7 (2): 345-352.

[34] 张景廉. 中国一些含油气盆地深部地壳结构与油气田关系的讨论. 天然气地球科学, 1998, 9 (5): 28-36.

[35] 张景廉, 于均民. 论中地壳及其地质意义. 新疆石油地质, 2004, 25 (1): 90-94.

[36] 张景廉. 地球大气环境评价: 人类活动与地球排气作用孰主孰次//中国地球物理学会第21届学术年会年刊. 长春: 吉林大学出版社, 2005: 646.

[37] 张景廉. 阿尔山森林大火兴许天然气作怪. 中国矿业报, 1998-07-29 (3).

[38] 张景廉. 森林大火后的思考. 地学前缘, 1999, 6 (增刊): 257.

[39] 郭万奎, 赵永胜, 陈树耀, 等. 地球排气作用与大地构造//第二届、第三届全俄联盟地球排气与大地构造会议论文集. 上海: 上海辞书出版社, 2003: 1-7.

附　录

附录1 张景廉论文、论著目录

在下列 40 多种刊物上：《矿物岩石地球化学通讯》（《矿物岩石地球化学通报》）、《国外铀矿地质》、《天然气地球科学》、《中国海上油气》（地质）、《石油地质与实验》、《西北油气勘探》（《油气勘探技术信息》、《岩性油气藏》）、《东华理工学院学报》（《华东地质学院学报》）、《石油地质》、《铀矿地质》（《放射性地质》）、《成都理工学院学报》、《地球科学进展》、《沉积学报》、《地球化学》、《中国科学》（D 辑）、《甘肃地质学报》、《地球物理学进展》、《勘探家》（《中国石油勘探》）、《海相油气地质》、《China Oil & Gas》、《新疆石油地质》、《地质地球化学》、《地质科学》、《石油实验地质》、《中国矿业报》、《科学通报》、《石油与天然气地质》、《地学前缘》、《Chinese Science Bulletin》、《石油地球物理勘探》、《石油大学学报》、《Geochimica et Cosmochimica Acta》、《海洋石油》、《石油勘探与开发》、《石油科技论坛》、《天然气工业》、《石油学报》、《地层学杂志》、《中国石油石化》、《西北地震学报》、《地球物理学报》、《中国科学院院刊》等发表了下列论文。

铀金地球化学

[1] 张景廉. 利用矿物溶液平衡的铀水化学找矿方法. 放射性地质, 1983, 5: 85-91.

[2] 张景廉, 周鲁民. 模式识别与地质找矿. 放射性地质简讯, 1984, 16: 5-7.

[3] 饶纪龙, 张景廉, 周鲁民. 溶液地球化学模型的现状与发展. 矿物岩石地球化学通讯, 1987, 3: 161-163.

[4] 张景廉, 周鲁民, 饶纪龙. 天然水溶液模型的某些计算机程序. 地质地球化学, 1988, 3: 56-68.

[5] 张景廉. 7614 铀矿床断裂构造地球化学研究. 铀矿地质, 1988, 4 (1): 1-10.

[6] 张景廉. 关于铀金矿源层（岩）与地球化学负异常的讨论. 铀矿地质, 1988, 4 (4): 253-255.

[7] 张景廉. 铀成矿作用、核废物地球化学处置与吸附作用的关系. 铀矿地质, 1989, 5 (3): 158-165.

[8] 张景廉, 刘平立, 徐海蓓, 等. 模式识别与成矿预测 I. Cora-3 方法及其在花岗岩型铀矿预测中的应用. 华东地质学院学报, 1989, 12 (3): 1-12.

[9] 张景廉, 郭新补, 叶伟龙, 等. 模式识别与成矿预测 II. Hamming 方法及其在花岗岩型铀矿预测中的应用. 华东地质学院学报, 1990, 13 (3): 1-12.

[10] 张景廉. 一种利用微生物找金、铀矿的新方法. 国外铀矿地质, 1990, 7 (1): 7-10.

[11] 张景廉, 叶伟龙. 模式识别与成矿预测 IV. Isokid 方法及其在矿产预测中的应用. 铀矿地质, 1990, 6 (2): 104-112.

[12] 张景廉. 吸附作用与铀金成矿的作用//全国矿床地质与矿床地球化学理论与方法学术讨论会论文集. 兰州: 兰州大学出版社, 1990: 80-81.

[13] 张景廉, 叶伟龙. 模式识别与成矿预测 V. 模式识别应用于地学中若干问题的讨论. 华东地质学院学报, 1991, 14 (1): 19-27.

[14] 张景廉. 关于铀矿水文地球化学找矿方法的简要讨论. 国外铀矿地质, 1991, 8 (3): 40.

[15] 张景廉, 黄克玲. 黏土矿物在铀矿床形成过程中的作用//中国铀矿地质学会学术讨论会论文集, 1991.

[16] 黄克玲, 周鲁民, 张景廉. 高温铀物种形成（Sepeciation）的热力学数据. 铀矿地质, 1993, 9 (6): 321-327.

[17] Parslow G R, Garskath J W, Zhang Jinglian（张景廉）. Geochemistry of the Annebal Lake Aera, Saskatchewan Energy and Mines, Canada, Open File Report, 1986, 86-3.154.

[18] 张景廉, 周鲁民, 黄克玲. 铀矿物溶液平衡（硕士研究生教学参考书）. 北京: 原子能出版社, 2004: 286.

油气地球化学

[19] 张景廉. 地质催化反应在成烃作用过程中的意义. 天然气地球科学, 1992, 3 (2): 12-23.

[20] Zhang Jinglian. The effect of Geocatalytic Reactions on the Hydrocarbon Generation Processes//Xu Y C. Proceedings of International Symposium on Gas-Geochemistry, Lanzhou, China: Lanzhou University Press, 1992: 52-53.

[21] Zhang Jinglian, Yang Zhongxuan. Oil-source Rocks Correlation in Minhe Basin and some Comments on the Petroleum Generation Potential from Coals in the Western Basin of China. International symposium on hydrocarbons from non-marine sediments (Abstracts). Lanzhou, China, 1992: 55-56.

[22] Zhang Jinglian. Some Remarks on the Thermal Simulation Experiments of Hydrocarbon Source rocks International symposium on hydrocarbons from non-marine sediments (Abstracts). Lanzhou, China, 1992: 90.

[23] 张景廉, 朱炳泉, 张景龙. 关于石油生成和运移年龄的确定和测定. 中国海上油气（地质）, 1993, 8 (2): 71-74.

[24] 张景廉. 谈谈石油有机地球化学中的若干问题. 石油地质与实验, 1993, 3、4合刊: 91-92.

[25] 张景廉. 关于Connan的"时间—温度"补偿准则的讨论. 石油地质与实验, 1993, 3、4合刊: 87-88.

[26] 张景廉. 谈谈油气热模拟实验. 石油地质与实验, 1993, 3、4合刊: 91-92.

[27] 张景廉. 试论石油地球化学与无机地球化学的结合问题//欧阳自远. 中国矿物学岩石学地球化学研究新进展. 兰州: 兰州大学出版社, 1994: 222-223.

[28] 张景廉. 关于石油地球化学研究中若干问题的讨论. 油气勘探技术信息, 1994, 6 (1): 45-48.

[29] 张景廉. 试论石油与铀矿床的相互关系. 华东地质学院学报, 1994, 17 (1): 42-45.

[30] 张景廉. 民和盆地石油地质学、石油地球化学的若干问题. 石油地质, 1994, 10 (1): 7-21.

[31] 张景廉. 民和盆地天然气的地球化学特征及其成因. 油气勘探技术信息, 1994, 6 (4): 1-10.

[32] Zhang Jinglian. Pb Isotopic Evidence of Mantle Source Abiogenic Oils in the Tarim Basin,

[33] 张景廉，朱炳泉．塔里木盆地、准噶尔盆地干酪根、沥青的 Pb—Pb 定年及原油生成年龄研究．油气勘探技术信息，1995，7（4）：12-21．

[34] 张景廉．世界油气资源的枯竭及 21 世纪能源的思考．油气勘探技术信息，1995，7（4）：55-59．

[35] Zhang Jinglian, Zhu Bingquan. Pb isotopic Features in Solid Bitumen and Kerogen from Tarim Basin and its Implications for Abiogenic Genesis of Crude Oils//刘树根，陆正元．油气地质学进展．成都：四川科学技术出版社，1996：160-167．

[36] 张景廉，张平中．黄铁矿对有机质成烃的催化作用讨论．地球科学进展，1996，11（3）：282-287．

[37] 张景廉，朱炳泉，张平中．Pb—Sr—Nd 同位素体系在石油地球化学中的应用．地球科学进展，1997，12（1）：44-50．

[38] 张世英，张景廉，张平中．胜利油田孤岛原油中有机硅化合物的发现及石油地质意义．沉积学报，1997，15（1）：7-12．

[39] 张景廉．再论油气与金属（非金属）矿床的相互关系．铀矿地质，1997，13（1）：13-18．

[40] 涂湘林，朱炳泉，张景廉，等．Pb、Sr、Nb 同位素体系在石油定年与成因示踪中的应用．地球化学，1997，27（4）：325-330．

[41] 张景廉，朱炳泉，张平中，等．克拉玛依乌尔禾沥青脉 Pb—Sr—Nd 同位素地球化学．中国科学（D 辑），1997，27（4）：325-330．

[42] 张景廉，朱炳泉．塔里木盆地干酪根、沥青的 Pb 同位素特征及原油幔源非生物成因（摘要）．甘肃地质学报，1997，增刊：84．

[43] 张景廉．塔里木盆地志留纪砂岩固体沥青的形成机理//张一伟．油气成藏机理及油气资源评价国际讨论会论文集．北京：石油工业出版社，1997：247-252．

[44] 张景廉，朱炳泉，张平中，等．地壳的新地球物理模型与石油的无机合成说．地球物理学进展，1997，12（4）：91-97．

[45] 张景廉，朱炳泉．关于沥青成因的探讨．海相油气地质，1997，2（4）：53-57．

[46] Zhang Jinglian, Zhu Bingquan. Mechanism of Solid Bitumen in Silurian Sandstones of Tarim Basin. China Oil & Gas, 1997, 4（4）：210-211．

[47] 张景廉，张平中，吕锡敏，等．油气无机成因学说研究的新进展．地球科学进展，1998，13（1）：44-45．

[48] 张景廉，朱炳泉，涂湘林，等．塔里木、准噶尔盆地石油生成与演化．新疆石油地质，1998，19（2）：95-100．

[49] 张景廉，刘小琦，张平中，王大锐．碳同位素与油气物源示踪．地质地球化学，1998，26（2）：63-69．

[50] 张景廉，朱炳泉，张平中，等．塔里木盆地干酪根、沥青的 Pb—Sr—Nd 同位素体系及其成因演化．地质科学，1998，33（3）：310-317．

[51] 张景廉．阿尔山森林大火兴许天然气作怪．中国矿业报，1998-7-29（3）．

[52] Zhang Jinglian, Zhu Bingquan, Chen Yixian, et al. Pb, Sr Isotope Study of Sedimentary Organic Matter and Crude Oils in Liaohe Basin and Oil-source Correlation. China Oil & Gas,

1998, 5 (3): 153-154.

[53] 卫平生, 郭彦如, 张景廉, 等. 古隆起与大气田的关系. 天然气地球科学, 1998, 9 (5): 1-9.

[54] 张景廉, 王新民, 赵应成, 等. 深大断裂与大气田的关系. 天然气地球科学, 1998, 9 (5): 10-17.

[55] 卫平生, 郭彦如, 张景廉, 等. 膏盐矿床与大气田的关系. 天然气地球科学, 1998, 9 (5): 19-27.

[56] 张景廉. 中国一些含油气盆地深部地壳结构与油气田关系的讨论. 天然气地球科学, 1998, 9 (5): 28-36.

[57] 张景廉, 曹正林, 朱炳泉, 等. 关于无机生油理论的思考. 石油实验地质, 1999, 14 (1): 12-17.

[58] 朱炳泉, 张景廉. 中国大陆大中型油气田分布规律探讨. 勘探家, 1994, 4 (1): 12-17.

[59] 张景廉. 森林大火后的思考. 地学前缘, 1999, 6 (增刊): 257.

[60] 张景廉, 赵应成, 王新民, 等. 大气田形成的一些控制因素探讨. 海相油气地质, 1999, 4 (1): 43-48.

[61] 张景廉, 朱炳泉, 陈义贤, 等. 辽河断陷下第三系烃源岩有机质 Pb、Sr 同位素研究. 科学通报, 1999, 44 (11): 1222-1225.

[62] 张景廉, 郭彦如, 卫平生, 等. 三论油气与金属（非金属）矿床的关系: 油气与膏盐. 新疆石油地质, 1999, 20 (4): 310-313.

[63] 张景廉, 朱炳泉, 陈义贤, 等. 辽河断陷石油无机成因的地球化学证据. 石油与天然气地质, 1999, 20 (3): 192-194.

[64] Zhang Jinglian, Zhu Bingquan, Chen Yixian, et al. Pb, Sr Isotopic Study of the Lower Tertiary Sedimentary Organic Matter in Liaohe Depression. Chinese Science Bulletin, 1999, 44 (23): 2192-2195.

[65] 张景廉. 论 Connan 的温度—时间关系. 海相油气地质, 1999, 4 (4): 51-55.

[66] 陈义贤, 朱炳泉, 张景廉. 辽河断陷原油生成环境与演化. 北京: 石油工业出版社, 1999: 100.

[67] 张景廉, 朱炳泉, 陈义贤, 等. Pb、Sr、Nb 同位素与辽河油田油源对比. 地学前缘, 2000, 7 (2): 345-352.

[68] 张景廉, 朱炳泉. 固体金属同位素在油气运移研究中的应用. 石油大学学报: 自然科学版, 2000, 24 (4): 88-89.

[69] 张景廉, 王先彬. 热液烃的生成与深部油气藏. 地球科学进展, 2000, 15 (5): 545-552.

[70] 张景廉, 朱炳泉. 欧亚大陆大中型油气田分布规律探讨. 新疆石油地质, 2000, 21 (5): 353-356.

[71] 张景廉, 刘全新, 梁秀文, 等. 有关自然伽马测井在储层预测中的应用讨论. 石油地球物理勘探, 2000, 35 (3): 395-400.

[72] 张景廉. 生物礁与油气、金属矿床关系讨论. 海相油气地质, 2001, 6 (1): 53-59.

[73] 张景廉. 中国侏罗系煤成油质疑. 新疆石油地质, 2001, 22 (1): 1-8.

[74] 张景廉. 论石油无机成因. 北京：石油工业出版社，2001：305.

[75] Zhu Bingquan, Zhang Jinglian, Tu Xianglin, et al. Pb, Sr and Nd Isotopic Features in Organic Matter from China and their Implications for Petroleum Generation and Migration. Geochimica et Cosmochimica Acta, 2001, 65 (15): 2555-2570.

[76] 张景廉，金之钧，杨雷，等. 塔里木盆地深部地质流体与油气藏关系. 新疆石油地质，2001，22 (5)：351-357.

[77] 张景廉. 克拉2大气田成因讨论. 新疆石油地质，2002，23 (1)：71-73.

[78] 张景廉，冯有奎，李相博. 无机生油理论与21世纪中国油气勘探战略. 新疆石油地质，2002，23 (3)：248-251.

[79] 张景廉. 从滨里海盆地上古生界油气探索中国海相碳酸盐岩油气勘探的科学思路. 海相油气地质，2002，7 (3)：50-58.

[80] 张景廉. 再论"碳同位素与油气物源示踪". 西北油气勘探，2002，14 (4)：39-47.

[81] 岳伏生，张景廉，曹正林. 再论"油气生成与运移年龄的确定与测定". 新疆石油地质，2003，24 (1)：84-86.

[82] 张景廉，李相博. "西气东输"与中国石油安全. 天然气地球科学，2003，14 (1)：74-78.

[83] 张景廉，于均民，崔永强，等. 天然气水合物成因讨论及中国海域勘探前景. 海洋石油，2003，23 (1)：51-56.

[84] 张景廉. 原油、沥青的硫同位素组成及在油源示踪中的作用. 西北油气勘探，2003，15 (1)：19-26.

[85] 张景廉，曹正林，于均民. 白云岩成因初探. 海相油气地质，2003，8 (1-2)：109-115.

[86] 张景廉，李相博，吴良宇. 天然气在中国大陆科学探索井的发现及其科学意义. 新疆石油地质，2003，24 (3)：193-194.

[87] 岳伏生，张景廉，杜乐天. 济阳坳陷深部热液活动与成岩成矿. 石油勘探与开发，2003，30 (4)：29-31.

[88] 张景廉，于均民. 再论中国石油安全战略. 西北油气勘探，2003，15 (2-3)：54-61.

[89] 张景廉. 瓦斯爆炸、森林大火、地震及其他//中国地球物理学会第19届学术年会年刊，2003.

[90] 张景廉，于均民. 论中地壳及其地质意义. 新疆石油地质，2004，25 (1)：90-94.

[91] 张景廉. 实话实说中国油气资源现状. 石油科技论坛，2005，24 (2)：27-31.

[92] 张景廉. 地球大气环境评价：人类活动与地球排气作用孰主孰次//中国地球物理学会第21届学术年会年刊，2005.

[93] 张景廉. 辽宁义县—北票地区深部地壳构造特征及油气远景——兼论珍稀动物产生与大面积物种死亡之谜. 新疆石油地质，2005，26 (4)：445-449.

[94] 张虎权，卫平生，张景廉. 也谈威远气田气源——与戴金星院士商榷. 天然气工业，2005，25 (7)：4-7.

[95] 张景廉，张虎权. 关于油气成因理论的争鸣. 新疆石油地质，2005，26 (6)：727-731.

[96] 马龙，张景廉，刘全新，等. 论基岩的油气勘探远景. 天然气工业，2006，26 (1)：

[97] 张景廉，张虎权，张宁，等．非生物（无机）成因油气基础科学问题．天然气地球科学，2006，17（1）：19-24．

[98] 张景廉，张虎权，卫平生．再谈油气成因和拓宽勘探领域问题．天然气地球科学，2006，17（2）：143-147．

[99] 卫平生，刘全新，张景廉，等．再论生物礁与大油气田的关系——中国西部下古生界寻找大油气田的思考．石油学报，2006，27（2）：38-42．

[100] 张景廉，李斌，李相博，等．苏南块体深部地壳构造特征与油气前景．海相油气地质，2006，11（1）：40-44．

[101] 张景廉，卫平生，张虎权，等．再论石油与铀矿床的相互关系——四论油气与金属（非金属）矿床的相互关系．新疆石油地质，2006，27（4）：493-497．

[102] 张景廉，《新疆石油地质》编辑部．祝贺《中国板块构造和含油气盆地分析》一书出版．新疆石油地质，2006，27（3）：388．

[103] 卫平生，张景廉，张虎权．大火成岩省、地幔柱与油气关系//中国地球物理学会第22届学术年会年刊，2006．

[104] 张虎权，张景廉，卫平生．盆山耦合体系与巨型油气田的生成//中国地球物理学会第22届学术年会年刊，2006．

[105] 薛新克，王廷栋，张虎权，张景廉．准噶尔盆地深部地壳构造特征与油气勘探方向．天然气工业，2006，26（10）：37-41．

[106] 李碧宁，焦养泉，张景廉．四川松潘—甘孜褶皱带深部地壳构造特征与油气前景．新疆石油地质，2006，27（6）：655-659．

[107] 卫平生，张虎权，陈启林，张景廉．银根——额济纳旗盆地下白垩统银根组的确定．地层学杂志，2007，31（2）：184-189．

[108] 卫平生，张虎权，陈启林，张景廉．银根——额济纳旗盆地与二连盆地石油地质比较分析．中国石油勘探，2007，12（1）：33-37，59．

[109] 张虎权，王廷栋，卫平生，张景廉，陈启林．煤层气成因讨论．石油学报，2007，28（2）：29-34．

[110] 方乐华，张景廉．油气是可以再生的．石油勘探与开发．2007，34（4）：508-512．

[111] 李传亮，张景廉，杜志敏．油气初次运移理论新探．地学前缘．2007，14（4）：132-142．

[112] 潘建国，郝芳，张虎权，卫平生，张景廉．花岗岩、火山岩油气藏的形成及其勘探潜力．天然气地球科学，2007，18（3）：380-385．

[113] 张景廉．论油气的多种成因及油气勘探的新领域//中国石化无机成因天然气学术研讨会．青岛，2007．

[114] 张景廉．论石油、天然气的多种成因及油气勘探新领域//中国油气论坛．2007．

[115] 卫平生，张景廉，石兰亭，马龙．论石油的多种成因//第十一届全国有机地球化学学术会议论文摘要汇编．2007．

[116] 卫平生，张虎权，陈启林，袁剑英，张景廉．民和盆地多种能源矿产共存成藏（矿）机理．北京：石油工业出版社，2007：232．

[117] 张景廉．关于油气成因的辩论——与王兰生先生商榷．石油勘探与开发，2008，35．

(1)：124-128.

[118] 罗志立，张景廉，石兰亭．"塔里木—扬子古大陆"的重建对无机成因油气的作用．岩性油气藏，2008，20（1）：124-128.

[119] 张景廉，石兰亭．深部勘探，迎来油气"第二春"．中国石油石化，2008（3）：40-41.

[120] 石兰亭，郑荣才，张景廉．酒西盆地深部热液活动与油气成因讨论．新疆石油地质，2008，29（2）：152-154.

[121] 张虎权，卫平生，张景廉，吴五同．从汝箕沟煤矿的热液活动看煤炭的多种成因．新疆石油地质，2008，29（2）：155-158.

[122] 马龙，陈洪德，张景廉，石兰亭，卫平生．柴达木盆地第四系生物成因气质疑．石油勘探与开发，2008，35（2）：250-256.

[123] 张景廉，石兰亭，陈启林，张虎权，卫平生．柴达木盆地深部地壳构造特征及油气勘探新领域．岩性油气藏，2008，20（2）：29-36.

[124] 马龙，陈洪德，张景廉，石兰亭，卫平生．沉积盆地的分类与油气成因的新观点．新疆石油地质，2008，29（3）：389-392.

[125] 方乐华，张景廉，陈启林，石兰亭，卫平生，张虎权．中国西部大气田的形成与深部地壳构造的关系．新疆石油地质，2008，29（4）：528-531.

[126] 卫平生，张景廉，张虎权，石兰亭．松辽盆地深部地壳构造特征与无机油气生成模式．地球物理学进展，2008，23（5）：1507-1513.

[127] 张景廉，杜乐天，张虎权，石兰亭．四川汶川大地震与中地壳低速、高导层的成因关系初探．西北地震学报，2008，30（4）：405-412.

[128] 石兰亭，郑荣才，张景廉，卫平生，张虎权．普光气田的天然气可能是无机成因的．天然气工业，2008，28（11）：8-12.

[129] 石兰亭，郑荣才，张景廉，卫平生，马龙．海相、陆相油气及其成因概述．海相油气地质，2009，14（1）：71-76.

[130] 张景廉，石兰亭，张虎权，卫平生，李扬鉴．鄂尔多斯盆地及其西缘盆地的深部地壳构造与流体特征及油气成藏模式．新疆石油地质，2009，30（2）：272-278.

[131] 张景廉，石兰亭，卫平生．黄骅坳陷的深部地壳构造与流体特征及潜山油气藏的勘探前景．岩性油气藏，2009，21（2）：1-6.

[132] 魏志平，张景廉，方乐华，杜玉潭．松辽盆地天然气成因与讨论．新疆石油地质，2009，30（4）：537-542.

[133] 张景廉．油气倒灌论质疑．岩性油气藏，2009，21（3）：122-128.

[134] 张景廉，曹正林，阎存凤，王斌婷．沉积盆地中地震波速度与地层年龄有关吗．地球物理学报，2010，53（2）：466-468.

[135] 张景廉，雷明，卫平生，等，海拉尔和塔木察格盆地深部地壳构造与油气勘探方向．新疆石油地质，2010，31（5）：454-459.

[136] 曹正林，张景廉，阎存凤．天体演化与地球的无机烃——卡西尼号飞船带给我们的启示．新疆石油地质，2010，31（5）：557-561.

[137] 张景廉，杜乐天．再论汶川大地震与深部气体的关系——汶川地震两周年祭．西北地震学报，2011，33（1）：96-101.

[138] 张景廉,杜乐天,范天来,李相博.谁是"全球变暖"的主因——碳的自然排放源与地球化学循环及气候变化主因研究评述.中国科学院院刊,2012,27(2):226-233.

[139] 倪祥龙,张景廉,马新民.也谈地壳内第二深度空间石油、天然气的形成及勘探前景.地球物理学进展,2012,27(2):562-574.

[140] 张景廉,罗建玲,郑希民,赵玉梅.羌塘盆地深部地壳构造及油气前景.新疆石油地质,2012,33(3):263-265.

[141] 张景廉.二论石油的无机成因.北京:石油工业出版社,2013.

附录2 《论石油的无机成因》勘误表

页	行	误	正
自序	1	一但	一旦
43	倒9	[54]	[56]
45	倒13	文字	文智
45	倒13	新智	新宇
72	3-4	那么…3.3‰	删掉这段
74	图6-11	海拔	深度
74	图6-11	（纵坐标）海拔	深度
90	表7-1	[41]	[42]
91	续表	[38]	[39]
91	续表	[39]	[40]
91	2	[41~49]	[42~49]
111	27	察尔干	察尔汗
114	4行	克拉I	克拉2
114	5行	克拉I	克拉2
118	倒11	震组	成组
118	倒10	房算跑	房身泡
121	续表	卡住库姆	卡拉库姆
136	倒8	昊	吴
143	倒13~倒11		13种刊物名加《》
147	倒6	12-2T	12-2
149	倒6	基底项面	基底顶面
149	倒5	低速层地面	低速层顶面
150	图12-6	台川	合川
151	图12-8	意图	示意图
156	倒7	马珠	东珠
157	2	主偏	主编
157	14	主偏	主编
164	9	热流	热液
172	2	。	删
176	10	。	删
178	1	。	删
179	倒13	。	删

续表

页	行	误	正
180	5	。	删
183	图15-5	化北	华北
184	3	。	删
185	倒13	。	删
185	倒6	。	删
188	倒2	。	删
189	9	。	删
192	倒3	。	删
219	14	张星亮	李扬鉴
220	13	基索沃	基索夫
225	倒7	张星亮	李扬鉴
232	倒22	Brueau	Bureau
232	倒16	mimca	minica
236	18	manngo	mango
256	图19-1	2-古大陆	2-油气田
257	倒9	产油田	产油国
257	倒3	滨里海	南里海
285	倒15	亮亭…. 石油	宁亮…. 古油
296	续表第一行	样品编号 w5-2…	均删去
301	10	Yoronto	Toronto
301	倒10	密雨西北	密西西比
304	21	纹源	物源